U0840530

中国国家标准汇编

2008年修订-31

中国标准出版社 编

中国标准出版社
北京

图书在版编目（CIP）数据

中国国家标准汇编：2008年修订.31/中国标准出版社编.—北京：中国标准出版社，2009

ISBN 978-7-5066-5532-3

Ⅰ.中… Ⅱ.中… Ⅲ.国家标准-汇编-中国-2008 Ⅳ.T-652.1

中国版本图书馆CIP数据核字（2009）第187127号

中国标准出版社出版发行
北京复兴门外三里河北街16号
邮政编码:100045

网址 www.spc.net.cn
电话:68523946 68517548
中国标准出版社秦皇岛印刷厂印刷
各地新华书店经销

*

开本 880×1230 1/16 印张 38.25 字数 1 134 千字
2009年11月第一版 2009年11月第一次印刷

*

定价 200.00 元

出 版 说 明

1.《中国国家标准汇编》是一部大型综合性国家标准全集。自1983年起，按国家标准顺序号以精装本、平装本两种装帧形式陆续分册汇编出版。它在一定程度上反映了我国建国以来标准化事业发展的基本情况和主要成就，是各级标准化管理机构，工矿企事业单位，农林牧副渔系统，科研、设计、教学等部门必不可少的工具书。

2.《中国国家标准汇编》收入我国每年正式发布的全部国家标准，分为"制定"卷和"修订"卷两种编辑版本。

"制定"卷收入上年度我国发布的、新制定的国家标准，顺延前年度标准编号分成若干分册，封面和书脊上注明"20××年制定"字样及分册号，分册号一直连续。各分册中的标准是按照标准编号顺序连续排列的，如有标准顺序号缺号的，除特殊情况注明外，暂为空号。

"修订"卷收入上年度我国发布的、被修订的国家标准，视篇幅分设若干分册，但与"制定"卷分册号无关联，仅在封面和书脊上注明"20××年修订-1，-2，-3，……"字样。"修订"卷各分册中的标准，仍按标准编号顺序排列（但不连续）；如有遗漏的，均在当年最后一分册中补齐。需提请读者注意的是，个别非顺延前年度标准编号的新制定的国家标准没有收入在"制定"卷中，而是收入在"修订"卷中。

读者配套购买《中国国家标准汇编》"制定"卷和"修订"卷则可收齐上一年度我国制定和修订的全部国家标准。

3. 由于读者需求的变化，自1996年起，《中国国家标准汇编》仅出版精装本。

4. 2008年制修订国家标准共5946项。本分册为"2008年修订-31"，收入新制修订的国家标准37项。

中国标准出版社

2009年10月

目　　录

ICS 43.140
T 80

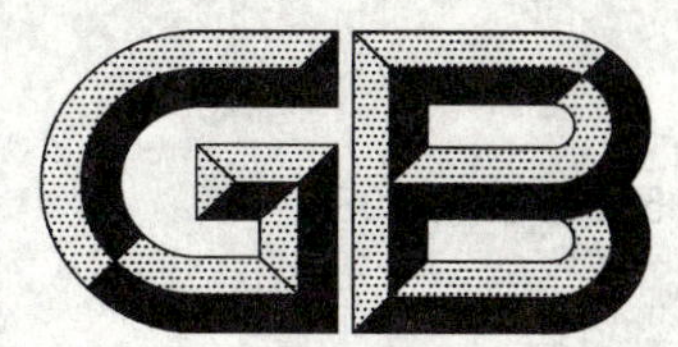

中华人民共和国国家标准

GB/T 5359.3—2008
代替 GB/T 5359.3—1996,GB/T 5359.7—1996

摩托车和轻便摩托车术语
第3部分:两轮车和三轮车尺寸

Term for motorcycles and mopeds—
Part 3:Dimensions of vehicle with two and three wheels

2008-11-28 发布　　　　2009-06-01 实施

中华人民共和国国家质量监督检验检疫总局
中国国家标准化管理委员会　发布

前言

GB/T 5359《摩托车和轻便摩托车术语》分为4个部分：

——第1部分：车辆类型；

——第2部分：车辆性能；

——第3部分：两轮车和三轮车尺寸；

——第4部分：两轮车和三轮车质量。

本部分为GB/T 5359的第3部分。

本部分代替GB/T 5359.3—1996《摩托车和轻便摩托车术语　两轮车尺寸》与GB/T 5359.7—1996《摩托车和轻便摩托车术语　三轮车尺寸》。

本部分与GB/T 5359.3—1996、GB/T 5359.7—1996相比，主要修订内容如下：

——第3章b)款“厂定最大总质量”改为“整车干质量”；

——第3章c)款“轮胎充气充到与厂定最大总质量相对应的压力”改为“轮胎充气应达到与车辆制造厂技术文件规定的气压一致”；

——第3章g)款“轮辋轮缘内侧等距离的平面”改为“指轮辋两轮缘内侧的对称平面”；

——第5.9术语由“通过角 ramp angle”改为“纵向通过角 lognitudinal ramp angle”；

——第5.14术语 banking angle 由“倾侧面斜角”改译“侧面斜角”；

——第5.15术语“车架离地高度”改为“底盘高度”；

——第5.16术语“驾驶室后车架最大可用长度”改为“驾驶室后底盘最大有用长度”；

——第6.1术语“剩余垂直轮隙”改为“缓冲垂直余量”；

——第6.2转弯圆直径定义中“在支承面上与前轮中心平面相切的圆直径”改为“前轮(两轮车)、外侧轮(三轮车)与支承面接触点的轨迹圆的直径”，以覆盖三轮车。

本部分由国家发展和改革委员会提出。

本部分由全国汽车标准化技术委员会归口。

本部分起草单位：金城集团有限公司、上海机动车检测中心。

本部分主要起草人：姜君旺、李文军、胡文浩、徐峻。

本部分所代替标准的历次版本发布情况为：

——GB/T 5359.3—1996、GB/T 5359.7—1996；

——GB 4731—1984、GB 5359.2—1985。

摩托车和轻便摩托车术语
第3部分：两轮车和三轮车尺寸

1 范围

GB/T 5359 的本部分规定了与摩托车和轻便摩托车尺寸有关的一般原则和术语。

本部分准适用于 GB/T 5359.1 所定义的摩托车和轻便摩托车(以下简称“车辆”)。

2 规范性引用文件

下列文件中的条款通过 GB/T 5359 的本部分的引用而成为本部分的条款。凡是注日期的引用文件，其随后所有的修改单(不包括勘误的内容)或修订版均不适用于本部分，然而，鼓励根据本部分达成协议的各方研究是否可使用这些文件的最新版本。凡是不注日期的引用文件，其最新版本适用于本部分。

GB/T 5359.1 摩托车和轻便摩托车术语 车辆类型

3 一般原则

除有特别说明外，默认：

a) 车辆的支承面是水平的，长度和宽度在水平面内，高度在铅垂平面内；

b) 车辆质量指整车干质量；

c) 轮胎充气应达到与车辆制造厂技术文件规定的气压一致；

d) 车辆处于静止、直立状态。发动机不运转。车轮处车辆直线行驶位置。正三轮车门窗关闭；

注：此款不适用于 4.3.2、4.3.3。

e) “车辆”指制造厂按标准装配的新车；

f) 车辆的车轮置于支承面上；

g) “车轮中心平面”指轮辋两轮缘内侧的对称平面；

h) “车轮中心”指车轮中心平面与车轮旋转轴中心线的交点。

4 术语和定义

GB/T 5359.1 确立的以及下列术语和定义适用于本部分。

4.1 与基准平面有关的术语

4.1.1

坐标平面 coordinate plane

坐标平面为三维正交坐标系中的 X、Y、Z 平面(见图 1)。

其中：Z——水平面(支承面)；

Y——铅垂平面；

X——同时垂直于 Y 和 Z 的平面。

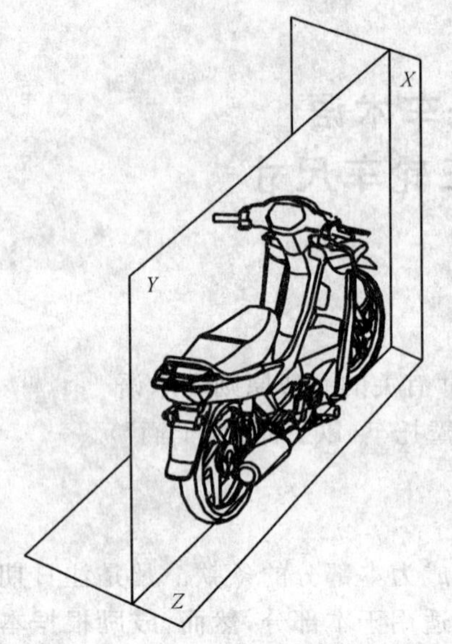

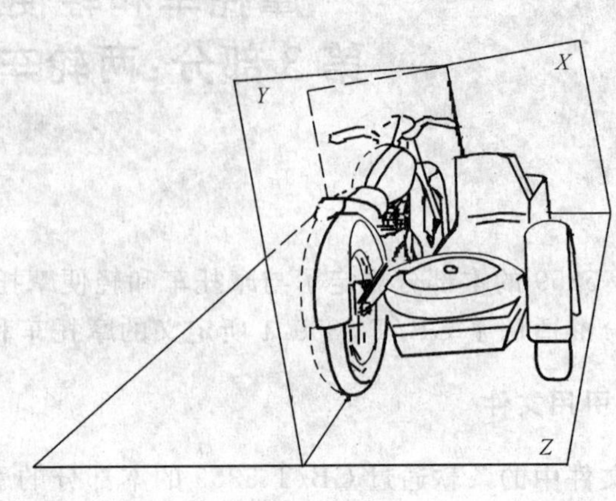

图 1

4.1.2

纵向中心平面　portrait center plane

两轮车(L_1、L_3)的纵向中心平面指与车辆后轮中心平面重合的 Y 平面。

正三轮车(L_2、L_5)纵向中心平面为通过线段 AB 的中点的 Y 平面。两端车轮的中心轴线的铅垂面与两轮中心平面的相交线与车轮支承平面的交点即为 A、B 两点(见图 2)。

注：正三轮车纵向中心平面也称作正三轮车纵向对称平面或基准 Y 平面。

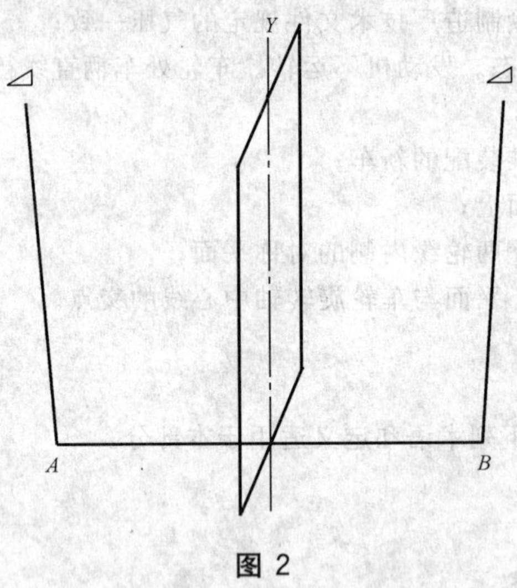

图 2

边三轮车(L_4)的纵向中心平面指不装边车时两轮车纵向中心平面。

4.2　与外型尺寸有关的术语

4.2.1

车长　vehicle length

垂直于纵向中心平面，分别与车辆前、后端相接触且平行于 X 面的二个平面之间的距离(见图 3)。

注：车辆所有固定部件及前、后突出物(如保险杠、挡泥板等)均在这两个平面之间，边三轮车的备用轮除外。

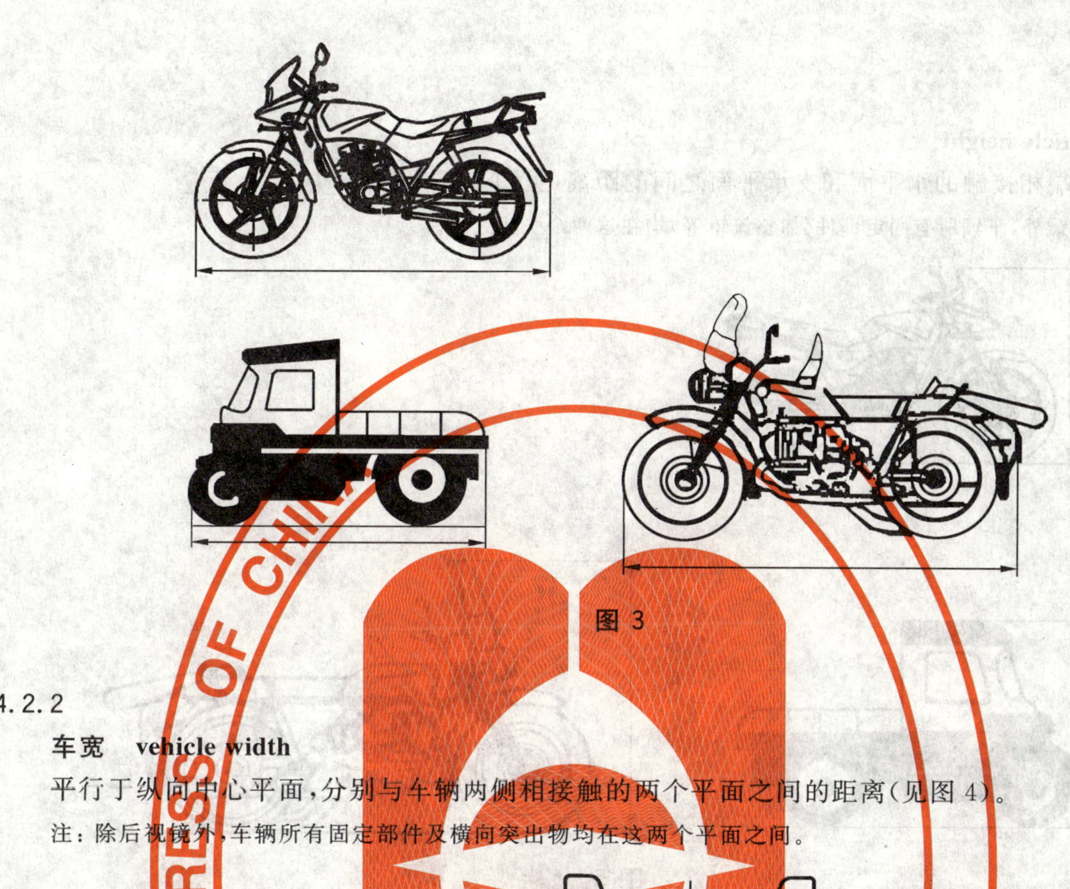

图 3

4.2.2

车宽　vehicle width

平行于纵向中心平面，分别与车辆两侧相接触的两个平面之间的距离(见图 4)。

注：除后视镜外，车辆所有固定部件及横向突出物均在这两个平面之间。

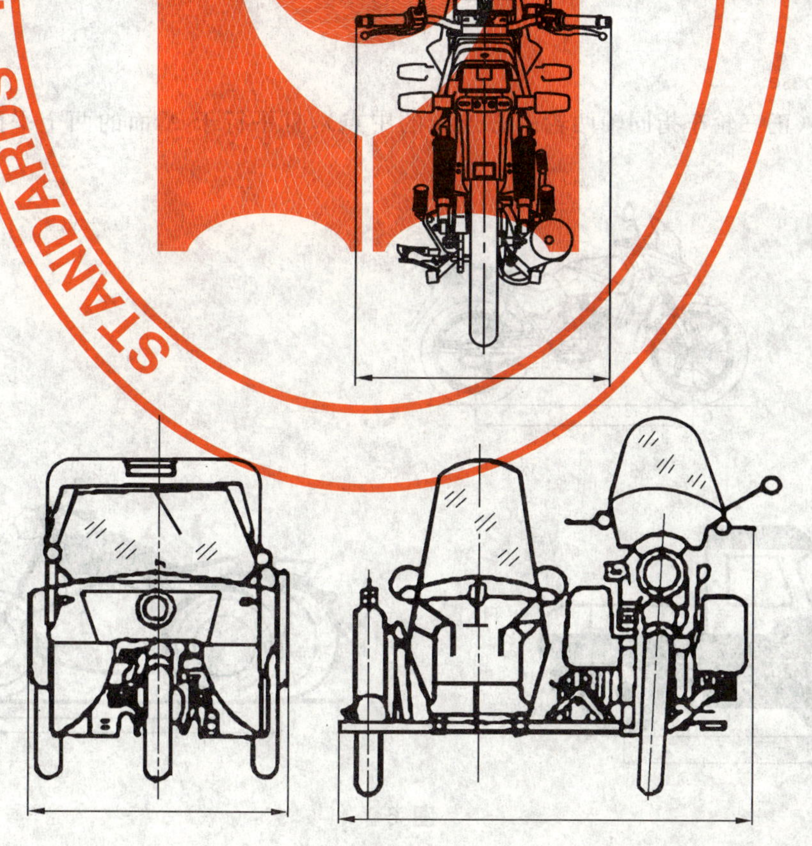

图 4

4.2.3

车高　vehicle height

与车辆顶端相接触的水平面和支承平面之间的距离(见图 5)。

注：除后视镜外，车辆所有固定部件(如整流罩等)均在这两个平面之间。

图 5

4.2.4

轴距　wheel base

通过车轮中心(正三轮车指同轴两轮中心连线的中点)，且平行于 X 面的两个平面之间的距离(见图 6)。

图 6

4.2.5

轮距　track

正三轮车的轮距为两端车轮中心的距离，边三轮车轮距为边轮中心与两轮车纵向中心平面之间的距离(见图 7)。

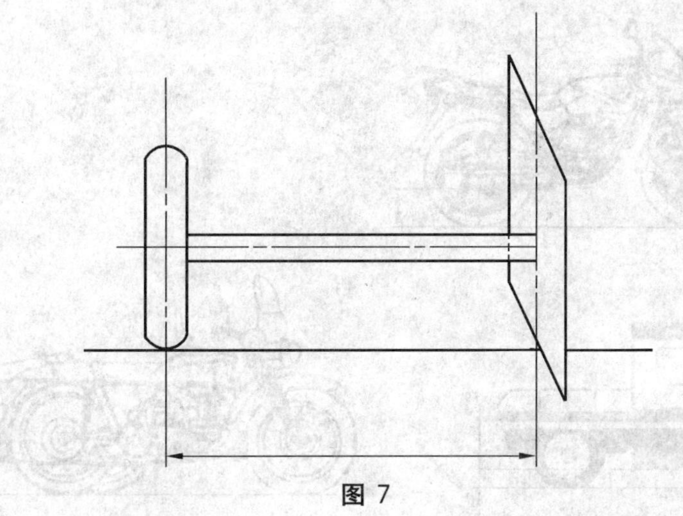

图 7

4.2.6

前悬　front overhang

通过前轮中心且平行于 X 面的平面与车辆最前端(包括附加的刚性零件)之间的距离(见图 8)。

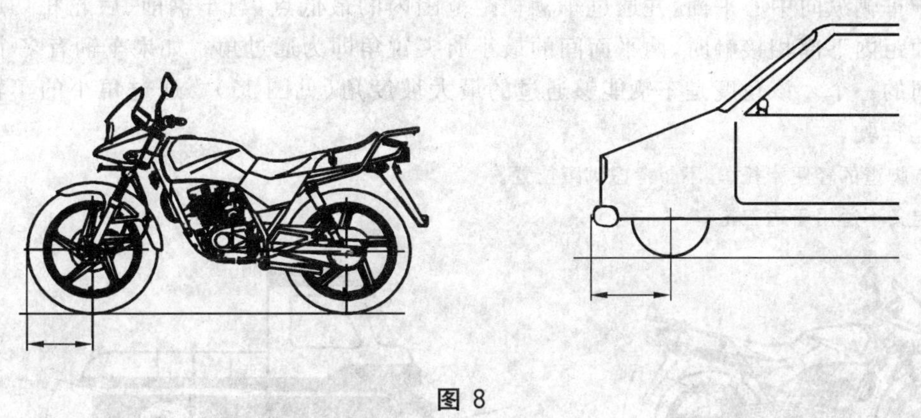

图 8

4.2.7

后悬　rear overhang

通过后轮中心且平行于 X 面的平面与车辆最后端(包括附加的刚性零件)之间的距离(见图 9)。

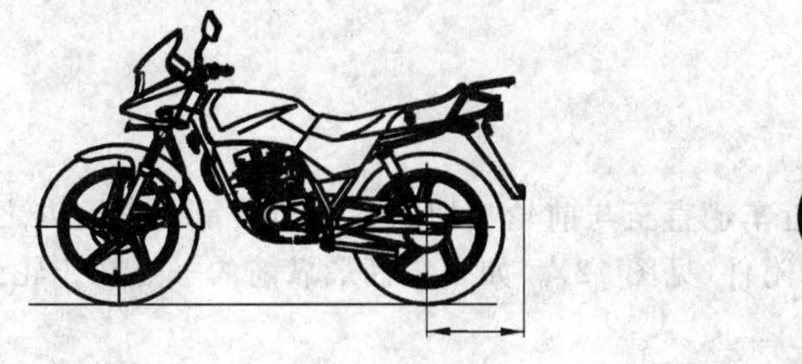

图 9

4.2.8

离地间隙　ground clearance

除车轮和挡泥板外，车辆轴距范围内的最低点与支承面之间的距离(见图10)。

注：装有脚蹬的轻便摩托车，脚蹬处于使用时的最低位置。

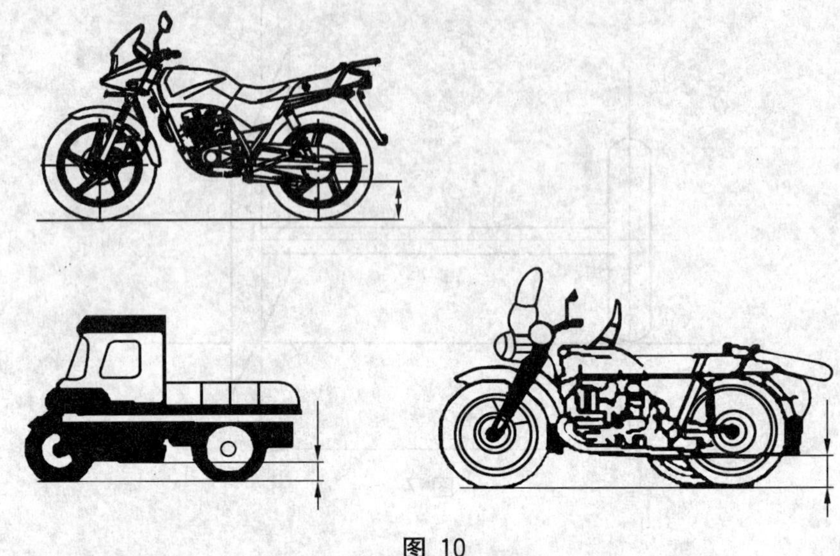

图 10

4.2.9

纵向通过角　lognitudinal ramp angle

当垂直于车辆纵向中心平面，并通过车辆轴距范围内的最低点，与车辆前、后轮相切的两个平面的交线与车辆轴距内下部相接触时，两平面间的最小所夹锐角即为通过角。如果车辆有多个最低点，指其中处在最中间的一个。该角度是车辆能够通过的最大坡度角(见图11)。通过角小的车辆只能在比较平整的道路上行驶。

注1：装有脚蹬的轻便摩托车，不予考虑脚蹬位置。

注2：本定义不适用于边三轮车。

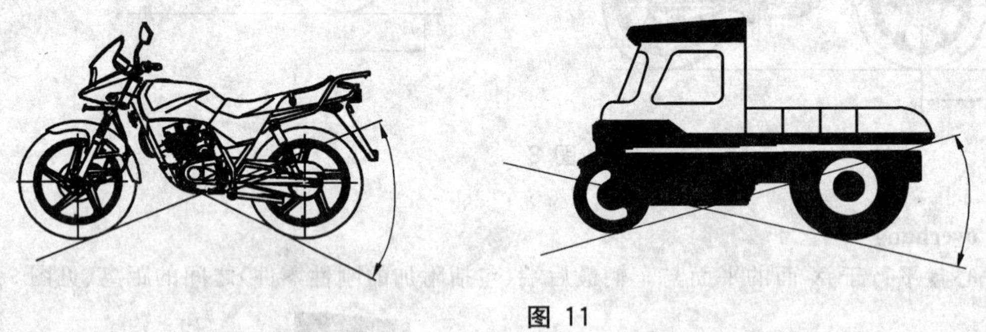

图 11

4.2.10

接近角　approach angle

垂直于纵向中心平面，从外部尽可能靠近车辆直至与前轮相切的平面与支承面正前方之间的最大夹角。在此夹角内没有任何车辆零件或刚性附件(见图12)。如果车辆最靠前的一点在车轮上，此夹角为钝角，接近角定为90°。

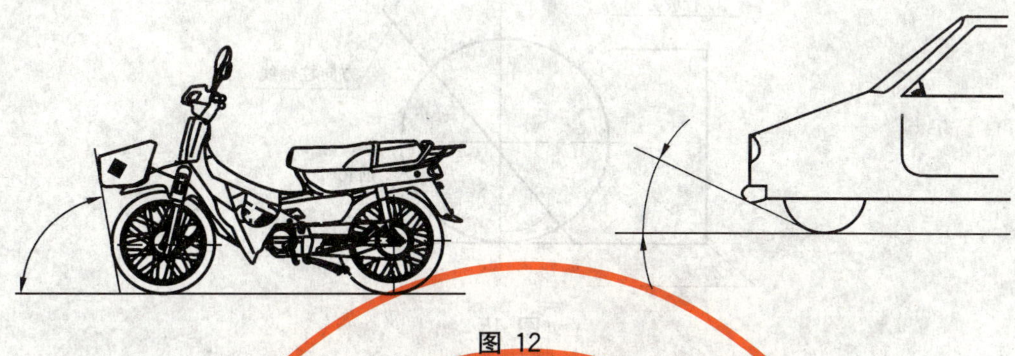

图 12

4.2.11

离去角　departure angle

垂直于纵向中心平面,从外部尽可能靠近车辆直至与后轮相切的平面与支承面正后方之间的最大夹角。在此夹角内没有任何车辆零件或刚性附件(见图 13)。如果车辆最靠后的一点在车轮上,此夹角为钝角,离去角定为 90°。

图 13

4.2.12

前伸距　castor

通过方向柱轴线且垂直于 Y 面的平面、与通过前轮中心且平行于 X 面的平面分别在与 Y 平面与 Z 平面的交线上相交,所得到的 p 和 q 二点之间的距离(见图 14)。

注:在行驶方向上,当 p 点在 q 点之前时为正值。当 p 点在 q 点之后时为负值。

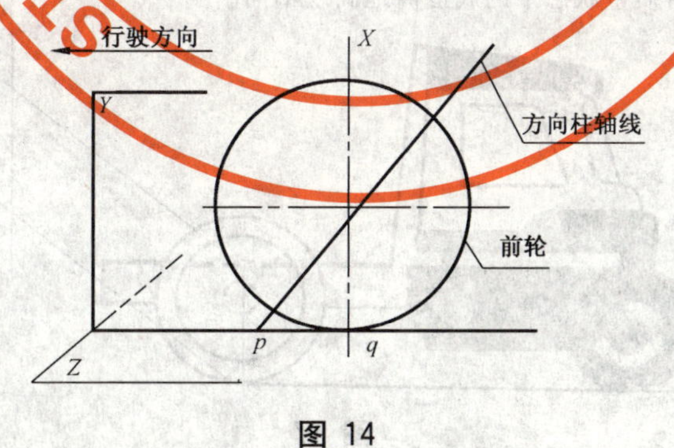

图 14

4.2.13

前伸角　castor angle

通过方向柱轴线且垂直于 Y 面的平面与通过前轮中心且平行于 X 面的平面之间所夹的锐角(见图 15)。

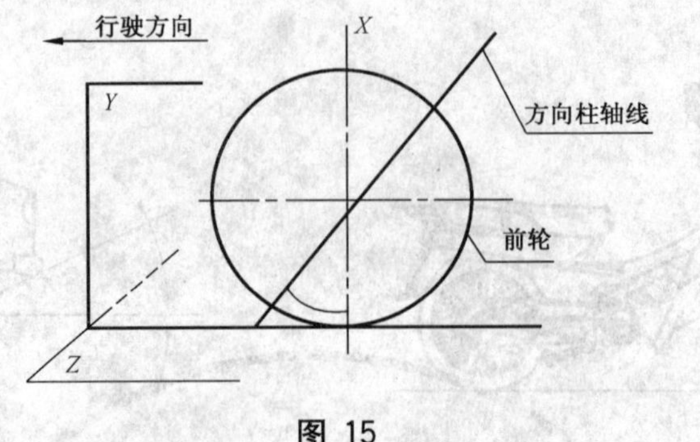

图 15

4.2.14

侧面斜角　banking angle

两轮车左右两侧，垂直于 X 面的外接(不考虑轻便摩托车的脚蹬)平面与支承平面朝外方向之间的夹角。在侧面斜角角内没有车辆零件或刚性附件(见图 16)。

注：一辆车有左、右两个侧面斜角。

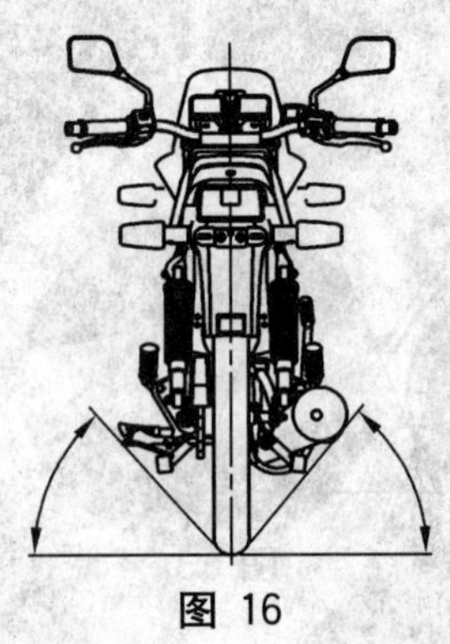

图 16

4.2.15

底盘高度　height of chassis above ground

平行于 Z 面，外接车架上平面的平面与支承平面之间的距离。此高度可以近似地在通过相应轮轴垂直于车辆纵向中心平面的平面上测量(见图 17)。

注：厂定最大总质量、全装备质量状态下的底盘离地高度不同。

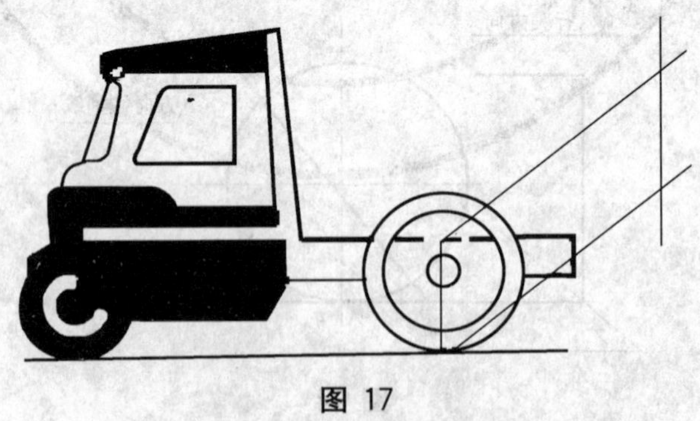

图 17

4.2.16

驾驶室后底盘最大有用长度(带驾驶室的车辆)　maximum usable length of chassis behind cab (vehicle with cab)

垂直于车辆纵向中心平面的 C、D 平面之间的距离。其中，C 面外接驾驶室后侧面，D 面外接车架后端(见图 18)。

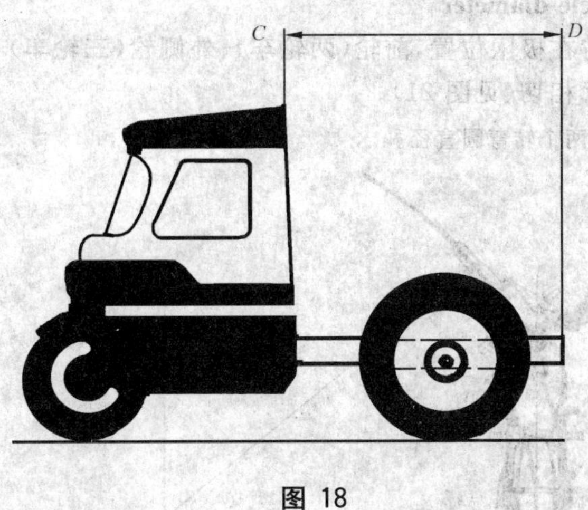

图 18

4.2.17

车厢内部最大尺寸　maximum internal dimensions of body

正三轮车车厢内部有效空间(允许忽略局部突起,如轮罩、加强筋、挂钩等)的长、宽、高(见图 19)。

注：如果侧壁、车顶为略为内凹的曲面,允许取随遇尺寸(local sizes)中的较大值。

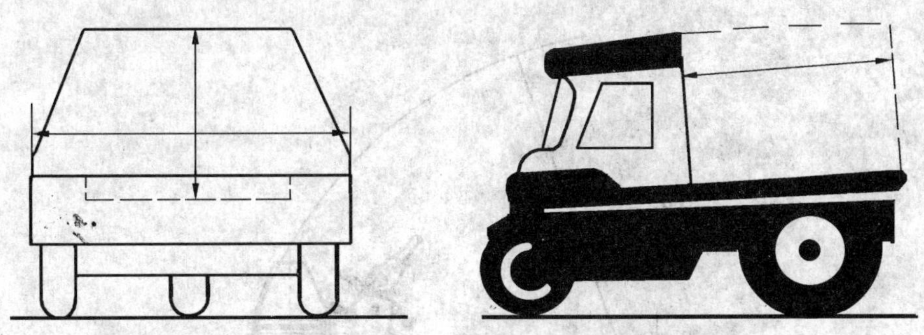

图 19

4.3　与车辆结构有关的术语

4.3.1

缓冲垂直余量　residual vertical wheel clearance

从厂定最大总质量状态加载到车辆悬挂件不再移动,车辆悬挂件相对于车轮的位移在铅垂方向上的投影(见图 20)。

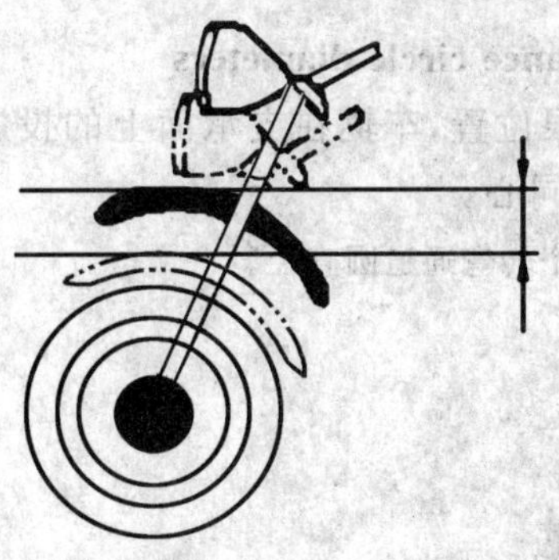

图 20

4.3.2

转弯圆直径　turning circle diameter

车辆行驶时将转向轮保持在极限位置，前轮(两轮车)、外侧轮(三轮车)与支承面接触点的轨迹圆的直径。转弯圆与车轮中心平面相切(见图21)。

注：一辆车左转弯、右转弯有两个转弯圆直径。

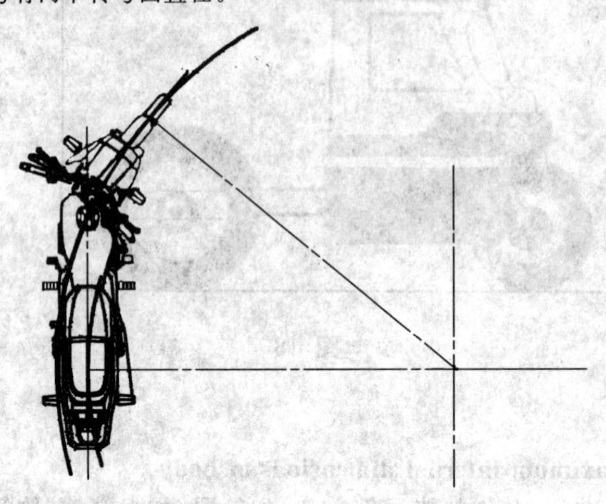

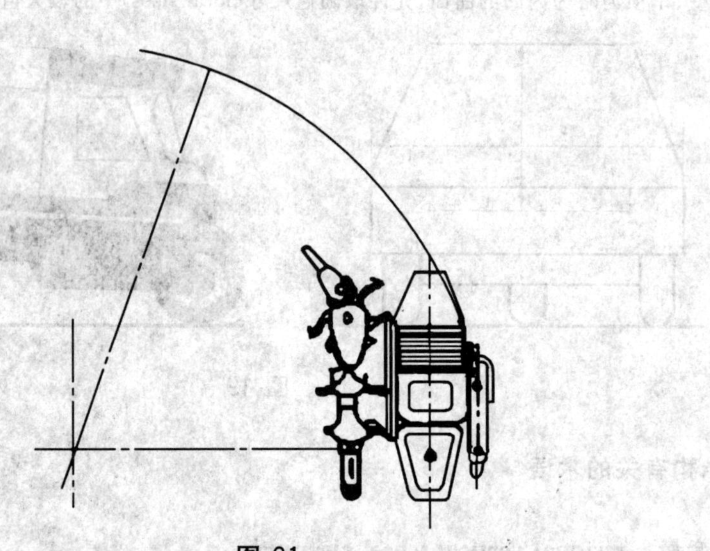

图 21

4.3.3

转弯通道圆直径　turning clearance circle diameters

车辆行驶时将转向轮保持在极限位置，车辆在支承面上的投影的外接圆和内接圆被称作转弯通道圆(见图22)。外接圆与内接圆必然同心。

注：一辆车左转弯、右转弯有2组4个转弯通道圆直径。

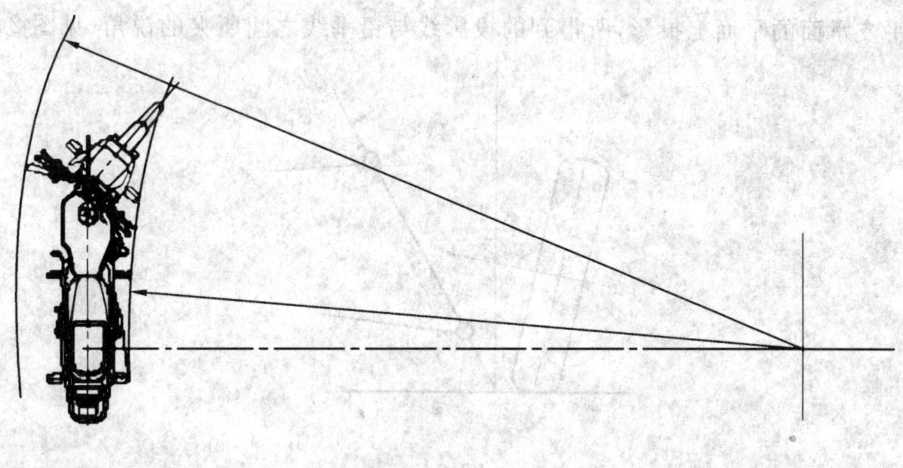

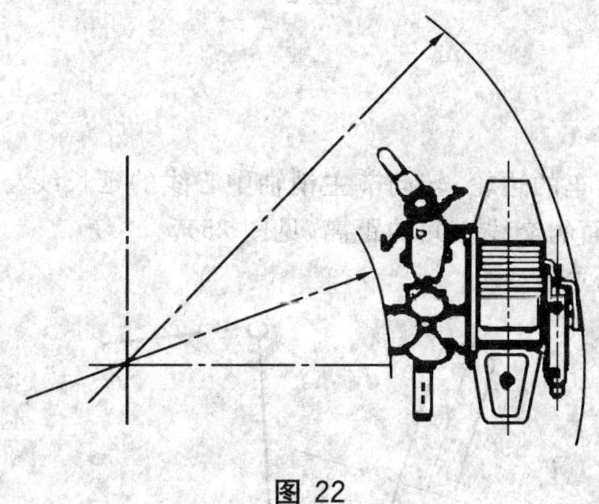

图 22

4.3.4

车轮外倾　camber angle

正三轮车的两个侧轮或边三轮车的边轮和主轮，在通过轮轴中心线的铅垂面内，车轮轴中心线与水平线之间所夹的锐角(见图 23)。

注：该角也等于铅垂线与车轮中心平面所夹的锐角。

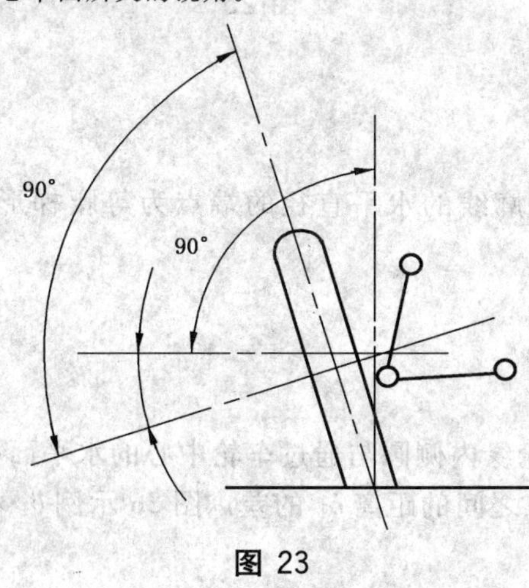

图 23

4.3.5

主销内倾　kingpin inclination

正三轮车两侧轮或边三轮车的边轮，真实(或假想)的转向节主销轴中心线在同时垂直于车辆纵向中心平面和水平支承面的平面上投影，所得到的投影线与铅垂线之间所夹的锐角(见图 24)。

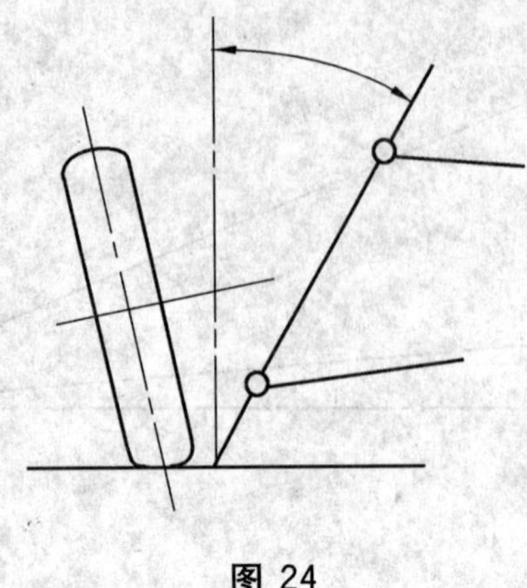

图 24

4.3.6

主销横偏距　kingpin offset

正三轮车两侧轮或边三轮车的边轮，转向节主销轴中心线的延长线与水平支承面相交，所得到的交点与车轮中心平面、水平支承面的交线之间的距离(见图 25)。

注：图中示例的主销横偏距为正值。

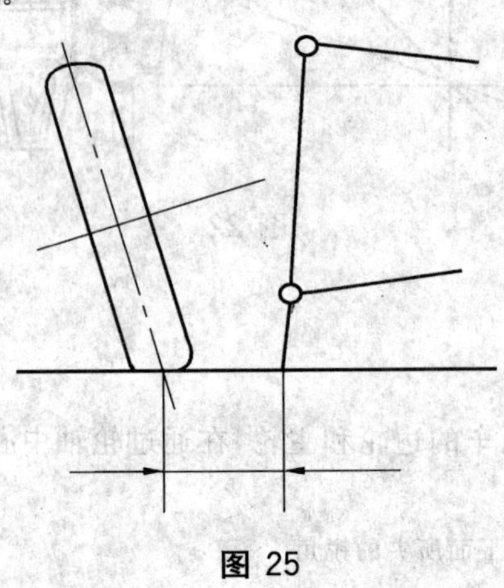

图 25

4.3.7

前束　toe-in

同一轴两端车轮轮辋内侧轮廓线的水平直径的端点为等腰梯形的顶点，等腰梯形前后底边长度之差。

4.3.7.1

前束(长度)　toe-in (length)

按下列规定取值：

a)　正三轮车，两侧轮轮辋轮缘内侧圆与通过车轮中心的水平面相交，两侧轮后面 2 个交点之间的距离 b_2 与前面 2 个交点之间的距离 b_1 的差。图 26 示例 b_1 小于 b_2，前束取正值，反之为负值；

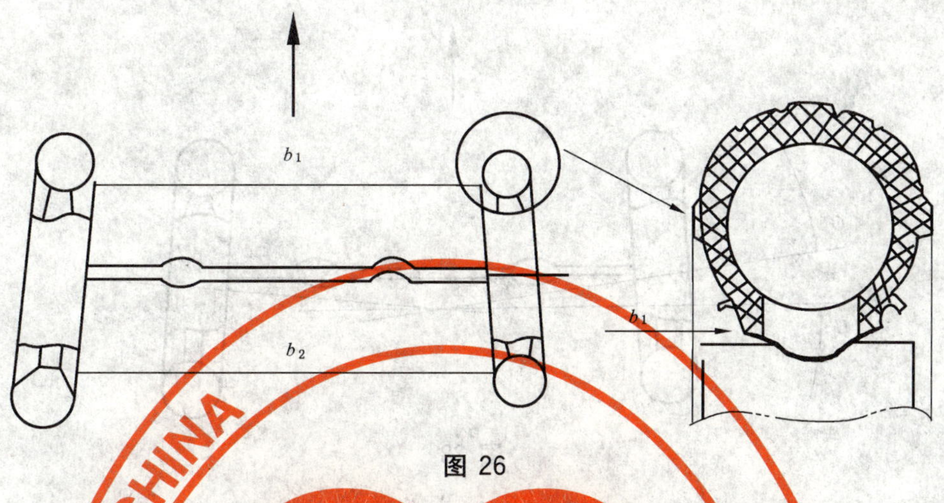

图 26

b) 边三轮车，边轮轮辋轮缘内侧圆与通过车轮中心的水平面相交，后面的交点与两轮车纵向中心平面之间的距离 b_2 与前面的交点与两轮车纵向中心平面之间的距离 b_1 的差被称作前束(长度)。图 27 示例 b_1 小于 b_2，前束取正值，反之为负值。

图 27

4.3.7.2

前束(角度)　toe-in(angle)

车轮轮辋上的旋转圆与通过车轮中心的水平面的交点的连线与车辆纵向中心平面之间的夹角 α。前束(角度)等于通过车轮轴中心线的铅垂面 G 与垂直于车辆纵向中心平面的铅垂面 H 之间的夹角(见图 28)。

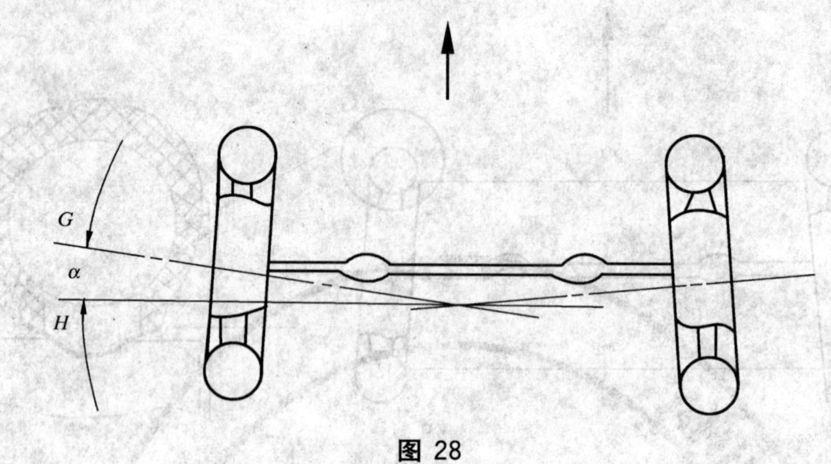

图 28

中 文 索 引

英 文 索 引

V

W

ICS 43.140
T 80

中华人民共和国国家标准

GB/T 5359.4—2008
代替 GB/T 5359.5—1996、GB/T 5359.6—1996

摩托车和轻便摩托车术语 第4部分：两轮车和三轮车质量

Term for motorcycles and mopeds—Part 4：Mass of vehicle with two and three wheels

(ISO 6726：1988 Mopeds and motorcycles with two wheels—Masses—Vocabulary，MOD
ISO 9132：1990 Three-wheeled mopeds and motorcycles—Masses—Vocabulary，MOD)

2008-11-28 发布　　　　2009-06-01 实施

中华人民共和国国家质量监督检验检疫总局
中国国家标准化管理委员会　发布

前　言

GB/T 5359《摩托车和轻便摩托车术语》分为4个部分：

——第1部分：车辆类型；

——第2部分：车辆性能；

——第3部分：两轮车和三轮车尺寸；

——第4部分：两轮车和三轮车质量。

本部分为GB/T 5359的第4部分，本部分修改采用国际标准ISO 6726:1988《两轮轻便摩托车和摩托车的质量　词汇》与ISO 9132:1990《三轮轻便摩托车和摩托车的质量　词汇》(英文版)。

本部分章条编号与ISO 6726:1998及ISO 9132:1990章条编号对照一览表参见附录A。

本部分与ISO 6726:1998及ISO 9132:1990的技术性差异及其原因参见附录B。

本部分代替GB/T 5359.5—1996《摩托车和轻便摩托车术语　两轮车质量》、GB/T 5359.6—1996《摩托车和轻便摩托车术语　三轮车质量》。

本部分与GB/T 5359.5—1996、GB/T 5359.6—1996相比，主要修订内容如下：

——本部分是上述两个标准内容的综合；

——对上述两个标准重复的描述进行了合并；

——对术语编排的次序作了相应的调整；

——本部分对一般要求中增加了轮胎气压应达到车辆制造厂技术文件规定的气压；

——本部分增加轮胎最大允许载荷术语。

本部分的附录A、附录B为资料性附录。

本部分由国家发展和改革委员会提出。

本部分由全国汽车标准化技术委员会归口。

本部分起草单位：上海摩托车研究所、金城集团有限公司、国家机动车产品质量监督检验中心(上海)。

本部分主要起草人：徐峻、姜卫海、缪文泉、白希纯。

本部分所代替标准的历次版本发布情况为：

——GB/T 5359.5—1996、GB/T 5359.6—1996；

——GB/T 4731—1984、GB 5359.3—1985。

摩托车和轻便摩托车术语
第4部分:两轮车和三轮车质量

1 范围

GB/T 5359的本部分规定了摩托车和轻便摩托车质量术语的一般原则及术语和定义。

本部分适用于GB/T 5359.1所定义的摩托车和轻便摩托车(以下简称"摩托车")。

2 规范性引用文件

下列文件中的条款通过GB/T 5359的本部分的引用而成为本部分的条款。凡是注日期的引用文件,其随后所有的修改单(不包括勘误的内容)或修订版均不适用于本部分,然而,鼓励根据本部分达成协议的各方研究是否可使用这些文件的最新版本。凡是不注日期的引用文件,其最新版本适用于本部分。

GB/T 5359.1　摩托车和轻便摩托车术语　车辆类型

3 一般原则

除有特别说明外,应符合下列规定:

a) 质量是指摩托车产生重力现象或惯性现象的基本量,即反抗加速能力的量;

b) 载荷是指摩托车在静止状态下传递到水平面上的力;

c) 摩托车的支承面和测量装置台面是水平的,且处于同一平面内;

d) 摩托车处于静止状态,发动机不运转,车轮处于直线行驶的位置;

e) 摩托车是指制造厂按标准装备的新车;

f) 轮胎气压应达到车辆制造厂技术文件规定的压力。

4 术语和定义

GB/T 5359.1确立的以及下列术语和定义适用于本部分。

4.1 基本术语

4.1.1

底盘　base chassis

装有完整的发动机或电动机、变速箱、转向机构和其他运行装置,不包括驾驶室和车厢部件。

4.1.2

带驾驶室的底盘　chassis and cab

装有驾驶室及车辆正常运行所需装备。

4.1.3

整车　complete vehicle

正三轮摩托车为在底盘上装有完整车厢及驾驶室或在底盘上装有车厢部件,两轮摩托车和边三轮摩托车为装有车架、发动机或电动机、变速箱、转向机构和其他运行装置。

4.1.4

轴　axle

摩托车单个车轮的轴或在一根轴上装有两个对称的车轮,这根轴可以是实际的也可以是假想的。

4.2 质量术语

4.2.1

底盘干质量 chassis dry mass

准备作正常运行并装有下列设备的底盘质量：

a) 正常运行必需的附件；

b) 全部电气设备(包括制造厂供给的照明及信号装置)；

c) 按照有关规定要求装备的全部仪器和接头；

d) 保证摩托车正常工作的各种液体(燃料及燃料/润滑油混合物不包括在内，但包括蓄电池电解液、制动液、冷却液及发动机润滑油)。

4.2.2

整车干质量 complete vehicle dry mass

4.2.2.1

两轮摩托车和边三轮摩托车干质量

准备作正常运行并装有下列设备的摩托车质量：

a) 正常运行必需的附件；

b) 全部电气设备(包括制造厂供给的照明及信号装置)；

c) 按照有关规定要求装备的全部仪器和接头；

d) 保证摩托车正常工作的各种液体(燃料及燃料/润滑油混合物不包括在内，但包括蓄电池电解液、制动液、冷却液及发动机润滑油)。

4.2.3

底盘整备质量 chassis kerb mass

底盘干质量加上下列部分质量之和：

a) 燃料和燃料/润滑油混合物，油箱注油量不少于规定油量的90%；

b) 备用车轮；

c) 工具箱。

4.2.4

底盘与驾驶室干质量 chassis and cab dry mass

底盘干质量与驾驶室质量之和。

4.2.5

整车整备质量 complete vehicle kerb mass

4.2.5.1

两轮摩托车与边三轮摩托车整备质量

整车干质量加上下列部分质量之和：

a) 燃料和燃料/润滑油混合物，油箱注油量不少于规定容量的90%；

b) 制造商提供的正常的附件设备(随车工具、载物架、挡风玻璃、保护装置等)。

4.2.5.2

正三轮整车整备质量

底盘整备质量与驾驶室、车厢部件的质量之和。

4.2.6

底盘与驾驶室整备质量 chassis and cab kerb mass

底盘整备质量与驾驶室质量之和。

4.2.7

整车全装备质量 complete vehicle mass fully equipped

整车整备质量加上制造厂为该车供应的备件质量。

4.2.8

厂定最大总质量 manufacturer's maximum total mass

制造厂考虑到特定运行情况、材料强度、轮胎承载能力等因素计算得出的质量。

4.2.9

允许最大总质量 maximum authorized total mass

按规定的运行条件确定的最大总质量。

4.3 载荷术语

4.3.1

厂定最大有效载荷 manufacturer's maximum payload

厂定最大总质量减去整车整备质量所得的质量乘以标准重力加速度所得的量值。

4.3.2

允许最大有效载荷 maximum authorized payload

允许最大总质量减去整车装备质量所得的质量乘以标准重力加速度所得的量值。

4.3.3

厂定最大轴载荷 manufacturer's maximum axle load

制造厂考虑到特定运行情况、材料强度及轮胎承载能力等因素对各轴核定的承受载荷。

4.3.4

分布载荷 distributed load

按制造厂规定，每轴所分担的载荷。

注：在4.2所述的条件下均可分别测出分布载荷。

4.3.5

载荷比 load ratio

分布载荷与车辆质量乘以标准重力加速度所得的量值之比。

注：在4.2所述的条件下均可分别测出载荷比。

4.3.6

轮胎最大允许载荷 maximum authorized tyre load

对应于允许最大总质量时一只轮胎所承受的载荷。

附 录 A
（资料性附录）
本部分章条编号与 ISO 6726:1998 及 ISO 9132:1990 章条编号对照

表 A.1 给出了本部分章条编号与 ISO 6726:1998 及 ISO 9132:1990 章条编号对照一览表

表 A.1 本部分章条编号与 ISO 6726:1998 及 ISO 9132:1990 章条编号对照

本部分章条编号	对应的 ISO 6726:1998 章条编号	对应的 ISO 9132:1990 章条编号
1	1	1
2	2	2
3	3 的第一至第四句	3 的第一至第四句
4.1.1	—	4.1.1
4.1.2	—	4.1.2
4.1.3	—	4.1.3
4.1.4	—	4.1.4
4.2.1	—	4.2.1
4.2.2.1	4.1.1	—
4.2.3	—	4.2.2
4.2.4	—	4.2.3
4.2.5.1	4.1.2	—
4.2.5.2	—	4.2.6
4.2.6	—	4.2.4
4.2.7	4.1.3	4.2.7
4.2.8	4.1.4	4.2.8
4.2.9	4.1.5	4.2.9
4.3.1	4.2.1	4.3.1
4.3.2	4.2.2	4.3.2
4.3.3	4.2.5	4.3.3
4.3.4	4.2.3	4.3.4
4.3.5	4.2.4	4.3.5
4.3.6	—	—

附　录　B
（资料性附录）
本部分与 ISO 6726:1998 及 ISO 9132:1990 技术性差异及其原因

表 B.1 给出了本部分与 ISO 6726:1998 及 ISO 9132:1990 的技术性差异及其原因的一览表

表 B.1　本部分章条编号与 ISO 6726:1998 及 ISO 9132:1990 技术性差异及原因

本部分的章条编号	对应的 ISO 6726:1998 技术性差异	对应的 ISO 9132:1990 技术性差异	原因
1	删除“不包括步行操纵的车辆或只运货不载人的车辆;不包括测试方法,试验报告中所用的计量单位、精度要求和所定义质量的数值大小”	删除“不适用于人力操作的道路车辆;残疾人专用的道路车辆;农业或林业用拖车;施工装置或设备;铲土运输机械等;不涉及测试方法和结果记录中所有的单位,也不涉及所要求的精确度或所规定的质量数量级”	所删除的内容不是本部分的范围,故删除
3	增加“轮胎压力的要求”	增加“轮胎压力的要求”	GB/T 5373—2006《摩托车和轻便摩托车尺寸和质量参数的测定方法》中 4.1 中“……轮胎气压按产品技术文件的规定。”
4.1.3	无此项内容	增加“正三轮摩托车为在底盘上装有完整车厢及驾驶室或在底盘上装有车厢部件”	GB/T 5359.4 是将 ISO 6726 与 ISO 9132 两个标准合并,为不产生混淆增加“正三轮摩托车……”。 GB/T 5359.6—1996 中 4.1.3b)、4.2.4 与 4.2.5、4.2.6中,对边三轮质量是按两轮车的质量要求。本标准中增加“两轮摩托车和边三轮摩托车……”的整车术语
4.2.2.1	增加“两轮摩托车和边三轮摩托车干质量”	无此项内容	GB/T 5359.6—1996 中 4.2.5b),对边三轮整车干质量是按两轮车的干质量要求。本标准中增加“两轮摩托车和边三轮摩托车干质量”
4.2.5.1	增加“两轮摩托车和边三轮摩托车整备质量”	无此项内容	GB/T 5359.6—1996 中 4.2.6b),对边三轮整车整备质量是按两轮车整备质量要求。本标准中增加“两轮摩托车和边三轮摩托车整备质量”
4.2.5.2	无此项内容	增加“正三轮整车整备质量”	采用 GB/T 5359.6—1996 中 4.2.6a)的叙述
4.3.6	增加“轮胎最大允许载荷”	增加“轮胎最大允许载荷”	因在 3f)中增加了轮胎气压要求,故增加“轮胎最大允许载荷”的术语

中 文 索 引

英 文 索 引

ICS 43.140
T 81

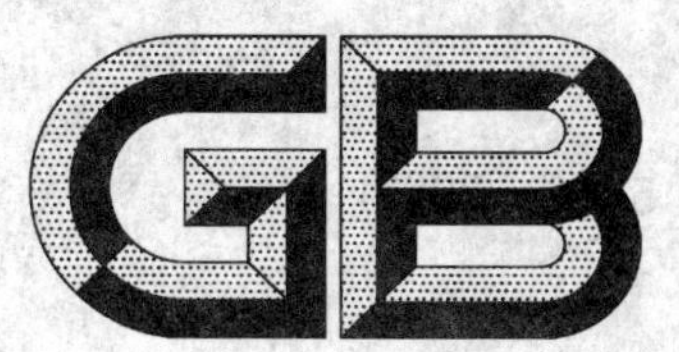

中华人民共和国国家标准

GB/T 5363—2008
代替 GB/T 5363—1995

摩托车和轻便摩托车发动机台架试验方法

Method of bench test of engine for motorcycles and mopeds

2008-10-22 发布　　　　2009-04-01 实施

中华人民共和国国家质量监督检验检疫总局
中国国家标准化管理委员会　发布

前　言

本标准代替 GB/T 5363—1995《摩托车和轻便摩托车发动机台架试验方法》。

本标准对 GB/T 5363—1995 修订的主要内容和变化如下：

——表 1 中传动组成部件效率系数参照 GB 20076《按摩托车和轻便摩托车发动机最大扭矩和最大净功率测量方法》和 95/01/EC《两轮和三轮车辆最高设计车速、最大扭矩和最大发动机净功率》中的规定进行了修改；

——为与 GB 20076 相统一，本标准全部使用“最大净功率”概念代替“最大功率”概念和“标定功率”概念；

——“范围”用“火花点火式发动机”代替“汽油发动机”和“用往复活塞式发动机”；

——本标准用 GB 4569《摩托车和轻便摩托车定置噪声限值及测量方法》代替 GB 5467《摩托车和轻便摩托车噪声测量方法》；

——增加发动机推荐的磨合规范(见表 2)；

——在 4.3.1 中增加了当制造厂在进行全负荷速度特性试验并且未规定的控制温度范围时，风冷式发动机火花塞垫圈温度应控制在 483 K±10 K(210 ℃±10 ℃)，水冷式发动机冷却液出口温度应控制在 353 K±5 K(80 ℃±5 ℃)；

——在 4.8 中增加了风冷式发动机预热运转火花塞应达到 393 K±5 K(120 ℃±5 ℃)和水冷式发动机冷却液出口温度预热运转到 353 K±5 K(80 ℃±5 ℃)的规定；

——增加了 5.3.1 和 6.3.1 关于基准最大净功率的规定；

——在 5.3.2 和 6.3.2 中对可靠性试验和耐久性试验的时间给出了明确规定；

——将试验记录表纳入了资料性附录。

本标准附录 A、附录 B、附录 C 为资料性附录，附录 D 为规范性附录。

本标准由国家发展和改革委员会提出。

本标准由全国汽车标准化技术委员会归口。

本标准起草单位：天津摩托车技术中心、浙江钱江摩托股份有限公司、济南轻骑摩托车股份有限公司。

本标准主要起草人：朱棣、王青、郭东劭、孙为民、周大权、曹心诚。

本标准所代替标准的历次版本发布情况为：

——GB 5363—1985、GB/T 5363—1995。

摩托车和轻便摩托车发动机
台架试验方法

1 范围

本标准规定了摩托车和轻便摩托车用火花点火式发动机在台架上进行性能试验、可靠性试验和耐久性试验的方法。

本标准适用于摩托车和轻便摩托车用火花点火式发动机(以下简称发动机)。

2 规范性引用文件

下列文件中的条款通过本标准的引用而成为本标准的条款。凡是注日期的引用文件,其随后所有的修改单(不包括勘误的内容)或修订版均不适用于本标准,然而,鼓励根据本标准达成协议的各方研究是否可使用这些文件的最新版本。凡是不注日期的引用文件,其最新版本适用于本标准。

GB 4569 摩托车和轻便摩托车 定置噪声限值及测量方法

GB/T 6072.1 往复式内燃机 性能 第1部分:标准基准状况,功率、燃料消耗和机油消耗的标定及实验方法(GB/T 6072.1—2000,idt ISO 3046-1:1995)

GB 14621 摩托车和轻便摩托车排气污染物排放限值及测量方法(怠速法)

3 试验条件

3.1 标准环境状况

标准环境状况按GB/T 6072.1中的有关规定。

3.2 附件

试验前,发动机应安装实际使用条件下的全部附件。如果带有充电、照明发电机或磁电机中有充电、照明线圈时,可使其处于无负荷状态。所带附件应在相应的试验记录表和试验报告中详细记载。

3.3 输出功率的测定

输出功率从发动机曲轴处测取。在发动机结构不允许时,则由发动机的相应输出轴测取,其传动效率按表1的规定。

3.4 发动机的调整

3.4.1 型式试验和出厂试验时,试验前对发动机的点火提前角、断电器触点间隙、火花塞间隙、进气门和排气门间隙以及化油器或燃油喷射系统等技术状态按照制造厂的规定进行一次性调整,性能试验过程中不得再进行调整。

3.4.2 质量定期检查试验和验收试验时,应按发动机出厂时调整的技术状态进行,试验前不得再进行调整。

3.5 发动机的安装

发动机按使用时的安装角度安装在试验台上,排气排到大气中。如果发动机的排气消声器通过排气引出管接在试验室的排气引出系统中,则试验室排气引出系统在排气引出管处产生的压力与大气压力相差不得超过±740 Pa。

表 1 传动组成部件效率系数

部 件	类 型	效率系数
齿轮	直齿轮	0.98
	斜齿轮	0.97
	锥齿轮	0.96
链条	滚子链	0.95
	无声链	0.98
皮带	同步皮带	0.95
	V 型皮带	0.94
液力耦合器或液力变矩器	液力耦合器	0.92
	液力变矩器	0.92

3.6 磨合

试验前，发动机按制造厂规定的磨合规范进行磨合。如制造厂无规定时，按表 2 的规定根据实际情况制定磨合规范，进行磨合。

表 2 磨合规范

序号	转 速	功 率	时 间
1	40%最大净功率对应转速	20%最大净功率	1 h
2	60%最大净功率对应转速	40%最大净功率	4 h
3	70%最大净功率对应转速	60%最大净功率	4 h
4	90%最大净功率对应转速	80%最大净功率	1 h
每循环 10 h，共两个循环。			

3.7 发动机的冷却

3.7.1 自然风冷式发动机试验时使用外部风源冷却。冷却风的方向一般情况应与车辆行驶时发动机承受的迎面风方向一致，冷却风机的出口面积应不小于发动机迎风面正投影的面积。

强制风冷式发动机试验时原则上使用自身的冷却系统，对排气管、消声器等附件允许使用外部风源进行冷却。

3.7.2 水冷式发动机试验时应使用自身的冷却循环系统进行冷却。当散热器不能满足散热需要时，允许增加外部风源吹拂散热器或采用外部循环进行冷却，但冷却液的循环应只靠发动机自身水泵进行。

带冷却风扇的发动机其风扇如果不能安装在被试发动机上，应以测定发动机功率的同样转速测定风扇吸收的功率，并从测量的发动机功率值中减去该功率。

3.8 发动机的预热、参数稳定性及测量要求

3.8.1 试验前发动机应进行预热运转。风冷式发动机预热运转到火花塞垫圈温度在制造厂规定的范围内，若无规定则应预热运转到 373 K(100 ℃)以上。水冷式发动机应预热运转到冷却液出口温度在制造厂规定的范围内，若无规定应预热运转到 353 K±5 K(80 ℃±5 ℃)。

3.8.2 性能参数应在发动机稳定运转 30 s 后测量。

3.8.3 测量性能参数时，发动机转速的波动不能大于该转速的±1%。

3.8.4 每一工况点测量两次，其两次测量的值相差应小于 2%，取两次测量的平均值为测量值。

3.8.5 燃油消耗量的测量，人工测量时每次测量时间应大于 20 s，自动测量时每次应大于 10 s。

3.9 温度控制

试验时，火花塞垫圈温度、冷却液出口温度应控制在制造厂规定的范围内。

3.10 燃油和润滑油

试验用燃油和润滑油应采用制造厂规定的牌号，必要时应按有关标准进行化验。

3.11 试验仪器、设备

试验前应对测试仪器、设备进行必要的检查校正，并具有检定证书。

3.12 主要参数的测量位置及仪器、设备精度

3.12.1 主要参数的测量位置按表3。

表3 测量位置

序号	测量项目	测量位置
1	大气压力(绝对)和相对湿度	在试验室内、不受阳光直射和热辐射处测量
2	压缩压力	在火花塞孔处
3	进气温度	在沿空气滤清器进口轴线、离进气口0.15 m以内测量，传感器应逆气流安装，端头位于气流中心并进行屏蔽
4	外部冷却风速	在发动机迎风面距发动机0.2 m处
5	排气引出管压力	在离排气消声器尾管出口0.05 m处测量，连接压力计的导管的端面与排气引出管内壁齐平
6	火花塞垫圈温度	火花塞垫圈处
7	冷却液温度	冷却液出口处
8	润滑油温度	在曲轴箱中润滑油深度的中部位置
9	润滑油压力	在制造厂规定的部位

3.12.2 仪器、设备精度按表4。

表4 仪器、设备精度

序号	仪器、设备	单位	精度	序号	仪器、设备	单位	精度
1	测功机	N·m	±1%	9	垫圈式热电偶温度计	K	±10
2	转速表	r/min	±0.5%	10	湿度计	%	±0.5
3	计时器	s	0.01	11	微压计	Pa	±25
4	容积式油耗仪	mL	±1%	12	废气分析仪	10^{-6}	HC满刻度值5%
5	密度计	g/cm^3	0.001			%	CO ±0.5%
6	大气压力计	Pa	±70	13	声级计	dB(A)	Ⅰ级
7	气缸压力表	MPa	1.5级	14	压力表	Pa	1.5级
8	温度计	K	±1				

4 性能试验方法

4.1 起动性能试验

4.1.1 试验时不连接测功机，按产品使用说明书规定的起动方式起动，对兼备电动起动和脚踏起动两种方式的发动机，二者均应试验。

脚踏起动时，从开始起动操作时计时，至发动机开始自行运转时止，测量起动时间(不包括开始起动前的辅助操作时间，但包括起动失败时间和每次起动之间的辅助操作时间)和起动次数(踏杆每踏下一次或起动踏杆顺起动方向转过的角度大于90°即为一次起动)。

电动机起动时，从开始接通起动电机时计时，至发动机开始自行运转时止，测量起动时间和起动次

数。起动试验如果受发动机结构和起动方式限制而不能在台架上进行者，允许将发动机装在配套车架上进行。试验方法和要求同上。

记录润滑油温度、起动时间、起动次数及大气状态参数。

4.1.2 常温起动：在环境温度为 273 K～311 K(0 ℃～38 ℃)的条件下进行。试验前把燃油、润滑油、充足电的蓄电池(只限于靠蓄电池起动者)连同发动机置于上述环境温度下，待温度达到平衡(温差不大于 1 K)后进行试验。

4.1.3 冷机起动：在环境温度为 263 K ±2 K(−10 ℃ ±2 ℃)的条件下进行。试验前把燃油、润滑油、充足电的蓄电池(只限于靠蓄电池起动者)连同发动机置于上述环境温度下，待温度达到平衡(温差不大于 1 K)后进行试验。

4.1.4 热机起动：对于风冷式发动机，预热运转到火花塞垫圈温度达到 413 K(140 ℃)时停机，立刻进行起动试验；对于水冷式发动机，预热运转到冷却液出口温度在制造厂规定的范围内，若无规定应预热运转到 353 K(80 ℃)时停机，立刻进行起动试验。

4.2 最低空载稳定转速(怠速)试验

试验时不连接测功机。将变速器处于空挡或离合器处于分离状态，调整节气门开度，使其转速处于制造厂规定的怠速转速，在该转速下运转 10 min，每 2 min 测量一次转速，然后突然开大节气门，看是否熄火。计算其转速波动率。

转速波动率按式(1)计算：

$$\Psi = \left| \frac{n_{max}(\text{或 } n_{min}) - \bar{n}}{\bar{n}} \right| \times 100\% \qquad \cdots\cdots(1)$$

式中：

Ψ——转速波动率，%；

n_{max}(或 n_{min})——在 10 min 内测得转速的最大值或最小值，取差值最大者，单位为转每分钟(r/min)；

$\bar{n}$——平均转速，单位为转每分钟(r/min)。

平均转速按式(2)计算：

$$\bar{n} = \frac{\sum_{i=1}^{i=k} n_i}{k} \qquad \cdots\cdots(2)$$

式中：

k——转速测量次数；

n_i——第 i 次转速测量值，单位为转每分钟(r/min)。

本试验如不能在试验台架上进行，允许将发动机装在配套车架上进行。

4.3 速度特性试验

4.3.1 全负荷速度特性

做全负荷速度特性试验时，将节气门固定在全开位置，使发动机转速处于最大净功率时的转速，然后逐渐增加负荷，降低转速，在可以稳定运转的转速范围内选取不少于 6 个转速点(包括最大净功率转速点、最大转矩转速点和最低油耗转速点)进行试验。试验时，风冷式发动机火花塞垫圈温度应控制在制造厂规定的范围内，若无规定则应控制在 483 K±10 K(210 ℃±10 ℃)。水冷式发动机冷却液出口温度应控制在制造厂规定的范围内，若无规定应控制在 353 K±5 K(80 ℃±5 ℃)。

4.3.2 部分负荷速度特性

做部分负荷速度特性试验时，节气门分别固定在最大净功率对应转速下的 100%、75%、50%和 25%最大净功率位置处(总排量不大于 50 mL 的发动机 25%最大净功率可不做)，逐渐增加负荷，降低转速，在可以稳定运转的转速范围内选取不少于 6 个转速点进行试验。

全负荷和部分负荷速度特性试验时测量转速、转矩、燃油消耗量、火花塞垫圈温度、冷却液温度及环境状况参数。其余参数(润滑油温度、润滑油压力等)酌情测取。

4.4 万有特性试验

用速度特性法或负荷特性法进行万有特性试验,二者任选一种。

4.4.1 速度特性法:根据最大净功率对应转速下最大净功率的百分数,选取不少于8种节气门开度,按4.3的方法,在选取的节气门开度下进行速度特性试验。

4.4.2 负荷特性法:在发动机可以稳定运转的转速范围内,选取8种以上转速,使发动机转速分别保持在各种转速下不变,每种转速选择不少于6个负荷点,改变负荷和节气门开度,进行负荷特性试验。

万有特性试验时测量转速、转矩、燃油消耗量、火花塞垫圈温度、冷却液温度及环境状况参数。其余参数(润滑油温度、润滑油压力等)酌情测取。

4.5 各缸工作均匀性试验

用单缸熄火法测定多缸发动机各缸功率的不均匀率。

试验时将节气门固定在最大净功率位置,待运转稳定后,轮流停止一缸工作(拔下火花塞高压线),随即降低负荷使转速回复到最大净功率对应转速,并测量功率。

各缸指示功率按式(3)计算:

$$P_i = P_{ed} - P_{ei} \qquad \cdots\cdots(3)$$

式中:

P_i——第 i 缸(停止工作缸)的指示功率,单位为千瓦(kW);

P_{ed}——最大净功率,单位为千瓦(kW);

P_{ei}——第 i 缸停止工作后测得的功率,单位为千瓦(kW)。

各缸工作不均匀率按式(4)计算:

$$\varepsilon = \left| \frac{P_{i\max}(\text{或 } P_{i\min}) - \overline{P}}{\overline{P}} \right| \times 100\% \qquad \cdots\cdots(4)$$

式中:

$P_{i\max}$(或 $P_{i\min}$)——各缸指示功率的最大值(或最小值),单位为千瓦(kW);

$\overline{P}$——各缸指示功率的平均值,单位为千瓦(kW);

ε——各缸功率不均匀率,%。

4.6 润滑油消耗率测定试验

4.6.1 四冲程发动机润滑油消耗率测定

加入新润滑油至发动机润滑油标尺上限位置,起动预热。在最大净功率对应转速下调至75%最大净功率运转,待润滑油温度稳定后,调至50%最大净功率及80%最大净功率对应转速运转3 min后停机,立即转动曲轴,在1 min内顺转曲轴一周并继续转至第1缸上止点位置。拆下放油螺塞,准确地放油15 min后装回螺塞,称量放出的润滑油和容器、漏斗总重 G_1。将该油倒回发动机(把未倒净的润滑油和容器、漏斗保存好使之不受污染)后立即起动,迅速调至75%最大净功率工况,在最大净功率对应转速下运转8 h后调至50%最大净功率及80%最大净功率对应转速工况运转3 min后停机,如前所述转动曲轴、放油(用原容器和漏斗),称量放出的润滑油和容器、漏斗总重 G_2。

消耗的润滑油量按式(5)计算:

$$G = G_1 - G_2 \qquad \cdots\cdots(5)$$

式中:

G——润滑油消耗量,单位为克(g);

G_1——运转前润滑油、容器和漏斗总重,单位为克(g);

G_2——运转后润滑油、容器和漏斗总重,单位为克(g)。

用校正后的功率计算润滑油消耗率。

4.6.2 分离润滑二冲程发动机润滑油消耗率测定

发动机按3.8.1起动预热后停机，加入润滑油至润滑油箱上限位置并称其重量。重新起动，在最大净功率对应转速下迅速调至75%最大净功率工况，运转8 h。然后降低负荷，转速调至怠速转速运转3 min后停机。准确地测量试验前后消耗的润滑油量。用校正后的功率计算润滑油消耗率。

4.6.3 混合润滑二冲程发动机润滑油消耗的测定

发动机按3.8.1起动预热后，在最大净功率对应转速下迅速调至75%最大净功率工况，运转8 h，然后降低负荷，转速调至怠速转速运转3 min后停机，并准确测量预热后至最后停机时的混合油消耗量G_0。

消耗的润滑油量按式(6)计算：

$$G = G_0 \times \frac{1}{K+1} \qquad \cdots\cdots (6)$$

式中：

K——汽油与润滑油的容积混合比比值。

用校正后的功率计算润滑油消耗率。

4.7 机械效率测定

根据机型和测功设备的不同，可选择热反拖法或单缸熄火法测定机械效率，推荐优先采用热反拖法。采用何种方法应在试验报告中说明。

4.7.1 热反拖法

试验前发动机在最大净功率工况下运转30 min后停止点火，立即进行试验。试验时节气门置于全开位置，四冲程机并停止供油，选择和全负荷速度特性试验相同的转速点，用电力测功机拖动由低速到高速测量各点的转速、测功机负荷。试验应在发动机熄火后3 min内完成。制取机械损失功率曲线和机械效率曲线。

机械效率按式(7)计算：

$$\eta_m = \frac{P_e}{P_e + P_m} \times 100\% \qquad \cdots\cdots (7)$$

式中：

P_e——选定工况下的有效功率，单位为千瓦(kW)；

P_m——选定工况下的机械损失功率，单位为千瓦(kW)。

4.7.2 单缸熄火法

试验方法按4.5进行。

机械效率按式(8)计算：

$$\eta_m = \frac{P_e}{P_{i1} + P_{i2} + P_{i3} + \cdots\cdots + P_{ij}} \times 100\% \qquad \cdots\cdots (8)$$

式中：

P_e—— 选定工况下的有效功率，单位为千瓦(kW)；

$P_{i1} \sim P_{ij}$——分别为选定工况下各缸的指示功率，单位为千瓦(kW)。

4.8 怠速排放污染物测定

对于风冷式发动机，预热运转到火花塞垫圈温度达到制造厂规定的温度，若制造厂没有规定时，预热运转到393 K±5 K(120 ℃±5 ℃)，按GB 14621的规定测定怠速排放污染物。对于水冷式发动机，预热运转到冷却液出口温度在制造厂规定的范围内，若无规定应预热运转到353 K±5 K(80 ℃±5 ℃)，按GB 14621的规定测定怠速排放污染物。

4.9 噪声测定

发动机的噪声随整车按GB 4569的规定进行。

5 可靠性试验

5.1 磨合

按 3.6 的规定进行磨合并详细记录磨合期间发生故障的次数、现象及原因，并更换润滑油。

5.2 性能测试

5.2.1 怠速排放污染物的测定按 4.8 的规定进行。

5.2.2 全负荷速度特性按 4.3.1 的规定进行。

5.3 可靠性试验

5.3.1 基准最大净功率

可靠性试验前，应及时测量基准最大净功率作为衡量发动机功率变化的标准。测量方法是使节气门处于全开位置，将转速调至企业标准规定的最大净功率的相应转速。若企业未规定最大净功率，则以实测最大净功率为准。连续运转 15 min，从第 3 min 起每隔 3 min 测量一次功率，5 次测量功率的平均值，即为基准最大净功率值。

5.3.2 可靠性试验运转工况的循环按表 5 的规定在试验台架上连续进行。包括磨合，累计运转时间为 60 h，磨合不足 20 h 的，其不足时间并入可靠性试验。

5.3.3 可靠性试验中应严格控制冷却系统，其冷却条件除应符合 3.7 的规定外，对于自然风冷发动机，火花塞垫圈温度应控制在制造厂规定的范围内。制造厂未作规定时，火花塞垫圈温度应控制在 423 K(150 ℃)～493 K(220 ℃)。对于水冷发动机，冷却水出口温度应控制在制造厂规定的范围内。制造厂未作规定时，冷却水出口温度应控制在 353 K±5 K(80 ℃±5 ℃)。

表 5 工况循环

转 速	油门开度	运转时间/h
$\leqslant\frac{1}{2}$最大净功率转速	$\leqslant\frac{1}{4}$油门开度	$\frac{1}{6}$
最大净功率转速	全开	$9\frac{5}{6}$

5.3.4 可靠性试验应连续进行，每隔 10 h 停机一次。除按使用说明书中规定对发动机进行保养外，允许更换润滑油，清除积炭，检查调整火花塞、断电器触点和气门间隙，清洗变速箱、化油器、消声器、润滑油滤清器和空气滤清器，并检查各部位的紧固情况。停机保养时间不超过 1 h。

对于排量大于 400 mL 的四冲程发动机允许按企业标准停机检查或补充润滑油。但每次停机间隔时间不超过 0.5 h。

5.3.5 试验过程中应详细记录发动机运转和停机保养期间所发现的各种情况：停机故障次数、故障现象及原因、更换非主要零件名称及数量(包括停机保养时)、主要零件损坏情况等。

试验中每隔 1 h 至少测量一次转速、转矩、燃油消耗量、火花塞垫圈温度等，每个循环记录一次环境温度、相对湿度和大气压力。

5.4 性能复试

可靠性试验后，按 5.3.4 的规定进行保养、调整，重复 5.2 的试验内容。

6 耐久性试验

6.1 磨合

按 3.6 的规定进行磨合并详细记录磨合期间发生故障的次数、现象及原因，并更换润滑油。

6.2 性能测试

6.2.1 怠速排放污染物的测定按 4.8 的规定进行。

6.2.2 全负荷速度特性按 4.3.1 的规定进行。

6.3 耐久性试验

6.3.1 基准最大净功率

耐久性试验前，应及时测量基准最大净功率作为衡量发动机功率变化的标准。测量方法是使油门处于全开位置，将转速调至企业标准规定的最大净功率的相应转速。若企业未规定最大净功率，则以实测最大净功率为准。连续运转 15 min，从第 3 min 起每隔 3 min 测量一次功率，5 次测量功率的平均值，即为基准最大净功率值。

6.3.2 耐久性试验运转工况的循环按表 6 的规定在试验台架上连续进行。包括磨合，累计运转时间为 100 h，磨合不足 20 h 的，其不足时间并入可靠性试验。

6.3.3 耐久性试验中应严格控制冷却系统，其冷却条件除应符合 3.7 的规定外，对于自然风冷发动机，火花塞垫圈温度应控制在制造厂规定的范围内。制造厂未作规定时，火花塞垫圈温度应控制在 423 K(150 ℃)～493 K(220 ℃)。对于水冷发动机，冷却水出口温度应控制在制造厂规定的范围内。制造厂未作规定时，冷却水出口温度应控制在 353 K±5 K(80 ℃±5 ℃)。

表 6 工况循环

转速	油门开度	运转时间/h
$\leqslant\frac{1}{2}$最大净功率转速	$\leqslant\frac{1}{4}$油门开度	$\frac{1}{6}$
最大净功率转速	全开	$9\frac{5}{6}$

6.3.4 耐久性试验应连续进行，每隔 10 h 停机一次，除按使用说明书中规定对发动机进行保养外，允许更换润滑油，清除燃烧室、活塞顶、活塞环及排气消声器内积炭，检查调整各部间隙，清洗变速箱、化油器、消声器、润滑油滤清器和空气滤清器，并检查各部位紧固情况。停机保养时间不超过 1 h。

对于排量大于 400 mL 的四冲程发动机，允许按企业标准停机检查或补充润滑油。但每次停机间隔时间不超过 0.5 h。

6.3.5 试验过程中，应详细记录发动机运转和停机保养期间所发现的各种情况：停机故障次数、故障现象及原因、更换非主要零件名称及数量(包括停机保养和耐久性试验结束后拆机时)、主要零件损坏情况等。

试验中每隔 1 h 至少测量一次转速、转矩、燃油消耗量、火花塞垫圈温度等，每个循环记录一次环境温度、相对湿度和大气压力。

6.4 性能复试

耐久性试验后，按 6.3.4 的规定进行保养、调整，重复 6.2 的试验内容。

7 有效功率的修正

7.1 发动机在非标准环境状况下试验时，其有效功率应修正到标准环境状况。

7.2 有效功率的修正按式(9)、式(10)计算：

$$P_0 = \alpha_\delta \cdot P_e \tag{9}$$

$$\alpha_\delta = \left(\frac{99}{P_s}\right)^{1.2}\left(\frac{T}{298}\right)^{0.6} \tag{10}$$

式中：

P_0——标准环境状况下的有效功率，单位为千瓦(kW)；

P_e——现场环境状况下的有效功率，单位为千瓦(kW)；

α_δ——等油量法火花点火式发动机的功率校正系数；

T——现场环境状况下的环境温度，单位为开尔文(K)；

P_s——现场环境状况下的干空气压力，单位为千帕(kPa)。

$$P_s = P - \varphi \cdot P_{sw} \quad \cdots\cdots (11)$$

式中：

P——现场环境状况下的大气压，单位为千帕(kPa)；

φ——现场环境状况下的相对湿度；

$\varphi \cdot P_{sw}$——现场环境状况下的饱和蒸汽压，单位为千帕(kPa)；数值见附录D。

公式(9)仅适用于当 $0.93 \leqslant \alpha_\delta \leqslant 1.07$，$283\ K \leqslant T \leqslant 318\ K$ 和 $80\ kPa \leqslant P_s \leqslant 110\ kPa$ 的情况下，否则应在试验报告中详细说明试验时的现场环境状况。

7.3 燃油消耗率不进行修正，按实测值计算。

8 试验报告

试验报告应包括下列内容：

8.1 发动机技术规格

型号： 型式：

气缸直径： mm 活塞行程： mm

总排量： mL 最大净功率： kW/(r/min)

最大转矩： N·m (r/min)

最低空载稳定转速(怠速)： r/min

最低燃油消耗率： g/(kW·h)

润滑油消耗率： g/(kW·h)

各缸功率不均匀率： %

汽油牌号： 润滑油牌号：

压缩比： 配气正时：

扫气方式： 润滑方式：

进气方式： 气门配置：

火花塞间隙： mm 断电器触点间隙： mm

汽油与润滑油容积混合比： 点火提前角：

冷却方式：

8.2 试验时所带附件

空气滤清器 型式：

化油器(或燃油喷射系统) 型式： 型号：

磁电机 型式： 型号：

充电发电机 型式： 型号：

点火线圈 型式： 型号：

火花塞 型式： 型号：

排气消声器 型式： 型号：

排气净化装置 型式： 型号：

冷却风扇 型式： 型号：

其他附件 型式： 型号：

8.3 测试设备、仪表及油料

说明所用测试设备、仪表的名称、型号及精度，使用的燃油和润滑油牌号，必要时附上油料化验单。

8.4 试验项目及试验结果

说明所进行的试验项目及试验结果，并给用试验结论。试验结果集中列出下列数据：

起动时间： s；

最低空载稳定转速： r/min；
最大净功率及相应转速： kW/(r/min)；
最大转矩及相应转速： N·m/(r/min)；
最低燃油消耗率： g/(kW·h)；
润滑油消耗率： g/(kW·h)；
各缸工作不均匀率： %；
机械效率： %；
起动成功次数： 次。

注：根据情况可予以增减。

耐久性试验还应给出试验前后性能参数变化后的百分率、停机故障次数、更换非主要零部件名称及数量、主要零部件损坏情况等统计数据。

8.5 绘制曲线图

绘出全负荷及部分负荷下的速度特性曲线图及万有特性曲线图。

耐久性试验应将试验前后同一特性曲线绘于一图中。特性曲线应以校正后的功率、转矩绘制。

8.6 附录

将试验数据等资料作为附录纳入试验报告。

附　录　A
（资料性附录）
发动机台架试验记录表

发动机生产厂：

<table>
<tr><td rowspan="3">发动机</td><td>型号</td><td></td><td rowspan="3">汽油</td><td>牌号</td><td></td><td>试验名称</td><td rowspan="3">大气状况</td><td>温度</td><td>K</td><td rowspan="5">试验时间地点人员</td><td>时间</td><td></td></tr>
<tr><td>机号</td><td></td><td>比重</td><td></td><td rowspan="4"></td><td>大气压力</td><td>kPa</td><td>地点</td><td></td></tr>
<tr><td>化油器型号</td><td></td><td>温度</td><td></td><td>相对湿度</td><td>%</td><td>人员</td><td></td></tr>
<tr><td rowspan="2">测功器</td><td>型号</td><td></td><td colspan="2">润滑油牌号</td><td></td><td colspan="2" rowspan="2">修正系数</td><td rowspan="2"></td><td></td><td></td></tr>
<tr><td>型式</td><td></td><td colspan="2">混合油比例（容积）</td><td></td><td>记录</td><td></td></tr>
</table>

记录项目 序号	起止时间	曲轴转速	测功机读数	转矩		有效功率		燃油消耗量			燃油消耗率	火花塞垫圈温度	备注
				试验时实测值	换算到标准大气状况	试验时实测值	换算到标准大气状况	耗油容积	耗油时间	耗油量			
		n	P	M_e	M_0	P_e	P_0	ΔV	Δt	G_T	g_{ev}	t	
		r/min	N	N·m	N·m	kW	kW	cm^3	s	kg/h	g/(kW·h)	℃	
1													
2													
3													
4													
5													
6													

附 录 B
（资料性附录）
发动机起动性能、最低空载稳定转速、怠速排放污染物测量记录表

发动机生产厂：　　型号：　　编号：

汽油牌号：　　润滑油牌号：　　混合比：

环境状况			起动时间 s	怠速性能					
气温 K	大气压 kPa	湿度 %		转速 r/min	转速波动率 %	连续稳定运转时间 min	突然加大节气门发动机是否熄火	HC 10^{-6}	CO %

附 录 C
（资料性附录）
发动机可靠性、耐久性故障记录表

生产厂名称：　　发动机型号：　　编号：　　试验日期：

序号	故障出现时间 h	零部件名称	故障情况说明	故障类别	故障原因分析	排除措施	说明

检验员：　　记录：　　审核：

附　录　D
（规范性附录）
不同环境温度 T 和相对湿度 Φ 下的水蒸气分压 $\Phi \cdot P_{sw}$

表 D.1

T/K	$\Phi \cdot P_{sw}$/kPa				
	Φ				
	1	0.8	0.6	0.4	0.2
263	0.3	0.2	0.2	1.0	0.1
268	0.4	0.3	0.2	1.2	0.1
273	0.6	0.5	0.4	1.2	0.1
278	0.9	0.7	0.5	0.4	0.2
283	1.2	1.0	0.7	0.5	0.2
288	1.7	1.4	1.0	0.7	0.5
293	2.3	1.9	1.4	0.9	0.5
298	3.2	2.5	1.9	1.3	0.6
300	3.6	2.9	2.1	1.4	0.7
303	4.2	3.4	2.5	1.7	0.9
305	4.8	3.8	2.9	1.9	1.0
307	5.3	4.3	3.2	2.1	1.1
309	6.0	4.8	3.6	2.6	1.2
311	6.6	5.3	4.0	2.7	1.3
313	7.4	5.9	4.4	3.0	1.5
315	8.2	6.6	4.9	3.3	1.6
317	9.1	7.3	5.5	3.6	1.8
319	10.1	8.1	6.1	4.0	2.0
321	11.2	8.9	6.7	4.5	2.2
323	12.3	9.9	7.4	4.9	2.5

ICS 87.040
G 51

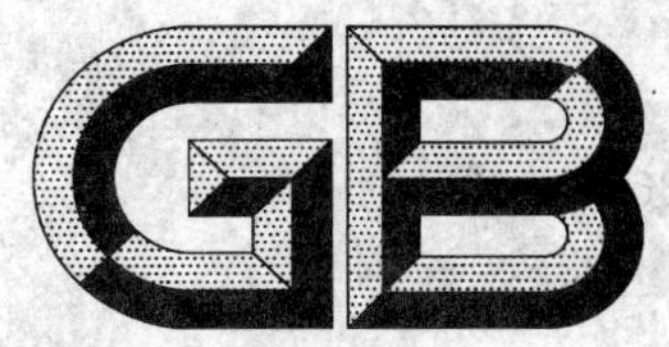

中华人民共和国国家标准

GB 5369—2008
代替 GB 5369—1985

船用饮水舱涂料通用技术条件

Gerneral-specification for drinking water tank coating of shipbuilding

2008-12-30 发布　　　　　　　　2009-12-01 实施

中华人民共和国国家质量监督检验检疫总局
中国国家标准化管理委员会　发布

前　言

本标准 3.2、4.9 中的附录 A.4 和附录 A.5 为强制性条款，其他条款为推荐性条款。

本标准代替 GB 5369—1985《船用饮水舱涂料通用技术条件》。

本标准与 GB 5369—1985《船用饮水舱涂料通用技术条件》相比主要变化如下：

a) 取消原标准 1.1“一般要求”；

b) 饮水舱涂料理化指标中的耐介质性时间单位统一为“h”；

c) 涂层浸泡水的浸泡时间由原标准“30 至 90 d”改为浸泡时间“30 d”；

d) 饮水舱涂料的理化指标增加细度、固体含量、干燥时间及贮存稳定性诸项；

e) 饮水舱涂料卫生要求增加“浸泡水的水质还应进行 LD_{50}、Ames 和哺乳动物细胞染色体畸变的毒理学试验”。

本标准的附录 A 为规范性附录，附录 B 和附录 C 为资料性附录。

本标准由中国石油和化学工业协会提出。

本标准由全国涂料和颜料标准化技术委员会归口。

本标准起草单位：中国船舶重工集团公司第七二五研究所、中国船舶重工集团公司渤海造船厂、海军医学研究所。

本标准主要起草人：孙祖信、苏春海、汪南平、张东亚、庄焱、许春生、徐喜生。

船用饮水舱涂料通用技术条件

1 范围

本标准规定了船用饮水舱涂料的要求、试验方法、检验规则、标志、包装、运输和贮存等。

本标准适用于涂敷在船舶饮水舱内表面的涂料系统。

2 规范性引用文件

下列文件中的条款通过本标准的引用而成为本标准的条款。凡是注日期的引用文件,其随后所有的修改单(不包括勘误的内容)或修订版均不适用于本标准,然而,鼓励根据本标准达成协议的各方研究是否可使用这些文件的最新版本。凡是不注日期的引用文件,其最新版本适用于本标准。

GB/T 1724 涂料细度测定法

GB/T 1725 色漆、清漆和塑料 不挥发物含量的测定

GB/T 1728 漆膜、腻子膜干燥时间测定法

GB/T 1731 漆膜柔韧性测定法

GB/T 1733 漆膜耐水性测定法

GB/T 1771 色漆和清漆 耐中性盐雾性能的测定

GB/T 3186 色漆、清漆和色漆与清漆用原材料 取样

GB/T 5210 色漆和清漆 拉开法附着力试验

GB/T 5749 生活饮用水卫生标准

GB/T 6753.3 涂料贮存稳定性试验方法

GB/T 9750 涂料产品包装标志

GB/T 13491 涂料产品包装通则

3 要求

3.1 理化指标

饮水舱涂料应符合表1的理化指标。

表 1 饮水舱涂料理化指标

序号	项 目	指 标
1	细度/μm	≤70
2	固体含量/%	≥70
3	干燥时间/h 表干 实干	≤4 ≤24
4	柔韧性/mm	≤5
5	附着力/MPa	≥3.0
6	耐盐雾性,600 h	无起泡、无脱落、无生锈
7	耐水性,720 h	无起泡、无脱落、无生锈

表 1（续）

序号	项　目	指　标
8	贮存稳定性/a	≥1
注：细度、固体含量、干燥时间及贮存稳定性等项目指标的检测对象为单一涂料，柔韧性、附着力、耐盐雾性、耐水性等项目指标的检测对象为复合涂层。		

3.2　卫生要求

3.2.1　饮水舱涂料应按国家管理有关规定进行卫生安全检定。

3.2.2　涂层浸泡水的水质除按《生活饮用水卫生标准》中规定的基本项目检测外，还应按涂料的种类及性质检测其他增测项目，并应符合 A.4.1、A.4.2 和 A.4.3 的要求。

3.2.3　涂层浸泡水的水质还应进行 LD_{50}，Ames 和哺乳动物细胞染色体畸变的毒理学试验，应符合 A.4.4 要求。

3.2.4　当用新材料生产饮水舱涂料时，还应测定其在水中的溶出物及其浓度，并应符合 A.4.5 的要求。

4　试验方法

4.1　细度

按 GB/T 1724 的规定进行。

4.2　固体含量

按 GB/T 1725 的规定进行。

4.3　干燥时间

按 GB/T 1728 的规定进行。

4.4　柔韧性

按 GB/T 1731 的规定进行。

4.5　附着力

按 GB/T 5210 的规定进行。

4.6　耐盐雾性

按 GB/T 1771 的规定进行。

4.7　耐水性

按 GB/T 1733 的规定进行。

4.8　贮存稳定性

按 GB/T 6753.3 的规定进行。

4.9　卫生要求

按附录 A 中 A.4、A.5、附录 B 和附录 C 进行卫生要求试验。

5　检验规则

5.1　抽样

饮水舱涂料应按 GB/T 3186 的规定进行抽样，样品分为两份，一份密封贮存备查，另一份作检验。

5.2　检验分类

5.2.1　饮水舱涂料检验分为型式检验和出厂检验。

5.2.2　型式检验为周期检验，出厂检验为每批次检验。

5.3　型式检验

5.3.1　检验条件

有下列情况之一时，应进行型式检验：

a) 正常生产时,每三年应进行一次型式检验;

b) 当产品新投产时;

c) 当材料、工艺有改变足以影响产品性能时;

d) 产品停产半年重新恢复生产时。

5.3.2 检验项目

按表2的规定进行型式检验。

5.4 出厂检验

5.4.1 检验条件

每批涂料均应进行出厂检验。

5.4.2 组批

出厂检验以批为单位,按每一贮漆槽为一批。

5.4.3 检验项目

按表2的规定进行出厂检验。

5.5 合格判定

检验项目不符合规定时,应按GB/T 3186的规定重新取双倍试样进行复验,如仍有项目不符合规定,产品即为不合格品。

表2 检验项目

序号	检验项目名称	出厂检验	型式检验	要求章节	试验方法
1	细度	●	●	3.1	4.1
2	固体含量	●	●	3.1	4.2
3	干燥时间	●	●	3.1	4.3
4	柔韧性	●	●	3.1	4.4
5	附着力	●	●	3.1	4.5
6	耐盐雾性	—	●	3.1	4.6
7	耐水性	—	●	3.1	4.7
8	贮存稳定性	—	●	3.1	4.8
9	卫生要求	—	●	3.2	4.9
注:● 应检项目;— 不检项目。					

6 标志、标签、包装、运输、贮存

6.1 标志

饮水舱涂料产品的标志应符合GB/T 9750的要求。

6.2 标签

饮水舱涂料产品应附有标签,标明产品的标准号、型号、名称、数量、质量合格标记、生产厂名、生产日期及批号。

6.3 包装

饮水舱涂料产品的包装应符合GB/T 13491的要求。

6.4 运输

饮水舱涂料产品在运输中应防止雨淋、日光曝晒。

6.5 贮存

饮水舱涂料产品应贮存在通风、干燥的库房内,防止日光直接照射,并应隔绝火源。产品在原包装封闭的条件下,超过一年贮存期可按本标准规定的出厂检验项目进行检验,如检验合格,仍可使用。

附 录 A
（规范性附录）
生活饮用水输配水设备及防护材料卫生安全评价

A.1 范围

本附录规定了生活饮用水输配水设备及防护材料卫生安全评价。

本附录适用于生活饮用水输配水设备及防护材料的卫生安全评价，也适用于与生活饮用水接触的水处理材料（如水质处理器滤芯、膜组件、活性炭等）的卫生安全评价。

A.2 规范性引用文件

下列文件中的条款通过本标准的引用而成为本标准的条款。凡是注日期的引用文件，其随后所有的修改单（不包括勘误的内容）或修订版均不适用于本标准，然而，鼓励根据本标准达成协议的各方研究是否可使用这些文件的最新版本。凡是不注日期的引用文件，其最新版本适用于本标准。

生活饮用水水质卫生规范(2001)

生活饮用水检验规范(2001)

A.3 术语和定义

下列术语和定义适用于本附录：

A.3.1 生活饮用水输配水设备（equipment in driking water）

指与生活饮用水接触的输配水管、蓄水容器、供水设备、机械部件（如阀门、水泵、水处理剂加入器等）。

A.3.2 防护材料（protective materials in drinking water）

指与生活饮用水接触的涂料、内衬等。

A.3.3 水处理材料（treatment materials in drinking water）

指与生活饮用水接触的水质处理器滤芯、膜组件、活性炭等。

A.4 卫生要求

A.4.1 凡与生活饮用水接触的输配水设备、水处理材料和防护材料不得污染水质，出水水质应符合《生活饮用水质卫生规范》的要求。

A.4.2 生活饮用水输配水设备、水处理材料和防护材料应按本附录和附录B的规定进行浸泡试验。

A.4.3 浸泡水应按本附录和附录B的方法处理。检测结果应分别符合表A.1和表A.2的要求。

表 A.1 浸泡试验基本项目的卫生要求

序 号	项 目	卫 生 要 求
1	色/度	增加量≤5
2	浑浊度/度	增加量≤0.2
3	臭和味/度(NTU)	浸泡后水无异臭、异味
4	肉眼可见物	浸泡后水不产生任何肉眼可见的碎片杂物等
5	pH	改变量≤0.5
6	溶解性总固体/(mg/L)	增加量≤10

表 A.1(续)

序 号	项 目	卫 生 要 求
7	耗氧量/(mg/L)	增加量≤1(以 O_2 计)
8	砷/(mg/L)	增加量≤0.005
9	镉/(mg/L)	增加量≤0.000 5
10	铬/(mg/L)	增加量≤0.005
11	铝/(mg/L)	增加量≤0.02
12	铅/(mg/L)	增加量≤0.001
13	汞/(mg/L)	增加量≤0.000 2
14	三氯甲烷/(mg/L)	增加量≤0.006
15	挥发酚类/(mg/L)	增加量≤0.002

表 A.2 浸泡试验增测项目的卫生要求

序号	项 目	卫生要求
1	铁/(mg/L)	增加量≤0.06
2	锰/(mg/L)	增加量≤0.02
3	铜/(mg/L)	增加量≤0.2
4	锌/(mg/L)	增加量≤0.2
5	钡/(mg/L)	增加量≤0.05
6	镍/(mg/L)	增加量≤0.002
7	锑/(g/L)	增加量≤0.000 5
8	四氯化碳/(mg/L)	增加量≤0.000 2
9	邻苯二甲酸酯类/(mg/L)	增加量≤0.01
10	银/(mg/L)	增加量≤0.005
11	锡/(mg/L)	增加量≤0.002
12	氯乙烯/(mg/kg)	材料中含量≤1.0
13	苯乙烯/(mg/L)	增加量≤0.002
14	环氧氯丙烷/(mg/L)	增加量≤0.002
15	甲醛/(mg/L)	增加量≤0.05
16	丙烯腈/(mg/kg)	材料中含量≤11
17	总 α 放射性	不得增加(不超过测量偏差的 3 个标准差)
18	总 β 放射性	不得增加(不超过测量偏差的 3 个标准差)
19	苯/(mg/L)	增加量≤0.001
20	总有机碳(TOC)/(mg/L)	增加量≤1
21	受试产品在水中可能溶出的其他成分	根据国内外相关标准判定项目及限值,无相关标准可依的,按附录 C 进行毒理学试验确定限值。毒理学指标应不大于限值的十分之一。

A.4.4 防护材料的浸泡水应进行毒理学试验,满足下列要求:

a) 急性经口毒性(LD_{50})不得小于 10 g/kg(体重)。

b) Ames和哺乳动物细胞染色体畸变致突变试验结果均应为阴性。

A.4.5 当用新材料制备输配水设备、水处理材料和防护材料时，应测定在水中的溶出物及其浓度，并评价其安全性。无标准可依的，按附录C进行毒理学试验确定限值。

A.5 检验

A.5.1 所有样品应检验表A.1的全部项目，并根据样品的种类、性质按表A.3确定防护材料浸泡试验增测检验项目。

表A.3 与饮用水接触的防护材料浸泡试验增测检验项目

防护材料	检测项目											
	铁	锌	氟化物	四氯化碳	甲醛	环氧氯丙烷	苯乙烯	苯	总有机碳	GC/MS鉴定	ICP鉴定	其他
漆酚	●	●	—	●	●	—	—	●	○	○	○	根据具体条件和需要确定
聚酰胺环氧树脂	—	—	—	●	—	●	●	—	○	○	○	
有机硅	—	—	●	●	—	—	—	—	○	○	○	
聚四氟乙烯	—	—	●	●	—	—	—	—	○	○	○	
环氧酚醛	—	—	—	●	●	●	●	●	○	○	○	
水基改性环氧树脂	—	—	—	●	●	●	●	—	○	○	○	
脱模涂料	—	—	—	●	●	—	—	●	○	○	○	
其他	—	—	—	●	—	—	—	—	○	○	○	
新化学物质	●	●	●	●	●	●	●	●	○	○	○	

注：● 必检项目；○ 选检项目；— 不检项目。

A.5.2 与生活饮用水接触的防护材料应进行30 d浸泡试验。第1次(浸泡第1 d)和第6次(浸泡第30 d)的浸泡水检验项目为《生活饮用水水质卫生规范》表A.1中全部项目以及A.5.1中规定项目。其余5次检验的项目为《生活饮用水水质卫生规范》中的表A.1所列全部项目和第1次检验中的超标项目。

A.5.3 检验方法按《生活饮用水检验规范》执行。

附 录 B
（资料性附录）
与饮用水接触的防护材料检验方法

B.1 规范性引用文件

下列文件中的条款通过本标准的引用而成为本标准的条款。凡是注日期的引用文件，其随后所有的修改单(不包括勘误的内容)或修订版均不适用于本标准，然而，鼓励根据本标准达成协议的各方研究是否可使用这些文件的最新版本。凡是不注日期的引用文件，其最新版本适用于本标准。

《生活饮用水卫生标准》

B.2 样品预处理

B.2.1 试样的制备

B.2.1.1 按产品的使用条件(如涂层厚度，涂后干燥时间等)制备试样，可将涂层涂在玻璃片上，如玻璃片不合适，可另选用。

B.2.1.2 取 100 mm×100 mm 玻璃片，洗净烘干。在玻璃片两面按实际使用厚度涂以涂料。在干燥处自然干燥，制成涂料片。

B.2.2 试剂的制备

试剂制备要求如下：

a) 纯水：

——应为电导率小于 2 μS/cm 的蒸馏水或去离子水。

b) 贮备液：

——0.025 mol/L 氯贮备液：取 7.3 mL 试剂级次氯酸钠(5%NaOCl)，用纯水稀释至 200 mL，贮于密闭具塞的棕色瓶中，于 20 ℃避光保存，每周新鲜配制。

——测定氯含量：取 1.0 mL 氯贮备液，用水稀释至 1.0 L，立即分析总余氯，将此值定为“A”。

——测定所需的余氯：为了获得 2.0 mg/L 余氯，需要向浸泡水中加入氯贮备液的量，按式(B.1)计算：

$$V = \frac{2.0 \times B}{A} \qquad \cdots\cdots(B.1)$$

式中：

V——需加入氯贮备液的体积，单位为毫升(mL)；

B——标准浸泡水的体积，单位为升(L)；

A——氯贮备液的浓度，单位为毫克每毫升(mg/mL)。

——0.04 mol/L 钙硬度贮备液：称取 4.44 g 无水氯化钙($CaCl_2$)溶于纯水中，并用纯水稀释至 1.0 L，充分混匀。每周新鲜配制。

——0.04 mol/L 碳酸氢钠缓冲液：将 3.36 g 无水碳酸氢钠($NaHCO_3$)溶于纯水中，并用纯水稀释至 1.0 L，充分混匀。每周新鲜配制。

B.2.3 试样水的制备

配制 pH 为 8、硬度为 100 mg/L、有效氯为 2 mg/L 的试样水方法如下：取 25 mL 碳酸氢钠的缓冲液、25 mL 钙硬度贮备液以及所需的氯贮备液，用纯水稀释至 1.0 L。按此比例配制实际所需要的试样水。

B.2.4 浸泡条件

浸泡条件应包括：

a) 试样的表面积与试样水容积比应为 50 cm^2/L(用于毒理学试验的涂层表面积和试样水容积比应为 1 000 cm^2/L)。如为多层涂料，则将各层涂料分别涂在玻璃片(或另选用合适的基材)上，同时固定在试样水中。每种涂料试样与试样水容积比均按 50 cm^2/L 计算。

b) 在密闭、避光、温度为(25±5)℃条件下进行浸泡。

B.2.5 浸泡方法

浸泡方法如下：

a) 将实干的试样涂料片用自来水清洗干净后，浸泡于盛有 B.2.3 所述试样水的玻璃容器中，加盖密封。并在相同条件下，保留同期试样水作为空白对照水。

b) 将试样片分别插入放于玻璃容器中的玻璃固定架上，使试样片保持垂直，互不接触，或者将试样片悬挂于玻璃器中；

c) 于浸泡后 1 d,3 d,5 d,10 d,20 d,30 d 分别收集浸泡水，供检测分析用，以观察溶出污染物浓度的衰减情况；

d) 在收集浸泡水的同时，全部换入新的浸泡水；

e) 制备空白对照时，除玻璃片上不涂防护材料外，其他一切试验条件相同。

B.2.6 浸泡水收集和保存

当达到预定的浸泡时间时，应立即将浸泡水放入预先洗净的样品瓶内。收集至分析间隔的时间应不得超过 8 h 小时。某些项目需尽快的测定。需加入保存剂的浸泡水应先把保存剂加入瓶中，或直接低温保存。浸泡水的收集和保存方法按表 B.1 执行。

表 B.1 浸泡水的收集和保存

序号	项 目	保存剂	容 器	贮 藏
1	色、臭、味	无	玻璃瓶	4 ℃,24 h 内测定
2	浑浊度	无	玻璃瓶	4 ℃
3	金属(汞除外)	加浓硝酸至 pH<2	聚乙烯瓶	室温
4	汞	加浓硝酸至 pH<2, 每 100 mL 水样加入 5%重铬酸钾液 1 mL。	聚乙烯瓶	室温
5	砷	无	玻璃瓶	室温
6	苯酚、氰化物	加氢氧化钠至 pH>12	棕色玻璃瓶	4 ℃,24 h 内测定
7	多环芳烃	无	棕色玻璃瓶	4 ℃
8	混合有机物	无	棕色玻璃瓶	4 ℃
9	溶剂	无	玻璃瓶	4 ℃
10	挥发性有机物	少量硫代硫酸钠	玻璃瓶	4 ℃

B.3 检验方法

浸泡试验方法按《生活饮用水检验规范》执行。

附 录 C
（资料性附录）
生活饮用水输配水设备及防护材料的卫生毒理学评价程序和方法

C.1 范围

本附录规定了生活饮用水输配水设备(包括一切与饮用水接触的设备)、水处理材料和防护材料的卫生毒理学评价。本附录适用于生活饮用水输配水设备、水处理材料和防护材料在水中溶出的有害物质未规定最大容许浓度时毒理学试验在水中的限值。

C.2 规范性引用文件

下列文件中的条款通过本标准的引用而成为本标准的条款。凡是注日期的引用文件,其随后所有的修改单(不包括勘误的内容)或修订版均不适用于本标准,然而,鼓励根据本标准达成协议的各方研究是否可使用这些文件的最新版本。凡是不注日期的引用文件,其最新版本适用于本标准。

《化妆品卫生规范》(1999)

C.3 毒理学评价要求

毒理学评价应提供下列材料:

a) 产品应用条件、应用范围、理化性质;

b) 配方、生产方法;

c) 配方各成分的化学结构式、杂质成分和含量;

d) 在饮用水浸泡过程中可能溶出的物质及估计浓度;

e) 根据使用情况制备试样和提供试验样品。

C.4 毒理学评价程序

C.4.1 水平划分

毒理学试验根据生活饮用水输配水设备、水处理材料和防护材料在水中溶出物质的浓度,分水平Ⅰ至水平Ⅳ进行,以确定其在水中的最大容许浓度。

C.4.2 水平Ⅰ

当溶出物质在水中的浓度不大于10 μg/L时选用水平Ⅰ。

C.4.2.1 试验项目

a) 基因突变试验:Ames试验;

b) 哺乳动物染色体畸变试验:体外哺乳动物细胞染色体畸变,或小鼠骨髓细胞染色体畸变试验,或小鼠骨髓细胞微核试验任选一项。

C.4.2.2 结果评价

a) 如果上述两项试验均为阴性,则可以通过;

b) 如果上述两项试验均为阳性,则该产品不能通过,或进行慢性试验以便进一步评价;

c) 如果上述两项试验中有一项为阳性,则需选用另外两种遗传毒性试验作为补充,包括一种基因突变试验和一种哺乳动物细胞染色体畸变试验。如果均为阴性,则产品可通过 ,如有一项阳性则不能通过,或进行慢性试验,以便进一步评价。

C.4.3 水平Ⅱ

当溶出物质在水中的浓度为不小于10 μg/L至不大于50 μg/L时选用水平Ⅱ。

C.4.3.1 试验项目

a) 水平Ⅰ试验；

b) 大鼠90 d经口毒性试验。

C.4.3.2 结果评价

a) 对遗传毒理学试验结果的评价同水平Ⅰ；

b) 通过大鼠90 d经口毒性试验，确定溶出物质在水中的最大容许浓度（安全系数一般选用1 000）；

c) 当溶出物质在水中的实际浓度超过最大容许浓度时，不能通过。

C.4.4 水平Ⅲ

当溶出物质在水中浓度为不小于50 μg/L至不大于1 000 μg/L时选用水平Ⅲ。

C.4.4.1 试验项目：

a) 水平Ⅱ试验；

b) 大鼠致畸变试验。

C.4.4.2 结果评价：

a) 对遗传毒理学试验结果的评价同水平Ⅰ；

b) 当致畸试验结果为阳性时该产品不通过；

c) 综合全部试验结果，确定溶出物质在水中的最大容许浓度；

d) 当溶出物质在水中实际浓度超过最大容许浓度时，不能通过。

C.4.5 水平Ⅳ

当溶出物质在水中浓度大于1 000 μg/L时选用水平Ⅳ。

C.4.5.1 试验项目：

a) 水平Ⅲ试验；

b) 大鼠慢性毒性试验。

C.4.5.2 结果评价：

a) 当致畸试验结果为阳性时，该产品不能通过；

b) 当致癌试验和遗传毒理学试验结果综合评价，溶出物质有致癌性时，不能投入使用；

c) 根据慢性试验结果确定溶出物质在水中的最大容许浓度；

d) 当溶出物质在水中的实际浓度超过最大容许浓度时，不能通过。

C.5 试验方法

毒理试验方法按《化妆品卫生规范》执行。

ICS 43.020
T 04

中华人民共和国国家标准

GB/T 5374—2008
代替 GB/T 5374—1995

摩托车和轻便摩托车可靠性试验方法

Test method of reliability for motorcycles and mopeds

2008-11-28 发布　　2009-06-01 实施

中华人民共和国国家质量监督检验检疫总局
中国国家标准化管理委员会　发布

前言

本标准代替 GB/T 5374—1995《摩托车和轻便摩托车可靠性试验方法》。

本标准与 GB/T 5374—1995 相比：

——调整了试验项目；

——增加了可靠性试验样车数量；

——增加了驾驶操作和例行操作；

——调整了试验路面设置和行驶里程分配；

——增加了可靠性评价计算方法。

本标准附录 A、附录 B、附录 C 为规范性附录。

本标准附录 D、附录 E 为资料性附录。

本标准由国家发展与改革委员会提出。

本标准由全国汽车标准化技术委员会归口。

本标准起草单位：天津摩托车技术中心、上海摩托车质量监督检验所。

本标准主要起草人：张建新、王青、徐峻、赵丽娜。

本标准所代替标准的历次版本发布情况为：

——GB 5374—1985、GB/T 5374—1995。

摩托车和轻便摩托车可靠性试验方法

1 范围

本标准规定了摩托车和轻便摩托车可靠性试验的试验条件及中止试验条件、试验里程及里程分配、试验项目及方法和试验报告。

本标准适用于摩托车和轻便摩托车(赛车和电动摩托车除外)(以下简称“摩托车”)的可靠性试验。

2 规范性引用文件

下列文件中的条款通过本标准的引用而成为本标准的条款。凡是注日期的引用文件,其随后所有的修改单(不包括勘误的内容)或修订版均不适用于本标准,然而,鼓励根据本标准达成协议的各方研究是否可使用这些文件的最新版本。凡是不注日期的引用文件,其最新版本适用于本标准。

GB 4569 摩托车和轻便摩托车 定置噪声限值及测量方法

GB/T 5373 摩托车和轻便摩托车尺寸和质量参数的测定方法

GB/T 5378 摩托车和轻便摩托车道路试验总则

GB/T 7031 机械振动 道路路面谱 测量数据报告

GB 7258 机动车运行安全技术条件

GB 14621 摩托车和轻便摩托车排气污染物排放限值及测量方法(怠速法)

GB 15742 机动车用喇叭的性能要求及试验方法

GB 16169 摩托车和轻便摩托车 加速行驶噪声限值及测量方法

GB/T 16486 摩托车和轻便摩托车燃油消耗试验方法

GB 20073 摩托车和轻便摩托车 制动性能要求及试验方法

3 试验条件及中止试验条件

3.1 一般试验条件

3.1.1 试验前企业应提供产品技术文件。

3.1.2 受试车辆的安全环保性能应符合有关强制性标准的规定。

3.1.3 性能试验前受试车辆应按使用维护说明书或企业产品技术文件进行走合,在走合期间按要求更换发动机、变速器的润滑油。整个可靠性试验期间不得随意调整、更换零部件,并应做好详细的行驶检查记录。

3.1.4 车辆的装载质量应符合 GB/T 5378 的规定。

3.2 中止试验条件

在试验过程中发现下述情况之一者,应中止试验或由研制单位改进后再继续试验:

a) 转向、制动系统不能确保行驶安全;

b) 车架或其焊接处出现断裂、脱焊等损坏使试验无法继续进行;

c) 试验中应考核的总成严重损坏需要更换。

3.3 试验道路

3.3.1 可靠性试验行驶道路一般应包括:

a) 平坦公路:符合国家一、二级公路要求,路面宽阔平直,视野良好;

b) 颠簸路:路基坚实但路面凹凸不平的道路。应有明显的搓板波、石块路、碎石等路面。路面平整度为 E 级或 E 级以下,受试车辆在这种路面上行驶时,应受到较强的振动和扭曲负荷,但不应有太大的冲击；

c) 坡路：路面平均纵向坡度不小于5%，路面平整度为C级以上。

3.3.2 可靠性试验可在试车场内封闭道路上进行，也可选择交通流量小，便于发挥车速和有利于试验安全的路段进行可靠性试验，条件允许时也可利用可靠性试验强化系数进行试验以缩短试验周期。

4 试验项目及试验方法

4.1 主要尺寸及质量参数的测量

主要尺寸及质量按照GB/T 5373的规定，应对受试车辆测量下列参数：

a) 外廓尺寸(长、宽、高)；

b) 轴距；

c) 轮距；

d) 转向轮转角；

e) 离地间隙；

f) 转弯圆直径；

g) 整车整备质量及轴载质量；

h) 厂定最大总质量及厂定最大轴载荷。

4.2 走合

4.2.1 走合前，按GB/T 5378中规定进行车速里程表指示值的校核。

4.2.2 受试车辆应按使用维护说明书及有关技术文件的规定在平坦公路上走合行驶，走合里程不大于1 000 km。

4.2.3 走合期间应经常检查车辆各部分的紧固情况和工作状况，发现故障应及时排除，并计入故障统计。

4.3 主要性能试验

4.3.1 主要性能试验应包括如下内容：

a) 起动性能试验，按GB/T 5378进行；

b) 最高车速试验，按GB/T 5378进行；

c) 最低稳定车速试验，按GB/T 5378进行；

d) 加速性能试验，按GB/T 5378进行；

e) 滑行试验，按GB/T 5378进行；

f) 爬坡性能试验，按GB/T 5378进行；

g) 定置噪声测量，按GB 4569进行；

h) 加速噪声测量，按GB 16169进行；

i) 燃油消耗试验，按GB/T 16486进行；

j) 制动性能试验，按GB 20073进行；

k) 怠速性能试验，按GB 14621进行；

l) 喇叭声级试验，按GB 7258和GB 15742进行；

m) 前照灯性能试验，按GB 7258进行。

4.3.2 主要性能试验进行2次，初次试验在走合后进行，复试在可靠性行驶试验结束后进行。

4.4 可靠性试验

4.4.1 样车数量

样车数量不应少于3辆。

4.4.2 试验里程及里程分配

可靠性试验总里程包括走合里程、检查行驶里程、性能试验里程和行驶试验里程四部分，试验总里程为 6 000 km，各种路面按比例混合行驶，各类路面上行驶里程分配见表 1 规定。

表 1　试验道路里程分配

道路	行驶里程分配/%	
	摩托车	轻便摩托车
平坦公路	40	60
坡　　路	30	—
颠 簸 路	30	40

4.4.3　可靠性试验方法及行驶规范

4.4.3.1　可靠性试验包括例行操作和在各种道路上的可靠性行驶试验。

4.4.3.2　例行操作项目及要求见附录 A。具体试验时可根据不同车型、试验目的做适当调整。

4.4.3.3　各种道路尽可能按比例组成循环，混合行驶。

4.4.3.4　驾驶操作

驾驶操作按照以下内容进行：

a)　变速器使用(若有)：整个试验过程中要正确使用变速器，不得空挡滑行，每行驶 100 km 停车 10 min，起步时连续换挡行驶；

b)　车速：在确保安全的情况下，尽量高速行驶；

c)　制动：每行驶 50 km 至少制动至停车两次；

d)　行驶里程中，应包括 10%的夜间行驶里程。允许以白天开灯行驶代替。

4.4.3.5　行驶试验中，允许按产品技术条件或使用维护说明书的规定对受试车辆进行检查、调整和保养，各类故障和换件均应计入故障统计。故障分类原则见附录 B(规范性附录)。

4.4.4　可靠性评价指标的计算方法

4.4.4.1　可靠性试验后，评价样车的首次故障里程、平均故障间隔里程、当量故障率、综合评定分数。

4.4.4.2　可靠性评价指标的计算见附录 C。

4.5　试验记录

4.5.1　主要参数结果参照附录 D(资料性附录)中表 D.1 的项目填写。

4.5.2　主要性能试验结果参照附录 E(资料性附录)中表 E.1、表 E.2 的项目填写。

4.5.3　试验过程中，对所发生的故障参照附录 E(资料性附录)表 E.3、表 E.4 填写。

5　试验报告

试验结束后，应根据试验数据，整理出结果和编制可靠性试验报告。可靠性试验报告应包括如下内容：

a)　试验目的；

b)　试验依据；

c)　试验对象；

d)　试验条件；

e)　试验内容和试验结果；

f)　试验结论。

附 录 A
（规范性附录）
例 行 操 作

A.1 可靠性试验期间每行驶 100 km 应进行下述操作：

A.1.1 两轮摩托车和两轮轻便摩托车停车架和撑杆停车各 10 次；

A.1.2 开关各车门 10 次(有驾驶室的)；

A.1.3 驾驶员侧窗玻璃启闭 10 次（有驾驶室的）；

A.1.4 刮水器连续工作 2 min(可根据需要喷射清洗剂或对风窗玻璃洒水)；

A.1.5 照明开关、变光开关、转向开关、喇叭开关、超车开关、燃油开关各操作 20 次。

A.2 行驶试验中，每行驶 1 000 km 至少进行淋水洗车 1 次。

附 录 B
(规范性附录)
故障分类原则

故障分类见表B.1。

表 B.1 故障分类原则

故障类别	名称	分类原则
1	致命故障	涉及车辆行驶安全,可能导致人身伤亡或引起主要总成报废,对周围环境造成严重污染,达不到法规要求
2	严重故障	导致主要总成、零部件损坏或性能下降,且不能用随车工具和易损备件在短时间内修复
3	一般故障	造成停驶或性能下降,但一般不会导致主要总成、零部件损坏,并能用随车工具和易损备件在短时间内修复
4	轻微故障	一般不会导致性能下降,不需要更换零件,用随车工具在短时间内能轻易排除

附　录　C
（规范性附录）
可靠性评价指标的计算

C.1　可靠性单项评定指标

C.1.1　首次故障里程 T_f

C.1.2　平均故障间隔里程 T_b 由式(C.1)计算

$$T_b = \frac{t}{r} \quad \cdots\cdots\cdots\cdots (C.1)$$

式中：

r——检验子样发生故障的总数；

当 $r=0$ 时，按 $r=1$ 计；

t——检验截止里程，单位为千米(km)。

C.1.3　当量故障率 D 由式(C.2)计算

$$D = \frac{1\ 000}{t}\sum_{j=1}^{4}\varepsilon_j r_j \quad \cdots\cdots\cdots\cdots (C.2)$$

式中：

r_j——检验子样发生第 j 类故障数；

ε_j——第 j 类故障的当量故障系数，其值为：致命故障 $\varepsilon_1=100$；严重故障 $\varepsilon_2=20$；一般故障 $\varepsilon_3=2$；轻微故障 $\varepsilon_4=0.2$；其他符号意义同式(C.1)。

C.2　可靠性评定分数(Q_f)

用单项指标加权评分的方法评定摩托车可靠性水平，由式(C.3)计算

$$Q_i = \frac{1}{325}(T_f + T_b) + 80e^{-0.174D} \quad \cdots\cdots\cdots\cdots (C.3)$$

式中：

Q_i——摩托车单子样可靠性评定分数，由式(C.4)计算；

T_f——首次故障里程当 $T_f>2\ 500$ km 时，令 $T_f=2\ 500$ km；

T_b——平均故障里程当 $T_b>4\ 000$ km 时，令 $T_b=4\ 000$ km。

$$Q_f = \frac{\sum_{i=1}^{i} Q_i}{i} \quad \cdots\cdots\cdots\cdots (C.4)$$

式中：

Q_f——摩托车可靠性评定分数；

Q_i——摩托车单子样可靠性评定分数；

i——受试样车数量。

附 录 D
（资料性附录）
试验记录表

表 D.1 主要尺寸及质量参数测量记录表

<table>
<tr><th rowspan="2">序号</th><th rowspan="2" colspan="3">项 目</th><th colspan="3">试验车</th></tr>
<tr><th>1</th><th>2</th><th>3</th></tr>
<tr><td rowspan="3">1</td><td rowspan="3">外廓尺寸</td><td>长</td><td rowspan="5">mm</td><td></td><td></td><td></td></tr>
<tr><td>宽</td><td></td><td></td><td></td></tr>
<tr><td>高</td><td></td><td></td><td></td></tr>
<tr><td>2</td><td colspan="2">轴距</td><td></td><td></td><td></td></tr>
<tr><td>3</td><td colspan="2">轮距</td><td></td><td></td><td></td></tr>
<tr><td>4</td><td colspan="2">转向轮转角</td><td>(°)</td><td></td><td></td><td></td></tr>
<tr><td>5</td><td colspan="2">离地间隙</td><td rowspan="2">mm</td><td></td><td></td><td></td></tr>
<tr><td>6</td><td colspan="2">转弯圆直径</td><td></td><td></td><td></td></tr>
<tr><td>7</td><td colspan="3">整车整备质量/kg</td><td></td><td></td><td></td></tr>
<tr><td rowspan="2">8</td><td rowspan="2">整车整备质量时
轴载质量/kg</td><td colspan="2">前</td><td></td><td></td><td></td></tr>
<tr><td colspan="2">后(左/右)</td><td></td><td></td><td></td></tr>
<tr><td>9</td><td colspan="3">厂定最大总质量/kg</td><td></td><td></td><td></td></tr>
<tr><td rowspan="2">10</td><td rowspan="2">厂定最大轴载荷/kg</td><td colspan="2">前</td><td></td><td></td><td></td></tr>
<tr><td colspan="2">后(左/右)</td><td></td><td></td><td></td></tr>
</table>

附 录 E
（资料性附录）
试验记录表

表 E.1 主要性能试验记录表

<table>
<tr><th rowspan="3">序号</th><th rowspan="3" colspan="2">项目</th><th colspan="6">试验车</th></tr>
<tr><th colspan="2">1</th><th colspan="2">2</th><th colspan="2">3</th></tr>
<tr><th>初试</th><th>复试</th><th>初试</th><th>复试</th><th>初试</th><th>复试</th></tr>
<tr><td rowspan="2">1</td><td rowspan="2">起动性能/s</td><td>脚起动</td><td></td><td></td><td></td><td></td><td></td><td></td></tr>
<tr><td>电起动</td><td></td><td></td><td></td><td></td><td></td><td></td></tr>
<tr><td>2</td><td colspan="2">最高车速/(km/h)</td><td></td><td></td><td></td><td></td><td></td><td></td></tr>
<tr><td>3</td><td colspan="2">最低稳定车速/(km/h)</td><td></td><td></td><td></td><td></td><td></td><td></td></tr>
<tr><td rowspan="2">4</td><td rowspan="2">加速性能/s</td><td>起步</td><td></td><td></td><td></td><td></td><td></td><td></td></tr>
<tr><td>超越</td><td></td><td></td><td></td><td></td><td></td><td></td></tr>
<tr><td>5</td><td colspan="2">滑行距离/m</td><td></td><td></td><td></td><td></td><td></td><td></td></tr>
<tr><td>6</td><td colspan="2">爬坡角度/(°)</td><td></td><td></td><td></td><td></td><td></td><td></td></tr>
<tr><td>7</td><td colspan="2">定置噪声/dB(A)</td><td></td><td></td><td></td><td></td><td></td><td></td></tr>
<tr><td>8</td><td colspan="2">加速噪声/dB(A)</td><td></td><td></td><td></td><td></td><td></td><td></td></tr>
<tr><td>9</td><td colspan="2">经济车速油耗/(L/100 km)</td><td></td><td></td><td></td><td></td><td></td><td></td></tr>
<tr><td>10</td><td colspan="2">制动性能</td><td colspan="2">见表 E.2</td><td colspan="2">见表 E.2</td><td colspan="2">见表 E.2</td></tr>
<tr><td>11</td><td colspan="2">怠速性能</td><td></td><td></td><td></td><td></td><td></td><td></td></tr>
<tr><td>12</td><td colspan="2">喇叭声级</td><td></td><td></td><td></td><td></td><td></td><td></td></tr>
<tr><td>13</td><td colspan="2">前照灯性能</td><td></td><td></td><td></td><td></td><td></td><td></td></tr>
</table>

表 E.2 制动试验记录表

车型：__________ 生产厂家：__________ 编号：__________

	空载	满载
前轴重/kg		
后轴重/kg		

0 型试验：

		试验车速 km/h		减速度 m/s^2		控制力 N	
		初试	复试	初试	复试	初试	复试
空载干制动	前制动						
	后制动						
满载干制动	前制动						
	后制动						
满载干制动基准试验（2.5 m/s^2，0.5 s～1 s）	前制动						
	后制动						
满载湿制动	前制动						
	后制动						

Ⅰ型试验：

		初试	复试	
车速 min（70% V_{max}，100 km/h）				制动次数：10 次 制动间隔：1 000 m
3 m/s^2 时的控制力/N	前制动			
	后制动			

	试验车速 km/h		减速度 m/s^2		控制力 N	
	初试	复试	初试	复试	初试	复试
前制动基准试验						
前制动Ⅰ型试验						
后制动基准试验						
后制动Ⅰ型试验						

表 E.3　可靠性试验故障记录表

摩托车型号：＿＿＿＿＿＿＿＿　车架编号：＿＿＿＿＿＿＿＿

发动机编号：＿＿＿＿＿＿＿＿　试验车号：＿＿＿＿＿＿＿＿

试　验　员：＿＿＿＿＿＿＿＿　驾　驶　员：＿＿＿＿＿＿＿＿

序号	故障出现里程 km	零部件 名称	故障情况 说明	故障 类别	故障原因 分析	故障排除 措施	故障排除 时间 min	故障责任 单位

表 E.4　可靠性试验故障汇总表

<table>
<tr><th colspan="3" rowspan="2">项目</th><th colspan="3">试验车</th><th rowspan="2">平均值</th></tr>
<tr><th>1</th><th>2</th><th>3</th></tr>
<tr><td rowspan="8">故障类别</td><td rowspan="2">1</td><td>次数</td><td></td><td></td><td></td><td></td></tr>
<tr><td>首次里程/km</td><td></td><td></td><td></td><td></td></tr>
<tr><td rowspan="2">2</td><td>次数</td><td></td><td></td><td></td><td></td></tr>
<tr><td>首次里程/km</td><td></td><td></td><td></td><td></td></tr>
<tr><td rowspan="2">3</td><td>次数</td><td></td><td></td><td></td><td></td></tr>
<tr><td>首次里程/km</td><td></td><td></td><td></td><td></td></tr>
<tr><td rowspan="2">4</td><td>次数</td><td></td><td></td><td></td><td></td></tr>
<tr><td>首次里程/km</td><td></td><td></td><td></td><td></td></tr>
<tr><td colspan="3">试验截止里程/km</td><td></td><td></td><td></td><td></td></tr>
<tr><td colspan="3">平均技术车速/(km/h)</td><td></td><td></td><td></td><td></td></tr>
<tr><td colspan="3">故障排除时间/min</td><td></td><td></td><td></td><td></td></tr>
<tr><td colspan="3">1～4 类故障之和</td><td></td><td></td><td></td><td></td></tr>
<tr><td colspan="3">首次故障里程/km</td><td></td><td></td><td></td><td></td></tr>
<tr><td colspan="3">平均故障间隔里程/km</td><td></td><td></td><td></td><td></td></tr>
</table>

ICS 43.140
T 80

中华人民共和国国家标准

GB/T 5378—2008
代替 GB/T 5378—1994,GB/T 5376—1996,GB/T 5381—1994,
GB/T 5383—1994,GB/T 5384—1996,GB/T 5385—1994,GB/T 5386—1994,
GB/T 5387—1994,GB/T 15363—1994,GB/T 15364—1994,GB/T 16708—1996

摩托车和轻便摩托车道路试验方法

Methods of road test for motorcycles and mopeds

2008-10-22 发布　　　　2009-04-01 实施

中华人民共和国国家质量监督检验检疫总局
中国国家标准化管理委员会　发布

前言

本标准是对GB/T 5378—1994《摩托车和轻便摩托车道路试验总则》、GB/T 5376—1996《摩托车和轻便摩托车车速里程表指示值校核方法》、GB/T 5381—1994《摩托车和轻便摩托车起动性能试验方法》、GB/T 5383—1994《摩托车和轻便摩托车最低稳定车速试验方法》、GB/T 5384—1996《摩托车和轻便摩托车最高车速试验方法》、GB/T 5385—1994《摩托车和轻便摩托车加速性能试验方法》、GB/T 5386—1994《摩托车和轻便摩托车滑行试验方法》、GB/T 5387—1994《摩托车和轻便摩托车爬坡能力试验方法》、GB/T 15363—1994《摩托车和轻便摩托车驻车性能要求》、GB/T 15364—1994《摩托车和轻便摩托车驻车性能试验方法》和GB/T 16708—1996《三轮摩托车和三轮轻便摩托车最大侧倾稳定角试验方法》的整合修订及代替

与所修订的各项标准比较，主要变动如下：

——修改第1章适用范围，不适用项中删去越野车，增加电动摩托车。

——3.1.2.2中增加“若试验前走合不足1 000 km时，生产企业可决定是否进行试验。”的规定。

——3.2.1.2增加试验条件“受试车轮胎的规格、工作压力应符合随车技术文件的规定”。

——增加3.2.1.6“应尽量减小车载测试仪器对轴荷分布的影响及由此产生的附加空气阻力。必要时用轴荷仪称重使轴荷分布符合车辆技术文件的要求。”

——3.2.2删去不必要、不适用的试验器具。

——3.2.3.1允许使用环形跑道并提出相应要求。3.2.3.2加严对试验道路纵向坡度的限制到0.5%。

——3.2.4增加对驾驶员身高、体重、坐姿的限制。

——3.2.5增加对试验时的气候条件及风速的限制。

——制动、噪声、油耗等检验项目的允许偏差在相应强制性国家标准中已有规定，本标准不再重复。

——3.3.2修改了对部分测试参数修约后的保留位数的规定。

——各道路试验方法，如最高车速、驻车性能、车速表校核等检验方法移作本标准的内容。

——第5章明确规定既有脚踏起动又有电起动的受试车需进行二种方式的起动性能试验。

——第5章规定以发动机机油温度或冷却液(若有)温度取代发动机气缸头散热片温度。电起动发动机则要测定蓄电池电压。

——第10章删去了有关如何确定滑行阻力系数的内容。

——第12章删除了牵引试验和台架试验的内容。

本标准附录A为资料性附录。

本标准由国家发展和改革委员会提出。

本标准由全国汽车标准化技术委员会归口。

本标准负责起草单位：上海摩托车质量监督检验所。

本标准参加起草单位：国家摩托车质量监督检验中心，金城集团有限公司，五羊-本田摩托(广州)有限公司，中国嘉陵工业股份有限公司(集团)，济南轻骑股份有限公司、浙江钱江摩托股份有限公司。

本标准主要起草人：姜勇、宫建军、毛学荣、钟穗燕、冉明、彭洪、胡文浩、黄岚、郑建亮、袁建军、赵丽娜、李文军。

本标准所代替标准的历次版本发布情况为：

——GB 4559—1984、GB 5378—1985、GB/T 5378—1994；

——GB 4560—1984、GB 5376—1985、GB/T 5376—1996；

——GB 4561—1984、GB 5381—1985、GB/T 5381—1994；
——GB 4563—1984、GB 5383—1985、GB/T 5383—1994；
——GB 4566—1984、GB 5384—1985、GB/T 5384—1996；
——GB 4565—1984、GB 5385—1985、GB/T 5385—1994；
——GB 4564—1984、GB 5386—1985、GB/T 5386—1994；
——GB 4568—1984、GB 5387—1985、GB/T 5387—1994；
——GB/T 15363—1994；
——GB/T 15364—1994；
——GB/T 16708—1996。

摩托车和轻便摩托车道路试验方法

1 范围

本标准规定了摩托车和轻便摩托车道路试验试验前的准备、试验条件、试验方法、取值规则和对试验记录的一般要求。

本标准适用于摩托车和轻便摩托车(赛车和电动摩托车除外)的道路试验。

2 规范性引用文件

下列文件中的条款通过本标准的引用而成为本标准的条款。凡是注日期的引用文件,其随后所有的修改单(不包括勘误的内容)或修订版均不适用于本标准,然而,鼓励根据本标准达成协议的各方研究是否可使用这些文件的最新版本。凡是不注日期的引用文件,其最新版本适用于本标准。

GB/T 1184—1996 形状和位置公差 未注公差值

GB/T 5373 摩托车和轻便摩托车 尺寸和质量参数的测定方法

GB/T 8170 数值修约规则

GB 16169 摩托车和轻便摩托车 加速行驶噪声限值及测量方法

GB 20073 摩托车和轻便摩托车 制动性能要求及试验方法

GB 15744 摩托车燃油消耗量限值及测量方法(GB 15744—2008,ISO 7860:1995 Motorcycles—Methods of measuring fuel consumption,NEQ)

GB 16486 轻便摩托车燃油消耗量限值及测量方法(GB 16486—2008,ISO 7859:2000(E) Mopeds—Fuel consumption measurements,NEQ)

3 总则

3.1 试验前的准备

3.1.1 受试车的检查和调整

3.1.1.1 受试车应附带使用维护说明书或有关技术文件。

3.1.1.2 检查受试车制造厂名、牌号、型号、车辆识别代号、发动机编号和出厂日期等并作记录。

3.1.1.3 检查受试车各总成、部件、附件的装配质量和完整性,各外露零部件有否可见损伤,随车工具是否齐全。按使用维护说明书或有关技术文件的规定检查重要紧固件的拧紧程度、各润滑点的润滑油(脂)加注及密封状况、电气系统能否正常工作、各操纵系统和制动系统能否正常工作。

3.1.1.4 允许按使用维护说明书或有关技术文件规定调整受试车,使之处正常的技术状态。

3.1.2 受试车的走合

3.1.2.1 受试车应按使用维护说明书或有关技术文件的规定在坡度较小的平整公路上走合行驶。

3.1.2.2 走合期间应经常检查车辆各部分的紧固情况和工作状况,及时调整、排除故障,并详细记录故障情况。走合里程为 1 000 km。若试验前走合不足 1 000 km 时,生产企业可决定是否进行试验。

3.1.2.3 需要时,按下述公式计算走合期的每百公里汽油消耗量:

a) 燃油箱内装纯汽油时,按式(1)计算:

$$G_e = \frac{100G_1}{S} \qquad (1)$$

b) 燃油箱内装汽油和润滑油的混合油时,按式(2)计算:

$$G_e = \frac{100G_2}{S} \times \frac{M}{M+1} \qquad (2)$$

式中：

G_e——百公里汽油消耗量，单位为升每百公里(L/100 km)；

G_1——实测汽油消耗量，单位为升(L)；

G_2——实测汽油和润滑油混合的燃油消耗量，单位为升(L)；

S——实际行驶里程，单位为千米(km)；

M——汽油和润滑油容积混合比。

3.1.2.4 平均车速按式(3)计算：

$$v = \frac{S}{t} \qquad \cdots\cdots(3)$$

式中：

v——平均车速，单位为千米每小时(km/h)；

S——实际行驶总里程，单位为千米(km)；

t——实际行驶总时间，单位为小时(h)。

3.1.2.5 走合过程的详细情况记录于附录A所规定的表A.1中。

3.1.2.6 受试车走合后按使用维护说明书维护保养。

3.1.3 走合前需按第6章的规定校核受试车的车速里程表。

3.1.4 需要时可以在性能试验前按GB/T 5373测量受试车的尺寸和质量。

3.2 一般试验条件

3.2.1 受试车

3.2.1.1 受试车使用的燃油、润滑油的牌号及混合比均应符合该车技术文件的规定(必要时可在试验前检查燃油、润滑油)。同一次试验测试各项性能指标时只能使用同批的燃油、润滑油。

3.2.1.2 受试车轮胎的规格、工作压力应符合随车技术文件的规定，压力误差不允许超过±10 kPa。

3.2.1.3 试验过程中不允许调整受试车。

3.2.1.4 各项性能试验(起动性能试验除外)前，受试车应经预热行驶，以达到使用维护说明书或技术文件所规定的热状态。如果相关文件未作规定，受试车一般正常行驶15 min。

3.2.1.5 受试车的装载质量根据试验目的而定。如果没有特殊要求，两轮车装载一名驾驶员；边三轮摩托车装载一名驾驶员加两名乘员；正三轮摩托车装载为随车技术文件所规定的厂定最大装载质量。乘员的标准质量为75 kg(实际情况需记入附录A所规定的表A.2中)。允许用压载物代替乘员，压载物的位置应接近乘员座位。

3.2.1.6 应尽量减小车载测试仪器对轴荷分布的影响及由此产生的附加空气阻力。必要时用轴荷仪称重使轴荷分布符合车辆技术文件的要求。

3.2.2 试验用器具

基本的试验器具如下：

a) 卷尺：长度为3 m，刻度间隔0.001 m。

长度3 m以上至50 m，刻度间隔0.01 m。

b) 秒表：准确度为一级，刻度间隔0.01 s。

注：如需用秒表计时，则必须同时用三块秒表，测量值取算术平均值。各块秒表的测量值与三块秒表算术平均值的偏差不允许超过±0.3 s。如有一块秒表的测量值与三块秒表算术平均值的偏差超过规定，则该秒表的测量值无效，以其他两块秒表的测量值计算平均值。如有两块秒表的测量值与三块秒表算术平均值的偏差超过规定，此次试验无效。

c) 电子计时器：刻度间隔0.1 ms。

d) 车载路试仪。

e) 声级计：Ⅰ型，误差不大于±0.5 dB(A)。

f) 燃油消耗量测量装置：误差不大于±2%。

g) 温度计：刻度间隔1 ℃。

h) 风速仪：量程0 m/s～30 m/s，误差不大于0.4 m/s，且能测定风向。

i) 大气压力计：误差不大于±70 Pa。

j) 湿度计：误差不大于±6%。

k) 转速表：量程30 r/min～12 000 r/min，误差不大于±0.5%。

l) 轮胎压力表：刻度间隔10 kPa。

m) 坡度仪：误差不大于±30′。

n) 衡器：刻度间隔0.2 kg。

允许采用能满足上述要求的其他仪器。

所用仪器应有法定计量部门签发的有效期内的鉴定合格证。

3.2.3 试验道路

3.2.3.1 除另有规定外，各项性能试验均可在沥青或混凝土路面的直线道路上进行，路面应平整、干燥、整洁，有良好的附着系数。如果使用环形跑道，直线段应不短于700 m，转弯半径不小于50 m。

3.2.3.2 除另有规定外，试验路段应尽量水平，纵向坡度不允许超过0.5%，且全长内任意两点之间的高度差不允许超过1 m，横向坡度不允许超过3%。

3.2.4 驾驶员

3.2.4.1 驾驶员身高1.75 m±0.05 m，驾驶员及其装备的总质量75 kg±5 kg。

3.2.4.2 驾驶员应持有驾驶证，熟练掌握驾驶技术，并熟悉试验方法。

3.2.4.3 摩托车(带驾驶室的三轮摩托车除外)驾驶员必须配备头盔、防护眼镜、试车用紧身衣裤、手套、试车鞋，以及其他必备的防护用品。

3.2.4.4 驾驶员应坐在规定的驾驶位置上，双手控制方向把，双脚放在脚蹬上，双臂正常伸展。整个试验过程中，应尽量保持驾驶姿势不变。

注：当试验车速大于120 km/h的时，允许驾驶员按制造厂规定的穿戴，采用骑姿，但必须始终有效控制受试车。

3.2.5 环境气候条件

a) 大气压力不小于95 kPa；

b) 除另有规定外，温度0 ℃～38 ℃；

c) 相对湿度不大于95%；

d) 除另有规定外，各项性能试验平均风速应不大于3 m/s，瞬时风速应不大于5 m/s。

3.3 取值规则

3.3.1 试验重复次数视试验目的而定，除另有规定外，一般试验二次(一个往返为一次)，每个往返应连续进行，取往返测得数据的算术平均值。往返测量值偏差率按式(4)计算。偏差率超过规定时数据无效，需重做试验。

$$e=\frac{2\,|A-B|}{A+B}\times 100\% \qquad (4)$$

式中：

e——偏差率；

A——“往”时测量值；

B——“返”时测量值。

3.3.2 数值修约应符合GB/T 8170规定的规则，保留位数应按表1的规定。

表 1 数值修约后保留的位数

试验项目	测试参数名称	测试参数单位	修约后保留位数
里程表指示值校核	校核系数	—	三位有效数
车速表指示值校核	速度	km/h	一位小数
起动性能	时间	s	一位小数
最低稳定车速	速度	km/h	一位小数
最高车速	速度	km/h	一位小数
滑　行	距离	m	一位小数
加速性能	时间	s	一位小数
爬坡性能	坡度	(°)	一位小数
驻车性能	坡度	(°)	一位小数
侧倾稳定角	坡度	(°)	一位小数

4 有强制要求的性能的试验方法

——加速行驶噪声按 GB 16169 的规定测定。

——制动性能试验按 GB 20073 的规定进行。

——燃油消耗量按 GB 15744、GB 16486 的规定测定。

5 起动性能试验方法

5.1 试验条件

5.1.1 试验环境温度：

a) 常温起动试验：0 ℃～38 ℃

b) 低温起动试验：−10 ℃±2 ℃

5.1.2 受试车的发动机机油温度或冷却液(若有)温度在起动试验时与环境温度之差不超过±2 ℃。

5.1.3 试验时受试车允许关闭阻风门或打开减压阀(加浓阀)。

5.1.4 起动蓄电池(若有)应充足电。

5.2 试验方法

5.2.1 按照制造厂技术文件规定作好受试车试验前的准备，但起动试验之前不应起动车辆。

5.2.2 测定环境温度、大气压力、湿度、受试车发动机机油及冷却液(若有)温度。电起动试验前应测定蓄电池电压。

5.2.3 受试车从发出信号开始起动发动机并记时，测取至发动机能够连续运转时的时间。

5.2.4 既有电起动又有脚踏起动的受试车，应进行两种起动方式的起动性能试验。

5.2.5 电起动受试车起动电机每次起动持续工作时间按照制造厂技术文件的规定。没有规定时持续工作时间不应大于 5 s。

5.2.6 脚踏起动、电起动(若有)试验各允许进行三次。有一次成功即可。

5.2.7 每一次试验，试验环境和受试车都需符合 5.1 规定的条件。

5.2.8 试验数据和结论记入起动性能试验记录表。

6 车速里程表校核方法

6.1 车速里程表校核的一般方法

6.1.1 车速里程表车速指示值的校核方法

6.1.1.1 在试验道路上设 100 m 的测试区。测试区前后应有足够的辅助行驶段。

6.1.1.2 在测试区前辅助行驶段使车速指示值稳定在设定速度,随后保持该速度通过测试区。测量通过测试区所需的时间。往返行驶各一次,取往返行程的实际车速的算术平均值。

6.1.1.3 由低到高按 10 km/h 或 20 km/h 级差递增设定的测试车速,直至接近最高车速。车速的测定点应不少于 4 点,其中表 2 所规定的车速应测试,80%V_{max}车速时取 10 km/h 的整数倍。

表 2 测试车速

最高车速/(km/h)	测定点中应包含的测试车速/(km/h)
$V_{max} \leqslant 45$	80%V_{max}
$45 < V_{max} \leqslant 100$	40 和 80%V_{max}(如果测试速度不小于 55)
$100 < V_{max} \leqslant 150$	40、80 和 80%V_{max}(如果测试速度不小于 100)
$150 < V_{max}$	40、80、120

6.1.1.4 按式(5)计算各行程的实际车速:

$$v_s = \frac{3.6 \times L}{t} \quad \cdots\cdots(5)$$

式中:

v_s——实际车速,单位为千米每小时(km/h);

L——测试区长度,单位为百米(100 m);

t——通过该测试区所需时间,单位为秒(s)。

6.1.1.5 按式(6)计算各点车速指示值的修正率:

$$C_v = \frac{v_s}{v} \quad \cdots\cdots(6)$$

式中:

C_v——车速指示值修正率;

v_s——实际车速,单位为千米每小时(km/h);

v——车速里程表指示车速,单位为千米每小时(km/h)。

6.1.2 车速里程表里程指示值的校核方法

6.1.2.1 驾驶员乘上受试车,在平坦的试验道路上缓慢地沿直线方向前行,让驱动轮滚动三周,测取相应滚动距离,测量进行三次,取算术平均值,按式(7)计算车轮的滚动半径。

$$r = \frac{s}{6\pi} \quad \cdots\cdots(7)$$

式中:

r——车轮的滚动半径,单位为米(m);

s——车轮滚动三周的平均滚动距离,单位为米(m)。

6.1.2.2 按式(8)、式(9)计算里程指示值修正率:

a) 车速里程表由车轮驱动时,

$$C_S = \frac{\text{实际行驶距离(km)}}{\text{车速里程表指示距离(km)}} = \frac{2\pi rk}{1\,000 i_1} \quad \cdots\cdots(8)$$

式中:

C_S——里程指示值修正率;

k——里程表常数,$k = \frac{\text{里程表轴转数}}{\text{里程表指示距离(km)}}$;

i_1——里程表驱动齿轮速比,$i_1 = \frac{\text{里程表轴转数}}{\text{里程表驱动轴转数}}$。

b) 车速里程表由变速器驱动时，

$$C_S = \frac{\text{实际行驶距离(km)}}{\text{车速里程表指示距离(km)}} = \frac{2\pi rk}{1\,000\, i_1 i_2} \quad \cdots\cdots(9)$$

式中：

i_1——里程表驱动齿轮速比，$i_1 = \frac{\text{里程表轴转数}}{\text{变速器输出轴转数}}$；

i_2——里程表驱动齿轮速比，$i_2 = \frac{\text{变速器输出轴转数}}{\text{驱动轮转数}}$。

6.2 使用摩托车测试仪等仪器校核车速里程表的方法

使用摩托车测试仪等仪器测试时，用仪器控制设定的车速和行驶的里程(里程表校核时行驶里程不少于 1 km)，同时记录车速指示值和里程指示值，分别按式(10)、式(11)计算它们的修正率。

$$C_v = \frac{v_1}{v} \quad \cdots\cdots(10)$$

式中：

C_v——车速指示值修正率；

v_1——测试仪器指示车速，单位为千米每小时(km/h)；

v——车速里程表指示车速，单位为千米每小时(km/h)。

$$C_S = \frac{S_1}{S} \quad \cdots\cdots(11)$$

式中：

C_S——里程指示值修正率；

S_1——测试仪器指示里程，单位为千米(km)；

S——车速里程表指示里程，单位为千米(km)。

7 最高车速试验方法

7.1 测试区的型式

7.1.1 测试区型式 1

图 1 所示测试区应能双向行驶，中间连贯。

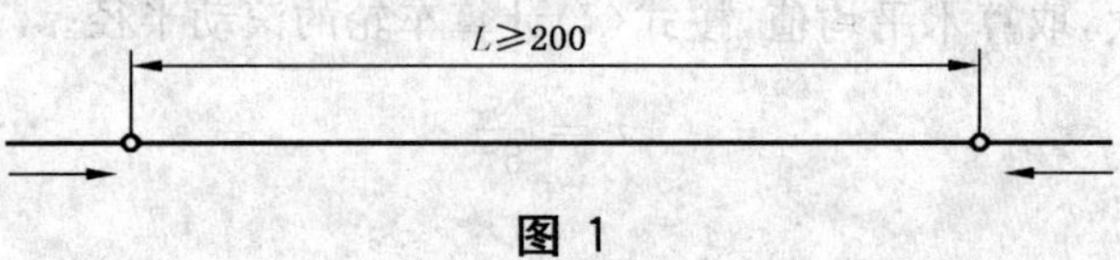

图 1

7.1.2 测试区型式 2

图 2 所示的 L_1 和 L_2 测试区长度可以相同也可以不同，但必须在同一直线上。

L_1 和 L_2 测试区长度应不大于 20 m，且间隔不少于 50 m。

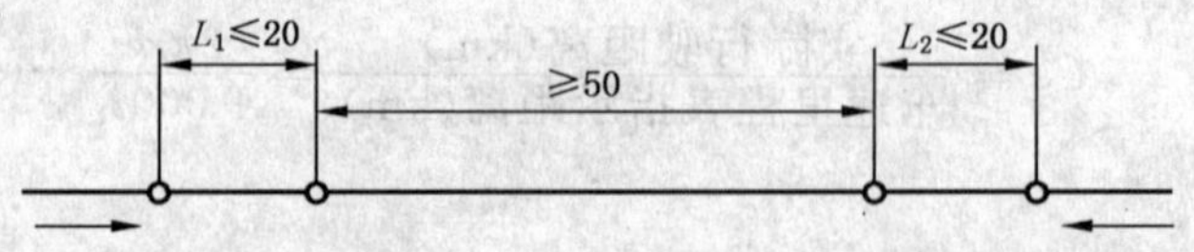

图 2

7.1.3 根据仪器的准确度和预期行车时间确定测试区的长度，以确保测得的最高速度的准确度在±1%以内。

采用型式 1 测试区时，如果测得的行车时间超过 20 s，允许使用手动测量设备(指人工操纵开始、停止计时器)测量行车时间。如果采用型式 2 测试区，行车时间必须用电子测量设备(如光电式或类似设备)测量。

7.2 环境气候条件

7.2.1 试验时的气候应符合 3.2.5 的要求。

7.2.2 相对空气密度

试验时，相对空气密度不允许偏离 d_0 的 7.5 %以上。

相对空气密度 d 按下式计算：

$$d = d_0 \times \frac{p}{100} \times \frac{293}{T} \qquad (12)$$

式中：

d——试验时的相对空气密度；

d_0——大气压力为 100 kPa，绝对温度为 293 K 时的空气密度 $d_0 = 0.9197$；

p——试验时的大气压力，单位为千帕(kPa)；

T——试验时的绝对温度的数值，单位为开尔文(K)。

7.3 试验方法

7.3.1 测试期间受试车变速箱置于最高车速挡位，油门全开，加浓混合气装置处不作用状态。

7.3.2 如果采用型式 1 测试区，受试车在进入测试区之前即应达到最高车速，并保持到驶出测试区。往返一次为一次试验。试验至少连续做三次。

7.3.3 如果采用型式 2 测试区，受试车需连续通过 L_1 和 L_2 测试区，然后返回。L_1 和 L_2 测试区的偏差率不能超过 3%，如果受试车在某一方向上不能达到其最高车速，试验也可以只在一个方向进行，但需同时满足以下要求：

a) 连续试验五次；

b) 风速纵向分量不大于 1 m/s。

7.3.4 各次试验所测得的平均车速中的最低值和最高值之差不得大于最低值的 3%，否则应追加测试次数，舍去偏散较远的值。

7.3.5 试验最终核定的最高车速为各次试验测得的平均车速的算术平均值。

7.4 平均车速的计算

7.4.1 各区段的速度可按下式求得：

$$v = \frac{3.6 \times L}{t} \qquad (13)$$

式中：

v——某一区段的平均车速，单位为千米每小时(km/h)；

L——测试区长度，单位为米(m)；

t——通过测试区所需时间，单位为秒(s)。

7.4.2 采用型式 1 测试区时，每次试验取往返行程的车速的算术平均值。

采用型式 2 测试区时，如果做双向试验，每次试验取 L_1、L_2 二个区段往返行程共 4 个车速的算术平均值；如果做单向试验，每次试验取二个区段二个车速的算术平均值。

8 最低稳定车速试验方法(自动离合器的车辆除外)

8.1 设置长 50 m 的测试区间，测试区前后应有足够长的辅助行驶区间。

8.2 在测试区前辅助行驶区行驶时，受试车的变速器置于最高挡位，控制油门，使其趋于能平稳行驶的最低车速。以此车速直线通过测试区，测取通过测试区间的时间 t_1。

8.3 受试车驶离测试区后，应尽快全开油门，使车速提高 10 km/h 以上，以保证发动机不熄火，传动系统不颤动。然后按 8.2 反向通过测试区间，测取通过测试区间的时间 t_2。

8.4 试验过程中受试车的离合器处于完全结合状态，不允许用制动器减速。

8.5 如试验过程中发动机熄火或传动系统颤动，允许调整车速后重新测试。

8.6 按式(14)计算最低稳定车速：

$$V_{\min} = \frac{360}{t_1 + t_2} \tag{14}$$

式中：

$V_{\min}$——最低稳定车速，单位为千米每小时(km/h)；

t_1——往程通过测试区的时间，单位为秒(s)；

t_2——返程通过测试区的时间，单位为秒(s)。

8.7 一个往、返为一次试验，试验进行二次，取其中较小值作为最低稳定车速。试验数据和结果记入最低稳定车速试验记录中。

9 加速性能试验方法

9.1 起步加速性能试验

9.1.1 在试验道路上设置起步加速性能试验区间，其长度按表 3 规定。测试区前后应有足够的辅助行驶段。在试验区间距始点 50 m、100 m、200 m、400 m 处或其他适当的点位置设立测试标点。

表 3 加速性能试验试验区间长度 单位为米

试验项目	轻便摩托车		两轮摩托车	三轮摩托车
	两轮	三轮		
起步加速性能	100	200	200	400
超越加速性能				

9.1.2 受试车预热行驶后，停于加速试验区始点前 0.5 m 处(以前轮压线为准)。试验开始时，以最低挡(速)起步，顺次变挡(速)，直至最高挡(速)加速行驶，迅速通过试验区间，用自动计时装置或摩托车测试仪测定受试车从始点到终点所用的时间。根据需要，可同时测定受试车从始点经过各标点时所用的时间。

9.1.3 按式(15)求出各区段的加速度。

$$\alpha = \frac{2S}{t^2} \tag{15}$$

式中：

α——加速度，单位为米每二次方秒(m/s^2)；

S——区段长度，单位为米(m)；

t——通过该区段所费时间，单位为秒(s)。

9.1.4 每次试验应往返进行，计算往返试验测定时间的平均值。往返的测量值偏差率不允许超过10%。

9.1.5 试验进行两次，试验结果取优值。

9.2 超越加速性能试验方法

9.2.1 在试验道路上设置超越加速性能试验区间，加速性能试验区间长度按表 3 规定。在试验区间距始点 50 m、100 m、200 m、400 m 处或其他适当的点位置设立测试标点。

在加速试验区间始点前取 2 m 作为初速测试区间。在初速测试区间始点前和加速试验区间终点后应有足够的辅助行驶段。

9.2.2 轻便摩托车超越加速试验的初速度为 20 km/h±2 km/h。如果设计最高车速的 50%不足 20 km/h,则按最高车速的 50%作为试验初速度。允差仍为±2 km/h。

摩托车超越加速试验的初速度为 30 km/h±1 km/h。如果受试摩托车用最高挡时不能以 30 km/h±1 km/h的速度稳定行驶,可使用次高挡。试验过程中不许换挡。

9.2.3 受试车用最高挡以 9.2.2 规定的初速度稳定通过初速测试区间。到达加速试验区间始点时,迅速加大油门加速通过该区段,用自动计时装置或摩托车测试仪测定受试车通过初速测试区间所用的时间和通过加速试验区间所用的时间。

9.2.4 根据 9.2.3 求出的测定时间值,按式(16)求出从加速测试区间始点到各标点的加速度。

$$\alpha = \frac{2(S - V_0 t)}{t^2} \qquad \cdots\cdots(16)$$

式中：

α——加速度,单位为米每二次方秒(m/s^2)；

S——加速度区段长度,单位为米(m)；

T——通过该区段所费时间,单位为秒(s)；

V_0——进入加速试验区间时的速度,单位为米每秒(m/s)。

9.2.5 每次试验应往返进行,求出往返试验测定时间的平均值。往返的测量值偏差率不允许超过 10%。

9.2.6 试验进行两次,试验结果取优值。

10 滑行距离试验方法(不适用于无级变速、自动变挡和自动离合器摩托车)

10.1 在试验道路上设置足够长的滑行区和辅助行驶区,滑行试验应在滑行区内进行。

10.2 受试车在进入滑行区前,应已脱开离合器、挂空挡。发动机可以不熄火。摩托车进入滑行区时速度规定为 40 km/h±1 km/h,轻便摩托车规定为 30 km/h±1 km/h。

10.3 滑行过程中受试车应保持直线行驶,直至受试车完全停止。测量进入滑行区时的实际滑行初速度和滑行距离。如果实测滑行初速度超出规定的范围,应重新试验。

10.4 滑行试验一个往返为一次,取滑行距离的平均值。同一次往返,滑行距离的偏差率不得超过 20%。

10.5 试验进行二次,滑行距离取二次试验结果的平均值。

11 爬坡能力试验方法

11.1 选择平直、干燥、清洁、混凝土铺装的人工坡道为试验坡道,允许以表面平整、土质坚硬的自然坡道代替。试验坡道的角度应均匀一致,坡道的角度应接近试验车的最大爬坡角度。坡道总长不小于 30 m,坡前应有不少于 10 m 的平直路段。测定试验坡道的角度。

11.2 从坡底向上划出 5 m(如果使用自然坡道,设 5 m～10 m,后 5 m 的坡角应与测试区间坡角相同)作为辅助行驶区。测试区间长 20 m,在起点、10 m 和 20 m 处(见图 3)设置计时装置。

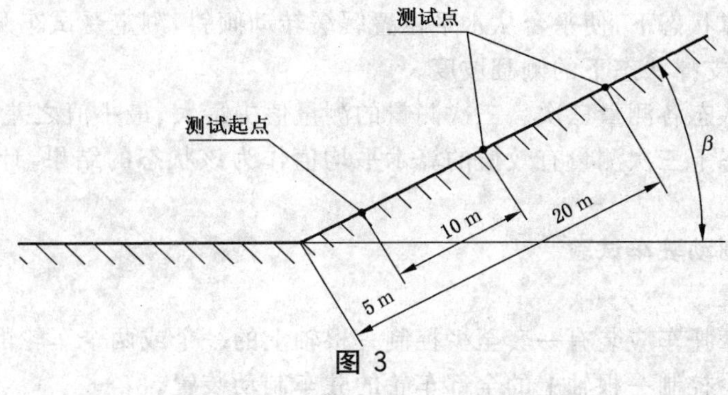

图 3

11.3 受试车选择合适的初速度爬坡，测试区间内不允许换挡(有挡位的受试车用最低挡)，离合器应完全接合。测取自起点至 10 m、20 m 区段的时间 t_1、t_2。

11.4 试验所选坡道应能满足式(17)。

$$t_1 = t_2 - t_1 \qquad \cdots\cdots(17)$$

如果 $t_1 < t_2 - t_1$，需减少质量后试验；如果 $t_1 > t_2 - t_1$ 时，需增加质量或改用较高挡位后试验。并按式(18)计算爬坡能力。

$$\alpha = \arcsin\left(\frac{W_s}{W} \cdot \frac{i}{i_s}\sin\beta\right) \qquad \cdots\cdots(18)$$

式中：

α——爬坡角度，单位为度(°)；

W_s——受试车实际总质量，单位为千克(kg)；

W——受试车规定总质量，单位为千克(kg)；

i——受试车最低挡变速比；

i_s——试验时使用挡变速比；

β——试验坡道的角度，单位为度(°)。

无级变速和自动变速挡的摩托车取 $i/i_s = 1$。

12 驻车性能试验方法

12.1 两轮摩托车的停车驻车试验

12.1.1 停车驻车装置

12.1.1.1 两轮摩托车应有斜撑杆和(或)中央支架，以便车辆驻车时保持稳定而不需依靠人工扶持或其他工具支撑。

12.1.1.2 斜撑杆一般安装在车辆左侧。使用斜撑杆驻车时，驾驶员无需离开座位就能用脚操纵撑杆。使用中央支架驻车时，驾驶员应能依靠自身的力量，操纵支架支起摩托车，前、后轮可同时离地或仅一轮离地。

12.1.1.3 撑杆、支架在驻车状态下只能向车辆后方摆动而趋向收回(行车)位置。驾驶员可以借助脚力帮助支架回位，但不允许支架在行驶中因震动而自行落下。

12.1.2 试验方法

12.1.2.1 将车辆置于测量平台上且使车辆轴系与可倾斜测量平台坐标系相一致，分别使斜撑杆支架和中央支架处于驻车位置，支持车辆。

12.1.2.2 受试车变速器换入空挡位置。如果受试车有驻车制动或其变速器有驻车挡位，则处驻车制动状态。

12.1.2.3 受试车方向把处方向锁住位置。如果方向把向左或向右都能锁住，则就两种状态分别进行试验。

12.1.2.4 在各种支撑状态下，使平台从水平位置缓缓转动倾斜，测定受试车开始翻倒或滑动时的平台侧倾角，即为该车在此支撑状态下的侧翻坡度。

12.1.2.5 每种支撑状态各测量三次。三次测量的测量值中最大、最小值之差不得大于 1°。

12.1.2.6 取每种状态下三次测量有效值的算术平均值作为该状态的结果，计算值修约后保留到小数点后一位。

12.2 三轮摩托车的制动驻车试验

12.2.1 驻车制动装置

12.2.1.1 三轮轻便摩托车应装有一套至少控制一根轴上的一个或两个车轮的驻车制动装置。正三轮摩托车应装有一套至少控制一根轴上的全部车轮的驻车制动装置。

12.2.1.2 摩托车驻车制动装置操纵应方便，当驾驶员在其座位上用一只手握住方向把或方向盘的情况下，应能进行驻车制动操作。

12.2.1.3 摩托车驻车制动应可靠，不得因驾驶员离开、驻车时间长、操作制动的能源耗尽等原因而造成驻车失效。

12.2.1.4 驻车制动应有独立于行车制动的控制机构及传动装置，若与行车制动用同一操纵机构和传动装置时，则必须有独立的控制机构，使其制动器保持制动状态。

12.2.1.5 解除驻车制动至少需要有两个独立的动作，不应因无意或误操作而解除驻车制动。

12.2.2 试验方法

12.2.2.1 将受试车辆平稳地驶入试验坡道上，使车辆纵向中心线与坡道中心线重合或平行，用行车制动器将车停稳。

12.2.2.2 将受试车辆的变速器换入空挡位置，按表 4 中规定的控制力操纵驻车制动装置，然后解除行车制动控制。确认受试车辆完全停稳后测出控制力，5 min 内受试车辆不得有任何移动。

表 4 制动驻车控制力要求

车辆类型	驻车坡度/%	载荷状况	控制力/N	
			手操纵	脚操纵
三轮轻便摩托车	≥20	空载	≤600	≤700
正三轮摩托车				
三轮轻便摩托车	≥18	满载	≤400	≤500
正三轮摩托车				

12.2.3 受试车辆在空载和满载状态下分别在不同角度的坡道上按上坡方向和下坡方向各进行三次试验。同一方向三次试验都没有任何移动方能确认该项试验成功。

13 三轮车最大侧倾稳定角测定方法

13.1 试验设备和仪器

13.1.1 对试验台面的要求如下：

a) 台面的平面度应不低于 GB 1184—1996 表 1 所规定的 L 级。试验台应具有足够的强度和刚度，以保证测试时不发生可见的变形。

b) 台面附着系数不小于 0.75。

c) 台面的最大倾斜角不小于 40°，且可以稳定在任意角度上。

d) 台面倾斜角度调整过程平稳，由 0°(水平位置)调整至 40°整个过程时间不小于 90 s。

e) 试验台上应设有防止受试车辆侧滑的挡块，挡块高度不大于 30 mm。

f) 试验台上应设有受试车辆翻倒时的安全保护装置。

13.1.2 试验仪器精度要求：

车轮负荷计：误差不超过±0.1 kg；

角度测量仪：误差不超过±0.1°；

轮胎压力表：分辨力为±10 kPa。

13.2 试验方法

13.2.1 受试三轮车为整车整备状态，空载条件下测试。如果是三轮箱式载客车辆，座椅置于使用位置，车窗全部关闭。受试车辆轮胎气压应符合随车技术文件的规定。

13.2.2 测定左侧最大侧倾稳定角

13.2.2.1 受试三轮车置于试验台面中央位置，纵向中心平面与试验台面的转动轴线保持平行，平行度误差不大于 10 mm。用防滑挡块及其他固定装置拨正受试车方向轮，并不让车辆侧滑或者移动。

13.2.2.2 转动侧倾试验台台面，使受试车自水平位置向左侧倾斜。随时观测右侧车轮的负荷，直到车轮负荷为零。测量并记录试验台面与水平面的夹角，即最大侧倾稳定角。恢复试验台面的水平位置。

13.2.2.3 重复13.2.2.2规定的操作。3次试验结果的测量值中最大、最小值之差不得大于1°，取算术平均值为该侧最大侧倾稳定角测量结果。修约时保留一位小数(以度为单位)。

13.2.3 测定右侧最大侧倾稳定角

按13.2.2类推的步骤、方法和要求，使受试三轮车向右侧倾斜，进行右侧最大侧倾稳定角的测量。

附 录 A
(资料性附录)
试验记录表格式

A.1 走合行驶记录表格式见表A.1。

表 A.1 走合行驶记录表

制造厂名________车辆型号________检验编号________

VIN编号________发动机编号________出厂日期________

走合里程________km 开始日期________结束日期________

空车质量________kg 驾驶员质量________kg 加载质量________kg

汽油牌号________润滑油牌号________容积混合比________

驾驶员________试验员(记录)________校核________

日期	地点	时刻	气温 ℃	道路状况	实际行车时间 min	里程表读数 km	实际行驶里程 km	平均技术车速 km/h	使用最高车速 km/h	当天汽油消耗量 L	百公里汽油消耗量 L/100 km	故障描述与措施
	起											
	止											
	起											
	止											

A.2 性能试验记录汇总表格式见表A.2。

表 A.2 性能试验记录汇总表

制造厂名________车辆型号________检验编号________

VIN编号________发动机编号________出厂日期________

空车质量________kg 检验开始日期________检验结束日期________

汽油牌号________润滑油牌号________容积混合比________

汇 总________校 核________批 准________

序号	试验名称	测量参数		指标值	试验结果	结论
		名称	单位			

A.3 起动性能试验记录表格式见表A.3。

表 A.3 起动性能试验记录表

车辆型号________试验日期________

VIN编号________试验地点________

发动机编号________大气压力________kPa 蓄电池标称电压________V

汽油牌号________环境温度________℃ 机油温度________℃

润滑油牌号________混合比________环境湿度________% 冷却液温度________℃

驾驶员________试验员(记录)________校核________

表 A.3（续）

试验次序	脚起动		电起动		蓄电池测量电压 V
	脚踏次数	起动时间 s	起动次数	起动时间 s	
1					
2					
3					
结论：					

A.4 车速里程表校核记录表格式见表 A.4 和表 A.5。

表 A.4 车速指示值校核记录表

制造厂名＿＿＿＿＿＿ 车辆型号＿＿＿＿＿＿ 检验编号＿＿＿＿＿＿

VIN 编号＿＿＿＿＿＿ 发动机编号＿＿＿＿＿＿ 检验日期＿＿＿＿＿＿

天气＿＿＿＿ 风向＿＿＿＿ 风速＿＿＿＿ m/s 检验地点＿＿＿＿＿＿

气温＿＿＿＿ ℃湿度＿＿＿＿ % 大气压力＿＿＿＿ kPa

整车整备质量＿＿＿＿ kg 驾驶员质量＿＿＿＿ kg 加载质量＿＿＿＿ kg

轮胎规格＿＿＿＿＿＿ 轮胎气压＿＿＿＿ kPa 路况＿＿＿＿＿＿

测试设备＿＿＿＿＿＿＿＿＿＿＿＿＿＿＿＿＿＿

驾驶员＿＿＿＿＿＿ 试验员＿＿＿＿＿＿ 校核＿＿＿＿＿＿

按一般方法校核车速表								
试验次序	行驶方向	车速里程表指示车速 km/h	测试速度				车速指示值修正率	备注
			测试区间距离 m	通过测试区间时间 s	实际车速 km/h	平均车速 km/h		
	往							
	返							
	往							
	返							
	往							
	返							
	往							
	返							

用摩托车测试仪等仪器校核车速表				
试验次序	车速里程表指示车速 km/h	实际车速 km/h	车速指示值修正率	备注

表 A.5 里程表指示值校核试验记录表

制造厂名＿＿＿＿＿＿ 车辆型号＿＿＿＿＿＿ 检验编号＿＿＿＿＿＿

VIN 编号＿＿＿＿＿＿ 发动机编号＿＿＿＿＿＿ 检验日期＿＿＿＿＿＿

天气＿＿＿ 气温＿＿＿℃ 风向＿＿＿ 风速＿＿＿m/s 检验地点＿＿＿＿＿＿

整车整备质量＿＿＿＿kg 驾驶员质量＿＿＿＿kg 加载质量＿＿＿＿kg

轮胎规格＿＿＿＿＿＿ 轮胎气压＿＿＿＿kPa 路面状况＿＿＿＿＿＿

测试设备＿＿＿＿＿＿

驾 驶 员＿＿＿＿＿＿ 试 验 员＿＿＿＿＿＿ 校　　核＿＿＿＿＿＿

按一般方法校核里程表				
试验次序	车轮滚动三周的距离/m		里程指示修正率	备注
	测定值	平均值		
用摩托车测试仪等仪器校核里程表				
试验次序	里程表指示里程	实际行驶里程	里程指示修正率	备注

A.5 最高车速试验记录表格式见表 A.6。

表 A.6 最高车速试验记录表

制造厂名＿＿＿＿＿＿ 车辆型号＿＿＿＿＿＿ 检验编号＿＿＿＿＿＿

VIN 编号＿＿＿＿＿＿ 发动机编号＿＿＿＿＿＿ 检验日期＿＿＿＿＿＿

天气＿＿＿ 风向＿＿＿ 风速＿＿＿m/s 检验地点＿＿＿＿＿＿

气温＿＿＿℃ 湿度＿＿＿% 大气压力＿＿＿kPa

整车整备质量＿＿＿＿kg 驾驶员质量＿＿＿＿kg 加载质量＿＿＿＿kg

汽油牌号＿＿＿＿＿＿ 润滑油牌号＿＿＿＿＿＿ 容积混合比＿＿＿＿＿＿

轮胎规格＿＿＿＿＿＿ 轮胎气压＿＿＿＿kPa 路面状况＿＿＿＿＿＿

测试设备＿＿＿＿＿＿

驾 驶 员＿＿＿＿＿＿ 试验员＿＿＿＿＿＿ 校核＿＿＿＿＿＿

试验序号	各段测试区					各次试验平均车速/(km/h)	备注
	行驶方向		长度/m	时间/s	速度/(km/h)		
1	1 型测试区	往					
		返					
2		往					
		返					
3		往					
		返					

表 A.6（续）

试验序号	各段测试区					各次试验平均车速/(km/h)	备注
	行驶方向		长度/m	时间/s	速度/(km/h)		
1	2型测试区	往 L_1					
		往 L_2					
		返 L_1					
		返 L_2					
2		往 L_1					
		往 L_2					
		返 L_1					
		返 L_2					
3		往 L_1					
		往 L_2					
		返 L_1					
		返 L_2					
核定最高车速：　　　km/h							

A.6　最低稳定车速试验记录表格式见表 A.7。

表 A.7　最低稳定车速试验记录表

制造厂名__________车辆型号__________检验编号__________

VIN 编号__________发动机编号__________检验日期__________

天气______风向______风速______m/s 检验地点__________

气温__________℃湿度__________% 大气压力__________kPa

整车整备质量________kg 驾驶员质量________kg 加载质量________kg

汽油牌号__________润滑油牌号__________容积混合比__________

轮胎规格__________轮胎气压__________kPa 路面状况__________

测试设备______________________________

驾 驶 员__________试 验 员__________校　核__________

试验次数	行驶方向	变速器挡位	测试区间距离/m	通过测试区间的时间/s		最低稳定车速/(km/h)	备注
				单程时间	往返总时间		
	往						
	返						
	往						
	返						
	往						
	返						
	往						
	返						

A.7　加速性能试验记录表格式见表 A.8、表 A.9 和表 A.10。

表 A.8 加速性能试验记录表

制造厂名__________ 车辆型号__________ 检验编号__________

VIN 编号__________ 发动机编号__________ 检验日期__________

天气______ 风向______ 风速______ m/s 检验地点__________

气温______ ℃湿度______ % 大气压力______ kPa

整车整备质量______ kg 驾驶员质量______ kg 加载质量______ kg

汽油牌号__________ 润滑油牌号__________ 容积混合比__________

轮胎规格__________ 轮胎气压______ kPa 路面状况__________

测试设备____________________

驾 驶 员__________ 试 验 员__________ 校 核__________

表 A.9 起步加速性能试验记录和结果表

试验次序	行驶方向	50 m 区间		100 m 区间		200 m 区间		400 m 区间		备注
		所用时间 s	加速度 m/s²	所用时间 s	加速度 m/s²	所用时间 s	加速度 m/s²	所用时间 s	加速度 m/s²	
1	往									
	返									
	平均									
2	往									
	返									
	平均									

表 A.10 超越加速性能试验记录和结果表

试验次序	行驶方向	初速度			50 m 区间		100 m 区间		200 m 区间		400 m 区间		备注
		测试距离 m	所用时间 s	实际速度 km/h	所用时间 s	加速度 m/s²	所用时间 s	加速度 m/s²	所用时间 s	加速度 m/s²	所用时间 s	加速度 m/s²	
1	往												
	返	2											
	平均												
2	往												
	返	2											
	平均												

A.8 滑行试验记录表格式见表 A.11。

表 A.11 滑行试验记录表

制造厂名__________ 车辆型号__________ 检验编号__________

VIN 编号__________ 发动机编号__________ 检验日期__________

天气______ 风向______ 风速______ m/s 检验地点__________

气温______ ℃湿度______ % 大气压力______ kPa

整车整备质量______ kg 驾驶员质量______ kg 加载质量______ kg

汽油牌号__________ 润滑油牌号__________ 容积混合比__________

轮胎规格__________ 轮胎气压______ kPa 路面状况__________

测试设备____________________

驾 驶 员__________ 试 验 员__________ 校 核__________

表 A.11（续）

试验次序	行驶方向	测速区间/m	通过测速区间时间/s	实际滑行初速度 v/(km/h)	滑行距离/m		备注
					测定值	平均值	
	往						
	返						
	往						
	返						

滑行距离____________

A.9 爬坡性能试验记录表格式见表 A.12。

表 A.12 爬坡性能试验记录表

制造厂名____________车辆型号____________检验编号____________
VIN 编号____________发动机编号____________检验日期____________
天气________风向________风速____________m/s 检验地点____________
气温____________℃湿度____________% 大气压力____________kPa
整车整备质量____________kg 驾驶员质量____________kg 加载质量____________kg
汽油牌号____________润滑油牌号____________容积混合比____________
轮胎规格____________轮胎气压____________kPa 路况____________
测试设备____________最低挡变速比____________
驾驶员____________试验员____________校核____________

试验次序	规定总质量	实际总质量	使用挡变速比	通过时间 s		试验坡道角度	爬坡角度	备注
	kg			0～10 m	0～20 m	(°)		

A.10 驻车性能试验记录表格式见表 A.13 和表 A.14。

表 A.13 两轮车驻车性能试验记录表

制造厂名____________车辆型号____________检验编号____________
VIN 编号____________发动机编号____________检验日期____________
气温____________℃大气压力____________kPa 检验地点____________
整车整备质量____________kg 轮胎气压 前轮：____________kPa 后轮：____________kPa
驾 驶 员____________试 验 员____________校 核____________

试验次序	侧翻坡度/(°)								前翻坡度/(°)			
	斜撑杆驻车				中央架驻车				斜撑杆驻车		中央架驻车	
	方向把向左		方向把向右		方向把向左		方向把向右		方向把向左	方向把向右	方向把向左	方向把向右
	左倾	右倾	左倾	右倾	左倾	右倾	左倾	右倾				
1												
2												
3												
平均												
备注	有否驻车制动：								变速器有否驻车挡位：			

表 A.14　驻车制动试验记录

制造厂名＿＿＿＿＿＿ 车辆型号＿＿＿＿＿＿ 检验编号＿＿＿＿＿＿

车架编号＿＿＿＿＿＿ 发动机编号＿＿＿＿＿＿ 检验日期＿＿＿＿＿＿

气温＿＿＿＿＿＿℃ 大气压力＿＿＿＿＿＿kPa 检验地点＿＿＿＿＿＿

整车整备质量＿＿＿＿＿＿kg 驾驶员质量＿＿＿＿＿＿kg 加载质量＿＿＿＿＿＿kg

轮胎气压 前轮：＿＿＿＿＿＿kPa 后轮：＿＿＿＿＿＿kPa 边轮＿＿＿＿＿＿kPa

坡道状况＿＿＿＿＿＿ 驻车制动装置操纵方式＿＿＿＿＿＿

驾 驶 员＿＿＿＿＿＿ 试 验 员＿＿＿＿＿＿ 校核＿＿＿＿＿＿

方向	试验次序	驻车坡度/(°)	制动力/N	驻车时间 min	驻车坡度平均值/(°)	备注
上坡	1			≥5		
	2					
	3					
下坡	1			≥5		
	2					
	3					
结论						

A.11　侧倾稳定角试验记录表格式见表 A.15。

表 A.15　三轮车最大侧倾稳定角测定记录表

制造厂名＿＿＿＿＿＿ 车辆型号＿＿＿＿＿＿ 检验编号＿＿＿＿＿＿

VIN 编号＿＿＿＿＿＿ 发动机编号＿＿＿＿＿＿ 检验日期＿＿＿＿＿＿

气温＿＿＿＿＿＿℃ 大气压力＿＿＿＿＿＿kPa 检验地点＿＿＿＿＿＿

整车整备质量＿＿＿＿＿＿kg 驾驶员质量＿＿＿＿＿＿kg 加载质量＿＿＿＿＿＿kg

轮胎气压 前轮：＿＿＿＿＿＿kPa 后轮：＿＿＿＿＿＿kPa 边轮＿＿＿＿＿＿kPa

测试设备＿＿＿＿＿＿

驾 驶 员＿＿＿＿＿＿ 试 验 员＿＿＿＿＿＿ 校核＿＿＿＿＿＿

左侧最大侧倾稳定角的测量值(°)		左侧最大侧倾稳定角(°)	
右侧最大侧倾稳定角的测量值(°)		右侧最大侧倾稳定角(°)	

ICS 43.140
T 80

中华人民共和国国家标准

GB/T 5382—2008
代替 GB/T 5382.2—1996,部分代替 GB 17355—1998

摩托车和轻便摩托车制动力要求及试验方法

Performance and measurement method for braking force of motorcycles and mopeds

2008-10-22 发布　　2009-04-01 实施

中华人民共和国国家质量监督检验检疫总局
中国国家标准化管理委员会　发布

前言

本标准代替 GB 17355—1998《摩托车和轻便摩托车制动性能指标限值》中的第 4.2 条、第 4.3 条和 GB/T 5382.2—1996《摩托车和轻便摩托车制动力试验方法　制动力》。

本标准对上述标准所作修改：

——将性能要求和试验方法合并在一个标准中。

——技术要求增加了对制动所需操纵力的限制、对左右轮独立制动的正三轮摩托车左右轮制动力的平衡要求。

——试验方法增加了试验前制动器磨合要求；允许制动力不足时增加附着力；补充用平板式试验台测试制动力的方法。

——当摩托车和轻便摩托车经台架制动力检验后对其制动性能有质疑时，应用 GB 20073—2006 规定的路试检验进行复检，以路试的检验结果为准。

本标准的附录 A 是资料性附录。

本标准由国家发展和改革委员会提出。

本标准由全国汽车标准化技术委员会归口。

本标准起草单位：上海摩托车质量监督检验所、中国质量认证中心。

本标准主要起草人：刘慧兵、朱晓明、徐峻。

本标准所代替标准的历次版本发布情况为：

——GB 5382—1985、GB/T 5282.2—1996；

——GB 17355—1998。

摩托车和轻便摩托车制动力要求及试验方法

1 范围

本标准规定了与摩托车和轻便摩托车制动力有关的术语和定义以及相应的要求和试验方法。

本标准适用于摩托车和轻便摩托车(越野车和赛车除外)。

2 规范性引用文件

下列文件中的条款通过本标准的引用而成为本标准的条款。凡是注日期的引用文件,其随后所有的修改单(不包括勘误的内容)或修订版均不适用于本标准,然而,鼓励根据本标准达成协议的各方研究是否可使用这些文件的最新版本。凡是不注日期的引用文件,其最新版本适用于本标准。

GB/T 5359.5 摩托车和轻便摩托车术语 两轮车质量

GB/T 5359.6 摩托车和轻便摩托车术语 三轮车质量

GB/T 5378 摩托车和轻便摩托车道路试验总则

GB 20073—2006 摩托车和轻便摩托车 制动性能要求及试验方法

3 术语和定义

GB/T 5359.5、GB/T 5359.6 和 GB 20073—2006 确定的以及下列术语和定义适用于本标准。

3.1

制动力 braking force

由制动器产生的,迫使车轮转速降低或将其抱死的摩擦阻力。

3.2

轴载荷 axle load

整车整备质量加上一名驾驶员后前后轮轴所承受的载荷。

4 要求

4.1 摩托车和轻便摩托车前、后轴制动力应不小于表1所列限值。

表 1 制动力限值

轻便摩托车		摩托车	
前轴	后轴	前轴	后轴
60%轴载荷	50%轴载荷	60%轴载荷	55%轴载荷[a]

[a] 正三轮车在平板制动试验台检测时按动态轴载荷计算。

4.2 制动操纵力限值应满足:

a) 两轮摩托车、边三轮摩托车和轻便摩托车,踏板操纵力应不大于 350 N,手操纵力不大于 200 N;

b) 正三轮摩托车,踏板操纵力不大于 500 N,手操纵力不大于 200 N。

4.3 正三轮摩托车制动力平衡的要求:在制动力增长全过程中同时测得的左右轮制动力差的最大值,与全过程中测得的该轴左右轮最大制动力中大者之比,对前轴不应大于 20%,对后轴轴制动力按 5.3.9

确定各个同时测得左、右轮制动力的平衡指标、其中 A_1 不应大于 24%，A_2 不应大于 8%。

5 试验方法

5.1 试验用主要器具或设备

5.1.1 滚筒式制动力试验台(双滚筒试验台应能记录全过程的测量值)或平板式制动力试验台。

轴重分辨率:10 N

制动力分辨率:10 N

轴重准确度:≤±2%

制动力准确度:≤±5%

5.1.2 操纵力计分辨率为 1 N,准确度不大于±2%。

5.1.3 其他试验用器具需符合 GB/T 5378 中有关规定的要求。

5.2 试验条件

5.2.1 受试车轮胎充气压力应符合该车技术文件的规定,外胎花纹深度磨损不应超过 20%。

5.2.2 受试车的制动器、轮胎表面应保持清洁、干燥、不应沾有泥沙、油污。

5.2.3 制动力检验台的摩擦表面应干燥,不应沾有松散物质或油污,摩擦表面当量附着系数不应小于 0.75。

5.3 试验方法

5.3.1 试验前的制动磨合

检测制动力前受试车可进行制动磨合,在 70%最高车速时制动 10 次。在保证车轮不致被抱死的前提下尽可能最快减速。连续两次制动起点之间的距离应在 500 m 以上。

5.3.2 称量载有一名驾驶员时的前后轴载荷,驾驶员坐姿及位置按 GB/T 5378 中的有关规定。

5.3.3 试验时受试车制动器应处冷态,即制动器或制动鼓外侧的温度不超过 100 ℃。

5.3.4 在进行制动力试验时,驾驶员不应改变坐姿及位置,允许同时操纵各制动器的控制装置。

5.3.5 正三轮每轴左右轮制动力测试应同时进行,并记录左右轮在制动力增长全过程中同时测得的制动力差的最大值。

5.3.6 前后轴制动力允许各测三次,有一次成功即可。

5.3.7 制动力的测试方法

5.3.7.1 在滚筒式试验台上测试

5.3.7.1.1 受试车沿滚筒垂直方向驶上试验台,前轮、后轮或边轮(有制动器时)分别驶入两滚筒之间,用夹紧装置固定非被检车轮。为了获得足够的附着力,允许在车上增加足够的附加质量或施加相当于附加质量的作用力(附加质量应不超过厂定最大装载载荷,且保证试验台轴荷在额定值以内,附加质量或作用力应对称作用于左右轮)。确定制动力指标、左右轮制动力平衡指标时附加质量不计入轴荷。

5.3.7.1.2 有空挡的受试车应挂空挡。

5.3.7.1.3 在制动器控制装置上逐渐加力,记录各轮制动力的最大值及操纵控制力的值。

5.3.7.2 在平板式试验台上测试

5.3.7.2.1 受试车以 5 km/h～10 km/h 的速度驶上平板式制动试验台,有空挡的受试车挂空挡。

5.3.7.2.2 驾驶员根据显示器上提示的信息及时迅速踩下装有能显示操纵力的制动装置直至停车。

5.3.8 轴制动力与轴载荷比值的计算

按下式计算轴制动力与轴载荷之比:

$$A = \frac{F}{mg} \times 100\% \quad \cdots\cdots(1)$$

式中:

A——轴制动力与轴载荷之比,%;

F——轴制动力,单位为牛顿(N);

m——轴载荷,单位为千克(kg);

g——重力加速度,单位为千克·米每二次方秒(kg·m/s²)。

5.3.9 制动力的平衡性的计算

5.3.9.1 后轴制动力不小于60%轴载荷时,按下式计算:

$$A_1 = \frac{|F_1 - F_2|}{F} \times 100\% \quad \cdots\cdots(2)$$

式中:

A_1——平衡性指标,%;

F_1——同时测得的后轴左轮制动力,单位为牛顿(N);

F_2——同时测得的后轴右轮制动力,单位为牛顿(N);

F——后轴左右轮最大制动力中大者,单位为牛顿(N)。

5.3.9.2 后轴制动力小于60%轴载荷时,按下式计算:

$$A_2 = \frac{|F_1 - F_2|}{mg} \times 100\% \quad \cdots\cdots(3)$$

式中:

A_2——平衡性指标,%;

F_1——同时测得的后轴左轮制动力,单位为牛顿(N);

F_2——同时测得的后轴右轮制动力,单位为牛顿(N);

m——后轴轴载荷,单位为千克(kg);

g——重力加速度,单位为千克·米每二次方秒(kg·m/s²)。

5.3.10 计算值修约后保留小数点后一位,记入附录A推荐的表格中。

附 录 A
（资料性附录）
制动力试验记录表(格式)

试验记录编号＿＿＿＿＿＿＿＿＿＿

摩托车型号＿＿＿＿＿＿＿＿＿＿ 车架编号＿＿＿＿＿＿＿＿＿＿ 发动机编号＿＿＿＿＿＿＿＿＿＿

装载质量＿＿＿＿＿＿kg 前轮胎气压＿＿＿kPa 后轮胎气压(左)＿＿＿kPa 后轮胎气压(右)＿＿＿kPa

试验日期＿＿＿＿＿＿＿＿＿＿ 试验设备＿＿＿＿＿＿＿＿＿＿

试验地点＿＿＿＿＿＿＿＿＿＿ 大气压力＿＿＿kPa 相对湿度＿＿＿%

试验员＿＿＿＿＿＿＿＿＿＿ 校核＿＿＿＿＿＿＿＿＿＿

实验序号	试验对象		分布质量 kg	制动力最大值 N	最大操纵力 N	制动力差值 N	轴制动力与轴载荷之比 %	制动力平衡之比 %	轮胎花纹深度 mm	备 注
1	前轮									
	后轮	左								
		右								

采样点	1	2	3	4	5	6	7	8																
左																								
右																								
差值																								

ICS 65.060.80
B 95

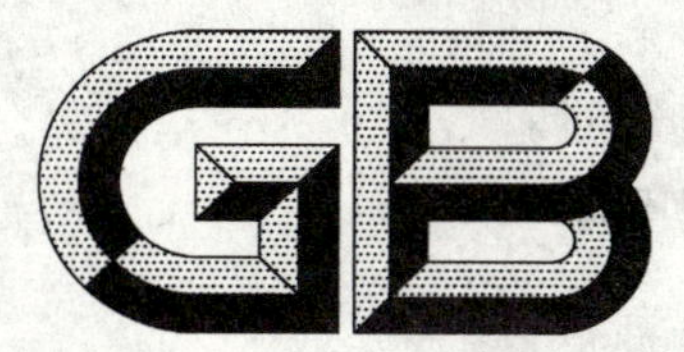

中华人民共和国国家标准

GB/T 5390—2008
代替 GB/T 5390—1995,GB/T 14178—1993

林业机械 便携式动力机械噪声测定规范 工程法(2级精度)

Forestry machinery—Noise test code for portable hand-held machines with internal combustion engine—Engineering method(Grade 2 accuracy)

(ISO 22868:2005,MOD)

2008-05-27 发布 2009-01-01 实施

中华人民共和国国家质量监督检验检疫总局
中国国家标准化管理委员会 发布

前　言

本标准修改采用国际标准 ISO 22868:2005《林业机械　便携式动力机械噪声测定规范　工程法(2级精度)》(英文版)。

由于我国存在高把油锯这一特殊情况,本标准在采用国际标准时在附录A中增加了关于高把油锯的要求和图示,其差异用垂直单线标识在所涉及条款的页边空白处:

——附录A的A.2.2和A.2.3中增加了关于高把油锯的要求;

——附录A的图A.1中增加了关于高把油锯的图示。

本标准做了下列编辑性修改:

——删除了国际标准的前言和引言;

——用小数点符号"."代替国际标准中的小数点符号","。

本标准是对GB/T 5390—1995《油锯　耳旁噪声测定方法》和GB/T 14178—1993《割灌机　操作者耳旁噪声测定方法》的修订,此次修订将这两项国家标准合并为一个国家标准,并将LY/T 1276—1998《割灌机　声功率级的测定》和LY/T 1591—2001《油锯　声功率级测定方法》的内容纳入其中。

本标准自实施之日起代替GB/T 5390—1995和GB/T 14178—1993。

本标准的附录A和附录B为规范性附录,附录C和附录D为资料性附录。

本标准由国家林业局提出。

本标准由全国林业机械标准化技术委员会归口。

本标准起草单位:国家林业局哈尔滨林业机械研究所。

本标准主要起草人:王振东、赵大伟、李凯捷。

本标准所代替标准的历次版本发布情况为:

——GB/T 5390—1995;

——GB/T 14178—1993。

林业机械　便携式动力机械噪声测定规范
工程法(2级精度)

1　范围

本标准规定了以内燃机为动力的便携式林业机械声功率级和耳旁噪声的测定方法。

本标准适用于油锯、割灌机和割草机等便携式林业机械。

本标准可用于产品的型式试验,其试验结果可用于同一型式不同型号机器的特性比对。

本标准规定的测定方法虽然是在模拟实际操作机器情况下获得的数据,但这些数据与真实结果非常接近,代表了机器实际工作状况时的特性。

2　规范性引用文件

下列文件中的条款通过本标准的引用而成为本标准的条款。凡是注日期的引用文件,其随后所有的修改单(不包括勘误的内容)或修订版均不适用于本标准,然而,鼓励根据本标准达成协议的各方研究是否可使用这些文件的最新版本。凡是不注日期的引用文件,其最新版本适用于本标准。

GB/T 3767—1996　声学　声压法测定噪声源声功率级　反射面上方近似自由场的工程法(eqv ISO 3744:1994)

GB/T 3785　声级计的电、声性能及测定方法(GB/T 3785—1983,ref IEC 60651,Sound level meter)

GB/T 14574—2000　声学　机器和设备噪声发射值的标示和验证(eqv ISO 4871:1996)

GB/T 17181　积分平均声级计(GB/T 17181—1997,idt IEC 804:1985)

GB/T 17248.2　声学　机器和设备发射的噪声　工作位置和其他指定位置发射声压级的测量　一个反射面上方近似自由场的工程法(GB/T 17248.2—1999,eqv ISO 11201:1995)

GB/T 18960　林业机械　油锯　词汇(GB/T 18960—2003,ISO 6531:1999,IDT)

GB/T 18961　林业机械　割灌机和割草机　词汇(GB/T 18961—2003,ISO 7112:1999,IDT)

LY/T 1593　便携式油锯　发动机性能和燃油消耗(LY/T 1593—2001,ISO 7293:1983,IDT)

ISO 5349-2:2001　机械振动　人体手传振动的测量和评价　第二部分:在工作现场测量实用指南

ISO 354:2003　声学　混响室内声音吸收的测量

3　定义

GB/T 18960、GB/T 18961 所给出的术语和定义适用于本标准。

4　测定的参数

A计权和各频带(若需要)时间平均声压级,测定要求应符合 GB/T 3767—1996 和 GB/T 17248.2 的规定。

A计权和各频带(若需要)声功率级及耳旁噪声。

5　声功率级的测定

按 GB/T 3767—1996 和下面所列修改或增加的要求测定声功率级。

a)　传声器布置为如图1和表1所规定的6个传声器位置。

注:试验数据表明使用这一布置方式与 GB/T 3767—1996 中规定的10个传声器布置方式的测定结果相差很小。

b) 测量表面为半径 r 等于 4 m 的半球面。若能保证与用此半球面的测试结果误差在 0.5 dB 之内,可减小测量表面半径 r。若减小测量表面半径,则其最小不能小于包络被测机器的参考长方体对角线的 2 倍。

注:在消声室内,如达不到 4 m 的半径空间,可减小测量表面半径。

c) 具体类型机器的固定、方位和测试等要求应符合附录 A 和附录 B 的规定。

d) 环境条件应在测量仪器制造厂规定的限度内。
环境温度应在－10℃～30℃。
风速应低于 5 m/s。当风速超过 1 m/s 时,应使用防风罩。

e) 按 GB/T 3785 的规定使用声级计“慢”档时间特性进行测量,或者按 GB/T 17181 的规定使用积分平均声级计测量更佳。

f) 若附录 A 中的各组测试数据相差不超过 2 dB 时,GB/T 3767—1996 规定的修正因子 K_{2A} 可认为等于零。

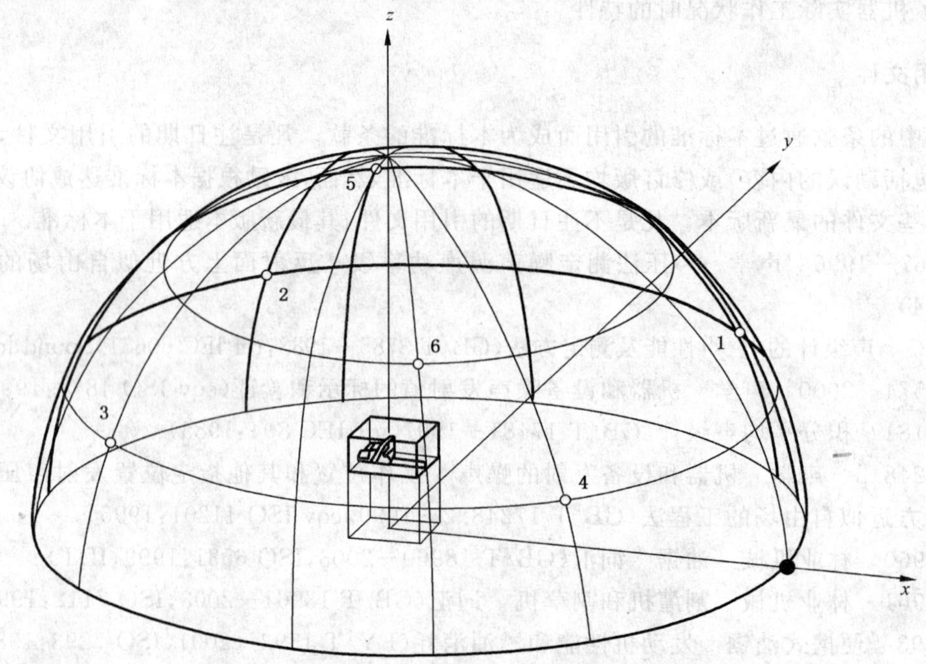

注:当按欧盟指令 2000/14/EC 测定声功率时,传声器的位置与此不同(见附录 D)。

图 1 传声器在半球面上的位置

表 1 传声器位置坐标

编 号	x	y	z
1	0.65r	0.65r	0.38r
2	－0.65r	0.65r	0.38r
3	－0.65r	－0.65r	0.38r
4	0.65r	－0.65r	0.38r
5	－0.28r	0.65r	0.71r
6	0.28r	－0.65r	0.71r

6 耳旁噪声的测定

6.1 要求

按 GB/T 17248.2 和下面所列修改或增加的要求测定耳旁噪声。

a) 具体类型机器的固定、方位和测试等要求应符合附录 A 和附录 B 的规定。

b) 当场地地表面为天然草坪或类似植物时，测定结果的再现性误差往往超过2级精度要求，测定场地的地面应符合6.2或6.3、6.4的规定。在有争议时，测定应在室外和人造地表面上进行(见6.2)。

c) 环境条件应在测量仪器制造厂规定的限度内。
环境温度应在－10℃～30℃。
风速应低于5 m/s。当风速超过1 m/s时，应使用防风罩。

d) 按GB/T 3785的规定使用声级计"慢"档时间特性进行测量，或者按GB/T 17181的规定使用积分平均声级计测量更佳。

e) 传声器与机器的相对位置和方向应符合附录A和附录B的规定。

6.2 人造地表面要求

按ISO 354:2003的规定进行测量，人造地表面的吸声系数应符合表2的规定。

表2 吸声系数

频率/Hz	吸声系数	误差
125	0.1	±0.1
250	0.3	±0.1
500	0.5	±0.1
1 000	0.7	±0.1
2 000	0.8	±0.1
4 000	0.9	±0.1

人造地表面应放置在坚硬和具有声反射特性基础面上，尺寸不小于3.6 m×3.6 m，位于测试环境的中心。为满足声学特性的要求，支撑结构可在适当的位置采用吸声材料。测试时应避免吸声材料被压缩。

注：可满足此要求和结构的实例见LY/T 1202.4—2001[1]。

6.3 地面要求

测试场地的中心区域地面应平坦并有良好的吸声特性。地表面覆盖物可以是类似于森林中地面的覆盖物、草坪或其他植物，高度为50 mm±10 mm。

6.4 覆盖锯屑的水泥地面要求

测试场地的中心区域地面应平坦并有良好的吸声特性。水泥构成的地表面上应覆盖锯屑，厚度为25 mm±20 mm。

7 安装、固定和操作条件

以一台由制造厂提供的标准部件装配的正常机器进行测量。

测量发动机转速的转速计误差应在读数的±1%以内。测量转速时，不应影响机器操作。

注：具体规定见附录A和附录B。

8 数据记录和试验报告

见附录A和附录B。

9 噪声值的标示

标定产品的噪声指标是生产厂家的责任和义务。

生产厂家应用单一数据(见GB/T 14574—2000的附录A)标示全工况当量声级(见附录A.4.1和附录B.4.1)。对潜在的用户，如果需要，应提供怠速、满负荷和高速运转等工况的噪声值(A计权声功率级和A计权耳旁噪声)。

在标示噪声数据时，应注明按本标准测定和引用的主要标准（GB/T 3767—1996 和/或 GB/T 17248.2），并说明按其测定所产生的误差。

在标示噪声测定值时，应给出测量不确定度。

注 1：不确定度计算方法的理论研究是为了正确应用测定结果和与其相关的不确定度，后者是与测量过程（受测量方法的精度等级影响）有关的不确定度和产品不确定度（同一生产厂家生产的同一型号不同机器的振动发射的变化）。GB/T 14574—2000 中给出了一种计算不确定度的方法。

注 2：按欧洲指令 2000/14/EC 标示声功率级时，相关的工况和传声器位置及数量见附录 D。

若同意，标示值的验证可按 GB/T 14574—2000 规定的方法进行。

附 录 A
（规范性附录）
测量条件 油锯

A.1 油锯和试验用木材

供测定用的油锯应装有生产厂家推荐的导板和锯链。导板的最小长度应符合图 A.1 的尺寸要求。

按说明书要求对机器进行试运转，并预热发动机。

按说明书要求调整化油器，润滑锯切部件并将其调整至最佳状态。

在测试工况，发动机转速应稳定在标定测试转速±210 r/min 以内。

试验用木材横截面为矩形，放置在锯木支架上。木材中心线距地面高度为 600 mm±10 mm（见图 A.1）。

木材沿导板方向的宽度为 200 mm±10 mm，高度为 400 mm±50 mm。木材中间开有矩形槽，槽宽 40 mm±2 mm，槽深 260 mm±10 mm。

A.2 油锯的固定和方位

A.2.1 要求

如图 A.1 所示，油锯固定后，导板中心线处于水平状态。测定时油锯和装有锯链的导板等各部件不能与木材接触。锯链与矩形槽底面保持 15 mm±5 mm 的距离。插木尺最前端与木材后侧面保持 10 mm±5 mm 的距离。

在导板头部装一个吸收能量的水力制动器（或等效装置）。若使用水力制动器，通过调节水力制动器内部水流大小控制发动机转速。加载装置的质量、形状和结构不应影响噪声测定。水力制动器的示例见附录 C。

A.2.2 A 计权声功率级的测定

测定时，导板头部指向 x 轴正方向，短把油锯前手把或高把油锯发动机部位位于半球面中心的正上方。

用一测试支架固定油锯，如图 A.1 所示。支架应保持油锯方位不变，并不产生声反射。推荐采用有一定缓冲能力的支架，以避免引起共振和回响现象。

A.2.3 耳旁噪声的测定

对于短把油锯，测定时，传声器位于插木齿根部和后手把外边缘所限定的区域中间部位上方，距发动机顶端 700 mm±10 mm，并处于导板平面内（见图 A.1）。

对于高把油锯，测定时，传声器位于插木齿根部和油锯最后面部位边缘所限定的区域中间部位上方，距发动机顶端 800 mm±10 mm，并处于导板平面内（见图 A.1）。

单位为毫米

短把油锯

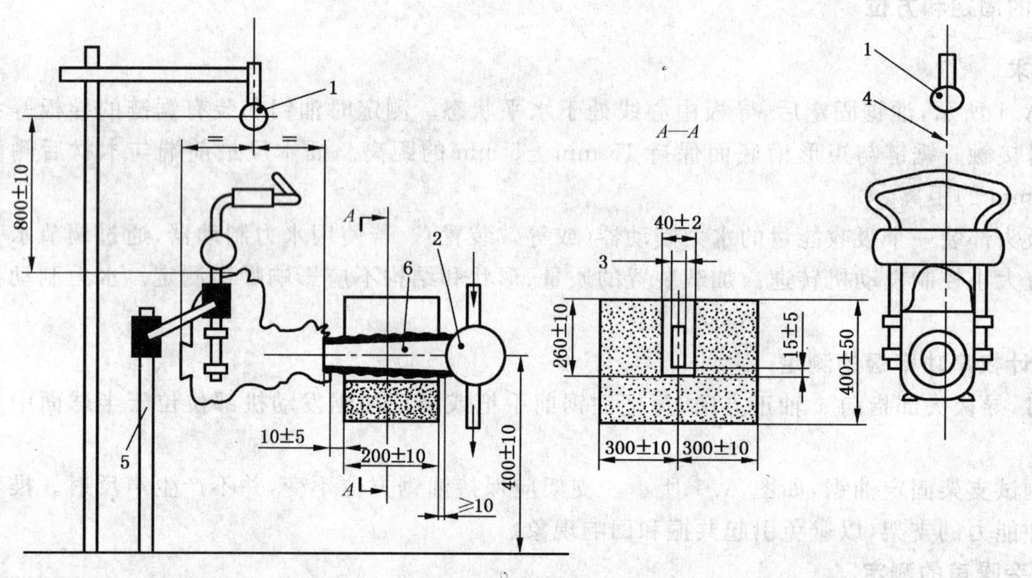

高把油锯

1——传声器位置(即操作者位置);

2——加载装置;

3——导板厚度;

4——导板中心平面;

5——支架;

6——导板中心线;

7——后手把。

图 A.1 油锯测试装置

A.3 试验程序

A.3.1 要求

每次试验以两种或三种不同的工况测定机器的噪声：怠速—高速运转或怠速—满负荷—高速运转。

a) 试验至少进行四次，两工况测试之间应有短暂的间隔和适当的转速变化。怠速工况测试前应有短暂的高速运转过程，反之亦然。当转速发生变化后，在测试前应使转速稳定，并达到规定的要求。

采集四个周期的噪声数据总时间不小于 20 s，每一有效信号持续时间不小于 2 s，同时发动机转速应稳定在标定测试转速±210 r/min 以内。

注：怠速、满负荷和高速运转工况数据的采集应严格按规定的次序进行。

b) 同一工况测试数据变化范围不应超过 2 dB。否则，重新测试，直到四次连续的各工况测试数据变化范围均不超过 2 dB 为止。

各传声器最终测定值为满足上面要求的四次连续有效数据的算术平均值。

测定 A 计权声功率级和耳旁噪声时应按下面给定的工况(A.3.2～A.3.4)程序进行。测定 A 计权声功率级时，这一程序适用于六个传声器的声压级测试。

A.3.2 怠速

测试时，发动机按规定的怠速转速运转，锯链不随动。油锯不带负载，移开木材。

A.3.3 满负荷

测试时，油门扳机开到最大，模拟横向锯切木材，导板位于图 A.1 所示的矩形槽中。发动机转速为符合 LY/T 1593 规定的最大功率点转速。

A.3.4 高速运转

测试时，发动机按 LY/T 1593 规定的最大功率点转速的 133%运转。

如果发动机的转速被限制达不到前述的转速，则应在可达到的最高转速状态下测试。若发动机无法在规定的最高转速下稳定运转，则应通过油门扳机控制转速，使发动机保持在最高可能的稳定转速下运转，但不应比最高转速低 480 r/min 以上。在该试验工况下，油锯不带负载，移开木材。

A.4 数据记录和测定报告

按本标准进行的噪声测定应在报告中提供下列信息。

A.4.1 试验用油锯

a) 关于油锯的描述，包括发动机排量、生产厂家、型号和序列号，锯链型号和导板长度；

b) 操作工况，符合表 A.1 和表 A.2 的要求；

c) 木材尺寸。

A.4.2 声学环境

a) 若室外测定，画出并标示油锯相对于周围物体的位置，并给出测定环境的物理参数(包括地表面的特性)；

b) 若室内测定，画出并标示油锯及室内物体位置，并描述墙、天棚和门的吸音特性；

c) K_{2A}数值。

A.4.3 测量仪器

a) 测量用的仪器，包括名称、生产厂家、型号和序列号；

b) 仪器系统校准方法；

c) 声学校准仪器最近的检定日期和地点。

A.4.4 声学和其他数据

a) 背景噪声；

b) 符合表 A.1、表 A.2 和表 A.3 要求的测定值和均值；

c) 备注；

d) 空气温度和风速；

e) 测定日期和地点。

表 A.1 A计权发射声压级测定——测量值、平均值和测定值记录表

<table>
<tr><th rowspan="2">操作工况</th><th rowspan="2">发动机转速/(r/min)</th><th colspan="5">耳旁噪声测量值 L'_{pA}/dB</th><th rowspan="2">算术平均值 $\overline{L'_{pAX}}$/dB</th><th rowspan="2">修正因子 K_{1A}/dB</th><th rowspan="2">测定值 L_{pAX}/dB</th></tr>
<tr><th>1</th><th>2</th><th>3</th><th>4</th><th>n</th></tr>
<tr><td>怠速 Id</td><td></td><td></td><td></td><td></td><td></td><td></td><td></td><td></td><td></td></tr>
<tr><td>满负荷 Fl</td><td></td><td></td><td></td><td></td><td></td><td></td><td></td><td></td><td></td></tr>
<tr><td>高速运转 Ra</td><td></td><td></td><td></td><td></td><td></td><td></td><td></td><td></td><td></td></tr>
<tr><td colspan="10">具体操作工况 X 的声压级按下式计算：
$$L_{pAX}=\overline{L'_{pAX}}-K_{1A}$$
式中：
K_{1A}——GB/T 17248.2 中规定的修正因子。</td></tr>
</table>

表 A.2 A计权声功率级测定——A计权声压级的测量记录表

<table>
<tr><th>序号</th><th>操作工况</th><th>发动机转速/(r/min)</th><th>L'_{pA1}/dB</th><th>L'_{pA2}/dB</th><th>L'_{pA3}/dB</th><th>L'_{pA4}/dB</th><th>L'_{pA5}/dB</th><th>L'_{pA6}/dB</th><th>$\overline{L'_{pA}}$/dB</th></tr>
<tr><td rowspan="3">1</td><td>怠速 Id</td><td></td><td></td><td></td><td></td><td></td><td></td><td></td><td></td></tr>
<tr><td>满负荷 Fl</td><td></td><td></td><td></td><td></td><td></td><td></td><td></td><td></td></tr>
<tr><td>高速运转 Ra</td><td></td><td></td><td></td><td></td><td></td><td></td><td></td><td></td></tr>
<tr><td rowspan="3">2</td><td>怠速 Id</td><td></td><td></td><td></td><td></td><td></td><td></td><td></td><td></td></tr>
<tr><td>满负荷 Fl</td><td></td><td></td><td></td><td></td><td></td><td></td><td></td><td></td></tr>
<tr><td>高速运转 Ra</td><td></td><td></td><td></td><td></td><td></td><td></td><td></td><td></td></tr>
<tr><td rowspan="3">3</td><td>怠速 Id</td><td></td><td></td><td></td><td></td><td></td><td></td><td></td><td></td></tr>
<tr><td>满负荷 Fl</td><td></td><td></td><td></td><td></td><td></td><td></td><td></td><td></td></tr>
<tr><td>高速运转 Ra</td><td></td><td></td><td></td><td></td><td></td><td></td><td></td><td></td></tr>
<tr><td rowspan="3">4</td><td>怠速 Id</td><td></td><td></td><td></td><td></td><td></td><td></td><td></td><td></td></tr>
<tr><td>满负荷 Fl</td><td></td><td></td><td></td><td></td><td></td><td></td><td></td><td></td></tr>
<tr><td>高速运转 Ra</td><td></td><td></td><td></td><td></td><td></td><td></td><td></td><td></td></tr>
<tr><td rowspan="3">n</td><td>怠速 Id</td><td></td><td></td><td></td><td></td><td></td><td></td><td></td><td></td></tr>
<tr><td>满负荷 Fl</td><td></td><td></td><td></td><td></td><td></td><td></td><td></td><td></td></tr>
<tr><td>高速运转 Ra</td><td></td><td></td><td></td><td></td><td></td><td></td><td></td><td></td></tr>
<tr><td rowspan="3">平均声压级 $\overline{L'_{pAX}}$</td><td>怠速 Id</td><td colspan="8">$\overline{L'_{pAId}}$= dB</td></tr>
<tr><td>满负荷 Fl</td><td colspan="8">$\overline{L'_{pAFl}}$= dB</td></tr>
<tr><td>高速运转 Ra</td><td colspan="8">$\overline{L'_{pARa}}$= dB</td></tr>
<tr><td colspan="10">L'_{pA1} ~ L'_{pA6} 为在各传声器位置处测得的时间平均特性声压级。
$\overline{L'_{pA}}$ 为按 GB/T 3767—1996 中公式(6)计算的平均声压级。
$\overline{L'_{pAX}}$ 为具体操作工况的 $\overline{L'_{pA}}$ 算术平均值。
具体操作工况的 L'_{pA} 仅当需要时，方在报告中给出。
测试过程中，可以对数据自动进行平均处理。</td></tr>
</table>

表 A.3 A 计权声功率级测定——声功率数据

<table>
<tr><th>操作工况</th><th>平均声压级 $\overline{L'_{pAX}}$/dB</th><th>修正因子 K_{1A}/dB</th><th>表面声压 $\overline{L_{pAfx}}$/dB</th><th>表面级 L_s/dB</th><th>声功率级 L_{WAX}/dB</th></tr>
<tr><td>怠速 Id</td><td>$\overline{L'_{pAId}}=$</td><td></td><td></td><td></td><td></td></tr>
<tr><td>满负荷 Fl</td><td>$\overline{L'_{pAFl}}=$</td><td></td><td></td><td></td><td></td></tr>
<tr><td>高速运转 Ra</td><td>$\overline{L'_{pARa}}=$</td><td></td><td></td><td></td><td></td></tr>
<tr><td colspan="6">环境修正因子，$K_{2A}=$ dB</td></tr>
<tr><td colspan="6">$\overline{L'_{pAX}}$为具体操作工况的$\overline{L'_{pA}}$算术平均值。
具体操作工况 X 的表面声压级按下式计算：
$$\overline{L_{pAfx}}=\overline{L'_{pAX}}-K_{1A}-K_{2A}$$
式中：
$\overline{L'_{pAX}}$——具体操作工况的$\overline{L'_{pAId}}$、$\overline{L'_{pAFl}}$或$\overline{L'_{pARa}}$；
K_{1A}——GB/T 3767—1996 中 8.3 规定的背景噪声修正因子；
K_{2A}——环境修正因子，在此等于零[见本标准第 5 章中的“f)”]。
具体操作工况 X 的声功率级按下式计算：
$$L_{WAX}=\overline{L_{pAfx}}+L_s$$
式中：
$L_s=10\lg\frac{s}{s_0}$，单位为分贝(dB)；
$s_0=1\ m^2$；
s 是半球面的表面积，单位为平方米(m^2)。</td></tr>
</table>

A.5 全工况当量声级的计算

A.5.1 要求

当量声级值取决于全工况。发动机排量小于 80 cm^3 油锯的全工况由三个时间区段工作过程构成，即怠速、满负荷和高速运转三种工况；发动机排量不小于 80 cm^3 油锯的全工况由怠速、满负荷两种工况组成。

A.5.2 发动机排量小于 80 cm^3 油锯

当量耳旁噪声(L_{pAeq})按公式(A.1)计算：

$$L_{pAeq}=10\lg\frac{1}{3}(10^{0.1L_{pAId}}+10^{0.1L_{pAFl}}+10^{0.1L_{pARa}})\qquad\cdots\cdots(A.1)$$

式中：

L_{pAId}——怠速工况耳旁噪声，单位为分贝(dB)；

L_{pAFl}——满负荷工况耳旁噪声，单位为分贝(dB)；

L_{pARa}——高速运转工况耳旁噪声，单位为分贝(dB)。

当量 A 计权声功率级(L_{WAeq})按公式(A.2)计算：

$$L_{WAeq}=10\lg\frac{1}{3}(10^{0.1L_{WAId}}+10^{0.1L_{WAFl}}+10^{0.1L_{WARa}})\qquad\cdots\cdots(A.2)$$

式中：

L_{WAId}——怠速工况 A 计权声功率级，单位为分贝(dB)；

L_{WAFl}——满负荷工况 A 计权声功率级，单位为分贝(dB)；

L_{WARa}——高速运转工况 A 计权声功率级，单位为分贝(dB)。

A.5.3 发动机排量不小于 80 cm³ 油锯

当量耳旁噪声(L_{pAeq})按公式(A.3)计算：

$$L_{pAeq} = 10\lg \frac{1}{2}(10^{0.1L_{pAId}} + 10^{0.1L_{pAFl}}) \quad \cdots\cdots\cdots\cdots (A.3)$$

式中：

L_{pAId}——怠速工况耳旁噪声，单位为分贝(dB)；

L_{pAFl}——满负荷工况耳旁噪声，单位为分贝(dB)。

当量 A 计权声功率级(L_{WAeq})按公式(A.4)计算：

$$L_{WAeq} = 10\lg \frac{1}{2}(10^{0.1L_{WAId}} + 10^{0.1L_{WAFl}}) \quad \cdots\cdots\cdots\cdots (A.4)$$

式中：

L_{WAId}——怠速工况 A 计权声功率级，单位为分贝(dB)；

L_{WAFl}——满负荷工况 A 计权声功率级，单位为分贝(dB)。

附　录　B
（规范性附录）
测量条件　割灌机和割草机

B.1　机器

供测定用的机器装有生产厂家推荐的切割部件。

若切割部件为柔性绳，则柔性绳长度调节至比最大许用长度短5 mm。

按说明书要求对机器进行试运转，并预热发动机，使其满足试验要求。

按说明书要求调整化油器并检查切割部件使其处于最佳状态。

测试工况时，发动机转速应稳定在标定测试转速±210 r/min以内。

B.2　机器的固定和方位

B.2.1　机器在测试支架上的固定

用一支架固定机器并使其处于规定的方位。支架不应该产生声反射，应采用有一定缓冲能力的支架，以避免引起共振和回响现象。

a）　具有吊挂点的机器

机器固定在测试支架上，吊挂点距地面高度为775 mm±10 mm。对于割灌机，切割部件中心平面距地面高度 H 为300 mm±25 mm；对于割草机，高度 H 为50 mm±25 mm。

如果机器吊挂点位置可调节，应选择适当的调节位置，保证图B.1中的尺寸 H 满足要求。

b）　没有吊挂点的机器

机器固定在测试支架上，后手把握持区域的中间部位距地面高度为775 mm±10 mm。对于割灌机，切割部件中心平面距地面高度 H 为300 mm±25 mm；对于割草机，高度 H 为50 mm±25 mm，见图B.2。

c）　具有背负动力装置的机器

参照b）将轴杆固定在测试支架上，背负动力装置用背带也固定在测试支架上，机器的背负支架下边缘距地面高度为1 030 mm±25 mm。后手把在背负动力装置垂直中心线右侧，与其相距300 mm±25 mm，并在经过固定背带支架的该垂直中心线前面200 mm±25 mm处。

B.2.2　A计权声功率级测定时机器的坐标

机器的方位坐标为传动轴经过半球面的 x 轴，同时右或后手把的中心在半球面的 y 轴上。

B.2.3　耳旁噪声测定时传声器的位置

传声器的位置应满足下面要求：

对于有吊挂点的机器，传声器位于吊挂点正上方875 mm±10 mm处，见图B.1。

对于没有吊挂点的机器，传声器位于右或后手把中心的正上方875 mm±10 mm处，见图B.2。

单位为毫米

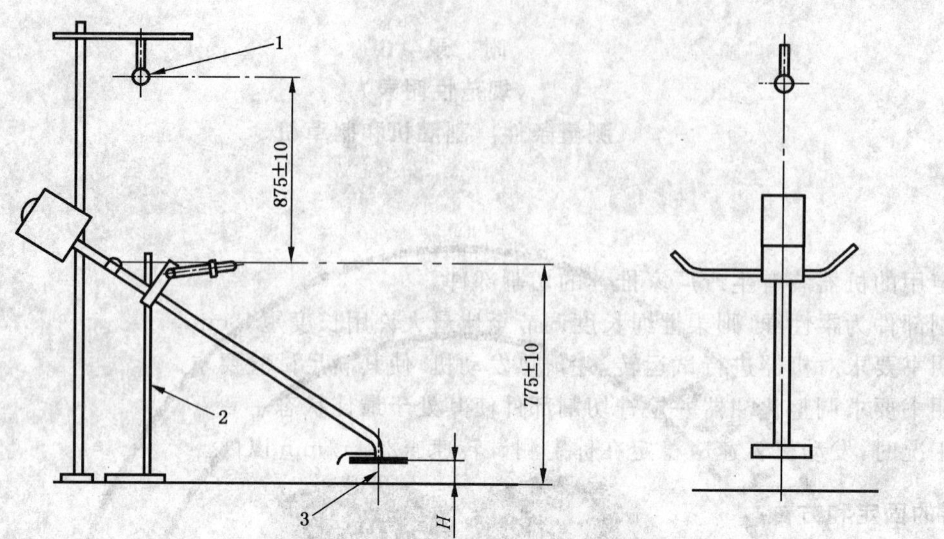

1——传声器；

2——测试支架；

3——切割刀具中心线。

图 B.1 具有一体式动力源的割灌机和割草机测试装置

单位为毫米

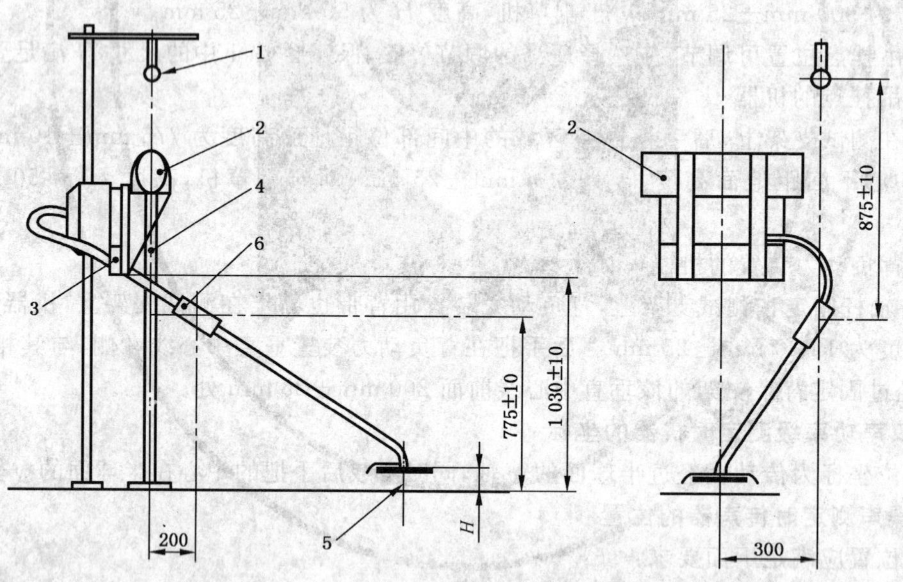

1——传声器；

2——背带支架；

3——机器背负支架的下边缘；

4——测试支架；

5——切割刀具中心线；

6——后手把。

图 B.2 背负式割灌机和割草机测试装置

B.3 试验程序

B.3.1 要求

每次试验以两种不同的工况测定机器的噪声：怠速、高速运转。

a) 试验至少进行四次，两工况测试之间应有短暂的间隔和适当的转速变化。怠速工况测试前应有一短暂的高速运转过程，反之亦然。

采集四个不同周期的噪声数据总时间不小于 20 s。每一有效信号保持时间不小于 2 s，同时发动机转速应稳定在标定测试转速±210 r/min 以内。

注：怠速、高速运转工况数据的采集应严格按规定的次序进行。

b) 同一工况测试数据变化范围不应超过 2 dB。否则，重新测试，直到四次连续的各工况测试数据变化范围均不超过 2 dB 为止。

各传声器最终测定值为满足上面要求的四次连续有效数据的算术平均值。

测定 A 计权声功率级和耳旁噪声时，应按下面给定的工况(B.3.2 和 B.3.3)程序进行。测定 A 计权声功率级时，这一程序适用于 6 个均布的传声器声压级测试。

B.3.2 怠速

测试时，发动机按规定的怠速转速运转。

B.3.3 高速运转

对于割灌机，测试时，发动机按 LY/T 1593 规定的最大功率点转速的 133%运转。

对于割草机，测试时，柔性绳按 B.1 规定调节到最大可用长度，油门扳机全开。如果最高转速超过最大功率点转速的 133%倍，应控制转速，使其稳定在最大功率点转速的 133%状态下。

如果发动机的转速被限制达不到前述的转速，则应该在可达到的最高转速状态下测试。若发动机无法在规定的最高转速下稳定运转，应通过油门控制转速，使发动机保持在最高可能的稳定转速下运转，但不应比最高转速低 480 r/min 以上。

B.4 数据记录和测定报告

按本标准进行的噪声测定应在报告中提供下列信息：

B.4.1 试验用机器

a) 关于机器的描述，包括发动机排量、生产厂家、型号和序列号，切割部件的型号和直径；

b) 操作工况，符合表 B.1 和表 B.2 的要求。

B.4.2 声学环境

a) 若室外测定，画出并标示机器相对于周围物体的位置，并给出测定环境的物理参数(包括地表面的特性)；

b) 若室内测定，画出并标示机器及室内物体位置，并描述墙、天棚和门的吸音特性；

c) K_{2A}数值。

B.4.3 测量仪器

a) 测量用的仪器，包括名称、生产厂家、型号和序列号；

b) 仪器系统校准方法；

c) 声学校准仪器最近的检定日期和地点。

B.4.4 声学和其他数据

a) 背景噪声；

b) 符合表 B.1、表 B.2 和表 B.3 要求的测定值和均值；

c) 备注；

d) 空气温度和风速；

e) 测定日期和地点。

表 B.1 A 计权发射声压级测定——测量值、平均值和测定值记录表

操作工况	发动机转速/(r/min)	耳旁噪声测量值 L'_{pA}/dB					算术平均值 $\overline{L'_{pAX}}$/dB	修正因子 K_{1A}/dB	测定值 L_{pAX}/dB
		1	2	3	4	*n*			
怠速 Id									
高速运转 Ra									
具体操作工况 X 的声压级按下式计算： $L_{pAX}=\overline{L'_{pAX}}-K_{1A}$ 式中： K_{1A}——GB/T 17248.2 中规定的修正因子。									

表 B.2 A 计权声功率级测定——A 计权声压级的测量记录表

序号	操作工况	发动机转速/(r/min)	L'_{pA1}/dB	L'_{pA2}/dB	L'_{pA3}/dB	L'_{pA4}/dB	L'_{pA5}/dB	L'_{pA6}/dB	$\overline{L'_{pA}}$/dB
1	怠速 Id								
	高速运转 Ra								
2	怠速 Id								
	高速运转 Ra								
3	怠速 Id								
	高速运转 Ra								
4	怠速 Id								
	高速运转 Ra								
n	怠速 Id								
	高速运转 Ra								
平均声压级 $\overline{L'_{pAX}}$	怠速 Id	$\overline{L'_{pAId}}$= dB							
	高速运转 Ra	$\overline{L'_{pARa}}$= dB							
$L'_{pA1}\sim L'_{pA6}$ 为在各传声器位置处测得的时间平均特性声压级。 $\overline{L'_{pA}}$ 为按 GB/T 3767—1996 中公式(6)计算的平均声压级。 $\overline{L'_{pAX}}$ 为具体操作工况的 $\overline{L'_{pA}}$ 算术平均值。 具体操作工况的 L'_{pA} 仅当需要时，方在报告中给出。 测试过程中，可以对数据自动进行平均处理。									

表 B.3 A计权声功率级测定——声功率数据

操作工况	平均声压级$\overline{L'_{pAX}}$/dB	修正因子 K_{1A}/dB	表面声压级$\overline{L_{pAfx}}$/dB	表面级 L_s/dB	声功率级 L_{WAX}/dB
怠速　Id	$\overline{L'_{pAId}}=$				
高速运转 Ra	$\overline{L'_{pARa}}=$				
环境修正因子,$K_{2A}=$　　　　dB					

$\overline{L'_{pAX}}$为具体操作工况的$\overline{L'_{pA}}$算术平均值。

具体操作工况 X 的表面声压级按下式计算:

$$\overline{L_{pAfx}}=\overline{L'_{pAX}}-K_{1A}-K_{2A}$$

式中:

$\overline{L'_{pAX}}$——具体操作工况的$\overline{L'_{pAId}}$、$\overline{L'_{pAFl}}$或$\overline{L'_{pARa}}$;

K_{1A}——GB/T 3767—1996 中 8.3 规定的背景噪声修正因子;

K_{2A}——环境修正因子,在此等于零[见本标准第 5 章中的"f)"]。

具体操作工况 X 的声功率级按下式计算:

$$L_{WAX}=\overline{L_{pAfx}}+L_s$$

式中:

$L_s=10\lg\frac{s}{s_0}$,单位为分贝(dB);

$s_0=1\ m^2$;

s 是半球面的表面积,单位为平方米(m^2)。

B.5 全工况当量声级的计算

当量声级值取决于全工况。割灌机和割草机全工况由两个时间区段工作过程构成,即怠速和高速运转两种工况。

当量耳旁噪声(L_{pAeq})按公式(B.1)计算:

$$L_{pAeq}=10\lg\frac{1}{2}(10^{0.1L_{pAId}}+10^{0.1L_{pARa}}) \quad \cdots\cdots(B.1)$$

式中:

L_{pAId}——怠速工况耳旁噪声,单位为分贝(dB);

L_{pARa}——高速运转工况耳旁噪声,单位为分贝(dB)。

当量 A 计权声功率级(L_{WAeq})按公式(B.2)计算:

$$L_{WAeq}=10\lg\frac{1}{3}(10^{0.1L_{WAId}}+10^{0.1L_{WARa}}) \quad \cdots\cdots(B.2)$$

式中:

L_{WAId}——怠速工况 A 计权声功率级,单位为分贝(dB);

L_{WARa}——高速运转工况 A 计权声功率级,单位为分贝(dB)。

附 录 C
（资料性附录）
安装在油锯导板上模拟锯切载荷的水力制动器示例

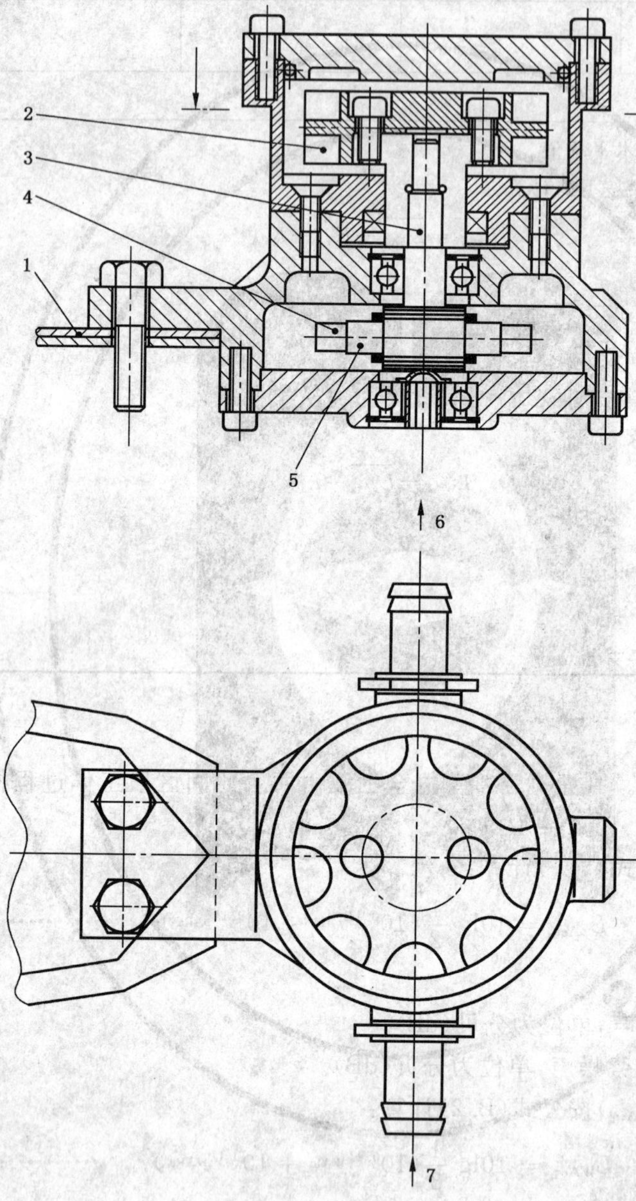

1——导板；
2——泵轮；
3——轴；
4——锯链；
5——链锯；
6——水流出口；
7——水流进口。

图 C.1 安装在油锯导板上模拟锯切载荷的水力制动器示意图

附　录　D
（资料性附录）
按欧洲指令 2000/14/EC 对户外机械噪声 A 计权声功率的测定

2000/14/EC[2] 要求手持式林业机械应标示出 A 计权声功率级，测定方法与本标准存在三点差异：

a)　传声器位置(见图 1)

在本标准中 1～4 号传声器距地面高度为 0.38r，而 2000/14/EC 给出的是 1.5 m。正常情况下，半球面半径是 4 m，二者的差别很小(1.52 m 和 1.5 m 的差别)。但当半球面半径不是 4 m 时，二者的差别就较明显，有可能对这些点的声压级测试构成影响。

本标准中 5 号和 6 号传声器 x 轴坐标是 0.28r，而 2000/14/EC 给出的是 0.27r。对于半径是 4 m 的半球面，存在较小的差别，二者分别为 1.12 m 和 1.08 m。这一差别可能使按欧洲指令 2000/14/EC 测定的数值略小于按本标准测定的数值。

b)　全工况

2000/14/EC 规定的全工况与本标准存在差异(见表 D.1)。可以看出按 2000/14/EC 规定的全工况测定的 A 计权声功率级略高于按本标准测定的结果。

表 D.1　本标准与 2000/14/EC 全工况比较

机器类型	GB/T 5390—2008	2000/14/EC
排量小于 80 cm^3 油锯	怠速、满负荷、高速运转	满负荷、高速运转
排量不小于 80 cm^3 油锯	怠速、满负荷	满负荷、高速运转
割灌机和割草机	怠速、高速运转	高速运转
注：详细内容见参考文献[3]。		

c)　标示

2000/14/EC 仅标示 A 计权声功率级。

参 考 文 献

[1] LY/T 1202.4—2001 草坪割草机 试验方法.

[2] Directive 2000/14/EC 欧盟委员会在2000年5月8日发布的关于各成员国等效采用为本国法规的关于户外设备对环境噪声发射的指令.

[3] EC Position Paper,使用欧盟委员会发布的各成员国关于户外设备对环境噪声发射的等效采用本国法规的2000/14/EC导则,2001年12月.

ICS 65.060.80
B 95

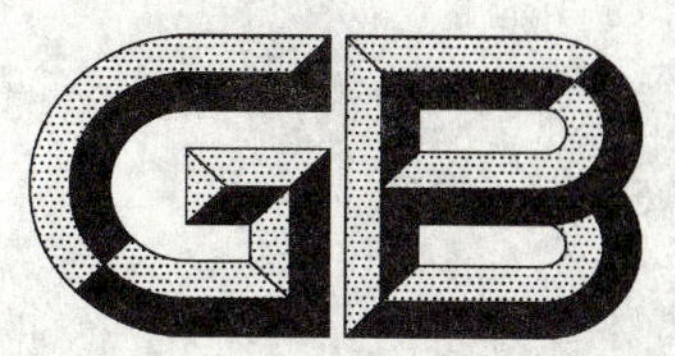

中华人民共和国国家标准

GB/T 5395—2008
代替 GB/T 5395—1995,GB/T 14179—1993

林业机械　便携式动力机械振动测定规范　手把振动

Forestry machinery—Vibration test code for portable hand-held machines with internal combustion engine—Vibration at the handles

(ISO 22867:2004,MOD)

2008-05-27 发布　　2009-01-01 实施

中华人民共和国国家质量监督检验检疫总局
中国国家标准化管理委员会　发布

前 言

本标准修改采用国际标准 ISO 22867:2004《林业机械 便携式动力机械振动测定规范 手把振动》(英文版)。

由于我国存在高把油锯这一特殊情况,本标准在采用国际标准时在附录 A 中增加了关于高把油锯的要求和图示,其差异用垂直单线标识在所涉及条款的页边空白处:

——附录 A 的 A.1 和图 A.1 中增加了关于高把油锯的要求和图示;

——附录 A 的 A.3 中增加了关于高把油锯锯切时,木材距地面的高度尺寸要求。

本标准做了下列编辑性修改:

——删除了国际标准的前言和引言;

——在规范性引用文件中增加了国际标准参考文献中所列的标准:ISO 5348 对应的中国标准和 ISO 5349-2:2001,并在参考文献中删除。

本标准是对 GB/T 5395—1995《油锯 手传振动测定方法》和 GB/T 14179—1993《割灌机 手传振动测定方法》的修订,并将这两个国家标准合并为一个国家标准。

本标准自实施之日起代替 GB/T 5395—1995 和 GB/T 14179—1993。

本标准的附录 A 和附录 B 为规范性附录。

本标准由国家林业局提出。

本标准由全国林业机械标准化技术委员会归口。

本标准起草单位:国家林业局哈尔滨林业机械研究所。

本标准主要起草人:王振东、赵大伟、李凯捷。

本标准所代替标准的历次版本发布情况为:

——GB/T 5395—1995;

——GB/T 14179—1993。

林业机械　便携式动力机械振动测定规范　手把振动

1　范围

本标准规定了以内燃机为动力的便携手持式林业机械手把振动的测定方法。

本标准适用于油锯、割灌机和割草机等便携式林业机械。

本标准可用于产品的型式试验，其试验结果可用于同一型式不同型号机器的特性比较。

本标准规定的测定方法虽然是在模拟实际操作机器情况下获得的数据，但这些数据与真实结果非常接近，代表了机器实际工作状况时的特性。

2　规范性引用文件

下列文件中的条款通过本标准的引用而成为本标准的条款。凡是注日期的引用文件，其随后所有的修改单（不包括勘误的内容）或修订版均不适用于本标准，然而，鼓励根据本标准达成协议的各方研究是否可使用这些文件的最新版本。凡是不注日期的引用文件，其最新版本适用于本标准。

GB/T 13823（所有部分）　振动与冲击传感器的校准方法[GB/T 13823（所有部分），eqv ISO 5347：1987]

GB/T 14412　机械振动与冲击　加速度计的机械安装（GB/T 14412—2005，ISO 5348：1998，IDT）

GB/T 18960　林业机械　油锯　词汇（GB/T 18960—2003，ISO 6531：1999，IDT）

GB/T 18961　林业机械　割灌机和割草机　词汇（GB/T 18961—2003，ISO 7112：1999，IDT）

LY/T 1593　便携式油锯　发动机性能和燃油消耗（LY/T 1593—2001，ISO 7293：1983，IDT）

ISO 5349-2：2001　机械振动　人体手传振动的测量和评价　第二部分：在工作现场测量实用指南

ISO 8041　人对振动的反应　检测仪器

ISO 16063（所有部分）　振动和冲击传感器的校准方法

注：ISO 16063 与 ISO 5347（GB/T 13823）内容并不相互覆盖，均规范了不同的振动和冲击传感器的校准方法。

3　定义

GB/T 18960、GB/T 18961 和 ISO 8041 所给出的术语和定义适用于本标准。

4　被测定的参数

两个手把上三个互相垂直方向上的计权加速度 a_{hwx}、a_{hwy}、a_{hwz}。

机器两个手把分别的加速度总和值 a_{hv} 和当量加速度总和值 $a_{hv,eq}$，见附录 A 和附录 B。

a_{hv} 是计权加速度 a_{hwx}、a_{hwy}、a_{hwz} 平方和的方根值。

5　测量仪器

5.1　要求

包括对手臂频率计权在内的振动测试系统应符合 ISO 8041 的规定。

5.2 加速度计

测定一个位置的加速度计的总质量(包括支座,不包括电缆)应不大于 25 g,详见 ISO 5349-2:2001 中 6.1.5。

注:加速度计是将振动转换为电信号的传感器。可采用三维坐标的加速度计,在 x、y、z 坐标方向同时进行测量。

5.3 加速度计的安装

加速度计和机械式滤波器(如果使用)应采用紧固装置,可靠地固定在手把上。具体要求见 GB/T 14412 和 ISO 5349-2:2001。

对于装有弹性减振层(例如橡胶垫)的手把,应使用合适的加速度计支座将其安装在弹性减振层表面。安装加速度计的支座表面应是刚性且平整的。在测试频率范围内,支座的质量、尺寸和形状对加速度计产生的信号不应有显著影响,详见 ISO 5349-2:2001 中 6.1.4.2。

5.4 校准

在测试前后均应对测试系统进行检查及校核,保证测试过程中的精度符合 ISO 8041 的规定。加速度计应按 GB/T 13823 和 ISO 16063 的规定进行标定。

5.5 转速计

转速计的精度应在读数的±1.5%以内。试验期间测量转速时,不应影响操作。

6 测量位置和方向

操作者正常操作机器,在机器两个手把握持部位测量 x、y、z 三个轴向振动的计权加速度。

加速度计重心距手把表面的距离不应超过 20 mm。

本标准附录 A 和附录 B 中给出了不同类型机器的具体要求。

7 操作条件、测定程序和测定结果的表示

供测定用的机器必须是配有制造厂提供的标准配件的新机器,油箱至少装有半箱油。

本标准附录 A 和附录 B 中给出了不同类型机器的具体要求。

由于操作者可能会影响对机器的振动测定,应让经过培训能正确使用机器的人员来操作。测量过程连续进行,直到测定结果的有效性满足本标准第 8 章的要求为止。

按附录 A 和附录 B 的规定计算每个手把上的振动加速度总和值。

8 测定结果的有效性

对每个手把上同一工况的一组测定数据,当其计权值的变异系数 C_v 不大于 0.4 或者标准差 S_{n-1} 不大于 0.4 m/s^2 时方为有效。

若测定数据的变异系数 C_v 和标准差 S_{n-1} 均大于 0.4,则应重新测定,直到满足要求为止。

本标准中变异系数 C_v 定义为一组测定值标准差与均值之比,即公式(1):

$$C_v = \frac{S_{n-1}}{\overline{X}} \qquad \cdots\cdots (1)$$

式中:

$S_{n-1} = \sqrt{\frac{1}{n-1}\sum_{i=1}^{n}(X_i - \overline{X})^2}$;

$\overline{X} = \frac{1}{n}\sum_{i=1}^{n} X_i$;

X_i——第 i 次测定的值;

n——测定值的序号。

9 数据的取得和处理

数据的测定和处理按以下程序进行，如图 1 所示。

a) 测量左、右手把上同一工况下三轴向计权加速度 $a_{hwx,J}$、$a_{hwy,J}$、$a_{hwz,J}$，J 代表工况：怠速(Id)、满负荷(Fl)、高速运转(Ra)；

b) 计算确定工况的三轴向加速度平方和的方根值 $a_{hv,J}$；

c) 重复 a)和 b)至少三次；

d) 计算算术平均值 $\overline{a}_{hv,J}$；

e) 重复 a)、b)及 d)，至变异系数 C_v 或标准差 S_{n-1} 满足要求为止(见本标准第 8 章)；

f) 对其他工况，按 a)～e)步骤进行；

g) 按附录 A.4.2 和附录 B.4.2 计算手把的当量加速度总和值 $a_{hv,eq}$；

h) 给出测定结果。

附录 A 和附录 B 给出了应提供的测定结果。

a——带通记录；

b——计权滤波；

c——均方根值；

d——见第 4 章；

e——同一工况数据的平均值；

f——见附录 A.4.2 和附录 B.4.2。

图 1 振动数据的测试和处理的程序

10 测量不确定度与振动值的标明

标明产品的振动指标数据是生产厂家的责任和义务。生产厂家应履行这一义务，以便对其公布的数据进行验证。

在公布的数据中应注明参考本标准和引用的主要标准，同时说明按其测定所产生的误差。

全工况当量加速度总和值(见附录 A.4.2 和附录 B.4.2)也应予以标明。如果需要，生产厂家还应提供怠速、满负荷和高速运转等工况振动的平均值。

在公布振动值时，应给出测量不确定度。

注：不确定度计算方法的理论研究是为了正确应用测定结果和与其相关的不确定度，后者是与测量过程（受测量方法的精度等级影响）有关的不确定度和产品不确定度（同一生产厂家生产的同一型号不同机器的振动发射的变化）。EN 12096 中给出了一种计算不确定度的方法。

附　录　A
（规范性附录）
测量条件　油锯

A.1　测量位置及测量方向

加速度计的安装位置和测量方向见图 A.1。

加速度计的安装位置尽可能地接近操作者的手而又不妨碍正常握持机器。

如果图 A.1 中的尺寸 25 mm 不能保证，加速度计应置于手把握持部位的右侧。

如果图 A.1 中的尺寸 20 mm 不能保证，加速度计应置于手把握持部位的前端。

如果图 A.1 中的尺寸 80 mm 不能保证，加速度计应置于手把握持部位的前端。

单位为毫米

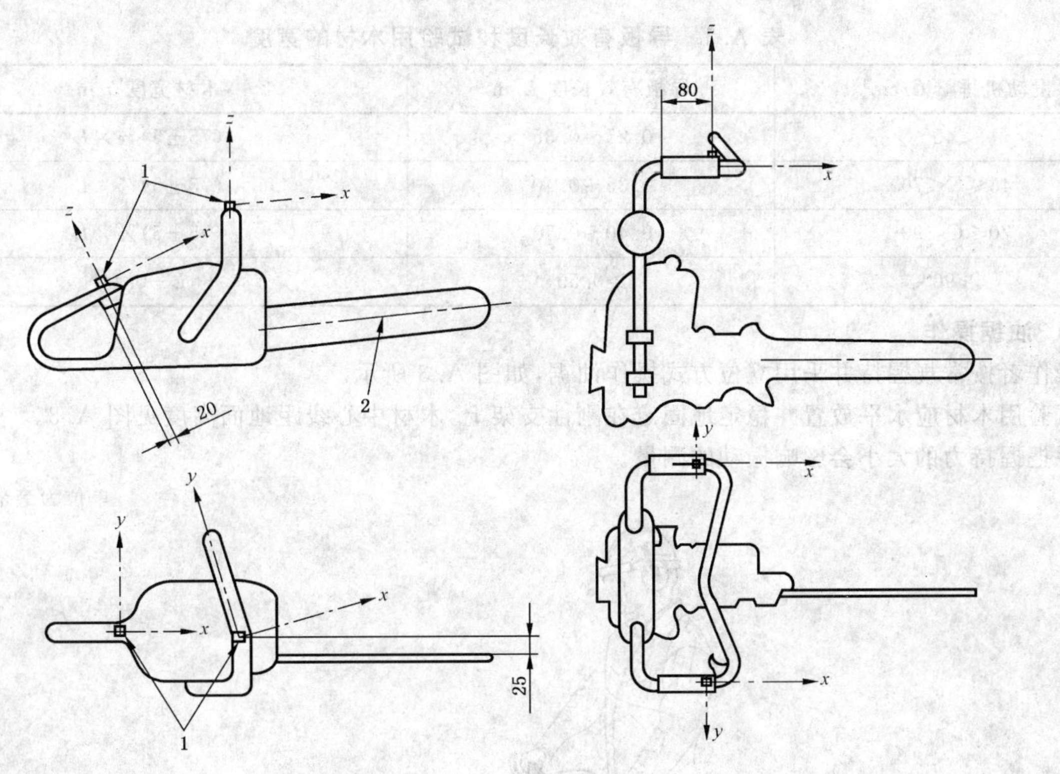

1——加速度计；

2——导板中心线。

图 A.1　加速度计安装位置和测量方向

A.2　油锯和试验用木材

A.2.1　油锯

供测定用的油锯应装有生产厂家推荐的导板和锯链。如果未推荐导板，按表 A.1 选用导板。

按说明书要求对机器进行试运转，并预热发动机。

按说明书要求调整化油器，润滑锯切部件并将其调整至最佳状态。

在测试工况，发动机转速应稳定在测定转速±210 r/min 以内。

A.2.2 试验用木材

锯切试验采用的木材要求为生长良好、新鲜的硬杂木。不允许使用非风干和冰冻木材，锯切部位应无节疤。根据选用的导板长度，木材的宽度应符合表 A.1 规定。

木材形状和尺寸见图 A.2 和表 A.1。

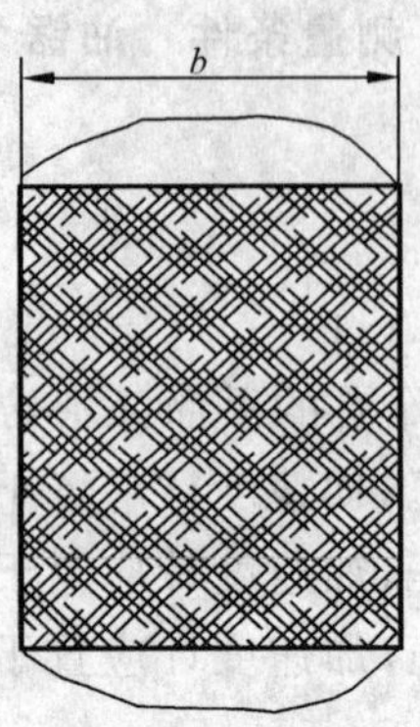

图 A.2 试验用木材的形状

表 A.1 导板有效长度和试验用木材的宽度

发动机排量 C/cm³	导板有效长度 L/m	木材宽度 b/m
<45	0.25～0.35	$(75\pm5)\%\times L$
$45\leqslant C<70$	0.35～0.40	$(75\pm5)\%\times L$
$70\leqslant C<90$	0.40～0.50	$(75\pm5)\%\times L$
$\geqslant90$	>0.50	$L-0.1$

A.2.3 油锯操作

操作者按常规握持并采用立位方式操作油锯，如图 A.3 所示。

试验用木材应水平放置并稳定地固定在刚性支架上，木材中心线距地面高度见图 A.3。

手把握持力的大小会影响振动的测量。

单位为毫米

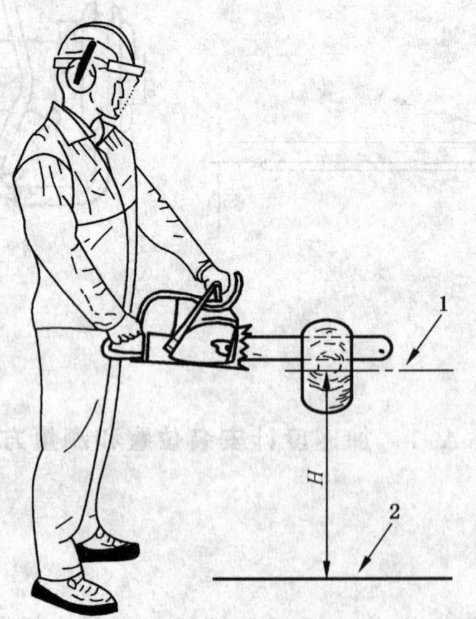

1——木材中心线；

2——地面。

短把油锯：H=800 mm±100 mm；高把油锯：H=500 mm±100 mm。

图 A.3 油锯的位置

A.3 试验程序

A.3.1 要求

试验按下述工况进行：

a) 对于发动机排量小于 80 cm^3 的油锯，按"怠速—满负荷—高速运转"程序进行；

b) 对于发动机排量不小于 80 cm^3 的油锯，按"怠速—满负荷"程序进行。

在规定的操作条件下，为获得有效的数据，试验至少进行四次。两次测试之间应有间隔，以获得稳定的怠速转速。

采集四个振动周期的数据总时间不小于 20 s。每一有效信号持续时间不小于 2 s，同时发动机转速应稳定在测定转速±210 r/min 以内。

怠速、满负荷和高速运转工况数据的采集应严格按规定的次序进行。

A.3.2 怠速

怠速工况时，操作者双手握持油锯处于立位状态。发动机按规定的怠速转速运转，锯链不随动。

A.3.3 满负荷

满负荷工况时，油门扳机开到最大，在试验木材上锯切木片。锯切过程中，导板保持水平状态并与木材纵向轴线垂直。

按 LY/T 1593 的规定，发动机转速维持在最大功率时的转速。

振动的测定是在锯切木材三等分的中间那一部分进行，通过切削力控制发动机转速。油锯如装有插木齿，其不应与木材接触。

A.3.4 高速运转

高速运转工况时，操作者双手握持油锯处于立位状态。发动机按 LY/T 1593 规定的最大功率点转速的 133%运转并进行测试。

如果发动机的转速被限制达不到前述的转速，则应在可达到的最高转速状态下测试。若发动机无法在规定的最高转速下稳定运转，则应通过油门扳机控制转速，使发动机保持在最高可能的稳定转速下运转，且不低于规定的最高转速 480 r/min 以上。

A.4 测定报告

A.4.1 要求

按本标准进行的振动测定应在报告中提供下列信息。

A.4.1.1 试验用油锯

a) 关于油锯的描述，包括发动机排量、生产厂家、型号和系列号，锯链型号和导板长度；

b) 操作工况，符合表 A.2 要求；

c) 木材宽度。

A.4.1.2 测量仪器

a) 测量用的仪器，包括名称、生产厂家、型号和系列号；

b) 加速度计固定方式；

c) 仪器系统校准方法；

d) 加速度计校准仪器最近的检定日期和地点。

A.4.1.3 振动和其他数据

a) 加速度计安装位置（如需要可提供附图）；

b) 符合表 A.2 规定的测定值和算术平均值；

c) 公布值；

d) 备注；

e) 空气湿度；

f) 测定日期和地点。

表 A.2 振动总和值和算术平均值

操作工况	计算数据和有效性数据	发动机标定转速/(r/min)	前(左)手把/后(右)手把				
			试验序号				
			1	2	3	4	n
怠速(Id)	$a_{hv,Id}$/(m/s²)						
	$\bar{a}_{hv,Id}$/(m/s²)		—	—	—		
	S_{n-1}/(m/s²)		—	—	—		
	C_v		—	—	—		
满负荷(Fl)	$a_{hv,Fl}$/(m/s²)						
	$\bar{a}_{hv,Fl}$/(m/s²)		—	—	—		
	S_{n-1}/(m/s²)		—	—	—		
	C_v		—	—	—		
高速运转(Ra)	$a_{hv,Ra}$/(m/s²)						
	$\bar{a}_{hv,Ra}$/(m/s²)		—	—	—		
	S_{n-1}/(m/s²)		—	—	—		
	C_v		—	—	—		
在 C_v 或 S_{n-1} 不大于 0.4 时记录被测定的 a_{hv}，并计算 $\bar{a}_{hv}$。计算 $\bar{a}_{hv}$ 时，至少是四次测定的 a_{hv} 值的平均。 算术平均值($\bar{a}_{hv,Id}$、$\bar{a}_{hv,Fl}$、$\bar{a}_{hv,Ra}$)用于计算当量加速度总和值 $a_{hv,eq}$(见 A.4.2)。 注：当发动机排量不小于 80 cm³ 时，没有高速运转工况。							

A.4.2 当量加速度总和值

A.4.2.1 要求

当量加速度总和值取决于全工况。发动机排量小于 80 cm³ 油锯的全工况由三个时间区段工作过程构成，即怠速、满负荷和高速运转三种工况；发动机排量不小于 80 cm³ 油锯的全工况由怠速、满负荷两种工况组成。

A.4.2.2 发动机排量小于 80 cm³ 的油锯，当量加速度总和值 $a_{hv,eq}$ 按公式(A.1)计算：

$$a_{hv,eq} = \left[\frac{1}{3}(\bar{a}_{hv,Id}^2 + \bar{a}_{hv,Fl}^2 + \bar{a}_{hv,Ra}^2)\right]^{\frac{1}{2}} \quad \cdots\cdots\cdots\cdots (A.1)$$

A.4.2.3 发动机排量大于等于 80 cm³ 的油锯，当量加速度总和值 $a_{hv,eq}$ 按公式(A.2)计算：

$$a_{hv,eq} = \left[\frac{1}{2}(\bar{a}_{hv,Id}^2 + \bar{a}_{hv,Fl}^2)\right]^{\frac{1}{2}} \quad \cdots\cdots\cdots\cdots (A.2)$$

附　录　B
（规范性附录）
测量条件　割灌机和割草机

B.1　测量位置及测量方向

根据手把的设计形式，加速度计的安装位置和测量方向见图 B.1 和图 B.2。

加速度计的安装位置尽可能地接近操作者的手而又不妨碍正常握持机器。

对于具有左、右手把的机器（见图 B.1），操作者以正常工作姿态握持机器，加速度计安装在操作者拇指内侧的对面。

对于具有前、后手把的机器（见图 B.2），后手把上的加速度计安装在距油门扳机尾端 80 mm 位置处。若该尺寸不能保证，加速度计应置于手把握持部位的后端。操作者左手握持前手把保持正常工作姿态，前手把上加速度计安装在左手拇指内侧的对面。

B.2　机器的调整

供测定用的机器应装有生产厂家推荐的切割部件。

按说明书要求对机器进行试运转，并预热发动机，使其满足试验要求。

按说明书要求调整化油器并检查切割部件使其处于最佳状态。

在测试工况，发动机转速应稳定在测定转速±210 r/min 以内。

对于切割部件为柔性绳的割草机，其柔性绳应调至最大许用长度。

机器的操作姿态如图 B.3 所示。如机器规定有背带，机器应挂接在背带上并按正常作业方式双手握持。机器如无特殊要求，按 B.3.2 和 B.3.3 给的条件操作机器。

手把握持力的大小会影响振动的测量。

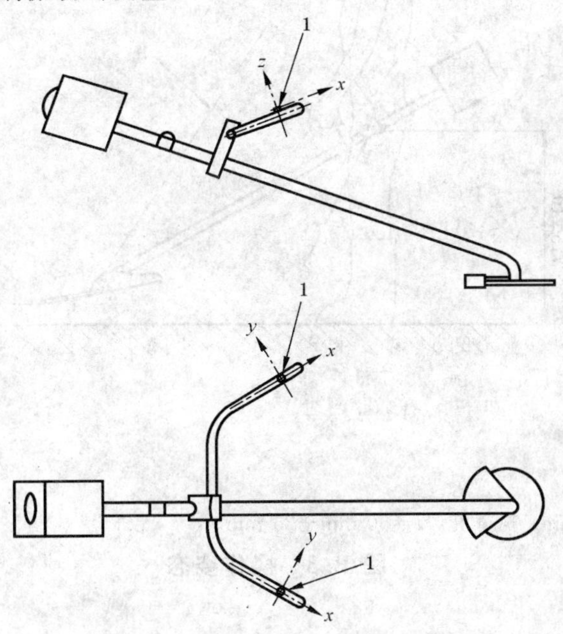

1——加速度计。

图 B.1　具有左、右手把（自行车式手把）的机器上加速度计安装位置和测量方向

单位为毫米

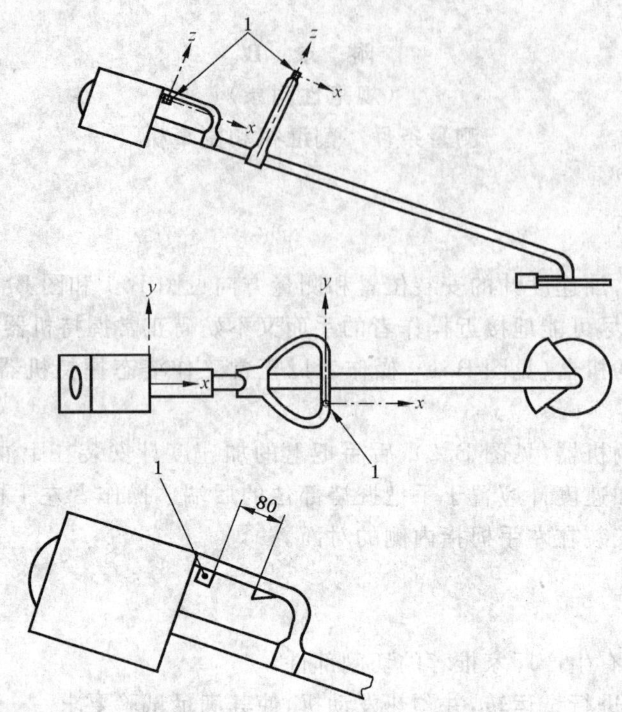

1——加速度计。

图 B.2 具有前、后手把(环式手把)的机器上加速度计安装位置和测量方向

单位为毫米

1——操作者的视线；

2——机器的重心。

割灌机：$H=300\ \text{mm}\pm25\ \text{mm}$；割草机：$H=50\ \text{mm}\pm25\ \text{mm}$。

图 B.3 操作姿态

B.3 试验程序

B.3.1 要求

在怠速和高速运转操作条件下，为获得有效的数据，试验至少进行四次循环。两次测试之间应有间隔，以获得稳定的怠速转速。

采集四个振动周期的数据总时间不小于 20 s。每一有效信号持续时间不小于 2 s,同时发动机转速应稳定在测定转速±210 r/min 以内。

怠速和高速运转数据的采集应严格按规定的次序进行。

B.3.2 怠速

发动机按规定的怠速转速运转,切割部件不随动。

B.3.3 高速运转

对于割灌机,发动机按 LY/T 1593 规定的最大功率点转速的 133%运转并进行测试。

对于割草机,在机器运转时发动机油门开到最大,柔性绳调至最大许用长度状态下进行测试。如果此时最高转速超过发动机最大功率点转速的 133%,应控制发动机转速,使其维持在最大功率点转速的 133%下运转。

当发动机转速被限制达不到前述的转速,则应在可达到的最高转速状态下测试。若发动机无法在规定的最高转速下稳定运转,则应通过油门扳机控制转速,使发动机保持在最高可能的稳定转速下运转,且不低于规定的最高转速 480 r/min 以上。

B.4 测定报告

B.4.1 要求

按本标准进行的振动测定应在报告中提供下列信息。

B.4.1.1 试验用机器

a) 关于机器的描述,包括发动机排量、生产厂家、型号和系列号,切割部件型号;

b) 操作工况,符合表 B.1 要求。

B.4.1.2 测量仪器

a) 测量用的仪器,包括名称、生产厂家、型号和系列号;

b) 加速度计固定方式;

c) 仪器系统校准方法;

d) 加速度计校准仪器最近的检定日期和地点。

B.4.1.3 振动和其他数据

a) 加速度计安装位置(如需要可提供附图);

b) 符合表 A.2 规定的测定值和算术平均值;

c) 公布值;

d) 备注;

e) 空气湿度;

f) 测定日期和地点。

表 B.1 振动总和值和算术平均值

操作工况	计算数据和有效性数据	发动机标定转速/(r/min)	前(左)手把/后(右)手把				
			试验序号				
			1	2	3	4	n
怠速(Id)	$a_{hv,Id}/(m/s^2)$						
	$\bar{a}_{hv,Id}/(m/s^2)$		—	—	—		
	$S_{n-1}/(m/s^2)$		—	—	—		
	C_v		—	—	—		
高速运转(Ra)	$a_{hv,Ra}/(m/s^2)$						
	$\bar{a}_{hv,Ra}/(m/s^2)$		—	—	—		
	$S_{n-1}/(m/s^2)$		—	—	—		
	C_v		—	—	—		
在 C_v 或 S_{n-1} 不大于 0.4 时记录被测定的 a_{hv}，并计算 $\bar{a}_{hv}$。计算 $\bar{a}_{hv}$ 时，至少是四次测定的 a_{hv} 值的平均。 算术平均值($\bar{a}_{hv,Id}$、$\bar{a}_{hv,Ra}$)用于计算当量加速度总和值 $a_{hv,eq}$(见 B.4.2)。							

B.4.2 当量加速度总和值

当量加速度总和值取决于全工况。对于割灌机和割草机的全工况，是由两个时间区段工作过程构成，即怠速和高速运转两种工况。

当量加速度总和值 $a_{hv,eq}$ 按公式(B.1)计算：

$$a_{hv,eq} = \left[\frac{1}{2}(\bar{a}_{hv,Id}^2 + \bar{a}_{hv,Ra}^2)\right]^{\frac{1}{2}} \quad \text{(B.1)}$$

参 考 文 献

EN 12096 机械振动 振动散射值的验证和表示

ICS 67.100.10
X 10

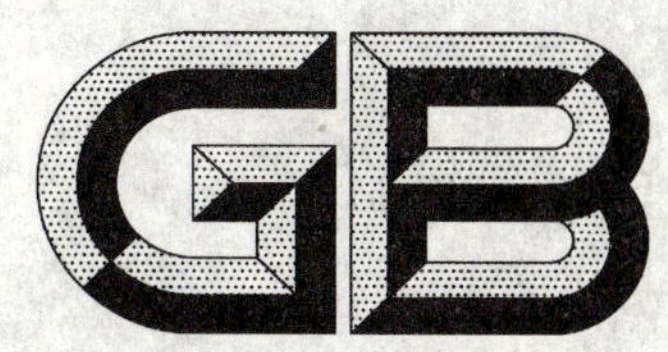

中华人民共和国国家标准

GB/T 5410—2008
代替 GB 5410—1999

2008-01-07 发布　　　　2008-12-01 实施

中华人民共和国国家质量监督检验检疫总局
中国国家标准化管理委员会　发布

前　言

本标准的全脂乳粉、部分脱脂乳粉、脱脂乳粉的脂肪、水分和蛋白质指标与 CODEX STAN 207—1999《乳粉和稀奶油粉》规定的指标一致。

本标准代替 GB 5410—1999《全脂乳粉、脱脂乳粉、全脂加糖乳粉和调味乳粉》。

本标准与 GB 5410—1999 相比主要变化如下：

——标准名称改为：乳粉（奶粉）；

——调整了本标准的适用范围；

——第 3 章术语和定义改为“乳固体”、“非脂乳固体”；

——增加了产品分类；

——取消了 GB 5410—1999 的 4.1“原料要求”；

——取消了 GB 5410—1999 的 4.2“感官特性”；

——取消了 GB 5410—1999 的 4.3.1“净含量”；

——增加了调味乳粉乳固体不低于 70％的技术要求；

——将 GB 5410—1999 中脱脂乳粉的脂肪指标不超过 2.0％调整为不超过 1.5％；

——取消了 GB 5410—1999 的 4.3.2 对调味乳粉脂肪指标的要求；

——将 GB 5410—1999 的 4.4 中的卫生指标改为“铅、无机砷、亚硝酸盐、黄曲霉毒素 M_1、菌落总数、大肠菌群、致病菌应符合 GB 19644 的规定”；

——取消了 GB 5410—1999 的 6.2“包装”、6.3“运输”、6.4“贮存”。

本标准由中国轻工业联合会提出。

本标准由全国食品工业标准化技术委员会技术归口。

本标准由全国乳品标准化中心负责起草，石家庄三鹿集团股份有限公司、内蒙古伊利实业集团股份有限公司、雀巢（中国）有限公司、山西古城乳业集团有限公司、广东雅士利集团有限公司、黑龙江龙丹乳业科技股份有限公司、西安银桥生物科技有限责任公司、青岛圣元乳业有限公司参加起草。

本标准主要起草人：李茂胜、张春燕、王玉良、李琴、邸雪枫、王与宝、佟成付、郝东海、夏元军、张萍珍。

本标准所代替标准的历次版本发布情况为：

——GB 5410—1985、GB 5411—1985、GB 5412—1985、GB 5410—1999。

乳粉(奶粉)

1 范围

本标准规定了各种乳粉的技术要求、试验方法和标签的要求。

本标准适用于供消费者直接食用的各种乳粉的生产、检验和销售。

2 规范性引用文件

下列文件中的条款通过本标准的引用而成为本标准的条款。凡是注日期的引用文件,其随后所有的修改单(不包括勘误的内容)或修订版均不适用于本标准,然而,鼓励根据本标准达成协议的各方研究是否可使用这些文件的最新版本。凡是不注日期的引用文件,其最新版本适用于本标准。

GB 2760 食品添加剂使用卫生标准

GB/T 5413.1 婴幼儿配方食品和乳粉 蛋白质的测定

GB/T 5413.3 婴幼儿配方食品和乳粉 脂肪的测定

GB/T 5413.5 婴幼儿配方食品和乳粉 乳糖、蔗糖和总糖的测定

GB/T 5413.7 婴幼儿配方食品和乳粉 灰分的测定

GB/T 5413.8 婴幼儿配方食品和乳粉 水分的测定

GB/T 5413.28 乳粉 滴定酸度的测定

GB/T 5413.29 婴幼儿配方食品和乳粉 溶解性的测定

GB/T 5413.30 乳与乳粉 杂质度的测定

GB 7718 预包装食品标签通则

GB 14880 食品营养强化剂使用卫生标准

GB 19644 乳粉卫生标准

3 术语和定义

下列术语和定义适用于本标准。

3.1

乳固体 milk solids

乳中的干物质。

注:乳中的干物质包括乳蛋白质、乳脂肪、乳糖和无机盐。

3.2

非脂乳固体 milk solids-not-fat

乳固体中扣除乳脂肪的剩余物质。

4 产品分类

4.1 全脂乳粉(全脂奶粉):仅以乳为原料,添加或不添加食品添加剂、食品营养强化剂,经浓缩、干燥制成的粉状产品。

4.2 部分脱脂乳粉(部分脱脂奶粉):仅以乳为原料,添加或不添加食品添加剂、食品营养强化剂,脱去部分脂肪,经浓缩、干燥制成的粉状产品。

4.3 脱脂乳粉(脱脂奶粉):仅以乳为原料,添加或不添加食品添加剂、食品营养强化剂,脱去脂肪,经浓缩、干燥制成的粉状产品。

4.4　全脂加糖乳粉(全脂加糖奶粉,全脂甜乳粉,全脂甜奶粉):仅以乳、白砂糖为原料,添加或不添加食品添加剂、食品营养强化剂,经浓缩、干燥制成的粉状产品。

4.5　调味乳粉(调味奶粉):以乳为主要原料,添加辅料,经浓缩、干燥制成的粉状产品;或在乳粉中添加辅料,经干混制成的粉状产品。

5　技术要求

5.1　理化指标

应符合表1的规定。

表1

项　　目	全脂乳粉	部分脱脂乳粉	脱脂乳粉	全脂加糖乳粉	调味乳粉
蛋白质/%　≥	非脂乳固体[a]的34			18.5	16.5
脂肪(X)/%	$X \geqslant 26.0$	$1.5 < X < 26.0$	$X \leqslant 1.5$	$X \geqslant 20.0$	—
乳固体[b]/%　≥	—	—	—	—	70.0
蔗糖/%　≤	—	—	—	20.0	—
复原乳酸度/°T　≤	18.0	20.0	20.0	16.0	—
水分/%　≤	5.0				
不溶度指数/mL　≤	1.0				
杂质度/(mg/kg)　≤	16				

[a] 非脂乳固体＝100－脂肪－水分。

[b] 乳固体＝乳脂肪＋乳糖＋乳蛋白＋无机盐。

5.2　卫生指标

铅、无机砷、亚硝酸盐、黄曲霉毒素 M_1、菌落总数、大肠菌群、致病菌应符合 GB 19644 的规定。

5.3　食品添加剂和食品营养强化剂的使用

应符合 GB 2760 和 GB 14880 的规定。

6　试验方法

6.1　脂肪:按 GB/T 5413.3 规定的方法测定。

6.2　蛋白质:按 GB/T 5413.1 规定的方法测定。

6.3　乳糖、蔗糖:按 GB/T 5413.5 规定的方法测定。

6.4　复原乳酸度:按 GB/T 5413.28 规定的方法测定。

6.5　水分:按 GB/T 5413.8 规定的方法测定。

6.6　不溶度指数:按 GB/T 5413.29 规定的方法测定。

6.7　杂质度:按 GB/T 5413.30 规定的方法测定。

6.8　无机盐:按 GB/T 5413.7 规定的方法测定。

6.9　铅、无机砷、亚硝酸盐、黄曲霉毒素 M_1、菌落总数、大肠菌群、致病菌:按 GB 19644 规定的方法测定、检验。

7 标签

7.1 产品标签的标示内容应符合 GB 7718 的规定；还应标明蛋白质、脂肪、蔗糖(只限全脂加糖乳粉)的含量。

7.2 产品名称应标示为：全脂乳粉、部分脱脂乳粉、脱脂乳粉、全脂加糖乳粉或调味乳粉。

7.3 建议标示“本产品不是专为婴幼儿设计，不适合 0～36 个月婴幼儿食用”，或类似用语。

ICS 67.100.20
X 16

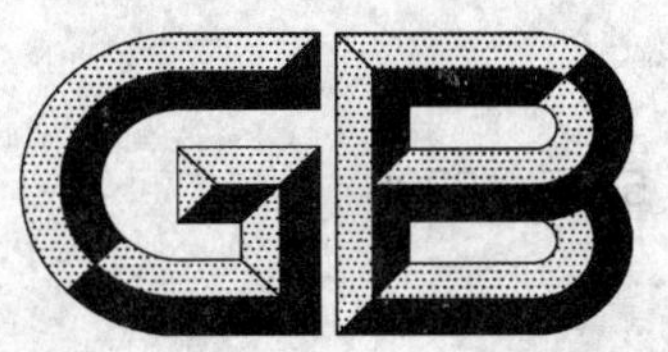

中华人民共和国国家标准

GB/T 5415—2008

奶　　油

Butter

2008-01-07 发布　　2008-12-01 实施

中华人民共和国国家质量监督检验检疫总局
中国国家标准化管理委员会　发布

前　言

本标准中水分、脂肪、非脂乳固体等指标与 CODEX STAN A-1—1971(Rev. 1—1999, Amended 2003)《奶油》, CODEX STAN A-2—1973(Rev. 1—1999)《乳脂制品》, CODEX STAN A-9—1976《直接食用稀奶油》规定的指标一致。

本标准由中国轻工业联合会提出。

本标准由全国食品工业标准化技术委员会归口。

本标准由全国乳品标准化中心负责起草,内蒙古伊利实业集团有限公司、雀巢(中国)有限公司参加起草。

本标准主要起草人:张春燕、李茂胜、李琴、邸雪枫、张贵海。

奶　　油

1　范围

本标准规定了各种奶油的技术要求、试验方法和标签的要求。

本标准适用于供消费者直接食用的各种奶油的生产、检验和销售。

2　规范性引用文件

下列文件中的条款通过本标准的引用而成为本标准的条款。凡是注日期的引用文件，其随后所有的修改单(不包括勘误的内容)或修订版均不适用于本标准，然而，鼓励根据本标准达成协议的各方研究是否可使用这些文件的最新版本。凡是不注日期的引用文件，其最新版本适用于本标准。

GB 2760　食品添加剂使用卫生标准

GB/T 5009.3　食品中水分的测定

GB/T 5009.37　食用植物油卫生标准的分析方法

GB/T 5009.46　乳与乳制品卫生标准的分析方法

GB 7718　预包装食品标签通则

GB 14880　食品营养强化剂使用卫生标准

GB 19646　奶油、稀奶油卫生标准

3　术语和定义

下列术语和定义适用于本标准。

3.1

非脂乳固体　milk solids-not-fat

乳固体中扣除乳脂肪的剩余物质。

4　产品分类

按乳脂肪含量分为以下几类。

4.1　稀奶油：从乳中分离出的含脂肪部分，添加或不添加食品添加剂、食品营养强化剂，经加工制成脂肪含量较低的产品。

4.2　奶油(黄油)：以乳和(或)稀奶油分离出的脂肪为原料，添加或不添加食品添加剂、食品营养强化剂，经加工制成的脂肪含量较高的产品。

4.3　无水奶油(无水黄油)：以乳和(或)奶油或稀奶油分离出的脂肪为原料，添加或不添加食品添加剂、食品营养强化剂，经加工制成的水分含量极低的产品。

5　技术要求

5.1　理化指标

应符合表1的要求。

表 1

项　　目		稀奶油	奶　　油	无水奶油
水分/%	≤	—	16.0	0.1
乳脂肪/%	≥	10.0	80.0	99.8
酸度[a]/°T	≤	30.0	20.0	—
非脂乳固体[b]/%	≤	—	2.0	—
过氧化值(g/100 g)	≤	—	—	0.4
[a] 酸度不包括以发酵稀奶油为原料的产品。 [b] 非脂乳固体＝100－脂肪－水分。				

5.2　**卫生指标**

铅、六六六、滴滴涕、菌落总数、大肠菌群、霉菌、致病菌应符合 GB 19646 的要求。

5.3　**食品添加剂和食品营养强化剂的使用**

应符合 GB 2760、GB 14880 的有关规定。

6　试验方法

6.1　水分：按 GB/T 5009.3 规定的方法测定。

6.2　乳脂肪：按 GB/T 5009.46 规定的方法测定

6.3　酸度：按 GB/T 5009.46 规定的方法测定

6.4　过氧化值：按 GB/T 5009.37 规定的方法测定。

6.5　铅、六六六、滴滴涕、菌落总数、大肠菌群、霉菌、致病菌：按 GB 19646 规定的方法测定和检验。

7　标签

7.1　产品标签的标示内容应符合 GB 7718 的规定；还应标示乳脂肪的含量。

7.2　产品名称应标示为稀奶油、奶油或无水奶油。

ICS 67.100.10
X 16

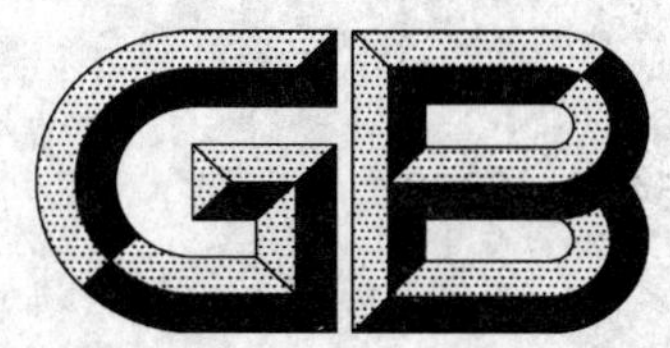

中华人民共和国国家标准

GB/T 5417—2008
代替 GB 5417—1999

炼 乳

Condensed milk

2008-01-07 发布　　2008-12-01 实施

中华人民共和国国家质量监督检验检疫总局
中国国家标准化管理委员会　发布

前　言

本标准中除调制炼乳外，其他产品的乳脂肪、乳固体、蛋白质占非脂乳固体的量等指标与 CODEX STANA-3-1971(Rev. 1-1999)《炼乳》、CODEX STANA-4-1971(Rev. 1-1999)《加糖炼乳》规定的指标一致。

本标准代替 GB 5417—1999《全脂无糖炼乳和全脂加糖炼乳》。

本标准与 GB 5417—1999 相比主要变化如下：

——将标准名称改为“炼乳”；

——调整了本标准的适用范围；

——在 GB 5417—1999 第 3 章术语和定义中改为“乳固体”和“非脂乳固体”；

——增加了产品分类；

——取消了 GB 5417—1999 的 4.1“原料要求”；

——取消了 GB 5417—1999 的 4.2“感官特性”；

——取消了 GB 5417—1999 的 4.3.1“净含量”；

——将 GB 5417—1999 的 4.3.2 中淡炼乳和加糖炼乳的蛋白质指标改为蛋白质占非脂乳固体的量；

——取消了 GB 5417—1999 的 4.3.2 对杂质度指标的要求；

——将 GB 5417—1999 的 4.4 中的卫生指标改为“铅、无机砷、锡、黄曲霉毒素 M_1、菌落总数、大肠菌群、致病菌等卫生指标应符合 GB 13102 的规定”；

——取消了 GB 5417—1999 的 6.2“包装”、6.3“运输”、6.4“贮存”。

本标准由中国轻工业联合会提出。

本标准由全国食品工业标准化技术委员会归口。

本标准由全国乳品标准化中心负责起草，浙江熊猫乳品有限公司、雀巢(中国)有限公司参加起草。

本标准主要起草人：张春燕、李茂胜、李作恭、林文珍、邸雪枫、杨晓军、张贵海。

本标准所代替标准的历次版本发布情况为：

——GB 5417—1985，GB 5417—1999。

炼　　乳

1　范围

本标准规定了各种炼乳的技术要求、试验方法和标签的要求。

本标准适于供消费者直接食用各种炼乳的生产、检验和销售。

2　规范性引用文件

下列文件中的条款通过本标准的引用而成为本标准的条款。凡是注日期的引用文件，其随后所有的修改单(不包括勘误的内容)或修订版均不适用于本标准，然而，鼓励根据本标准达成协议的各方研究是否可使用这些文件的最新版本。凡是不注日期的引用文件，其最新版本适用于本标准。

GB 2760　食品添加剂使用卫生标准

GB/T 5409　牛乳检验方法

GB/T 5413.1　婴幼儿配方食品和乳粉　蛋白质的测定

GB/T 5413.5　婴幼儿配方食品和乳粉　乳糖、蔗糖和总糖的测定

GB/T 5413.7　婴幼儿配方食品和乳粉　灰分的测定

GB/T 5418　全脂加糖炼乳检验方法

GB 7718　预包装食品标签通则

GB 13102　炼乳卫生标准

GB 14880　食品营养强化剂使用卫生标准

QB/T 3775　全脂无糖炼乳检验方法

3　术语和定义

下列术语和定义适用于本标准。

3.1

乳固体　milk solids

乳中的干物质。

注：乳中的干物质包括乳蛋白质、乳脂肪、乳糖和无机盐等。

3.2

非脂乳固体　milk solids-not-fat

乳固体中扣除乳脂肪的剩余物质。

4　产品分类

4.1　淡炼乳(淡炼奶)：以乳和(或)乳粉为原料，添加或不添加食品添加剂、食品营养强化剂，经加工制成的粘稠状液体产品。

4.1.1　高脂淡炼乳。

4.1.2　全脂淡炼乳。

4.1.3　部分脱脂淡炼乳。

4.1.4　脱脂淡炼乳。

4.2　加糖炼乳(加糖炼奶、甜炼乳、甜炼奶)：以乳和(或)乳粉、白砂糖为原料，添加或不添加食品添加剂、食品营养强化剂，经加工制成的粘稠状液体产品。

4.2.1 高脂加糖炼乳。

4.2.2 全脂加糖炼乳。

4.2.3 部分脱脂加糖炼乳。

4.2.4 脱脂加糖炼乳。

4.3 调制炼乳调制炼乳(调制炼奶):以乳和(或)乳粉为主料,添加辅料,经加工制成的粘稠状液体产品。

4.3.1 调制淡炼乳。

4.3.2 调制加糖炼乳。

5 技术要求

5.1 理化指标

应符合表1的要求。

表1

项目	淡炼乳				加糖炼乳				调制炼乳	
	高脂	全脂	部分脱脂	脱脂	高脂	全脂	部分脱脂	脱脂	调制淡炼乳	调制加糖炼乳
蛋白质/% ⩾	非脂乳固体的34								4.1	4.6
脂肪(X)/%	$X\geqslant 15.0$	$7.5\leqslant X<15.0$	$1.0<X<7.5$	$X\leqslant 1.0$	$X\geqslant 16.0$	$8.0\leqslant X<16.0$	$1.0<X<8.0$	$X\leqslant 1.0$	$X\geqslant 7.5$	$X\geqslant 8.0$
乳固体[a]/% ⩾	—	25.0	20.0	20.0	—	28.0	24.0	24.0	—	—
非脂乳固体[b]/% ⩾	11.5	—	—	—	14.0	—	20.0	—	12.5	14.0
蔗糖/% ⩽	—				45.0				—	48.0
水分/% ⩽	—				27.0				—	28.0
酸度/°T ⩽	48.0									
乳糖结晶颗粒/μm ⩽	—				25				—	25

a 乳固体=乳脂肪+乳糖+乳蛋白+无机盐。

b 非脂乳固体=100-脂肪-水分。

5.2 卫生指标

铅、无机砷、锡、黄曲霉毒素 M_1、菌落总数、大肠菌群、致病菌等卫生指标应符合 GB 13102 的规定。

5.3 食品添加剂和食品营养强化剂的使用

应符合 GB 2760 和 GB 14880 的规定。

6 试验方法

6.1 脂肪:按 GB/T 5418 和 QB/T 3775 规定的方法测定。

6.2 蛋白质:按 GB/T 5413.1 规定的方法测定。

6.3 乳固体:按 GB/T 5409 规定的方法测定。

6.4 乳糖和蔗糖:按 GB/T 5413.5 规定的方法测定。

6.5 水分:按 GB/T 5418 测定。

6.6 酸度:按 GB/T 5418 和 QB/T 3775 规定的方法测定。

6.7 乳糖结晶颗粒:按 GB/T 5418 规定的方法测定。

6.8 无机盐:按 GB/T 5413.7 规定的方法测定。

6.9 铅、无机砷、锡、黄曲霉毒素 M_1、菌落总数、大肠菌群、致病菌等卫生指标:按 GB 13102 规定的方法测定和检验。

7 标签

7.1 产品标签的标示内容应符合 GB 7718 的规定。

7.2 产品名称应标示为淡炼乳(淡炼奶)、加糖炼乳(加糖炼奶、甜炼乳、甜炼奶)或调制炼乳(调制炼奶)。

7.3 建议标示"本产品不是专为婴幼儿设计,不适合 36 个月以内婴幼儿食用",或类似用语。

ICS 81.040.30;17.060
Y 22

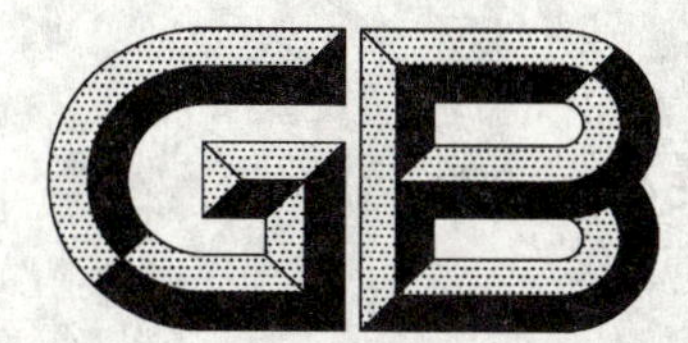

中华人民共和国国家标准

GB/T 5432—2008
代替 GB/T 5432—1985

玻璃密度测定　浮力法

Test method for density of glass by buoyancy

2008-12-30 发布　　2009-09-01 实施

中华人民共和国国家质量监督检验检疫总局
中国国家标准化管理委员会　发布

前　言

本标准修改采用美国 ASTM C 693—1993(2003)《浮力法测定玻璃密度的标准试验方法》(英文版)。本标准根据 ASTM C 693—1993(2003)重新起草，将一些 ASTM 标准的表述形式改为适用于我国标准的表述形式，其技术内容与 ASTM C 693—1993(2003)一致。

本标准与 ASTM C 693—1993(2003)差异为：

——删除了 ASTM C 693—1993(2003)的序言、引用标准、意义和使用说明；

——增加了前言和原理；

——将仪器设备中悬吊组件使用的材质由镍铬铁或铂合金改为金属；

——测试报告内容中增加了采用标准号、标准名称、测试日期和测试者签名等内容。

本标准代替 GB/T 5432—1985《日用玻璃密度测定方法》。

本标准与 GB/T 5432—1985 的差异为：

——增加了定义章节；

——仪器设备中删除了分析天平、烧杯、温度计的数量要求，增加了悬吊组件应使用同种材料的规定，增加了砝码和气压计的要求；

——增加了标准参考温度下的密度修正公式；

——删除了“取 2～3 次测定值的平均值作为试样的密度……”的规定；

——增加了“精度和偏差”章节。

本标准的附录 A 为规范性附录。

本标准由中国轻工业联合会提出。

本标准由全国日用玻璃标准化技术委员会(SAC/TC 377)归口。

本标准起草单位：东华大学、国家眼镜玻璃搪瓷制品质量监督检验中心。

本标准主要起草人：唐玲玲、张尼尼。

本标准所代替标准的历次版本发布情况为：

——GB/T 5432—1985。

玻璃密度测定　浮力法

1　范围

本标准规定了用浮力法测定 25 ℃左右玻璃密度的方法。

本标准适用于各类密度一致的玻璃材料和制品。

2　术语和定义

下列术语和定义适用于本标准。

2.1

固体密度　density of solids

在规定温度下，单位体积材料的质量。密度的单位应以克每立方厘米(g/cm^3)表示。

3　原理

根据阿基米德定律，浸在液体里的物体受到向上浮力的作用，浮力的大小等于被该物体排开液体的重力。据此，把在空气中称量过的试样浸在液体中进行称量，根据上述定律以及液体的密度，就可以计算出试样的密度。

4　仪器设备

4.1　分析天平：精度为 0.1 mg。

4.2　烧杯：适当容量(250 mL～750 mL)，能放入天平内，并可使吊篮或线环式试样托浸没在其中的蒸馏水里。

4.3　温度计：经过校准(20 ℃～30 ℃)，精度为 0.1 ℃，能测量空气和水的温度。

4.4　悬吊组件：悬吊丝应为直径小于 0.2 mm 的金属丝，并经脱脂处理或真空加热清洁处理；同一次试验所用的悬吊丝、吊篮或线环式试样托应为相同材料。

注：对于铂合金丝，可以采用的另一种清洁方法是将铂合金丝放在氧化焰中加热，直到铂合金丝周围的气体再也不发生任何颜色为止。

4.5　砝码：精度为 0.1 mg。

4.6　气压计，精度为 1 mmHg[1)]（可选用）。

5　试剂

蒸馏水：新制备；经过煮沸后的蒸馏水，在天平所处的环境中放置 2 h 以上，并应在 24 h 内使用。

6　试样

6.1　质量约为 20 g，尽量选用不带气泡、结石或其他包裹物的试样。如果切割成圆柱形或长方体，应尽可能保持试样表面平滑、棱边略带圆角、无裂纹。

注：对于质量为 20 g、密度约为 2.5 g/cm^3 的试样，一个直径 2 mm 的气泡在密度测定中将造成测量结果 0.05%的误差。

6.2　试样最好浸在热硝酸、铬-硫酸洗液或有机脱脂溶剂中，在超声波浴槽中进行清洗，然后用酒精和

1)　1 mmHg＝133.322 Pa。

蒸馏水冲淋;试样在所有的操作过程中均应使用镊子来搬取。

7 操作步骤

7.1 将试样和盛有蒸馏水并加盖的烧杯放在实验用天平所处的环境中,使它们的温度与环境温度保持一致。

7.2 记录实验室气温,精确到 1 ℃;记录实验室气压,精确到 1 mmHg,一个固定的实验室也可用平均大气压代替所测定的大气压,再根据附录 A 的表 A.1 查出空气密度 ρ_A。

注:估计一个实验室的平均大气压可以用估计实验室海拔接近 170 m(500 ft)的程度来确定,修正到海平面(0 海拔)的国家平均大气压是 760 mmHg。海拔每增加 341 m(1 000 ft),大气压减少大约 25 mmHg。对于范围在 2 g/cm³～6 g/cm³ 内的玻璃密度,用这种关系估计大气压,当大气压变化在正常范围的情况下,所引起密度测量结果的偏差小于 0.004%。

7.3 在空气中称量玻璃试样,精确到 0.1 mg,记作 m_A。

7.4 将盛有蒸馏水并插有温度计的烧杯放在天平托架上,此时天平盘或天平臂可自由摆动。

7.5 把试样放入吊篮式或线环式试样托中,用合适的吊钩和悬吊丝将其悬吊在天平臂上,向上抬起烧杯,使试样托和试样都浸入水中,直至水面达到悬吊丝预定的基准位置。

注:在使用前,盛有蒸馏水的烧杯应当加盖,以减少灰尘进入。在试样托和试样称量前,悬吊丝周围的蒸馏水面可用真空吸嘴或吸球进行清理。整个悬吊组件应上下稍稍移动,以湿润基准位置处弯月面以上的悬吊丝,以保证玻璃试样和悬吊丝上无气泡附着。

7.6 将浸在蒸馏水里的玻璃试样和悬吊组件一起称量,精确到 0.1 mg,记作 m_T。

7.7 从试样托上取下玻璃试样。在水面位于基准位置时,称取空悬吊组件在蒸馏水中的质量,精确到 0.1 mg,记作 m_0。

7.8 读取蒸馏水的温度,精确到 0.1 ℃,根据附录 A 的表 A.2 确定水的密度,记作 ρ_W,以 g/cm³ 表示。

8 计算

8.1 试样在水中的质量(m_W)按式(1)计算:

$$m_W = m_T - m_0 \qquad \cdots\cdots(1)$$

8.2 在实验室平均空气-水温度(T_L)下,玻璃试样密度(ρ)按式(2)计算:

$$\rho = \frac{m_A\rho_W - m_W\rho_A}{m_A - m_W} \qquad \cdots\cdots(2)$$

8.3 在标准参考温度(T_S)下,玻璃试样密度(ρ_S)按式(3)计算:

$$\rho_S = \frac{\rho}{1 + 3\alpha(T_S - T_L)} \qquad \cdots\cdots(3)$$

式中:

α——标准参考温度(T_S)下的近似瞬时线性热膨胀系数。

注:对于低膨胀玻璃、温度差异很小或同时出现这两种情况时,可不作上述修正。

9 测试报告

测试报告可包括下列内容:

a) 根据需要,写入试样的名称、生产方法、生产厂名、玻璃种类等;

b) 采用的测试标准号和标准名称;

c) 玻璃试样密度 ρ 或 ρ_S,以 g/cm³ 表示;

d) 测试中需要说明的问题,如:报告中的结果是 T_S 还是 T_L 温度下的试样密度、玻璃试样的热史或明确热史不详、试样的气泡或其他杂物情况描述等;

e) 测试地点、日期和测试者签名。

10 精度和偏差

10.1 精度

10.1.1 采取适当的措施，使水中溶解的空气和当玻璃试样及悬吊组件入水时所附着的气泡减至最少，则采用本方法所测得的玻璃密度标准偏差将在±0.1%之内。

10.1.2 采取适当的措施，使空气和水的温差减至最小，并对温度等可能影响空气和水密度的因素加以校正，则采用本方法所测得的玻璃密度标准偏差将接近±0.003%。

10.2 偏差

用三件已知密度的玻璃标样，通过用本方法测量这些标样的密度来确定试验的偏差。

附 录 A
（规范性附录）
20 ℃～30 ℃空气和纯水的密度

表 A.1 干燥空气的密度

单位为克每立方厘米

温度/℃	压强/mmHg					
	720	730	740	750	760	770
20	0.001 141	0.001 157	0.001 173	0.001 189	0.001 205	0.001 221
21	0.001 137	0.001 153	0.001 169	0.001 185	0.001 201	0.001 216
22	0.001 134	0.001 149	0.001 165	0.001 181	0.001 197	0.001 212
23	0.001 130	0.001 145	0.001 161	0.001 177	0.001 193	0.001 208
24	0.001 126	0.001 142	0.001 157	0.001 173	0.001 189	0.001 204
25	0.001 122	0.001 138	0.001 153	0.001 169	0.001 185	0.001 200
26	0.001 118	0.001 134	0.001 149	0.001 165	0.001 181	0.001 196
27	0.001 115	0.001 130	0.001 146	0.001 161	0.001 177	0.001 192
28	0.001 111	0.001 126	0.001 142	0.001 157	0.001 173	0.001 188
29	0.001 107	0.001 123	0.001 138	0.001 153	0.001 169	0.001 184
30	0.001 104	0.001 119	0.001 134	0.001 150	0.001 165	0.001 180

表 A.2 纯水的密度

单位为克每立方厘米

温度/℃	0.0	0.1	0.2	0.3	0.4	0.5	0.6	0.7	0.8	0.9
20	0.998 20	0.998 18	0.998 16	0.998 14	0.998 12	0.998 10	0.998 08	0.998 06	0.998 04	0.998 01
21	0.997 99	0.997 97	0.997 95	0.997 93	0.997 91	0.997 88	0.997 86	0.997 84	0.997 82	0.997 79
22	0.997 77	0.997 75	0.997 73	0.997 70	0.997 68	0.997 66	0.997 63	0.997 61	0.997 59	0.997 56
23	0.997 54	0.997 52	0.997 49	0.997 47	0.997 44	0.997 42	0.997 40	0.997 37	0.997 35	0.997 32
24	0.997 30	0.997 27	0.997 25	0.997 22	0.997 20	0.997 17	0.997 15	0.997 12	0.997 10	0.997 07
25	0.997 05	0.997 02	0.997 00	0.996 97	0.996 94	0.996 92	0.996 89	0.996 87	0.996 84	0.996 81
26	0.996 79	0.996 76	0.996 73	0.996 71	0.996 68	0.996 65	0.996 62	0.996 60	0.996 57	0.996 54
27	0.996 52	0.996 49	0.996 46	0.996 43	0.996 40	0.996 38	0.996 35	0.996 32	0.996 29	0.996 26
28	0.996 24	0.996 21	0.996 18	0.996 15	0.996 12	0.996 09	0.996 06	0.996 03	0.996 00	0.995 98
29	0.995 95	0.995 92	0.995 89	0.995 86	0.995 83	0.995 80	0.995 77	0.995 74	0.995 71	0.995 68
30	0.995 65	0.995 62	0.995 59	0.995 56	0.995 53	0.995 50	0.995 47	0.995 43	0.995 40	0.995 37

ICS 81.040.30;17.180.20
Y 22

中华人民共和国国家标准

GB/T 5433—2008
代替 GB/T 5433—1985

日用玻璃光透射比测定方法

Test method for the transmittance of domestic glass

2008-12-30 发布　　2009-09-01 实施

中华人民共和国国家质量监督检验检疫总局
中国国家标准化管理委员会　发布

前　言

本标准代替 GB/T 5433—1985《日用玻璃透过率测定方法》。

本标准与 GB/T 5433—1985 的差异：

——测定范围：原为无色日用玻璃可见光透过率的测定，修改后为日用玻璃制品的光透射比的测定。

——光透射比原为 $T(\%)=I/I_0\times100$(400 nm～700 nm，7 个点）平均值，修改后为

$$\tau_V=\frac{\sum_{380\ \mathrm{nm}}^{780\ \mathrm{nm}}\tau(\lambda)V(\lambda)S_{D65}(\lambda)\Delta\lambda}{\sum_{380\ \mathrm{nm}}^{780\ \mathrm{nm}}V(\lambda)S_{D65}(\lambda)\Delta\lambda}$$

(380 nm ～ 780 nm，波长间隔 10 nm 的叠加值)。

——样品厚度由(2±0.15)mm 改为(2±0.1)mm。

——样品表面要求由用光洁度改用表面粗糙度表示。

——取消了对样品平面平行度 0.04 mm 的要求。

本标准的附录 A 为规范性附录。

本标准由中国轻工业联合会提出。

本标准由全国日用玻璃标准化技术委员会归口。

本标准起草单位：东华大学、国家眼镜玻璃搪瓷制品质量监督检验中心。

本标准主要起草人：杨建荣、王贤英。

本标准所代替标准的历次版本发布情况为：

——GB/T 5433—1985。

日用玻璃光透射比测定方法

1 范围

本标准规定了日用玻璃制品光透射比的检验要求和方法。

本标准适用于日用玻璃制品的光透射比的测定。

2 规范性引用文件

下列文件中的条款通过本标准的引用而成为本标准的条款。凡是注日期的引用文件，其随后所有的修改单(不包括勘误的内容)或修订版均不适用于本标准，然而，鼓励根据本标准达成协议的各方研究是否可使用这些文件的最新版本。凡是不注日期的引用文件，其最新版本适用于本标准。

JJG 178 紫外、可见、近红外分光光度计检定规程

3 术语和定义

下列术语和定义适用于本标准。

3.1

光 light

能对人的视觉系统产生明亮和颜色感觉的电磁辐射，又叫可见电磁辐射。其波长范围一般取380 nm～780 nm。

3.2

光谱透射比 spectral transmittance

$\tau(\lambda)$

玻璃的光谱透射比 $\tau(\lambda)$，是指波长为 λ 时，玻璃的透射光谱通量与入射光谱通量之比。

3.3

光透射比 luminous transmittance

τ_V

光透射比 τ_V 是在D65光源下，透过玻璃的光通量与入射光通量的比值。玻璃光透射比(τ_V)的数学表达式如式(1)：

$$\tau_V = \frac{\int_{380\ \text{nm}}^{780\ \text{nm}} \tau(\lambda) V(\lambda) S_{D65}(\lambda) \mathrm{d}\lambda}{\int_{380\ \text{nm}}^{780\ \text{nm}} V(\lambda) S_{D65}(\lambda) \mathrm{d}\lambda} \quad \cdots\cdots(1)$$

式中：

λ——波长，单位为纳米(nm)；

$\tau(\lambda)$——玻璃的光谱透射比；

$V(\lambda)$——明视觉光谱光视效率函数；

$S_{D65}(\lambda)$——标准照明体D65光源的相对光谱功率分布。

4 要求

4.1 一般要求

实验室应保持清洁，环境温度、湿度、震动应符合测试系统要求。

4.2 **样品要求**

4.2.1 样品厚度应为(2.0±0.1)mm。

4.2.2 样品表面粗糙度 $Rz \leqslant 0.100\ \mu m$。

4.3 **仪器要求**

4.3.1 分光光度计的性能应符合 JJG 178 规定的要求。

4.3.2 波长范围应包含 380 nm～780 nm。

4.3.3 波长间隔应小于等于 10 nm。

5 光透射比 τ_V 的测量

5.1 样品应清洗干净。

5.2 开启分光光度计，预热至稳定状态。

5.3 波长范围选择 380 nm～780 nm。

5.4 波长间隔选择 10 nm。

5.5 将样品放入仪器的样品室进行测试。

5.6 计算光透射比 τ_V 时用波长间隔 10 nm 的叠加式(2)替代 3.3 给出的式(1)连续函数积分式：

$$\tau_V = \frac{\sum_{380\ \mathrm{nm}}^{780\ \mathrm{nm}} \tau(\lambda) V(\lambda) S_{\mathrm{D65}}(\lambda) \Delta\lambda}{\sum_{380\ \mathrm{nm}}^{780\ \mathrm{nm}} V(\lambda) S_{\mathrm{D65}}(\lambda) \Delta\lambda} \quad \cdots\cdots(2)$$

波长间隔 10 nm 的 $V(\lambda)S_{\mathrm{D65}}(\lambda)$ 数值可查表(见附录 A)。

注：如果波长间隔小于 10 nm 时，其 $V(\lambda)S_{\mathrm{D65}}(\lambda)$ 的数值可用内插法求得。

6 测量报告内容

6.1 执行标准号及标准名称。

6.2 样品的名称、规格、数量、厚度和来源。

6.3 测试结果 τ_V(%)及其有效数值精确到 0.1%。

6.4 在测试中需要说明的问题。

6.5 开始和完成试验的日期。

6.6 完成分析的实验室。

6.7 检验、审核等人员签名。

附 录 A
（规范性附录）
用于光透射比计算的相关数据

表 A.1 用于光透射比计算的相关数据

波长/nm	$S_{D65}(\lambda) \cdot V(\lambda)$	波长/nm	$S_{D65}(\lambda) \cdot V(\lambda)$
380	0	590	6.354 0
390	0.000 5	600	5.374 0
400	0.003 1	610	4.264 8
410	0.010 4	620	3.161 9
420	0.035 4	630	2.088 9
430	0.095 2	640	1.386 1
440	0.228 3	650	0.810 0
450	0.420 7	660	0.462 9
460	0.668 8	670	0.249 2
470	0.989 4	680	0.126 0
480	1.524 5	690	0.054 1
490	2.141 5	700	0.027 8
500	3.343 8	710	0.014 8
510	5.131 1	720	0.005 8
520	7.041 2	730	0.003 3
530	8.785 1	740	0.001 4
540	9.424 8	750	0.000 6
550	9.792 2	760	0.000 4
560	9.415 6	770	0
570	8.675 4	780	0
580	7.887 0	—	—

ICS 01.080.20
K 04

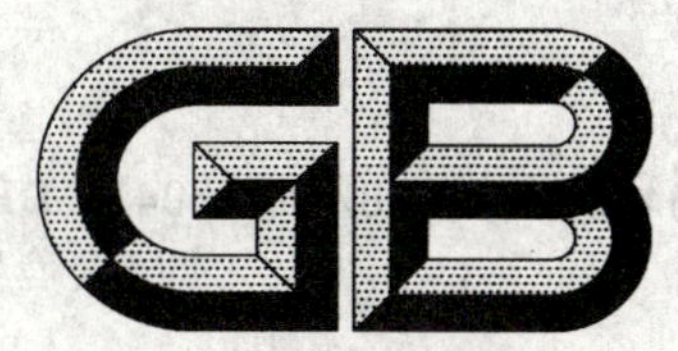

中华人民共和国国家标准

GB/T 5465.2—2008/IEC 60417 DB:2007
代替 GB/T 5465.2—1996

电气设备用图形符号 第2部分:图形符号

Graphical symbols for use on electrical equipment—Part 2:Graphical symbols

(IEC 60417 DB:2007,Graphical symbols for use on equipment,IDT)

2008-05-20 发布　　2009-01-01 实施

中华人民共和国国家质量监督检验检疫总局
中国国家标准化管理委员会　发布

前 言

GB/T 5465《电气设备用图形符号》分为二个部分:

——第1部分:概述与分类;

——第2部分:图形符号。

本部分为GB/T 5465的第2部分。本部分等同采用IEC 60417 DB(2007年1月)《电气设备用图形符号》(英文版)。

本部分代替GB/T 5465.2—1996《电气设备用图形符号》。

本部分共有904个符号,与GB/T 5465.2—1996相比主要变化如下:

——增加了434个新符号;

——取消了2个原有的符号;

——调整了15个符号的编号。

GB/T 5465是电气设备用图形符号及其基本规则系列国家标准之一。下面列出了这些国家标准的预计结构和其对应的国际标准,以及将代替的国家标准:

a) GB/T 5465《电气设备用图形符号》

——第1部分:概述与分类;

——第2部分:图形符号(IEC 60417 DB,代替GB/T 5465.2—1996)。

b) 《电气设备用图形符号基本规则》

——第1部分:原形符号的生成(IEC 80416-1,代替GB/T 5465.1—1985、GB/T 5465.1—1996、GB/T 5465.11—2007);

——第2部分:箭头的形式与使用;

——第3部分:应用导则(IEC 80416-3);

——第4部分:屏幕和显示设备用图形符号(图标)的适用规则。

本部分由全国电气信息结构文件编制和图形符号标准化技术委员会(SAC/TC 27)提出并归口。

本部分起草单位:信息产业部电信研究院、机械科学研究院、中国航空综合技术研究所、华北电力设计院、中冶京诚工程技术有限公司。

本部分主要起草人:谭泳、武冰梅、蒋利群、郭汀、沈兵、高惠民、齐旭、李鲲程、吴京文、王妮娜、赵世卓、赵春霞、赵欣欣、曾幼云。

本部分所代替标准的历次版本发布情况为:

——GB 5465.2—1985;

——GB/T 5465.2—1996。

电气设备用图形符号
第2部分:图形符号

1 范围

GB/T 5465的本部分规定了电气设备用图形符号及其名称、含义和应用范围。

本部分的图形符号适用于以下用途:

——标识设备或其组成部分(如控制器或显示器);

——指示功能状态或功能(如开、关、告警);

——标示连接(如端子、接头);

——提供包装信息(如包装物的标识、装卸说明);

——提供设备的操作说明(如使用限制)。

本部分的图形符号不适用于以下用途:

——安全标记;

——公共信息;

——图样和简图;

——产品技术文件。

2 规范性引用文件

下列文件中的条款通过GB/T 5465的本部分的引用而成为本部分的条款。凡是注日期的引用文件,其随后所有的修改单(不包括勘误的内容)或修订版均不适用于本部分,然而,鼓励根据本部分达成协议的各方研究是否可使用这些文件的最新版本。凡是不注日期的引用文件,其最新版本适用于本部分。

GB/T 2893.1—2004 图形符号 安全色和安全标志 第1部分:工作场所和公共区域中安全标志的设计原则(ISO 3864-1:2002,MOD)

GB 5226.1—2002 机械安全 机械电气设备 第1部分:通用技术条件(IEC 60204-1:2004,IDT)

GB/T 8059.3—1995 家用制冷器具 冷冻箱(eqv ISO 5155)

GB 9706.1—2007 医用电气设备 第一部分:安全通用要求(IEC 60601-1:1988+A1:1991+A2:1995,IDT)

GB/T 16273 所有部分 设备用图形符号(ISO 7000,NEQ)

GB/T 17045—2008 电击防护 装置和设备的通用部分(IEC 61140+A1:2004,IDT)

GB 18209.1—2000 机械安全 指示、标志和操作 第1部分:关于视觉、听觉和触觉信号的要求(idt IEC 61310-1:1995)

GB 18269—2000 交流1 kV、直流1.5 kV及以下电压带电作业用绝缘手工工具(eqv IEC 60900:1995)

GB 19212.1—2003 电力变压器、电源装置和类似产品的安全 第1部分:通用要求和试验(IEC 61558-1:1998,MOD)

GB 19212.16—2005 电力变压器、电源装置和类似产品的安全 第16部分:医疗场所供电用隔

离变压器的特殊要求(IEC 61558-2-15:1999,MOD)

ISO 7000　设备用图形符号　索引和一览表

ISO/IEC 11581-5　信息技术　用户系统接口和符号　图标符号和功能　第5部分:工具图标

IEC 60414　显示和记录电测量仪器和其附件的安全要求

IEC 60903　现场工作用绝缘手套规范

IEC 60920　管式荧光灯镇流器　一般和安全要求

IEC 60922　灯具附件　放电灯用镇流器(除管状荧光灯)　一般及安全要求

IEC 60926　电灯附件　起动装置(而不是起辉器)　一般和安全要求

IEC 60928　灯具附件　管形荧光灯交流电源电子镇流器　一般和安全要求

IEC 60974-1　弧焊设备　第1部分:焊接电源

IEC 61000-3-11　电磁兼容性　第3-11部分:限值　公共低压供电系统的电压变化、电压波动和闪烁范围　额定电流为75 A的设备并且在有条件连接的情况下

IEC 61243-1　带电作业　电压检测器　第1部分:电压超过交流1 kV用电容型

ITU-T E.121(2004)　辅助电话业务用户的图形、符号和图符

3　图形符号

5001A

电池,一般符号

Battery,general

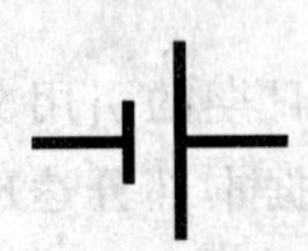

用于电池供电的设备。

标识与一次或二次电池电源供电的设备有关的器件。

例如:电池盒盖、连接器端子。

注1:本符号不用于表示极性。

注2:应使用符号5002表示电池取向。

5001B

电池,一般符号

Battery,general

用于电池供电的设备。

与符号5001A含义相同,是电池一般符号的另一种图形表示形式。

5002

电池定位

Positioning of cell

用于电池座的上面和内部。

标识电池座本身和标识座内电池的定位。

5003

交流/直流变换器;整流器;电源转接器

AC/DC-converter; rectifier; substitute power supply

标识交流/直流变换器,在有插接装置的情况下用于标识相关插座。

注:也可见符号5186、5194、5284和5302。

5004

可变性(可调性)

Variability

标识量的控制方法,被控量随图形的宽度而增加。

注1:由于弧线图形的半径随着控制相关的直径确定,故仅给出直线表示形式。弧线图形见ISO 7000-1364。

注2:也可见符号5181和5183。

5005

正号;正极

Plus; positive polarity

标识使用或产生直流设备的正极。

注:本图形符号的含义取决于其取向。

5006
负号;负极
Minus; negative polarity

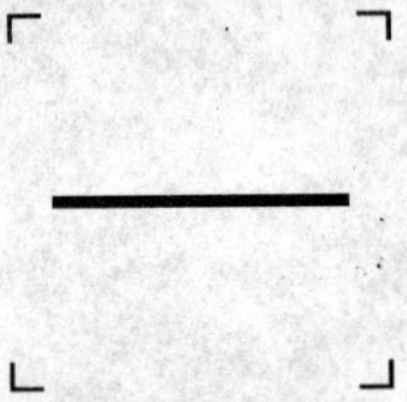

标识使用或产生直流设备的负极。

注:本图形符号的含义取决于其取向。

5007
通(电源)
"ON" (power)

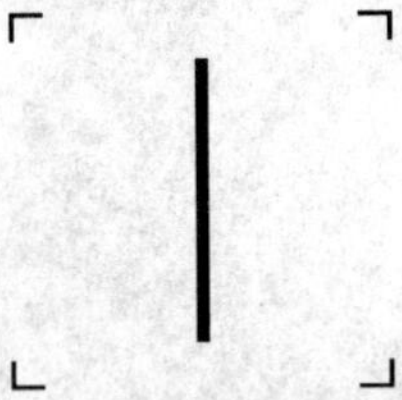

表示已接通电源,必须标在电源开关或开关的位置,以及与安全有关的地方。

注1:本图形符号的含义取决于其取向。

注2:也可见符号5264。

5008
断(电源)
"OFF" (power)

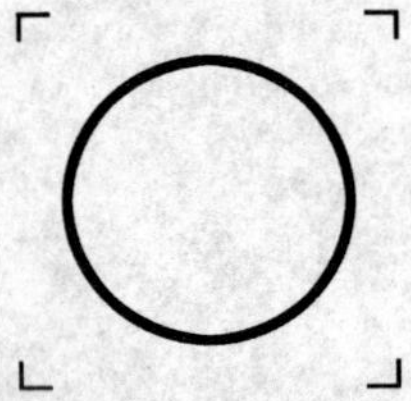

表示已与电源断开,必须标在电源开关或开关的位置,以及与安全有关的地方。

注:也可见符号5265。

5009
待机
Stand-by

标识开关或开关位置,表示设备部分已接通处于待机状态。

注:也可见符号5266。

5010

通/断(按—按)

"ON"/"OFF" (push-push)

标识与电源接通或断开,必须标在电源开关或电源开关的位置,以及与安全有关的地方。“接通”或“断开”每个位置都是稳定位置。

5011

通/断(按钮开关)

"ON"/"OFF" (push button)

标识已与电源接通,必须标在电源开关或电源开关的位置上,以及与安全有关的地方。“断开”是稳定位置,只有当按下按钮时,才保持在“接通”位置。

5012

灯;照明;照明设备

Lamp; lighting; illumination

标识控制照明光源的开关,如室内的照明、电影放映机、设备表盘的照明灯等。

注1:电能消耗等规格可标在图形符号旁边或下面。

注2:也可见符号5320和5321。

5013

铃

Bell

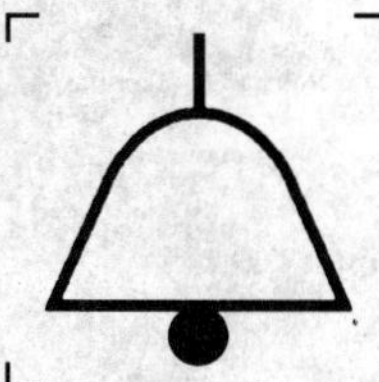

标识操作铃的开关,如门铃。

5014

喇叭

Horn

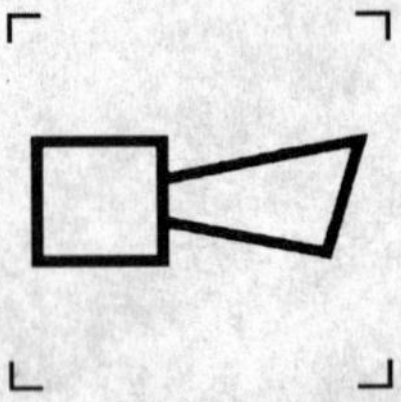

标识操作喇叭的开关,如厂用喇叭、音响报警信号。

5015

通风机;鼓风机;风扇

Air impeller;blower;fan

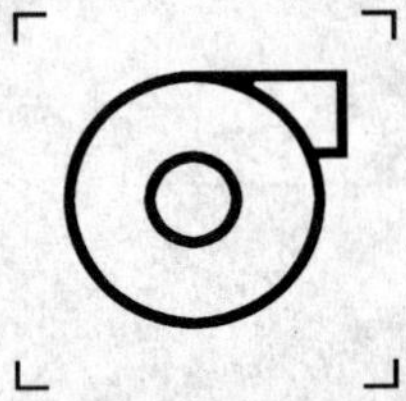

标识操纵通风机的开关或控制。如电影机或幻灯机上的风扇、室内风扇。

5016

熔断器

Fuse

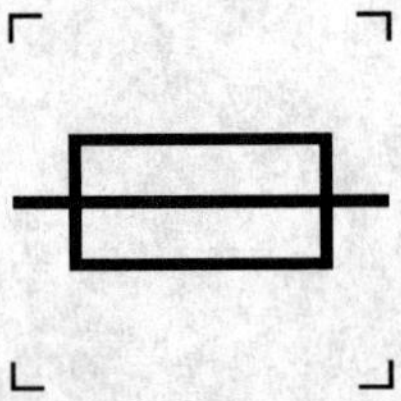

标识熔断器盒及其位置。

5017

接地

Earth; ground

在不需要用符号 5018 或 5019 的情况下,标识接地端子。

5018

功能性接地

Functional earthing; functional grounding (US)

表示功能性接地端子,例如为避免设备发生故障而专门设计的一种接地系统。

5019

保护接地

Protective earth; protective ground

标识在发生故障时防止电击的与外保护导体相连接的端子,或与保护接地电极相连接的端子。

5020

接机壳;接机架

Frame or chassis

标识连接机壳、机架的端子。

5021

等电位

Equipotentiality

标识那些相互连接后使设备或系统的各部分达到相同电位的端子,这并不一定是接地电位,如局部互连线。

注:电位值可标在符号旁边。

5022

单向运动

Movement in one direction

表示控制动作或被控制物沿着所指的方向运动。

注：由于表示旋转运动箭头的半径随有关控制器的直径而定，所以只给出表示直线运动图形。旋转运动图形见 GB/T 16273.4—2001中的符号 1-01 和 1-02。

5023

双向运动

Movement in both directions

表示控制动作或被控制物可按标出的方向作双向运动。

注：由于表示旋转运动箭头的半径随有关控制器的直径而定，所以只给出表示直线运动图形。旋转运动图形见 GB/T 16273.4—2001中的符号 1-15。

5024

双向局限运动

Movement limited in both directions

表示某个控制动作或被控制物可按标出的方向在一定限度内运动。

注：由于表示旋转运动箭头的半径随有关控制器的直径而定，所以只给出表示直线运动图形。

5025

移离参考点的效应或作用

Effect or action away from a reference point

表示移离一个具体的或假想的参考点或标志的某种效应或作用的方向。这种效应和作用可以用标有本符号的控制器来实现。

5026

移向参考点的效应或作用

Effect or action towards a reference point

表示移向一个具体的或假想的参考点或标志的某种效应或作用的方向。这种效应和作用可以用标有本符号的控制器来实现,如重新设置。

5027

移离参考点的双向效应或作用

Effect or action in both directions away from a reference point

表示从两个方向移离某一个具体的或假想的参考点或标志的某种效应或作用的方向。

这种效应和作用可以用标有本符号的控制器来实现。

5028

移向参考点的双向效应或作用

Effect or action in both directions towards a reference point

表示从两个方向移向某一个具体的或假想的参考点或标志的某种效应或作用的方向。这种效应和作用可以用标有本符号的控制器来实现。

5029

非同时移离和移向参考点的效应或作用

Non-simultaneous effect or action away from and towards a reference point

表示非同时移离和移向一个具体的或假想的参考点或标志的某种效应或作用的方向。这种效应和作用可以用标有本符号的控制器来实现。

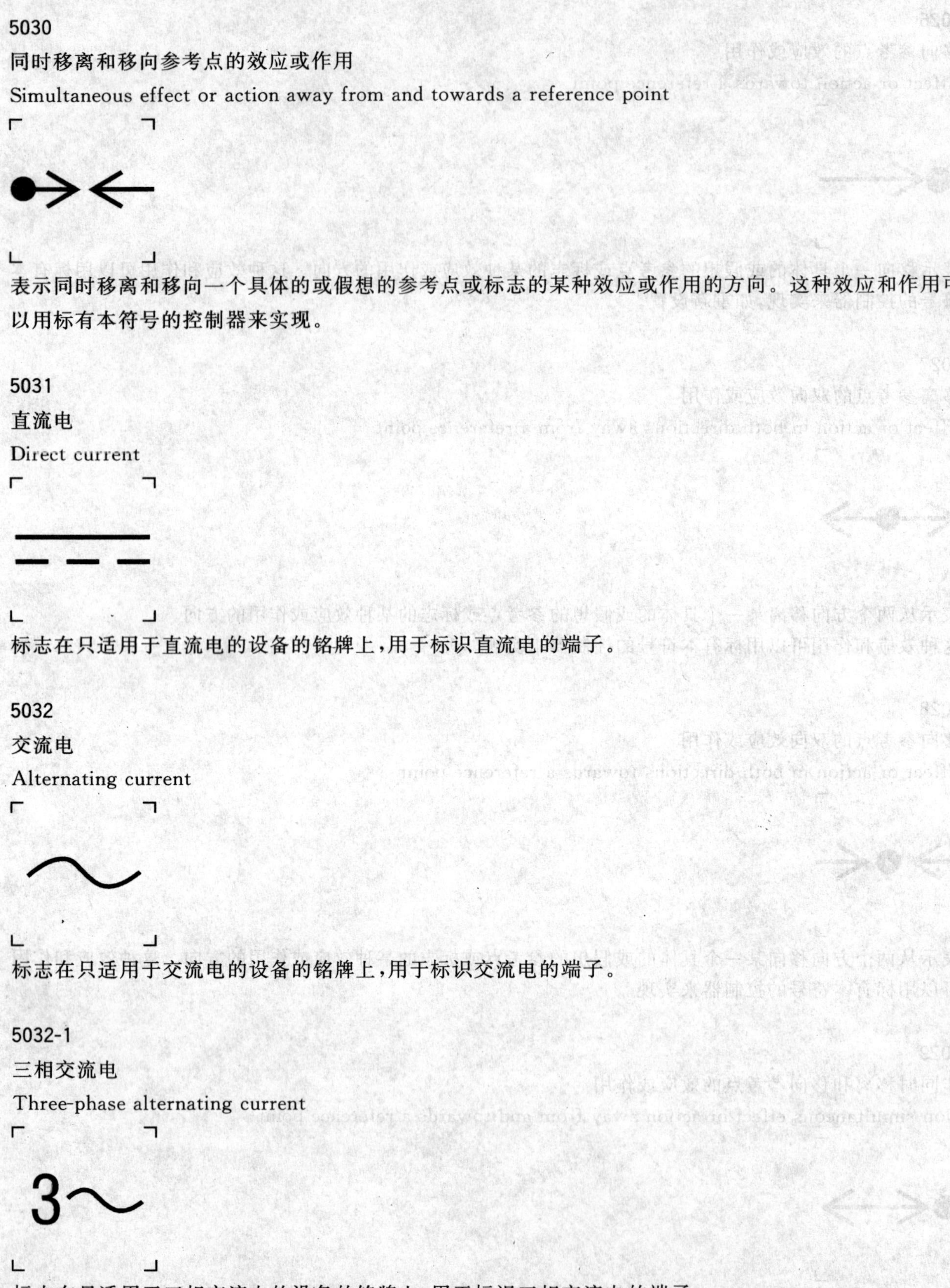

5030

同时移离和移向参考点的效应或作用

Simultaneous effect or action away from and towards a reference point

表示同时移离和移向一个具体的或假想的参考点或标志的某种效应或作用的方向。这种效应和作用可以用标有本符号的控制器来实现。

5031

直流电

Direct current

标志在只适用于直流电的设备的铭牌上，用于标识直流电的端子。

5032

交流电

Alternating current

标志在只适用于交流电的设备的铭牌上，用于标识交流电的端子。

5032-1

三相交流电

Three-phase alternating current

标志在只适用于三相交流电的设备的铭牌上，用于标识三相交流电的端子。

5032-2

带中性线的三相交流电

Three-phase alternating current with neutral conductor

3N～

标志在只适用于带中性线的三相交流电的设备的铭牌上，用于标识相应的端子。

5033

交直流两用

Both direct and alternating current

标志在交、直流两用的设备的铭牌上，用于标识相应的端子。

5034

输入

Input

在需要区别输入和输出的场合标识输入端。

5035

输出

Output

在需要区别输入和输出的场合标识输出端。

5036

危险电压

Dangerous voltage

表示危险电压引起的危险。

注：在用于表示警戒符号时需与 GB/T 2893.1—2004 的规定结合使用。

5037

高音控制

Treble control

用于电声设备和无线电接收机。

标识高音频的控制。

5038

低音控制

Bass control

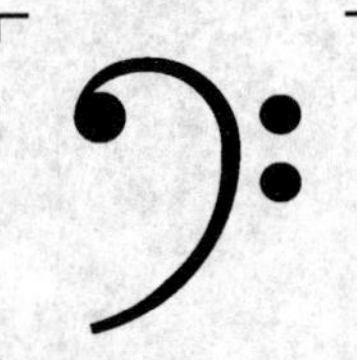

用于电声设备和无线电接收机。

标识低音频的控制。

5039

天线

Aerial; antenna

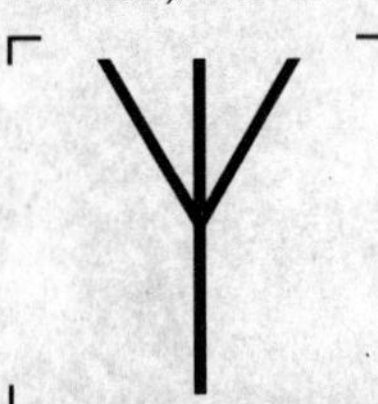

用于无线电接收及发射设备。

标识连接天线的端子。除专门说明其天线类型之外，一般应使用此符号。

5040

偶极子天线

Dipole

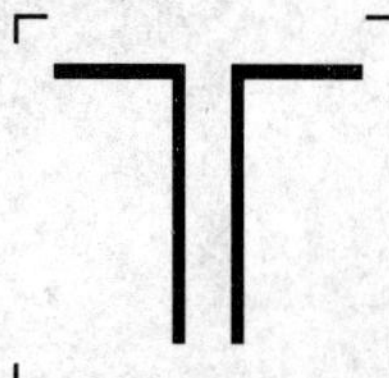

标识连接接收或发射设备的偶极子天线的端子。

5041

小心，烫伤

Caution，hot surface

指示所标出的部分可能是烫的，不要随意触摸。

注 1：内部符号应遵守 GB/T 16273.1—1996 中编号为 044 的符号“散热”。

注 2：用作警告标志时应遵守 GB/T 2893.1—2004。

5042

环形天线

Frame aerial；loop antenna

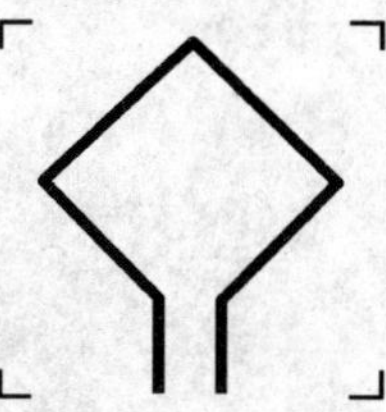

用于无线电接收机和测向器。

标识连接环形天线的端子。

5043

调谐器；无线电接收机

Tuner；radio receiver

用于可连接调谐器或无线电接收机的设备。标识相应的输入端。

5044

信号强度衰减,本地/远端

Signal strength attenuation, local/distant

用于无线电接收机。

标识连接衰减较强信号电路的开关,以避免输入电路过载。

5045

调谐

Tuning

用于无线电接收机。

标识对调谐装置的控制。

注:为便于理解,可在调谐处再画一条相同颜色的粗竖线。

5046

自动频率控制

Automatic frequency control

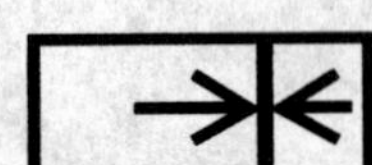

用于诸如无线电和电视接收机。

标识接通或断开自动频率控制线路的开关。

5047

噪声抑制

Muting; squelch

用于无线电和电视接收机。

标识接通噪声抑制电路的开关位置。

5048
彩色(限定符号)
Colour (qualifying symbol)

区别彩色与黑白的控制和终端。

注：如果本符号被复制成彩色的,应按左、上、右的顺序分别用红、蓝、绿的颜色标示。

5049
电视;视频
Television; video

标识专门用于视频信号(主要是黑白)的控制和终端。

5050
彩色电视
Colour television

标识专门用于彩色视频信号的控制和终端。

注：如果本符号被复制成彩色的,应按左、上、右的顺序分别用红、蓝、绿的颜色标示。

5051
电视监视器
Television monitor

标识电视监视器的终端和控制。

5052

彩色电视监视器

Colour television monitor

标识彩色电视监视器的终端和控制。

注：如果本符号被复制成彩色的，应按左、上、右的顺序分别用红、蓝、绿的颜色标示。

5053

电视接收机

Television receiver

标识电视接收机的接线端和控制。

5054

彩色电视接收机

Colour television receiver

标识彩色电视接收机的接线端和控制。

注：如果本符号被复制成彩色的，应按左、上、右的顺序分别用红、蓝、绿的颜色标示。

5055

聚焦

Focus

标识诸如电视接收机、监视器、示波器、电子显微镜等设备的聚焦控制。

5056
亮度;辉度
Brightness; brilliance

标识诸如亮度调节器、电视接收机、监视器或示波器等设备的亮度控制。

5057
对比度
Contrast

标识诸如电视接收机、监视器、示波器等的对比度控制。

5058
色饱和度
Colour saturation

标识色彩饱和度控制。

5059
图像轮廓加重器
Crispener

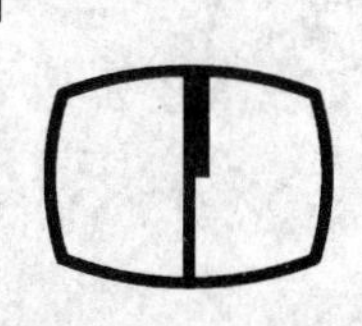

用于电视接收机和电视监视器。
标识图像轮廓的控制。

5060
色调
Hue

用于彩色电视接收机和彩色电视监视器。
标识色调控制。

注：如果本符号被复制成彩色的，应按左、上、右的顺序分别用红、蓝、绿的颜色标示。

5061
水平同步
Horizontal synchronization

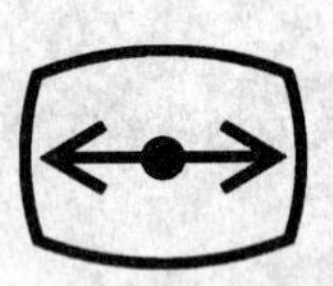

标识诸如电视接收机或监视器的水平同步控制。

5062
垂直同步
Vertical synchronization

标识诸如电视接收机或监视器的垂直同步控制。

5063
水平图像位移
Horizontal picture shift

标识诸如电视接收机、监视器、电影放映机等设备的图像水平位移控制。

5064

垂直图像位移

Vertical picture shift

标识诸如电视接收机、监视器、电影放映机等设备的图像垂直位移控制。

5065

水平图像幅度

Horizontal picture amplitude

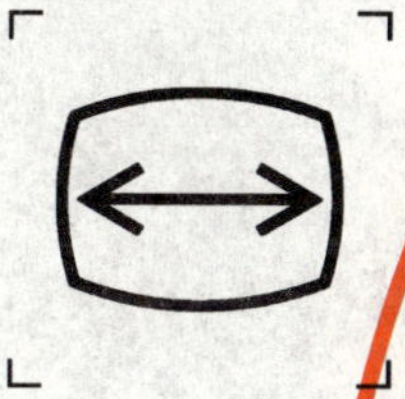

标识诸如电视接收机、电视监视器的水平图像幅度(图像宽度)控制。

5066

垂直图像幅度

Vertical picture amplitude

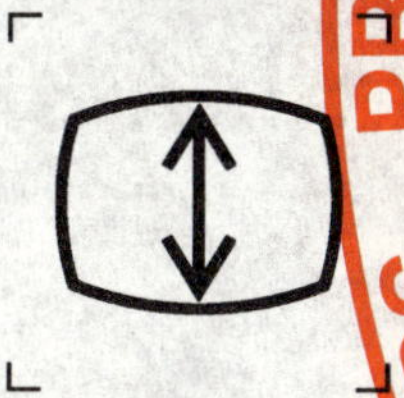

标识诸如电视接收机、电视监视器的垂直图像幅度(图像高度)的控制。

5067

图像尺寸调整

Picture size adjustment

标识图像尺寸的控制。

5068

水平(行)线性

Horizontal linearity

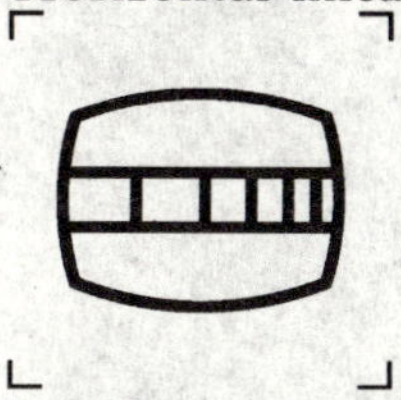

标识诸如电视接收机、监视器、示波器的水平线性控制。

5069

垂直(场)线性

Vertical linearity

标识诸如电视接收机、监视器、示波器的垂直线性控制。

5070

单道声

Monophonic

标识“立体声/单道声”开关中“单道声”开关的位置,用于设备时表示只适用于单道声。

5071

立体声

Stereophonic

标识“立体声/单道声”开关中“立体声”开关的位置,用于设备时表示适用于立体声。

5072

平衡

Balance

标识平衡控制。

5073

全向传声器

Omnidirectional microphone

表示传声器的全向传声特性。

注 1：内部符号，表示方向特性。如不致引起混淆，可不必用带传声器外壳的符号。

注 2：也可见符号 5082。

5074

双向传声器

Bi-directional microphone

表示传声器的双向传声特性。

注 1：内部符号，表示方向特性。如不致引起混淆，可不必用带传声器外壳的符号。

注 2：也可见符号 5082。

5075

单向或心形传声器

Unidirectional or cardiold microphone

表示传声器的单向传声特性。

注 1：内部符号，表示方向特性。如不致引起混淆，可不必用带传声器外壳的符号。

注 2：也可见符号 5082。

5076

耳机

Earphone

表示耳机的参照符号。

5077

头戴耳机

Headphones

标识连接头戴耳机的插座、接线端或开关。

5078

头戴立体声耳机

Stereophonic headphones

标识连接立体声耳机的插座、接线端或开关。

5079

头戴送、受话器

Headset

标识连接头戴送、受话器的插座、接线端或开关。

5080

扬声器

Loudspeaker

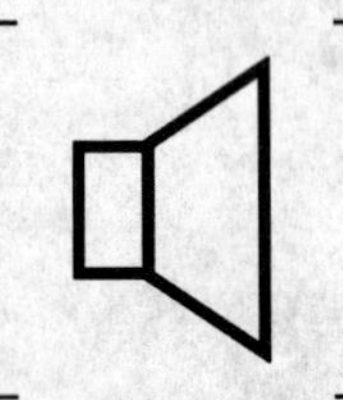

标识连接扬声器的插座、接线端或开关。

注 1：阻抗、电压、功率等额定值也可加在图形符号上。

注 2：也可见符号 5081、5126 和 5127。

5081

扬声器/传声器

Loudspeaker/microphone

用于对讲设备。标识讲话/收听转换按钮。

注：也可见符号 5080、5126 和 5127。

5082

传声器，一般符号

Microphone，general

表示传声器的参照符号。

注：也可见符号 5083。

5083

立体声传声器

Stereophonic microphone

表示立体声传声器的参照符号。

注 1：如不致引起混淆，可使用符号内的图形元素——符号 5071“立体声”，而不必用外围的传声器符号。

注 2：也可见符号 5082 和 5913。

5084

放大器

Amplifier

标识放大器的接线端和控制。标识内置放大器。

5085

音乐

Music

用于放大器。标识表示语言—音乐开关的“音乐”位置。

5086

唱片拾音器

Pick-up for disk records

用于放大器。标识接入和操作唱片拾音器的接线端、开关和控制。

5087

立体声唱片拾音器

Stereophonic pick-up for disk records

用于立体声放大器。标识连接和操作立体声唱片拾音器的接线端、开关和控制。

5088

晶体或陶瓷的压电拾音器

Piezo-electric pick-up, crystal or ceramic

用于放大器。标识专门连接压电拾音器的端子。

5089

电磁式拾音器

Dynamic pick-up, electro-or magneto-dynamic

用于放大器。标识专门连接电磁式拾音器的端子。

5090

电话;电话适配器

Telephone; telephone adapter

标识连接电话适配器的端子,也可表示电话间。

5091

高通滤波器

High-pass filter

标识连接和操作高通滤波器(如:转盘噪声滤波器)的接线端或控制。

注:本符号的含义取决于它的取向(见符号 5092)。

5092

低通滤波器

Low-pass filter

标识连接和操作低通滤波器(如:嘶声滤波器)的接线端或控制。

注:本符号的含义取决于它的取向(见符号 5091)。

5093

带式录音机

Tape recorder

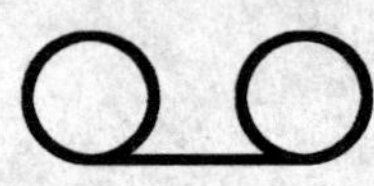

标识连接和操作磁带录音机的接线端、开关和控制。

注：本符号表示任何类型的磁带或纸带录音机。在使用一种以上录音机的设备上，宜采用附加符号来区别不同的种类，此时本符号表示为磁带录音机。

5094

立体声磁带录音机

Magnetic tape stereo sound recorder

标识连接和操作立体声磁带录音机的接线端、开关和控制。

5095

磁带录制

Recording on tape

标识磁带录音机的录制开关或开关的录制位置。

注：也可见符号 5163。

5096

磁带重放或读出

Play-back or reading from tape

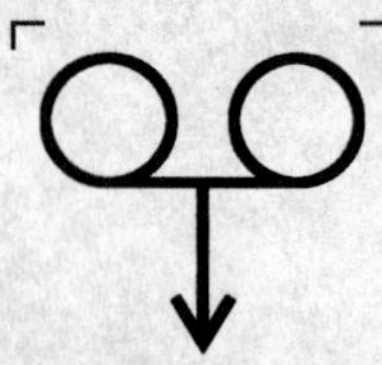

标识磁带录音机的重放开关或开关的重放位置。

注：也可见符号 5164。

5097

磁带消磁

Erasing from tape

标识用于从磁带上消磁的开关或开关位置。

注：也可见符号 5165。

5098

磁带录制时的输入监视

Monitoring at the input during recording on tape

标识磁带录制时，监视输入信号的控制。

注：也可见符号 5166。

5099

磁带录制后的磁带监视

Monitoring of tape after recording on tape

标识磁带录制后对磁带进行监视的控制。

注：也可见符号 5167。

5100

磁带重放或读出的监视

Monitoring during play-back or reading from tape

标识重放时进行的监视控制。

注：也可见符号 5168。

5101

磁带录音机锁定装置

Recording lock on tape recorders

标识对防止意外录制的锁定装置的控制。

注：也可见符号 5169。

5102

磁带录音机上的脉冲标记

Pulse marker on tape recorders

标识可将标记信号录制在磁带上的控制，如关于同步信号、起止脉冲、随机存取及多路选择。

注：也可见符号 5170。

5103

磁带剪辑

Tape cutting

标识操作剪辑装置的控制。

注：也可见符号 5171。

5104

起动；动作的开始

Start; start of action

标识起动按钮。

5105

指令或纠错

Instruction or correction

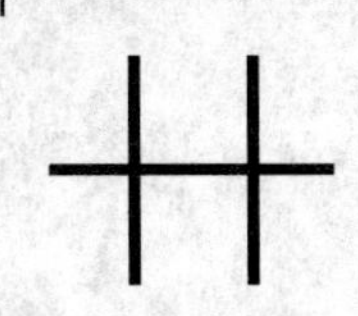

用于口述录音机和其他记录媒体。

标识使用电磁装置在纸带上标出指令或纠错标记的控制装置。

5106

记录内容的长度或结尾

Length or end of text

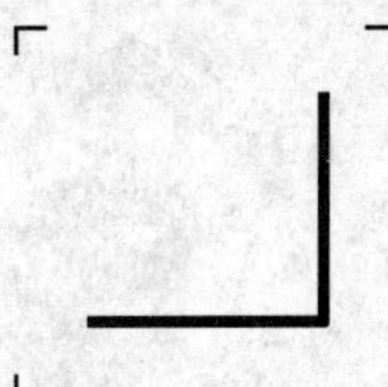

用于口述录音机和其他记录媒体。标识在纸带上标出记录内容的长度或结尾标记的电磁装置的控制装置。

5107A

常速运转;常速

Normal run; normal speed

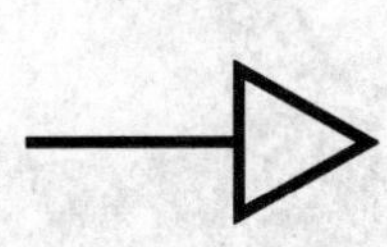

标识按所指方向以正常速度运转(如磁带)的开关或开关位置。

注:图上所示符号方向,表示"正常正向运转"。如果符号反向,表示"正常反向运转"。

5107B

常速运转;常速

Normal run; normal speed

是 5107A 的另一种形式,与其含义相同。

5108A

快速运转;快速

Fast run; fast speed

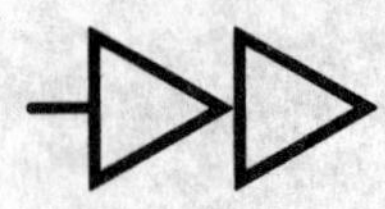

标识在所指方向运转速度比正常速度(如磁带)快的开关或开关位置。

注:图上所示符号方向,表示“快速正向运转”。如果反向,表示“快速反向运转”或“快倒”。

5108B

快速运转;快速

Fast run; fast speed

是 5108A 的另一种形式,与其含义相同。

5109

不得用于住宅区

Not to be used in residential areas

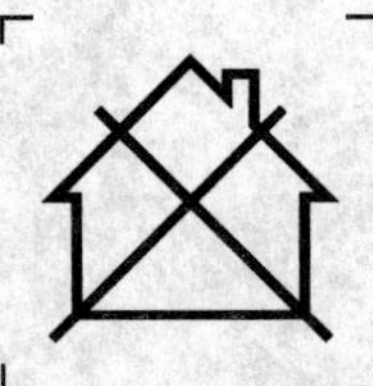

标识不宜用在居住区的电子设备(如工作时产生无线电干扰的设备)。

5110A

停机(动作的停止)

Stop

标识使活动功能停止的控制或指示。

注 1:表示通过电动或机械切断连接来停机。

注 2:用于音频视频设备时,符号 5110B 作为首选与符号 5107B、5108B、5111B 和 5124B 结合使用。

5110B

停机(动作的停止)

Stop

是 5110A 的另一种形式,与其含义相同。

5111A

暂停;中断

Pause; interruption

标识暂时停止运转并使设备保持运转模式的控制或指示。

注:用于音频视频设备时,符号 5111B 作为首选与符号 5107B、5108B 和 5124B 结合使用。

5111B

暂停;中断

Pause; interruption

是 5111B 的另一种形式,与其含义相同。

5112

信号转换

Transfer of signal

用于磁带录音机。标识将信号从一个磁道转到另一个磁道的控制装置。

5113
弹出
Rejection

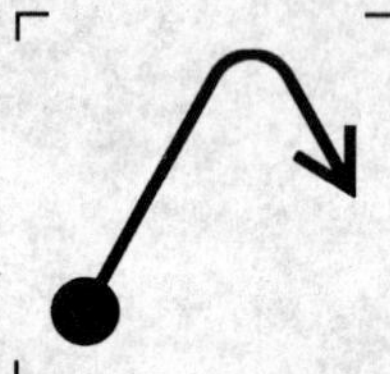

用于唱片及盒式磁带重放设备。标识把唱片及盒式磁带弹出的控制装置。

注：对新的应用领域，不得用本符号，应使用符号 5459。

5114
脚踏开关
Foot switch

标识脚踏开关或与脚踏开关的连接。

注：本符号可作为脚踏控制开关符号(ISO 7000-1853)的增补符号。

5115
信号灯
Signal lamp

标识连通或断开信号灯的开关。

5116
电视摄像机
Television camera

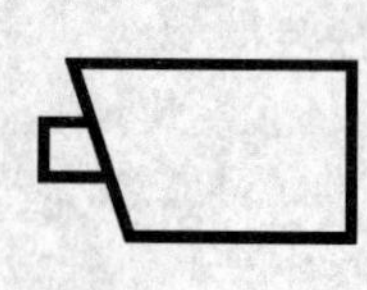

标识连接电视摄像机的接线端和控制。

5117

彩色电视摄像机

Colour television camera

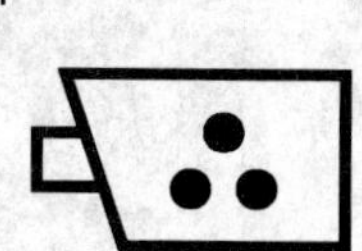

标识连接彩色电视机的接线端和控制。

注：如果这个符号带有颜色，那么三个圆点的颜色应分别为红色(左)、蓝色(上)、绿色(右)。

5118

磁带录像机

Videotape recorder

标识电视磁带录像机的接线端和控制。

5119

彩色磁带录像机

Colour videotape recorder

标识彩色磁带录像机的接线端和控制。

注：如果这个符号带有颜色，那么三个圆点的颜色应分别为红色(左)、蓝色(上)、绿色(右)。

5120

录像

Video recording

标识使录像机进行录像的控制装置。

5121

彩色录像

Colour video recording

标识使彩色录像机进行录像的控制装置。

注：若本图形符号用彩色表示，点的颜色应为红(左)、蓝(上)和绿(右)。

5122

重放视频

Video play-back

标识使录像机重放视频的控制装置。

5123

重放彩色视频

Colour video play-back

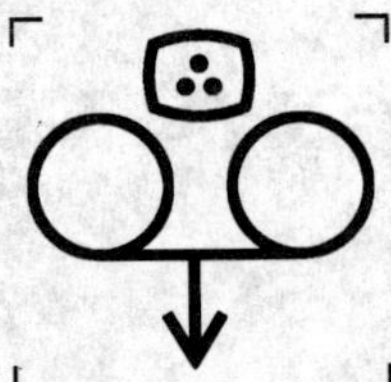

标识使彩色录像机进行重放彩色视频的控制装置。

注：若本图形符号用彩色表示，点的颜色应为红(左)、蓝(上)和绿(右)。

5124A

慢速运转；慢速

Slow run; slow speed

标识按三角形指示的方向以低于正常速度运转的控制或指示。

注1：图上所示方向，表示"慢速向前运转"；如果符号方向相反，表示"慢速向后运转"。

注2：在音频、视频设备上，符号5124B优先使用，且常与符号5107B，5108B，5111B和5110B一起使用。

5124B

慢速运转;慢速

Slow run; slow speed

是 5124A 的另一种形式,与其含义相同。

5125A

重述

Recapitulate

标识可以快速选取已录制节目中刚放完的一部分,进行重放的开关或开关位置。

5125B

重述

Recapitulate

是 5125A 的另一种形式,与其含义相同。

5126

按传声方式工作的扬声器

Loudspeaker in operation as a microphone

标识在传声工作模式下工作的扬声器的开关或开关位置。

注 1:本符号与符号 5127 一起使用。

注 2:也可见符号 5080 和 5081。

5127

按扬声器方式工作的扬声器

Loudspeaker in operation as such

标识在扬声工作模式下工作的扬声器的开关或开关位置。

注 1：本符号与符号 5126 一起使用。

注 2：也可见符号 5080 和 5081。

5128

航首标志

Heading marker

用于航海的雷达控制台。

标识校准航向的控制装置。

5129

天线旋转；扫描器旋转

Aerial rotation; scanner rotation

用于航海的雷达控制台。

标识天线旋转的开关。

5130

脉冲，一般符号

Pulse, general

标识产生脉冲的控制。

注：与符号 5131 一起使用时，本符号表示"短脉冲"。

5131
长脉冲
Long pulse

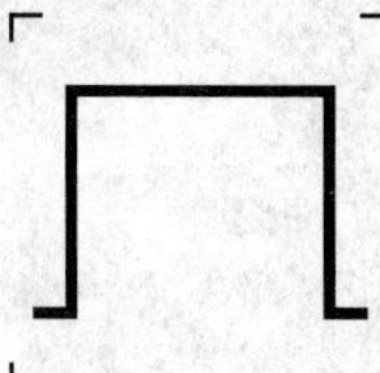

标识脉冲长度选择开关的长脉冲位置。

注：也可见符号 5130。

5132
可编程的起点
Programmable start

标识可编程定时器的控制，表示在某一特定时点或经过某一特定时长后开始操作（如烹调、洗涤、录制等）；或标识已编程的或将编程的开始时间显示。

注：也可见符号 5270 和 5417。

5133
方位标记
Bearing marker

用于航海的雷达控制台。
标识方位标记的控制。

5134
静电敏感器件
Electrostatic sensitive devices

指示包装内有静电敏感器件，或标识未进行抗静电测试的器件或连接器。

5136

航首方位

Ship's head-up presentation

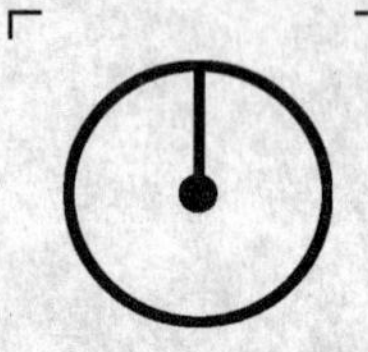

用于航海的雷达控制台。标识在状态显示开关上的指示航线方向的位置。

5137

指北方位

North-up presentation

用于航海的雷达控制台。标识在状态显示开关上指北方位的位置。

5138

独立的照明辅助设备

Independent lighting auxiliary

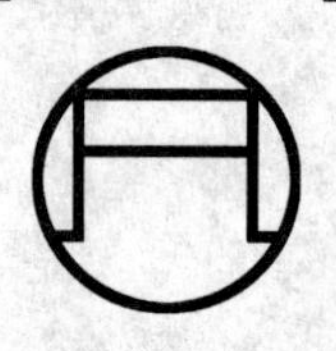

标识放电灯(例如:荧光灯或高压汞灯、低压钠灯、高压钠灯和金属卤化物灯)的独立的照明辅助设备。

注:本符号来自 IEC 60920、IEC 60922、IEC 60926、IEC 60928 和 IEC 601046。

5140

非电离的电磁辐射

Non-ionizing electromagnetic radiation

指示高于常规的,有潜在危险的非电离辐射;或指示其设备或系统,如在诊断或治疗中使用的射频发射装置或应用射频电磁能量的医疗电子区域。

注:用作警告标志时,应遵守 GB/T 2893.1—2004 的规定。

5141
抑制海面杂波，最小位置
Anti sea-clutter, position of minimum

用于航海的雷达控制台。
标识抑制海面杂乱回波控制的最小位置。
注：也可见符号5161。

5142
抑制雨点杂波，最小位置
Anti rain-clutter, position of minimum

用于航海的雷达控制台。
指示抑制雨点杂乱回波控制的最小位置。
注：也可见符号5162。

5143
区域选择器
Range selector

用于航海的雷达控制台。
标识区域选择器开关。

5144
区域环亮度
Range rings brilliance

用于航海的雷达控制台。
指示区域环亮度控制的最大位置。

5145

可调区域标记

Variable range marker

用于航海的雷达控制台。

标识可调区域标记控制。

5146

调到最小

Adjustment to a minimum

标识将量值调到最小值的控制。

注：如，"零"控制或电桥平衡；消除无用信号；仪表、指示器的最小偏差等。

5147

调到最大

Adjustment to a maximum

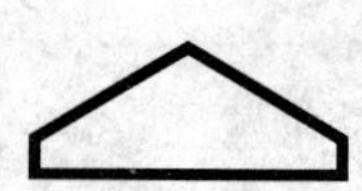

标识将量值调到最大值的控制。

注：如，仪表、指示器的调谐和最大偏差等。

5148

视频放像机拾像器

Pick-up for video disk record player

标识连接视频放像机拾像器的接线端、开关和控制。

5149

发射功率监视器

Transmitted power monitor

用于航海的雷达控制台。

标识发射功率监视器开关在“工作”位置。

5150

发射/接收监视器

Transmit/receive monitor

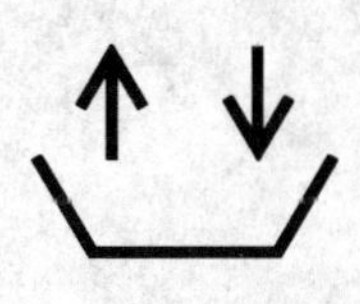

用于航海的雷达控制台。

标识发射/接收监视器开关在“工作”位置。

5151

水听器

Hydrophone

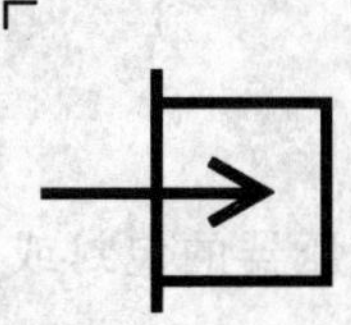

标识水听器的接线端和控制。

5152

激光设备的辐射

Radiation of laser apparatus

标识激光设备的辐射。

注：用作警告标志时，应遵守 GB/T 2893.1—2004 的规定。

5153

水下发声器

Underwater sound projector

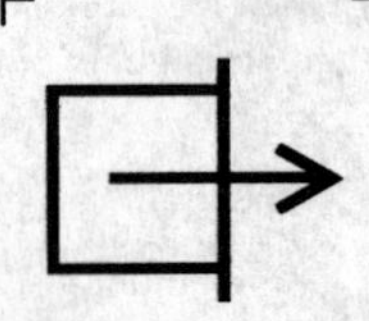

标识水下发声器的接线端和控制。

5154

水声可逆换能器

Reversible transducer for underwater sound

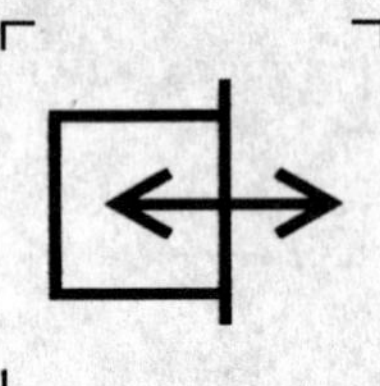

标识水声可逆换能器的接线端和控制。

5156

变压器

Transformer

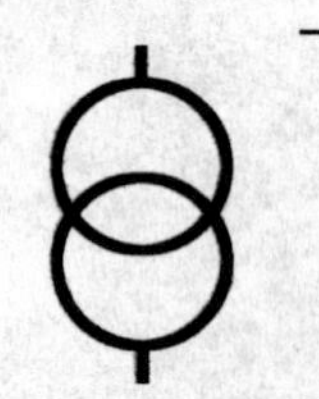

标识电气设备可通过变压器与电力线连接的开关、控制器、连接器或端子。同样可用于变压器的包封或外壳上(如插接装置)。

注1:本符号也可不带垂直的实线,表示GB 19212.1—2003中定义的“隔离变压器”。

注2:为表示失效保护功能,可在符号旁边使用字母F。

5157

带通滤波器

Band-pass filter

标识带通滤波器及其接线端或控制装置。

5158

可调中心频率的带通滤波器

Band-pass filter with variable centre frequency

标识可调中心频率的带通滤波器及其接线端或控制装置。

5159

可调带宽的带通滤波器、选择性控制

Band-pass filter with variable pass-band; selectivity control

标识可调带宽的带通滤波器及其接线端或控制装置。

5160

带阻滤波器

Band-stop filter

标识带阻滤波器及其接线端或控制装置。

5161

抑制海面杂波,最大位置

Anti sea-clutter, position of maximum

用于航海的雷达控制台。指示海面杂乱回波控制的最大位置。

注:也可见符号 5141。

5162

抑制雨点杂波，最大位置

Anti rain-clutter, position of maximum

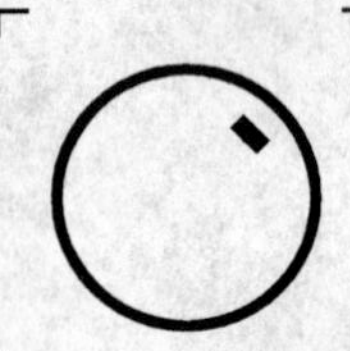

用于航海的雷达控制台。指示雨点杂乱回波控制的最大位置。

注：也可见符号 5142。

5163

信息载体的录制

Recording on an information carrier

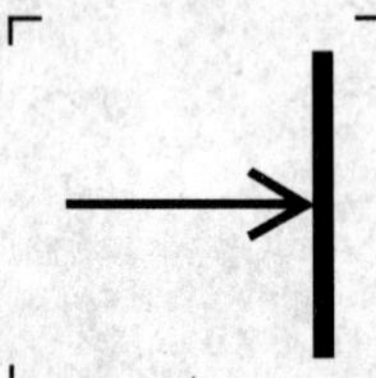

标识设备的记录或录制开关或开关位置

注：也可见符号 5095。

5164

信息载体的读出或重放

Reading or reproduction from an information carrier

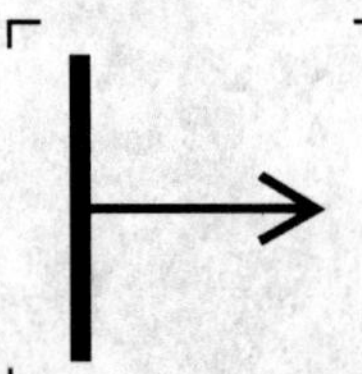

标识设备的读出或重放开关或开关位置

注：也可见符号 5096。

5165

信息载体的消迹

Erasing from an information carrier

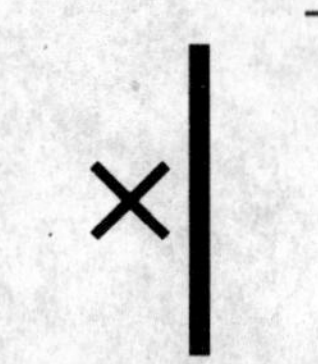

标识从信息载体上抹去数据或信息的开关或开关位置。

注：也可见符号 5097。

5166

信息载体的记录或录制时对输入数据的监视

Monitoring input data during writing or recording on an information carrier

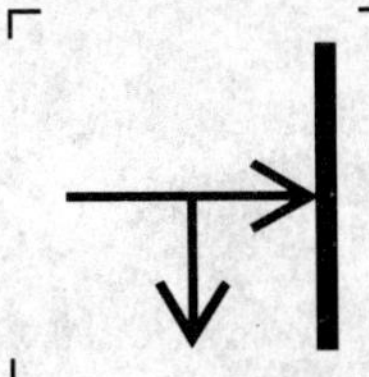

记录或录制时,标识用输入数据的监视来进行控制。

注:也可见符号 5098。

5167

信息载体的记录或录制后对输入数据的监视

Monitoring input data after writing or recording on an information carrier

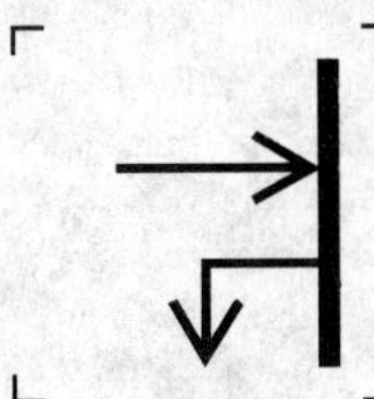

记录或录制后,标识用输入数据的监视来进行控制。

注:也可见符号 5098。

5168

信息载体的读出或重放时对输出数据的监视

Monitoring output data during read-out or reproduction from an information carrier

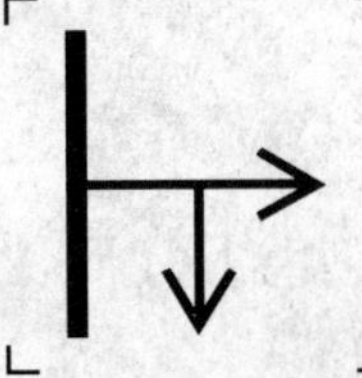

读出或重放时,标识用监视输出数据进行控制。

注:也可见符号 5100。

5169

录制锁定

Recording lock

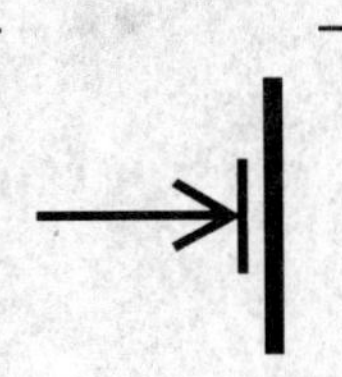

标识为防止发生意外录制所用的锁定控制装置。

注:也可见符号 5101。

5170

标志

Marker

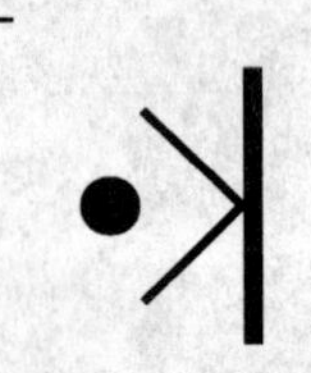

标识将一个符号(如信号、孔眼、专用码等)录制在信息载体上的控制。

注：也可见符号 5102。

5171

剪辑

Cutting

标识对纸带或磁带、凿孔纸带、胶卷等进行操作的剪辑装置的控制。

注：也可见符号 5103。

5172

Ⅱ类设备

Class Ⅱ equipment

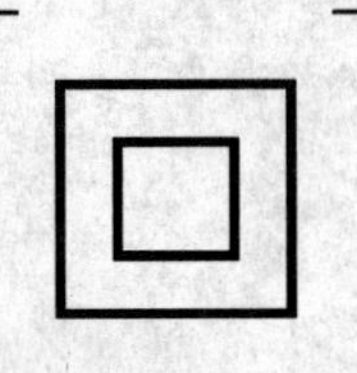

标识能满足 GB/T 17045—2008 中规定的第Ⅱ类设备安全要求的设备。

注：双重方块符号的位置应明显地作为技术资料的一部分，在任何情况下，不能与制造厂的名称或其他标记相混淆。

5173

信号低端

Signal low terminal

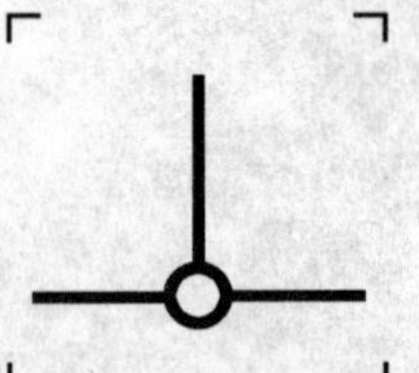

指示最接近地电位或机壳电位的信号端电位。

5177

快速起动

Fast start

标识诸如加工、程序控制、磁带等起动，短时间内即可达到工作速率的控制。

注1：特别适合与符号5104用在同一设备上。

注2：也可见符号5659。

5178

快速停止

Fast stop

标识诸如加工、程序控制、磁带等短时间实现停止的控制。

注：特别适合与符号5110用在同一设备上。

5179

测试电压

Test voltage

标识该设备能承受500V的测试电压。

注：测试电压的其他数值可以按照相关IEC标准给出：例见IEC 60414。

5180

Ⅲ类设备

Class III equipment

标识能满足GB/T 17045—2008中规定的第Ⅲ类设备安全要求的设备。

5181

步调节

Variability in steps

标识控制量值的设备。被控量随图形的高度逐步增加。

注1：由于曲线图形底线的半径随着控制动作的直径而定，图中不便表示，因此只给出直线表示法。曲线表示法见 ISO 7000-1364。

注2：也可见符号5004。

5182

声音；音频

Sound；audio

标识有关音频信号的控制或端子。

5183

调节，最大步

Variability，maximum step

标识速度、加热功率、冷冻温度、气压等可变量的控制单元。这个数量的最大值可以通过辅助操作临时切换。

注1：由于旋转图形底线的半径随着控制动作的直径而定，图中不便表示，因此只给出直线表示法。

注2：也可见符号5004。

5184

钟；定时开关；计时器

Clock；time switch；timer

标识与时钟、时间开关和计时器有关的端子和控制。

5185

拒波滤波器;陷波器

Rejection filter; wave trap

标识拒波滤波器或与拒波滤波器关联的端子或控制。

5186

整流器,一般符号

Rectifier, general

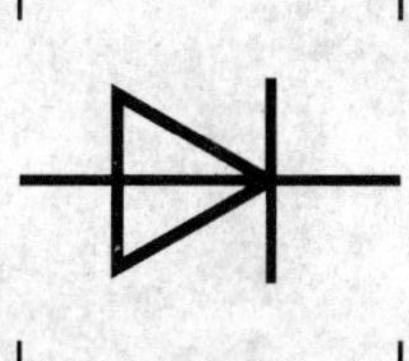

标识整流设备及其相关的端子和控制。

注:整流功能也可见符号5003。

5187

教师;管理员

Teacher; supervisor

标识与教师或管理员有关的控制。

注:例如,应用于语言实验室中学生呼叫老师。

5188

学生;操作人员

Student; operator

标识与学生或操作人员有关的控制。

注:例如,应用于语言实验室中老师呼叫学生。

5189

一组学生或操作人员

Group of students; group of operators

标识与一组学生或操作人员有关的控制。

注：例如，应用于语言实验室中老师呼叫一组学生。

5190

全体学生或操作人员

All students; all operators

标识与全体学生或操作人员有关的控制。

注：例如，应用于语言实验室中老师呼叫全体学生。

5191

框架调整

Frame adjustment

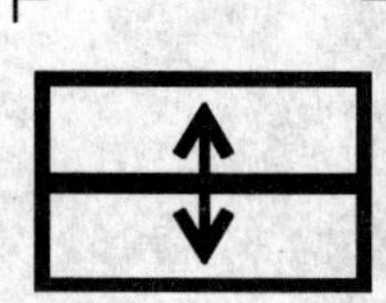

标识投影时对框架调整的控制。

5192

图形记录器

Graphical recorder

指示图形记录器。

5193

打印机

Printer

指示打印机。

5194

直流/交流变换器

DC/AC-converter

标识直流/交流变换器及其相应的端子和控制。

注：也可见符号5003。

5195

可调带阻滤波器

Variable band-stop filter

标识可调带阻滤波器及其相应的端子或控制。

5196

陀螺指示器

Gyro indicator, general

用于航海的无线电测向器。标识陀螺指示器。

5197

陀螺指示器的定位

Gyro indicator，setting

用于航海的无线电测向器。标识调整陀螺指示器位置的控制。

5198

陀螺罗盘仪真实方位

Gyro-compass true bearing

用于航海的无线电测向器。标识陀螺罗盘仪真实方位的控制。

5199

相对方位

Relative bearing

用于航海的无线电测向器。标识与相对方位有关的控制。

5200

方位尺定位

Bearing ruler setting

用于航海的无线电测向器。标识调整方位尺位置的控制。

5201

相位校准

Phase calibration

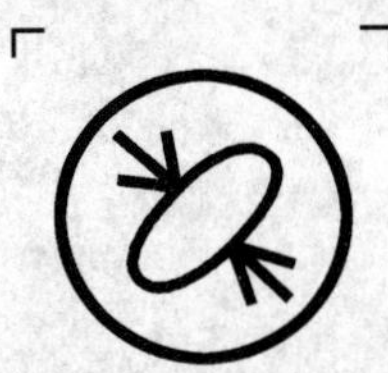

用于航海的无线电测向器。标识与相位校准有关的控制。

5202

角度校准

Angle calibration

用于航海的无线电测向器。标识与角度校准有关的控制。

5204

辨向天线开关

Sense-aerial switch; sense-antenna switch

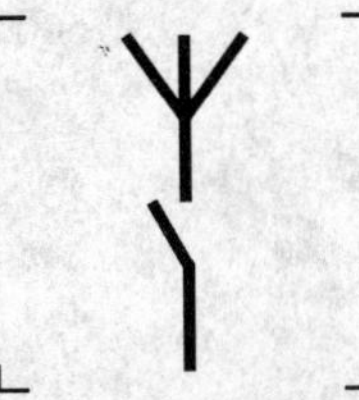

用于航海的无线电测向器。标识辨向天线开关。

5210

讲

Speak

指示"讲"的设备。

5211
听
Listen

指示"听"的设备。

5213
莫尔斯电键
Morse key

标识连接莫尔斯电键的终端或控制。

5216
适合带电作业;双三角
Suitable for live working; double triangle

指示适合带电作业的工具、防护装备或诊断设备。

注 1:符号的使用有规定,比如在 GB 18269—2000 中用于高达 1000V 的交流和 1500V 直流电压带电作业的手工工具,在 IEC 60903 中用于绝缘材料的手套和连指手套,在 IEC 61243-1 中用于电容型电压探测器。

注 2:本符号应当按图示的方向使用。

5219
玩具用安全隔离变压器
Safety isolating transformer for toys

标识用于玩具供电的安全隔离变压器。用于电动玩具时,指明该玩具必须由安全隔离变压器供电。

5220
短路保护变压器
Short-circuit-proof transformer

标识变压器能经受内部或外部短路。

5221
隔离变压器
Isolating transformer, general

标识变压器是隔离型的。
注 1：为表示失效保护功能，可在符号旁边使用字母 F。
注 2：也可见符号 5156、5944 和 5945。

5222
安全隔离变压器，一般符号
Safety isolating transformer, general

标识安全隔离变压器。
注 1：为表示失效保护功能，可在符号旁边使用字母 F。
注 2：也可见符号 5221、5946 和 5947。

5223
非短路保护变压器
Non-short-circuit-proof transformer

标识变压器不能承受短路。

5225

电动剃刀插座

Electric shaver outlet

标识电动剃刀和类似的低功率器械的接线插座。

注：此符号也可以用于向这种插座供电的安全变压器上。

5226

预洗，纺织品洗衣机

Pre-wash, textile washing machines

标识程序指示器有关步骤和标识预洗洗涤剂容器。

5227

主洗，纺织品洗衣机

Main wash, textile washing machines

标识程序指示器有关步骤和标识主洗洗涤剂容器。

5228

清洗

Rinsing

用于纺织品洗衣机。标识有关控制或程序指示器的有关步骤。

5229
最后一次清洗后停止
Stop after last rinse

用于纺织品洗衣机。标识有关控制或程序指示器的有关步骤。

5230
甩干
Spinning

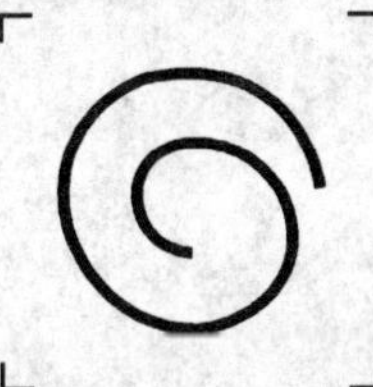

用于纺织品洗衣机。标识有关控制或程序指示器的有关步骤。

注：也可见符号 5231 和 5585。

5231
不甩干
Without spinning

用于纺织品洗衣机。标识阻止甩干的控制。

注：也可见符号 5230 和 5585。

5232
特殊处理
Special treatment

用于纺织品洗衣机。标识程序指示器的有关步骤或诸如织物柔顺剂这种特殊处理剂的容器。

注：也可见符号 5584“洗衣粉”。

5234

高水位

High water level

用于纺织品洗衣机。标识选定的高水位的控制。

5235

低水位

Low water level

用于纺织品洗衣机。标识选定的低水位的控制。

5236

排水

Draining

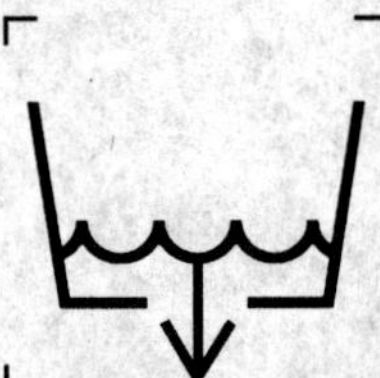

用于洗涤设备。标识排水控制。

5237

干燥或热度控制

Drying or warming operation

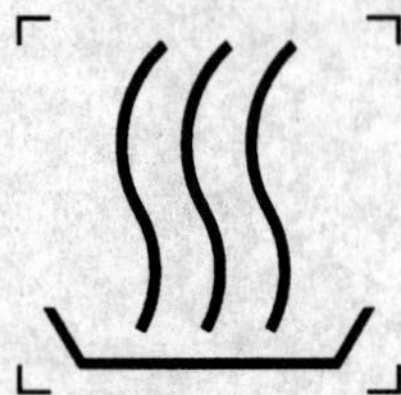

用于洗碗机。标识在程序指示器的相应步骤上。

注 1：如果备置的热量等级为多级，可用减少竖线来表示低热量等级。

注 2：也可见 GB/T 16273.1—1996 中符号 044 涉及干燥或热度控制的其他应用。

5244

自动增益控制,大范围

Automatic gain control, large field

标识控制或者选择自动增益控制的大的参考范围的指标,例如,用于放射医疗设备。

5245

自动增益控制,小范围

Automatic gain control, small field

标识控制或者选择自动增益控制的小的参考范围的指标,例如,用于放射医疗设备。

5249

告警信号的频率

Frequency of an alarm signal

标识告警信号频率控制。

5250

会议电话

Conference

用于电话设备,标识选通所选用户发言的控制。

5251

将用户数据输入本地存储器

Enter subscriber data into the local memory

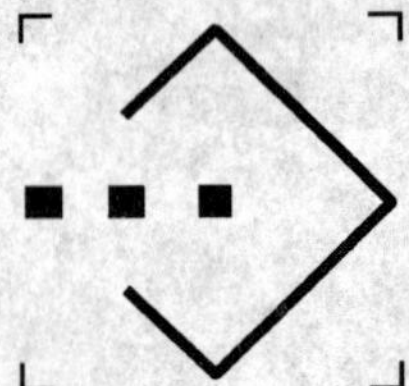

用于电话设备,标识把本地用户数据输入本地用户存储器的控制。

5252

暂停通话;阻断通话

Parked call; held call

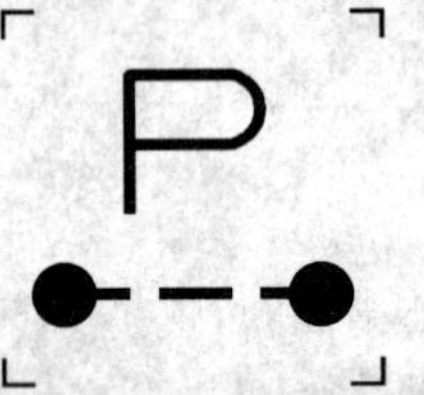

用于电话设备,标识在有限的时间暂停通话的控制。

5253

(呼叫)转移

(Call) transfer

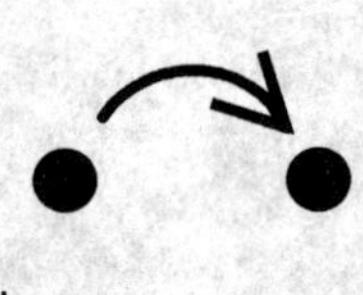

用于电话设备,标识电话通话转移到其他地方的控制。

5254

链路装置

Link unit

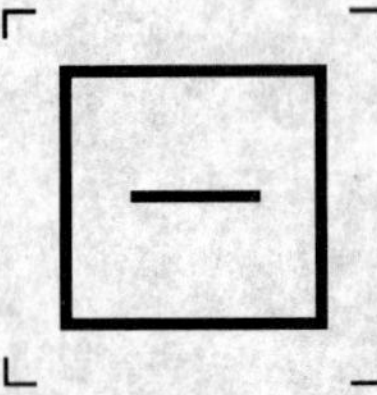

标识连接其他两个装置的无源装置,当信号由一个装置传到另一个装置时不发生改变。

5255

行波管放大器

Travelling wave tube amplifier

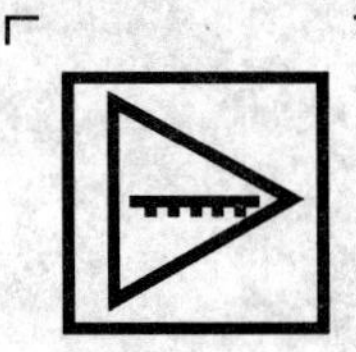

标识行波管放大器。

5256

信令发送器

Signalling sender

标识发送信令信号的设备。

5257

信令接收器

Signalling receiver

标识接受信令信号的设备。

5258

测试、识别或控制信令的频率

Frequency of a test, identification or control signal

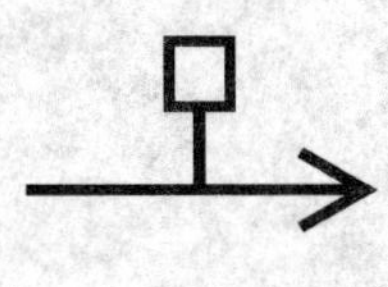

标识测试信令频率的控制。

5259

同步信令的频率

Frequency of a synchronizing signal

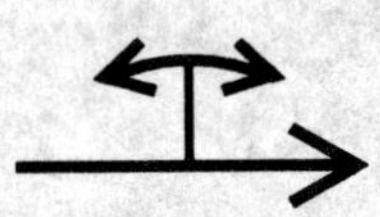

标识同步信令频率的控制。

5260

解调器

Demodulator

标识对调制载波进行解调的装置。

注：在载波电话上，解调器的种类可以用左上角的斜线表示，如符号 5260-1 和 5260-2。

5260-1

主群解调器

Demodulator, primary group

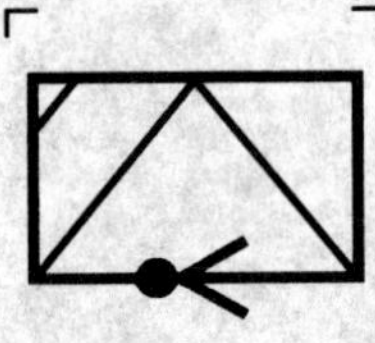

标识进行调制载波的主群解调的装置。

5260-2

次群解调器

Demodulator, secondary group

标识进行调制载波的次群解调的设备。

5261

调制器

Modulator

标识对载波进行调制的装置。

注：在载波电话上，调制的种类可以用左上角的斜线表示，如符号 5261-1 和 5261-2。

5261-1

主群调制器

Modulator, primary group

标识进行载波主群调制的装置。

5261-2

次群调制器

Modulator, secondary group

标识进行载波次群调制的装置。

5262

调制解调器

Modem

标识调制解调器的控制和终端。

5263

主控台

Principal control panel

指示设备由主控台进行操作。

5264

设备的一部分“通”

"ON" for a part of equipment

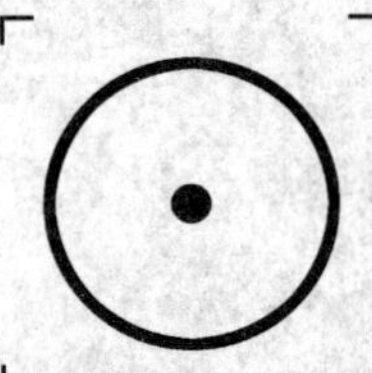

指示设备的一部分处于“通”的状态，例如：假如不能使用符号 5007，则本符号标识开关处于“通”的位置。

注：本符号与符号 5265 结合使用。

5265

设备的一部分“断”

"OFF" for a part of equipment

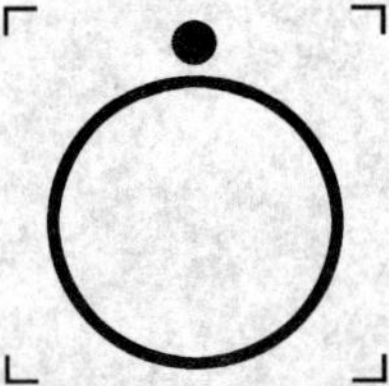

指示设备的一部分处于“断”的状态，例如：假如不能使用符号 5008，则本符号标识开关处于“断”的位置。

注：本符号与符号 5264 结合使用。

5266

设备的一部分处于等待或预备状态

Stand-by or preparatory state for a part of equipment

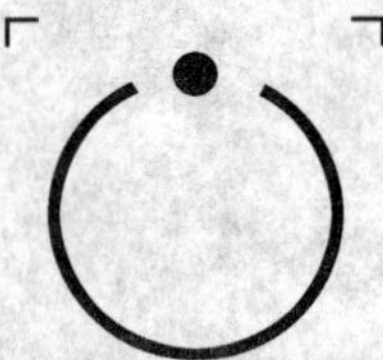

指示设备的一部分处于“待机”或“预备”的状态，例如，假如不能使用符号 5009，则本符号标识开关处于“待机”或“预备”状态。

5267

同步功能

Synchronizing function

标识同步控制。

5268

双位按钮控制的“按入”状态

"IN" position of a bi-stable push control

表示对应双位按钮控制相应功能的“按入”状态。

5269

双位按钮控制的“弹出”状态

"OUT" position of a bi-stable push control

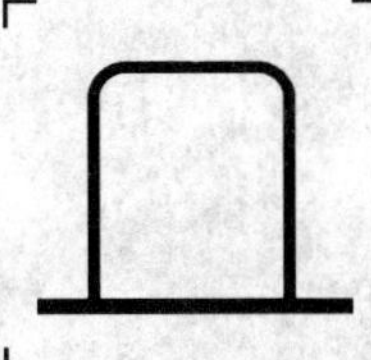

表示对应双位按钮控制相应功能的“弹出”状态。

5270

可编程停止；睡眠定时器

Programmable stop; sleep timer

标识在一个时间点或者一段时间以后停止操作的可编程定时器的控制，或者标识已经编程或者将要编程的停止时间或期限的显示。

注：也可见符号 5132 和 5417。

5271

逻辑控制通路选择

Channel selector with logic control

标识由逻辑电路控制对通路进行从 n 中取一的选择器。

5272

谐波发生器

Harmonic generator

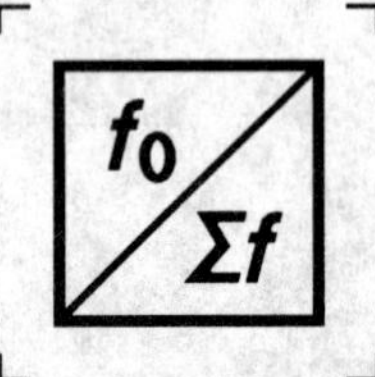

标识从一个机频中产生谐波频率的单元。

注：f_0 可以用频率值来替代，例如 4 kHz。

5273

自动转换单元

Automatic change-over unit

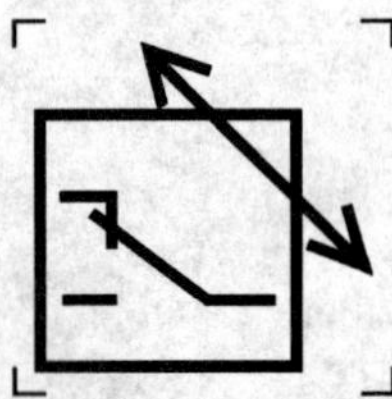

标识自动转换单元的控制和终端。

5274

手动转换单元

Manual change-over unit

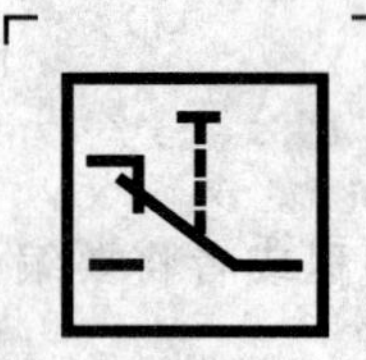

标识手动转换单元的控制和终端。

5275

过压保护装置

Overvoltage protection device

标识具有过压保护的设备，例如：雷电过电压。

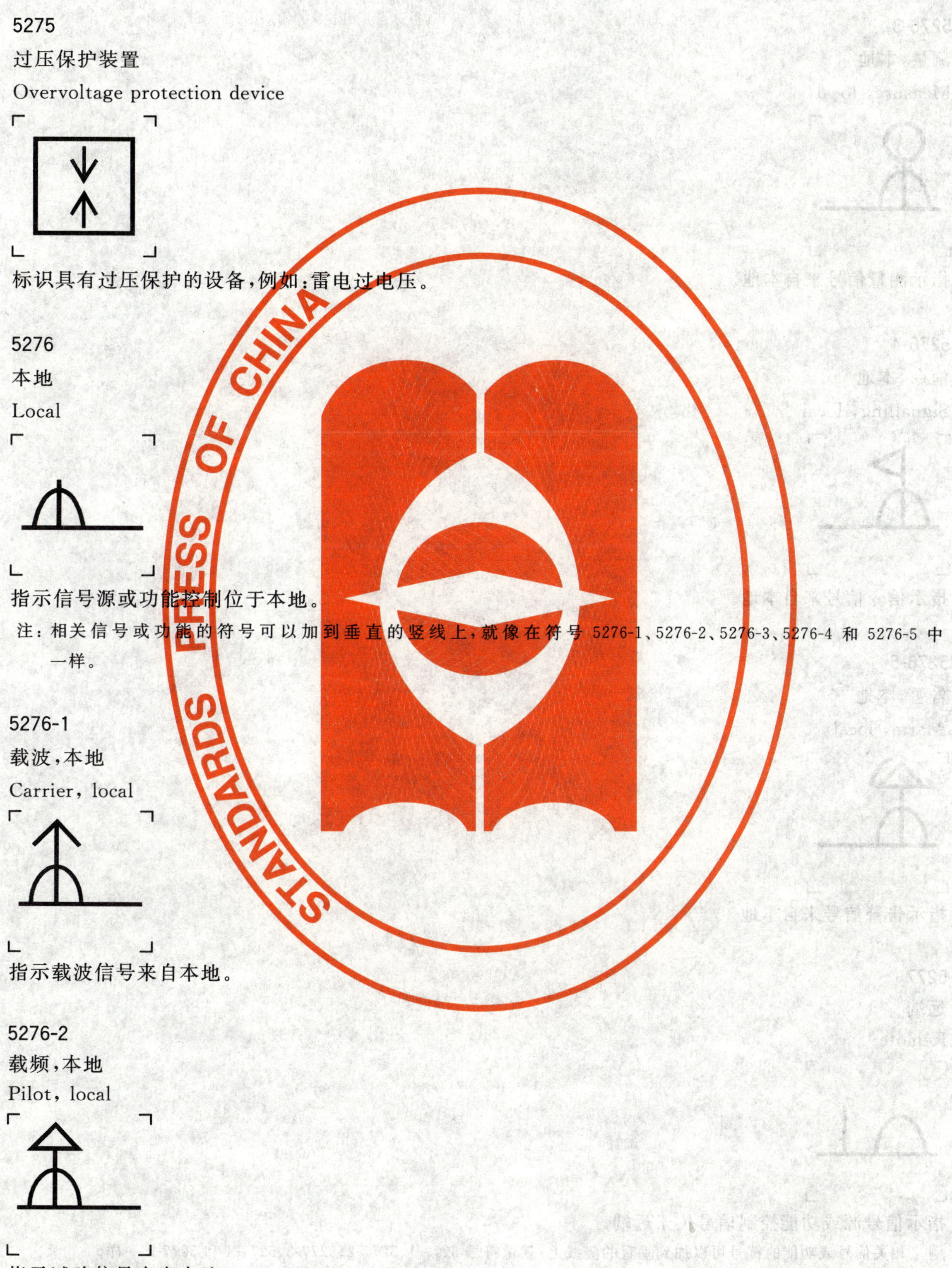

5276

本地

Local

指示信号源或功能控制位于本地。

注：相关信号或功能的符号可以加到垂直的竖线上，就像在符号 5276-1、5276-2、5276-3、5276-4 和 5276-5 中一样。

5276-1

载波，本地

Carrier, local

指示载波信号来自本地。

5276-2

载频，本地

Pilot, local

指示试验信号来自本地。

5276-3

测量,本地

Measure, local

指示测量信号来自本地。

5276-4

信令,本地

Signalling, local

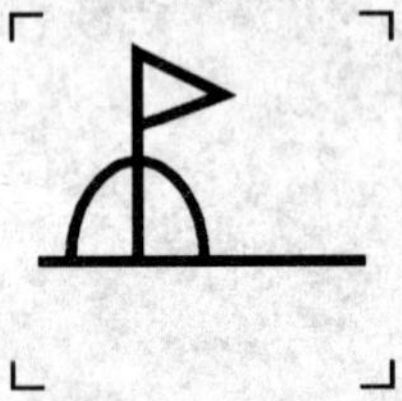

指示信令信号来自本地。

5276-5

告警,本地

Alarm, local

指示告警信号来自本地。

5277

远端

Remote

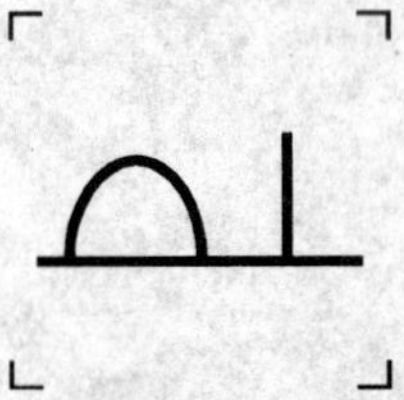

指示信号源或功能控制信号位于远端。

注:相关信号或功能的符号可以加到垂直的竖线上,就像符号 5277-1、5277-2、5277-3、5277-4 和 5277-5 一样。

5277-1

载波,远端

Carrier, remote

指示载波信号来自远端。

5277-2

载频,远端

Pilot, remote

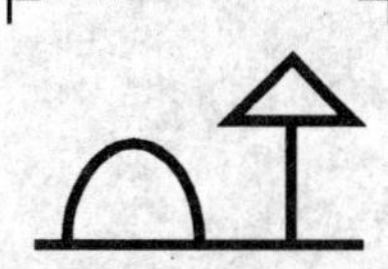

指示载频信号来自远端。

5277-3

测量,远端

Measure, remote

指示测量信号来自远端。

5277-4

信令,远端

Signalling, remote

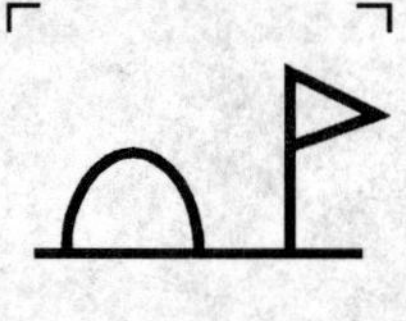

指示信令信号来自远端。

5277-5

告警,远端

Alarm, remote

指示告警信号来自远端。

5278

相位抖动

Phase jitter

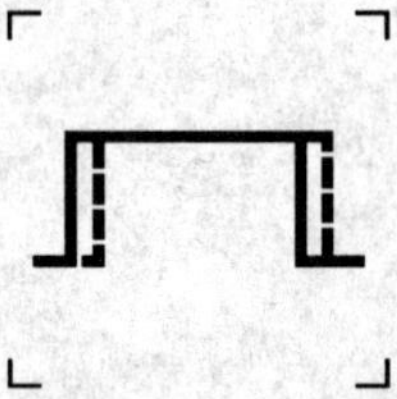

标识相位抖动测量设备的控制和终端。

5279

相位抖动滤波器

Phase jitter filter

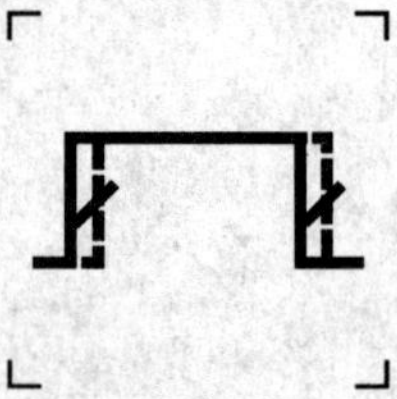

标识相位抖动滤波器。

5280

环路

Loop

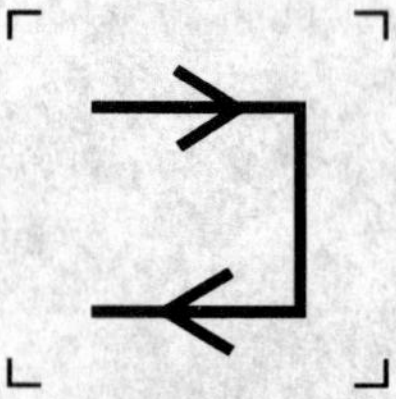

标识环路装置传输线的控制和终端。

5281

数字组合器

Digital combiner

标识数字组合器的控制和终端。

注：可以在符号的输入端和输出端标记速率。

5282

数字分离器

Digital separator

标识数字分离器的控制和终端。

注：可以在符号的输入端和输出端标记速率。

5283

再生中继器

Regenerative repeater

标识使数字信号及其附加功能一起再生的装置的控制和终端。

5284

有稳定输出电压的变换器

Converter with stabilized output voltage

标识供给恒定电压的变换器的控制及终端。

注：也可见符号 5003。

5285

可调整装置

Adjustable device

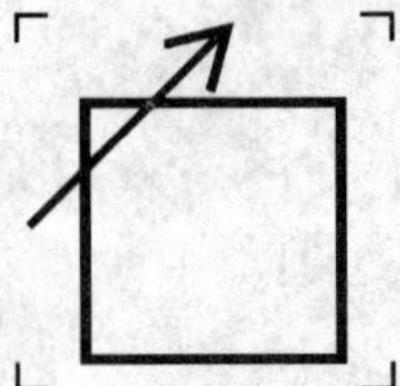

标识可调整设备的控制和终端。

注：可以在符号内增加字母或图形符号，以表示此装置的特征。

5286

失真校正器

Distortion corrector

标识失真校正器的控制和终端。

注：相应的功能可以加在符号内，如符号 5286-1、5286-2 和 5286-3。

5286-1

失真校正器，振幅/频率

Distortion corrector, amplitude/frequency

标识振幅/频率失真校正器的控制和终端。

5286-2

失真校正器，相位/频率

Distortion corrector, phase/frequency

标识相位/频率失真校正器的控制和终端。

5286-3

失真校正器,延迟/频率

Distortion corrector, delay/frequency

标识延迟/频率失真校正器的控制和终端。

5287

跟踪

Tracking

标识达到最佳外录跟踪状态的控制。

5288

配录

Dubbing

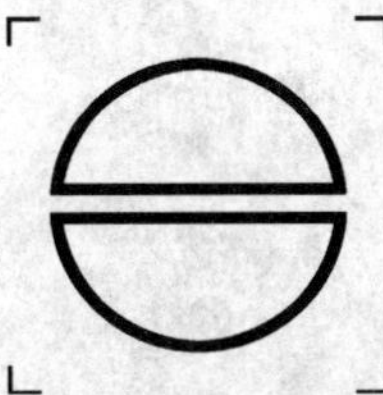

标识声音替代、增加或混合的控制。

5289

辅助应用

Application assistance

标识辅助应用的控制,例如显示或不显示附加信息。

5290

页面暂停

Page hold

标识在显示屏上页面暂停的控制，例如电文。

5291

画中画模式

Picture-in-picture mode

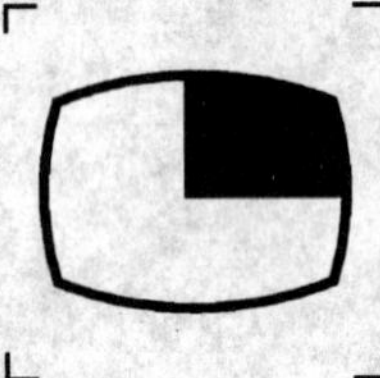

标识画中画模式的控制。

5292

交换

Interchange

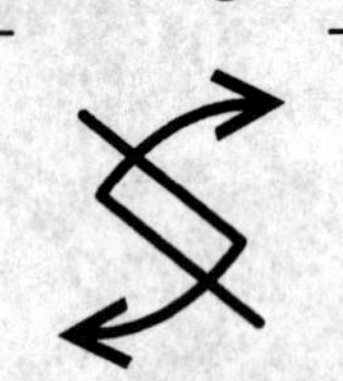

标识用于不同业务之间交换的电信设备的控制，例如电话、电文。

5293

具有肯定断开操作的动断触点的行程开关

Position switch having a break contact with positive opening operation

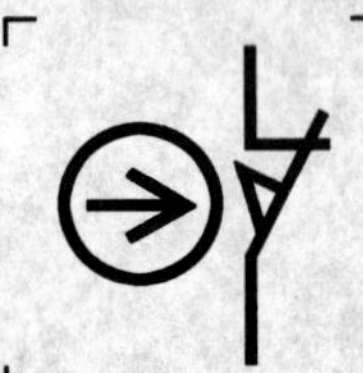

指示动断触点肯定断开的开关。

注：关于机械开关装置肯定断开操作的定义，见 IEV 441-16-11。

5294

严重玷污的物品，烹调用具

Badly soiled items; cooking utensils

用于洗碗机。标识对严重玷污物品的处理程序步骤指示或控制。

5295

一般玷污的物品

Normally soiled items

用于洗碗机，标识对一般玷污物品的处理程序步骤指示或控制。

5296

轻微玷污的物品

Lightly soiled items

用于洗碗机，标识对轻微玷污物品的处理程序步骤指示或控制。

5297

精致易碎的物品

Delicate items

用于洗碗机，标识对精致易碎物品的处理程序步骤指示或控制。

5298

更新剂

Regenerating agent

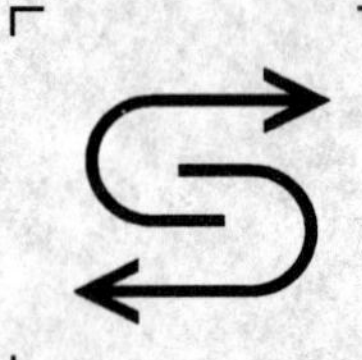

用于洗碗机，标识装有使水软化用的更新剂的容器，也可标识有关的指示器。

注：同样的符号可以用于出售更新剂的包装上。

5299

洗净剂

Final rinse agent

用于洗碗机，标识装有洗净剂的容器。

5300

洗碗机中的预洗

Pre-wash, dish washers

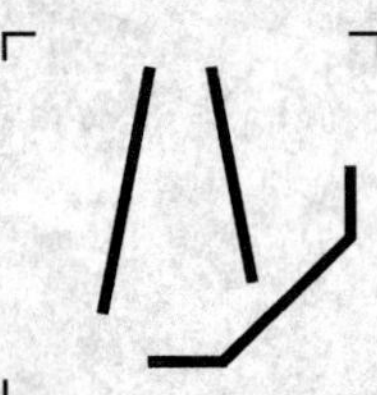

标识相关控制或标识预洗程序指示器的相关步骤。

5301

主洗涤剂

Main wash detergent

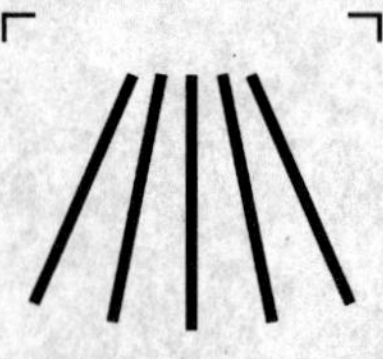

用于洗碗机。标识装有洗盘碗用洗涤剂的容器。

5302

有稳定输出电流的变换器

Converter with stabilized output current

标识供给恒定电流的变换器。

注：也可见符号5003。

5303

运算放大器

Operational amplifier

标识运算放大器及其控制、连接或装置。

5304

具有逻辑元件的设备

Equipment containing logic element

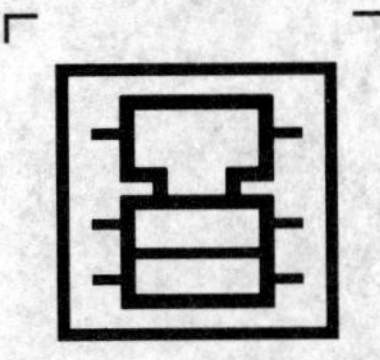

标识执行逻辑运算的设备及其控制、连接或装置。

5305

取样单元

Sampling unit

标识一个取样单元及其控制、连接或装置。

5306

比较器，一般符号

Comparator, general

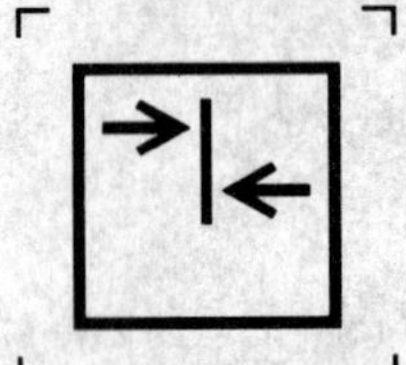

标识比较器及其控制、连接或装置。

注：所要比较的量值字母符号可插入到该符号下面中间位置，如符号 5306-1、5306-2 和 5306-3 所示。

5306-1

比较器，电压

Comparator, voltage

标识电压比较器及其控制、连接或装置。

5306-2

比较器，电流

Comparator, current

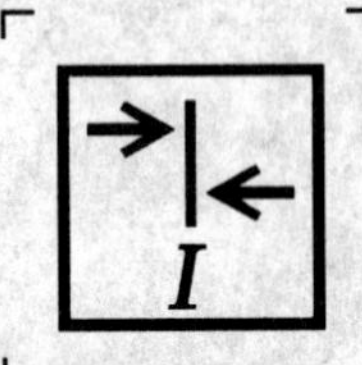

标识电流比较器及其控制、连接或装置。

5306-3

比较器，频率

Comparator, frequency

标识频率比较器及其控制、连接或装置。

5307

告警,一般符号

Alarm, general

指示控制设备上的告警。

注 1:可在三角形内和下面指出告警类型。

注 2:如果需要将告警信号分类,则使用符号 5308,在告警情况不太紧急时使用符号 5307。

5308

紧急告警

Urgent alarm

标识控制设备上的紧急告警。

注 1:可在三角形内和下面指出告警类型。

注 2:如果需要将告警信号分类,则使用符号 5308,在告警情况不太紧急时应使用符号 5307。

注 3:告警的紧迫性可以用改变告警的特征来表示,如可视信号的闪烁频率,或可见信号的编码。

5309

告警系统解除

Alarm system clear

用于告警设备。表示一个告警循环能够恢复到该设备的初始状态的控制。

注:可在三角形内和下面指出告警类型。

5310

帧

Frame

用于数字传输设备。表示组成帧的脉冲的应用。

5311

复帧

Multiframe

用于数字传输设备。表示组成复帧的脉冲的应用。

5312

帧定位

Frame alignment

用于数字传输设备。标识帧定位。

5313

帧定位丢失

Loss of Frame alignment

用于数字传输设备。标识帧定位丢失。

5314

帧定位误差

Error in frame alignment

用于数字传输设备。标识帧定位信号的一个误差。

5315

二电平信号

Two-level signal

用于数字传输设备。表示一个二电平信号,如一个二进制信号。

5316

三电平信号

Three-level signal

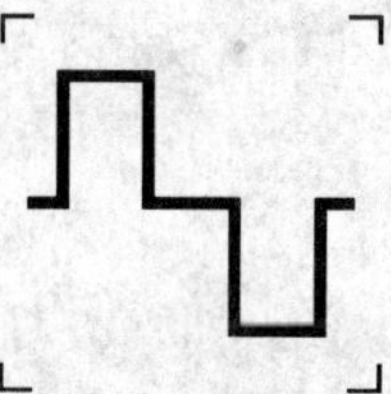

用于数字传输设备。表示一个三电平信号,如双极性信号。

5317

二进制编码信号

Binary coded signal

用于数字传输设备。表示一个二进制编码信号,如脉冲编码调制(PCM)。

5318

选通,一般符号

Strobe, general

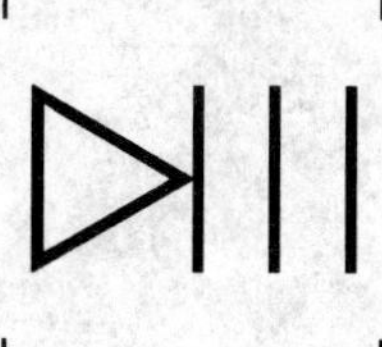

标识在屏幕上显示连续静止图像的控制。

注:当用于视频设备时,本符号可与符号 5049 组合使用,如 5318-1 所示。

5318-1

选通,视频设备

Strobe,Video equipment

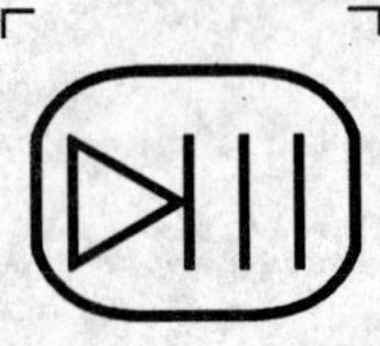

标识在屏幕上显示连续静止图像的控制。

5319

告警禁止

Alarm inhibit

标识控制设备的告警禁止。

注 1:告警类型可以表示在三角形内或三角形下方。

注 2:该图形符号也可用断线交叉代替实交叉线表示临时告警禁止。

5320

间接照明

Indirect lighting

当需要与符号 5012 相区别时,用本符号表示间接照明的控制。

5321

低强度照明

Low-intensity lighting

当需要与符号 5012 相区别时,用本符号表示低强度照明的控制。如暗室照明。

5322

手持开关

Hand-held switch

标识与手持开关有关的控制或连接点。

5323

可变光阑孔板,开启

Iris diaphragm, open

标识开启可变光阑孔板的控制,或表示开启状态。

5324

可变光阑孔板,闭合

Iris diaphragm, closed

标识闭合可变光阑孔板的控制,或标识闭合状态。

5325

小焦点

Small focal spot

用于放射线设备。标识选择小焦点或对连接相应灯丝的控制或指示。

5326

中焦点

Intermediate focal spot

用于放射线设备。标识选择焦点或对连接相应灯丝的控制或指示。

注：与符号 5325 配合使用，本符号用作大焦点；与符号 5327 配合使用，本符号用作小焦点。

5327

大焦点

Large focal spot

用于放射线设备。标识选择大焦点或对连接相应灯丝的控制或指示。

5328

X 射线摄影控制

Radiographic control

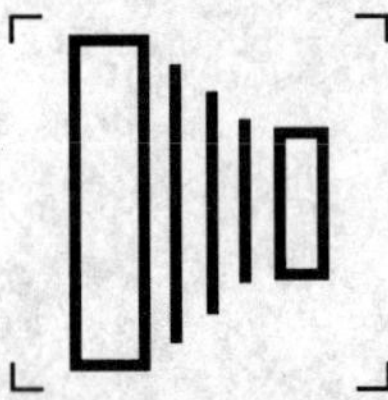

标识 X 射线摄影的控制或指示，如 X 射线摄影释放。

5329

间接 X 射线摄影

Indirect radiography

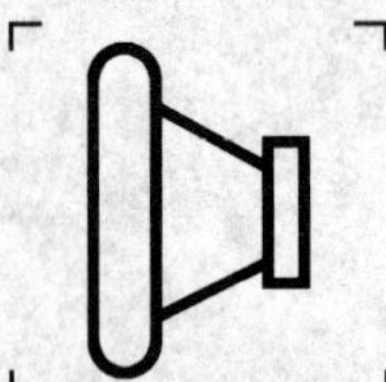

标识间接 X 射线摄影控制或指示。

5330
X 射线透视
Radioscopy

标识 X 射线透视(荧光屏检查)控制或指示。

5331
AP 型设备
Category AP equipment

用于医用设备。标识 AP 型设备,与 GB 9706.1—2007 对该符号应用方法的规定一致。

注:AP=防麻醉。

5332
APG 型设备
Category APG equipment

用于医用设备。标识 APG 型设备,与 GB 9706.1—2007 对该符号应用方法的规定一致。

注 1:AP=防麻醉。

注 2:G=气体。

5333
BF 型应用部分
Type BF applied part

用于医用设备。标识与 GB 9706.1—2007 一致的 BF 型应用部分。

注 1:B=身体。

注 2:F=移动的应用部件。

5334
防除颤的 BF 型应用部分
Defibrillation-proof type BF applied part

用于医用设备。标识与 GB 9706.1—2007 一致的防除颤的 BF 型应用部分。

注 1：B=身体。

注 2：F=移动的应用部件。

5335
CF 型应用部分
Type CF applied part

用于医用设备。标识 CF 型应用部分并与 GB 9706.1—2007 一致。

注 1：C=心脏的。

注 2：F=移动的应用部件。

5336
防除颤的 CF 型应用部分
Defibrillation-proof type CF applied part

用于医用设备。标识防除颤的 CF 型应用部分并与 GB 9706.1—2007 一致。

注 1：C=心脏的。

注 2：F=移动的应用部件。

5337
X 射线管
X-ray tube

标识与 X 射线管有关，例如标记在类似聚焦、防漏栅极的表面上，该栅极必须指向 X 射线管。

5338

X 射线源组件

X-ray source assembly

指示与 X 射线源组件有关。

5339

X 射线源组件，发射

X-ray source assembly, emitting

表示 X 射线放射或即将放射。

5340

垂直 X 射线透视架

Vertical radioscopic stand

表示与垂直 X 射线透视架有关。

注：本符号显示了 X 射线透视影像接收器和位于 X 射线源组件与患者之间的患者支架。

5341

垂直 X 射线摄影架

Vertical radiographic stand

表示与垂直 X 射线摄影架有关。

注：该符号表示患者和 X 射线摄影影像接收器间的患者支架。

5342

水平 X 射线摄影台

Horizontal radiographic table

表示与水平 X 射线摄影台有关。

注：本符号带有 X 射线摄影影像接收器。

5343

荧光照相架

Photo-fluorographic stand

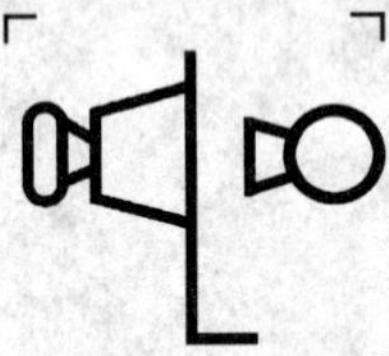

表示与荧光照相机架有关。

5344

荧光照相机

Photo-fluorographic camera

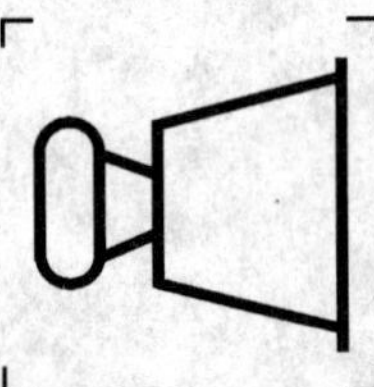

表示与 X 射线透视屏实现拍照记录的照相机有关。

5345

断层成像设备

Equipment for tomography

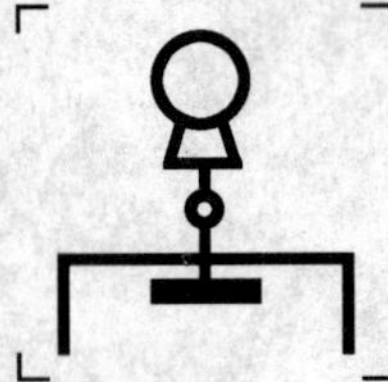

表示与断层成像机或断层成像方式有关。

注 1：本符号表示水平位置。

注 2：也可见符号 5401、5402、5676 和 5681。

5346

带有台上 X 射线源组件的可倾斜台

Tilting table with overtable X-ray source assembly

表示与台上 X 射线源组件的可倾斜台有关。

注：本符号表示带有 X 射线摄影的 X 射线影像接收器。

5347

带有台下 X 射线源组件的可倾斜台

Tilting table with undertable X-ray source assembly

表示与带有台下 X 射线源组件的可倾斜台有关。

注：本符号表示带有点片装置。

5348

X 射线诊断压迫器

Radiodiagnostic compression device

表示压迫器就位可使用。

5349

X 射线诊断压迫器，移动

Radiodiagnostic compression device，movement

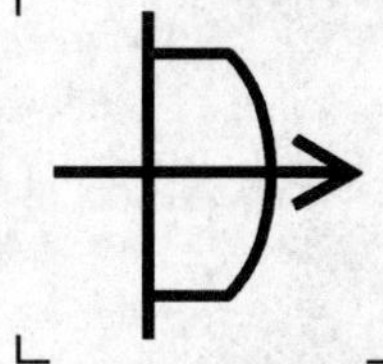

标识压迫器按箭头方向移动。

注：箭头可指不同方向。

5350

X 射线诊断压迫器,进行压迫

Radiodiagnostic compression device, pressure applide

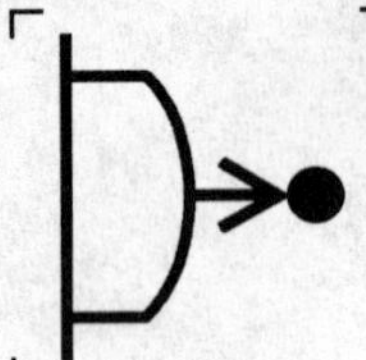

标识对患者实施压迫的控制或指示。

5351

X 射线诊断压迫器,停放

Radiodiagnostic compression device, parked

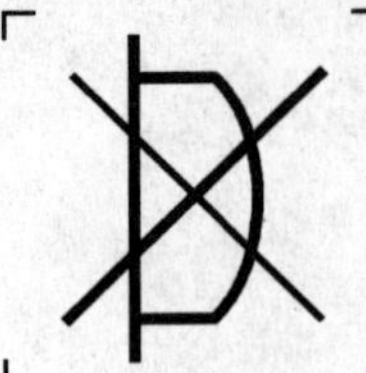

表示压迫器置于停放位置或标识恢复至停放位置的控制。

5352

滤线栅

Anti-scatter grid

标识滤线栅的位置。

5353

滤线栅,移动

Anti-scatter grid, movement

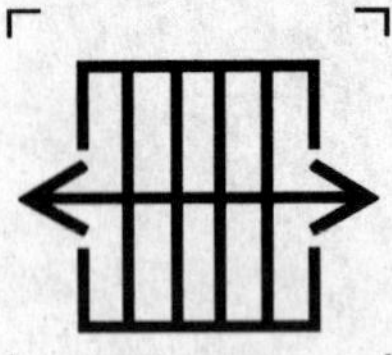

标识滤线栅工作或移动的状态。

5354

滤线栅,未用

Anti-scatter grid, not used

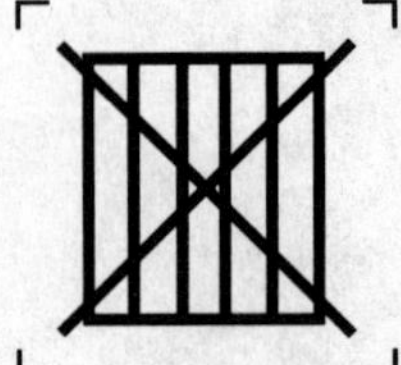

标识不用滤线栅、滤线栅停用或缺少滤线栅的形式。

5355

X 射线诊断自动控制系统

Radiodiagnostic automatic control system

标识辐射的自动控制的控制或指示。例如：自动曝光器。

注：本符号在这里用三个矩形框表示。

5356

单片射线照相的连续换片器

Serial changer for single radiographic film

标识把胶片的一部分分成若干单片的位置。

注：在这里本符号表示六个单片。

5359

射线照相胶片选择，整幅和方向

Radiographic film selection, full format and orientation

标识整幅胶片按所述方向取向的射线照相形式的控制和指示。

注 1：本符号经常与符号 5360 和 5361 结合使用。

注 2：可以给出胶片尺寸。

5360

X 射线摄影胶片选择，半幅和方向

Radiographic film selection, division by two and orientation

标识整幅胶片按所示方向分为二等分的 X 射线摄影形式的控制和指示。

注 1：本符号经常与符号 5359 和 5361 结合使用。

注 2：可以给出胶片尺寸。

5361

射线照相胶片选择，四分之一幅和方向

Radiographic film selection，division by four and orientation

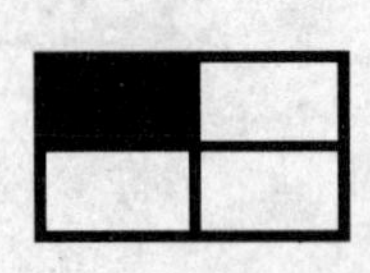

标识整幅胶片按所述方向分为四等分的 X 射线摄影形式的控制或指示。

注 1：本符号经常与符号 5359 和 5361 结合使用。

注 2：可以给出胶片尺寸。

5362

胶片或底片切换器

Film or cassette changer

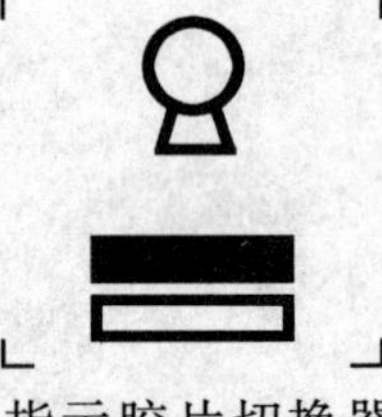

指示胶片切换器或底片切换器的位置或单向操作的位置。

5363

胶片或底片切换器，双向操作

Film or cassette changers，bi-plane operation

指示有两个胶片或底片切换器模式的位置。

5364

X 射线诊断双向同步操作

Radiodiagnostic simultaneous bi-plane operation

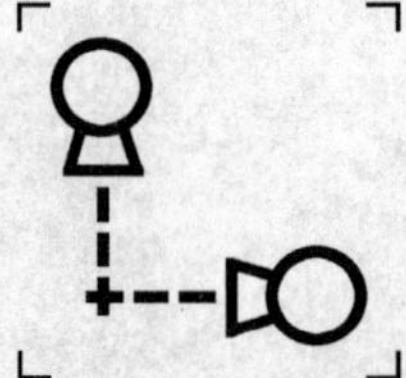

指示两个 X 射线管同步操作的位置。

5365

X 射线诊断双向交替操作

Radiodiagnostic alternating bi-plane operation

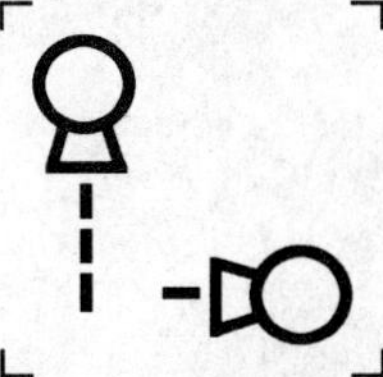

指示两个 X 射线管双向交替操作的位置。

5366

安装在地板上的放射线设备

Floor mounted radiological equipment

指示支撑在地板上的装置支架的位置。

注：本符号含有 X 射线源组件。

5367

悬吊在天花板上的放射线设备

Ceiling suspended radiological equipment

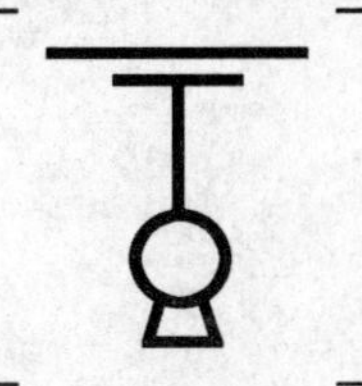

指示悬吊在天花板上的装置支架的位置。

注：本符号含有 X 射线源组件。

5368

X 射线诊断泌尿科专用床

Radiodiagnostic urological table

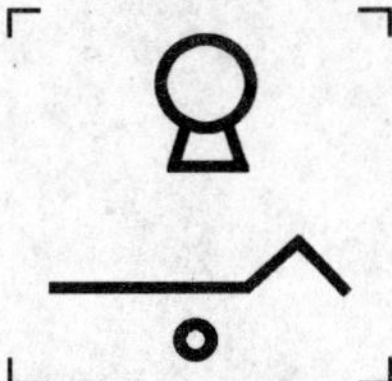

指示 X 射线诊断泌尿科专用床的位置。

5369

外科专用床

Surgical table

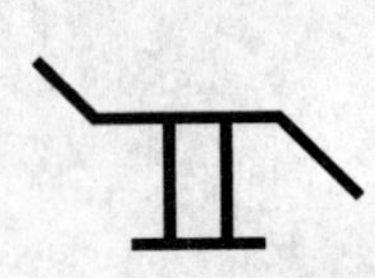

用于医用设备。

指示外科专用床的位置。

5370

患者专用椅,绕垂直轴旋转

Patient's chair, rotation about a vertical axis

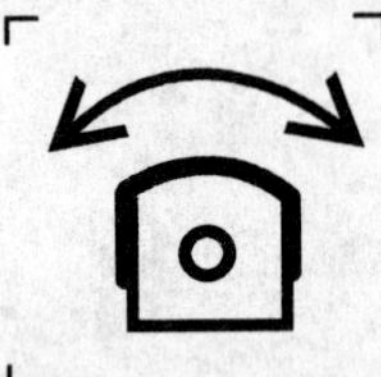

标识使患者专用椅旋转的控制。

5371

患者专用椅,绕水平轴倾斜

Patient's chair, tilt about a horizontal axis

标识使患者专用椅倾斜的控制。

5372

头颅 X 射线照相设备

Craniographic equipment

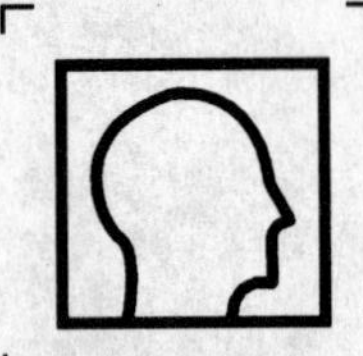

指示与头颅 X 射线照相的设备有关。

5373

X 射线诊断 C 形臂

Radiodiagnostic C-arm

指示带 C 形臂设备的位置。

5374

X 射线诊断 U 形臂

Radiodiagnostic U-arm

指示带 U 形臂设备的位置。

5375

乳腺 X 射线照相设备

Mammographic equipment

指示与乳腺 X 射线照相设备有关。

5376

X 射线影像增强器

X-ray image intensifier

表示 X 射线影像增强器。

5377

具有稳定输入的 X 射线影像增强器

X-ray image intensifier with stabilized input

标识在 X 射线影像增强器入射平面具有稳定强度的控制或指示。

5378

影像增强器,全野输入

Image intensifier, full input field

标识具有 X 射线影像增强器全野输入选择的控制或指示。

注 1:在几个输入野情况下,可以标记有关野的尺寸,代替光束轮廓。

注 2:本符号可与符号 5379 和/或 5642 结合使用。如果只需一个影像增强器输入野符号,就用符号 5378。

5379

影像增强器,小野输入

Image intensifier, small input field

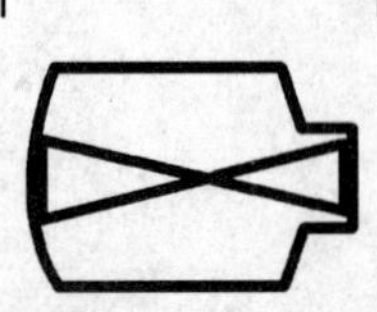

标识具有 X 射线影像增强器小野输入选择的控制或指示。

注 1:在几个输入野情况下,可以标记有关野的尺寸,代替光束轮廓。

注 2:本符号可与符号 5378 和/或 5642 结合使用。如果只需一个影像增强器输入野符号,就用符号 5378。

5380

X 射线影像增强器,消气器

X-ray image intensifier, gettering

标识具有 X 射线影像增强器消气器的控制或指示。

5381
辐射过滤器或渗透
Radiation filter or filtration

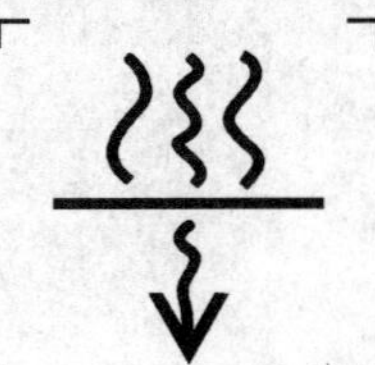

指示辐射过滤器的基准量或相应渗透当量的值。

5382
注射器
Injection syringe

表示注射器的标记,例如,X 射线照相开始用的注射器。

5383
辐射场中心的灯光指示器
Indication of radiation field centre by light

标识用辐射场中心的灯进行指示的控制。

5384
辐射场的灯光指示器
Indication of radiation field by light

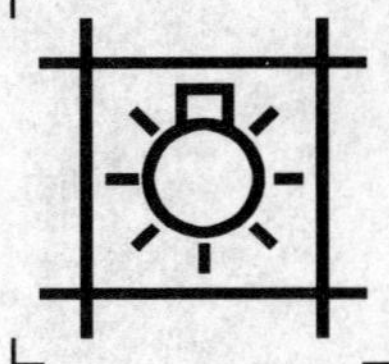

标识用辐射场的灯进行指示的控制。

5385
限束装置,开启
Beam limiting device, open

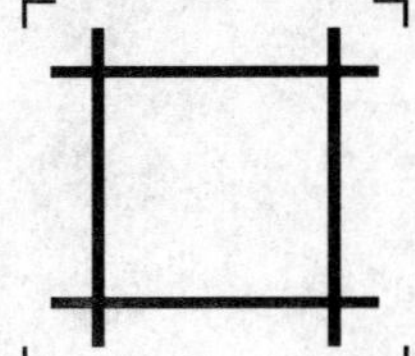

标识开启限束装置的控制或指示其部分或全部开启的状态。

5386

限束装置,关闭

Beam limiting device, closed

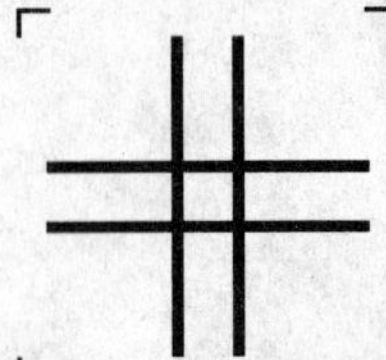

标识关闭限束装置的控制或指示其关闭的状态。

5387

具有独立开启挡板的限束装置

Beam limiting device with separate opening of the shutters

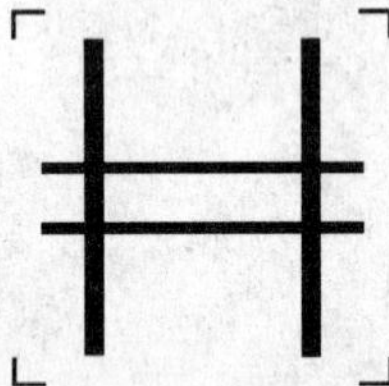

标识开启限束装置的一组或一个挡板的控制。

注:用粗线来表示所控制的挡板。

5388

具有独立关闭挡板的限束装置

Beam limiting device with separate closing of the shutters

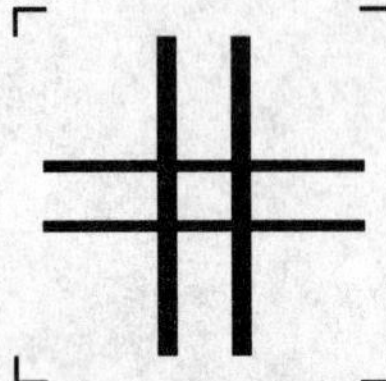

标识关闭限束装置的一组或一个挡板的控制。

注:用粗线来表示所控制的挡板。

5389

患者,较瘦体型

Patient, thin

指示与体型较瘦患者有关。

5390

患者,正常体型

Patient, normal

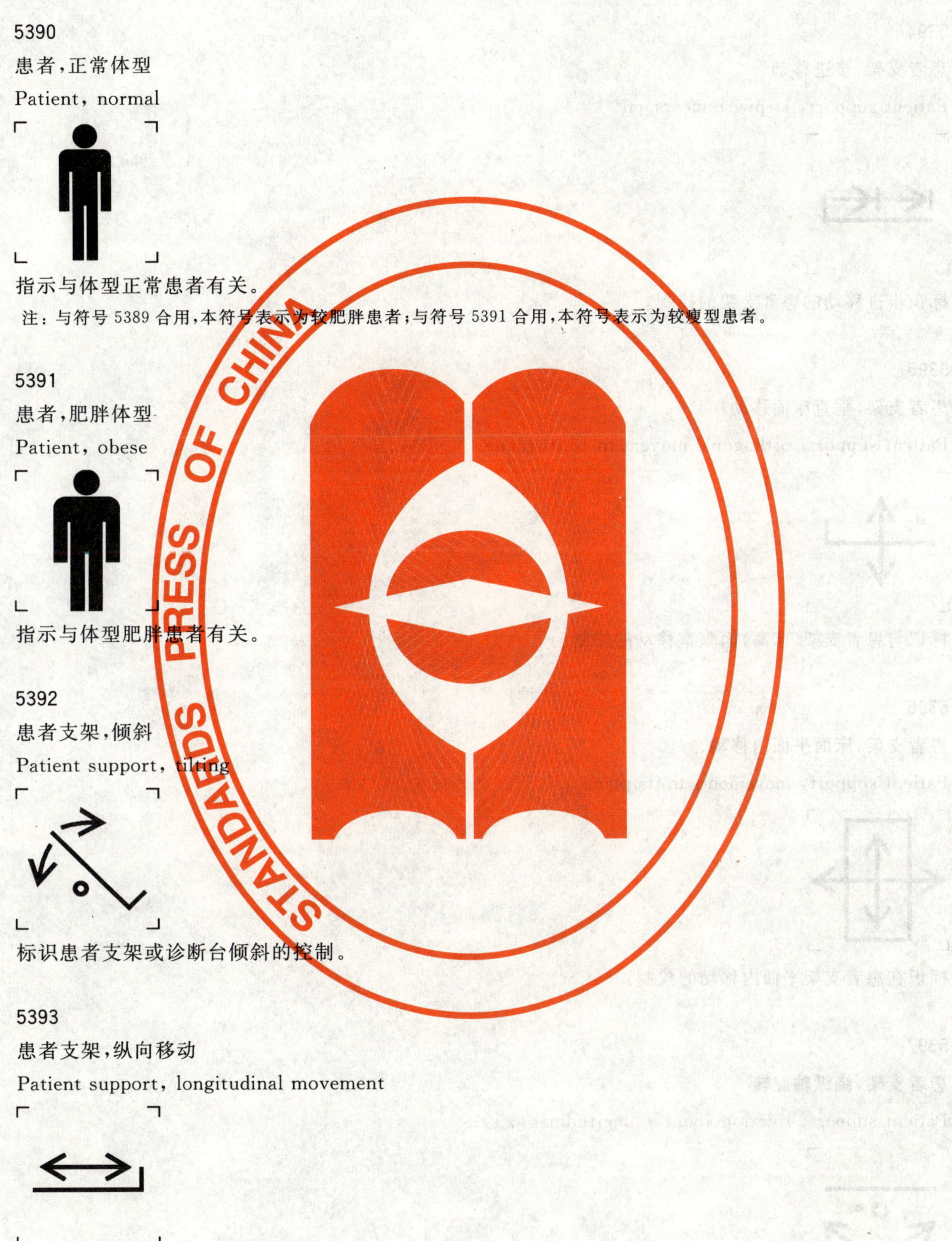

指示与体型正常患者有关。

注:与符号 5389 合用,本符号表示为较肥胖患者;与符号 5391 合用,本符号表示为较瘦型患者。

5391

患者,肥胖体型

Patient, obese

指示与体型肥胖患者有关。

5392

患者支架,倾斜

Patient support, tilting

标识患者支架或诊断台倾斜的控制。

5393

患者支架,纵向移动

Patient support, longitudinal movement

标识患者支架纵向移动的控制。

5394

患者支架,步进移动

Patient support, stepwise movement

标识步进移动的患者支架的控制。

5395

患者支架,垂直床面移动

Patient support, orthogonal movement to its plane

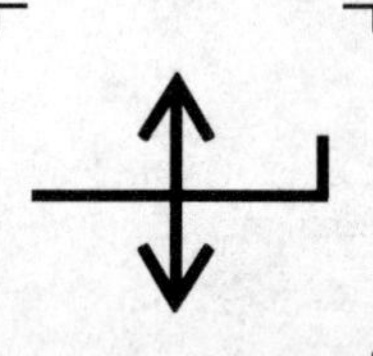

标识与患者支架(床高)面垂直移动的控制。

5396

患者支架,床面平面内移动

Patient support, movements in its plane

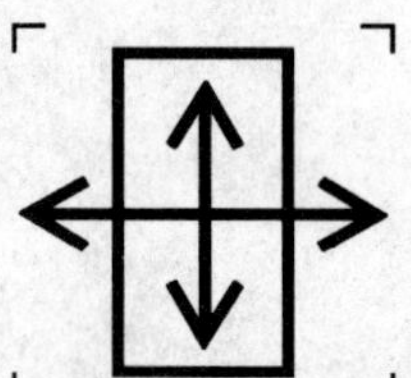

标识在患者支架平面内移动的控制。

5397

患者支架,绕纵轴旋转

Patient support, rotation about a longitudinal axis

标识患者支架绕纵轴旋转的控制。

5398

患者摇架,绕纵轴旋转

Patient cradle, rotation about its longitudinal axis

标识患者摇架绕纵轴旋转的控制。

5399

患者支架,绕垂直轴旋转

Patient support, rotation about an orthogonal axis

标识绕垂直于患者支架面的轴旋转的控制。

5401

无 X 射线辐射的断层摄影的移动

Tomographic movement without X radiation

标识无 X 射线辐射的断层摄影移动的控制或指示。

注:也可见符号 5345、5402、5676 和 5681。

5402

具有 X 射线辐射的断层摄影的移动

Tomographic movement with X radiation

标识断层摄影移动时有 X 射线辐射的控制或指示。

注:也可见符号 5345、5401、5676 和 5681。

5403
断层摄影层位选择
Tomographic layer selection

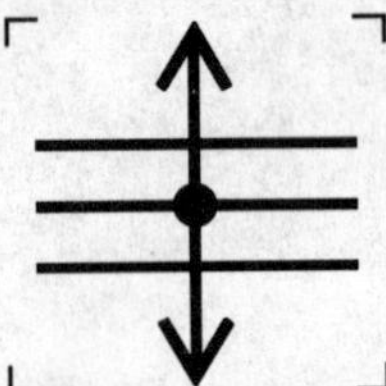

用于辐射断层摄影设备。标识调节断层摄影层位的控制。

5404
阳极旋转,正常速度
Anode rotation, normal speed

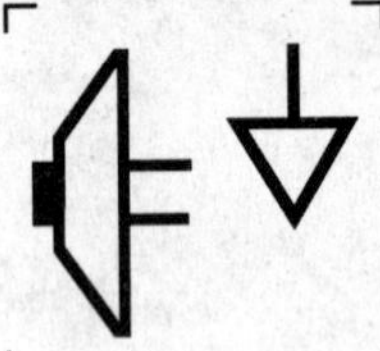

标识 X 射线管阳极具有正常旋转速度控制或指示。

5405
阳极旋转,高速
Anode rotation, high speed

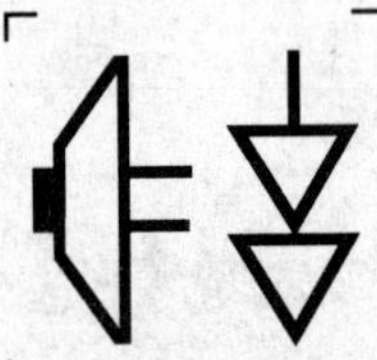

标识对 X 射线管阳极高旋转速度的控制或指示。

5406
电离室
Ionization chamber

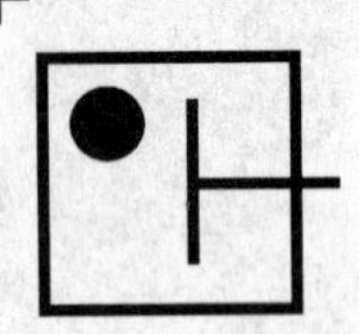

指示电离室的位置。

5407
电子图像,正常
Electronic image, normal aspect

用于图像显示设备。指示正常图像的位置。

注：本符号与符号 5408、5409 和 5410 配合使用。

5408

电子图像，从右向左翻转

Electronic image，reversal right-to-left

用于图像显示设备。指示图像从右向左翻转的标记。

注：本符号与符号 5407、5409 和 5410 配合使用。

5409

电子图像，上下倒置

Electronic image，inverted top-to-bottom

用于图像显示设备。指示图像上下倒置的标记。

注：本符号与符号 5407、5408 和 5410 配合使用。

5410

电子图像，上下倒置和从右向左翻转

Electronic image，inverted top-to-bottom and reversal right-to-left

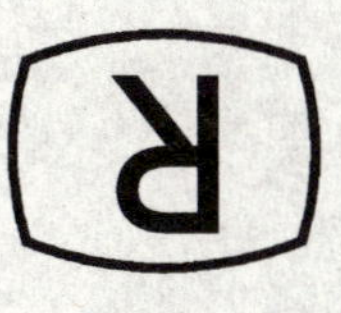

用于图像显示设备。指示图像上下倒置且从右向左翻转的标记。

注：本符号与符号 5407、5408 和 5409 配合使用。

5411

电子图像，黑白反置

Electronic image，reversal black-to-white

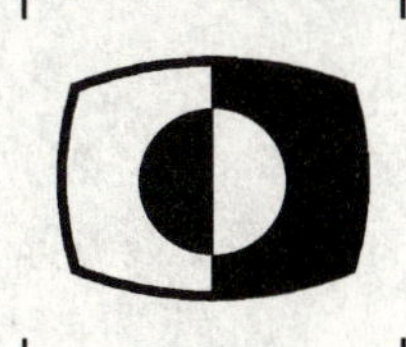

用于图像显示设备。指示黑白图像颠倒的标记。

5412

电子图像,基准场

Electronic image, reference field

用于图像显示设备。指示与基准场有关的一切图像。

5413

电子图像,灰度控制

Electronic image, gamma control

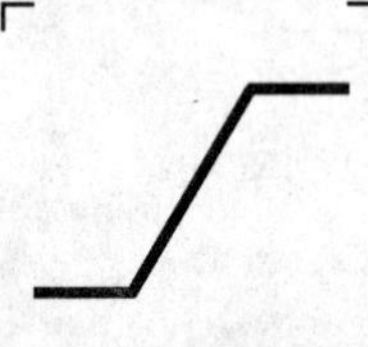

用于电子图像设备。指示灰度控制的标记。

5415

流逝时间显示

Elapsed time display

标识从开始操作(如烹调、洗涤、记录等)起所流逝时间的显示或控制。

注:也可见符号 5416。

5416

剩余时间显示

Remaining time display

标识一直到操作结束(如烹调、洗涤、记录等)剩余时间的显示或控制。

注:也可见符号 5415。

5417

可编程序的持续时间

Programmable duration

标识控制一个可编程序的定时器在特定时间准时开始操作(如烹调、洗涤、记录等)和在特定时间准时或在特定期间后停止操作;或标识显示已编程或被编程的持续时间。

注:也可见符号 5132 和 5270。

5418

灰尘袋,满

Dust bag, full

用于吸尘设备。

指示灰尘袋已满。

注:圆形区域可被填充。

5419

灰尘袋

Dust bag

用于吸尘设备。

标识灰尘袋的位置或通入灰尘袋的装置。

注:圆形区域可被填充。

5420

扰码器

Scrambler

用于通信设备。标识扰码器及其控制、连接或器件。

5421

解扰器

Descrambler

用于通信设备,标识解扰器及其控制、连接或装置本身。

5424

接口器件,一般符号

Interface device, general

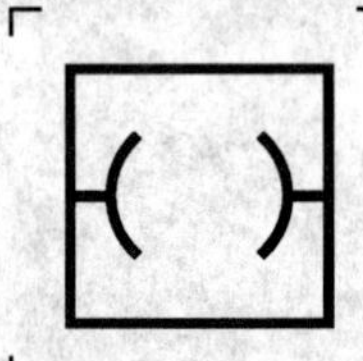

标识设备间的接口装置。

注:可在符号中心指示接口类型,如符号 5424-1、5424-2 和 5424-3 中所示。

5424-1

接口器件,140 Mbit/s

Interface device, 140 Mbit/s

标识设备间的 140 Mbit/s 传号反转码(CMI)接口器件。

5424-2

接口器件,二进制

Interface device, binary

标识设备间的二进制接口器件。

5424-3

接口器件，同步

Interface device, synchronization

标识设备间的同步接口器件。

5430

优先

Priority

指示设备、电路或功能的优先状态。

注：表示优先顺序的数字可以包括在本符号内。

5431

直达链路

Direct link

用于电信设备。指示在连接线路的两端而不是中继站可以接入的通道。

5432

混合链路

Omnibus link

用于电信设备。指示在连接线路的两端和中继站可同时接入的信道。

5433

正常运行

Normal operation

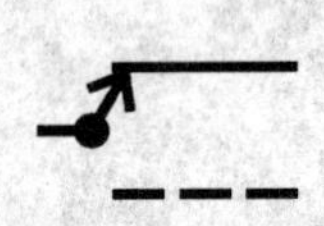

标识正常提供服务的设备，或标识选择该设备的转换开关的位置。

注：本符号应与符号5434结合使用。

5434

备用操作

Reserve operation

当设备无法正常使用时标识提供备用服务的设备，或标识选择备用设备的转换开关的位置。

注：本符号应与符号5433结合使用。

5435

亮度和对比度

Brightness and contrast

用于显示设备。标识亮度和对比度组合的控制。

5436

静音

Sound muting

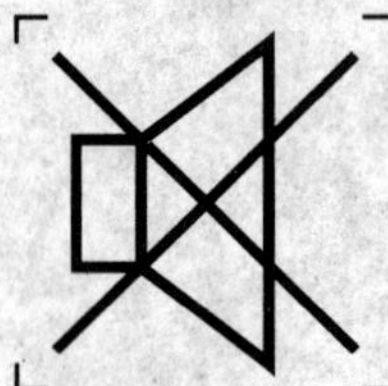

标识抑制声音的控制。

5438

立体声效果

Spatial sound effect

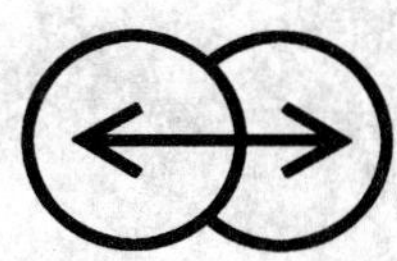

标识立体声重放控制或立体声效果开关的位置。

5439A

自动搜索调谐

Automatic search tuning

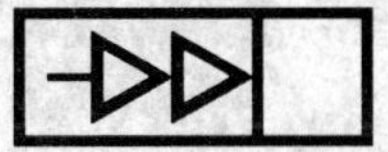

标识对自动搜索调谐的控制,例如频道、节目、台站等。

5439B

自动搜索调谐

Automatic search tuning

是5439A的另一种形式,与其含义相同。

5440

可编程定时器,一般符号

Programmable timer, general

标识对可编程定时器的控制,例如有编程功能的操作元件。

注:也可见本符号的派生符号,符号中刻度盘边上的圆点表示时间刻度的预置点,如符号5417。

5444

遥控接收指示器

Remote control reception indicator

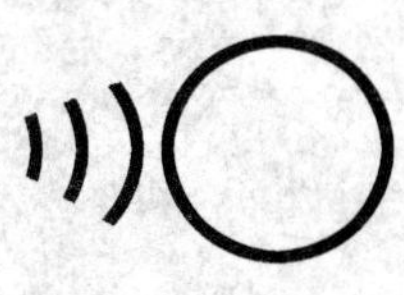

标识设备上正在接收遥控指令的指示器。

5446
一位或多位数选择
Single or multi-digit selection

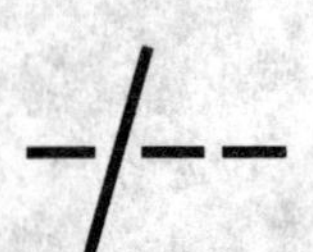

标识对一位或多位数输入的控制,例如节目频道选择。

5447
频带选择
Frequency band selection

标识频带选择开关。

5448
输入/输出
Input/output

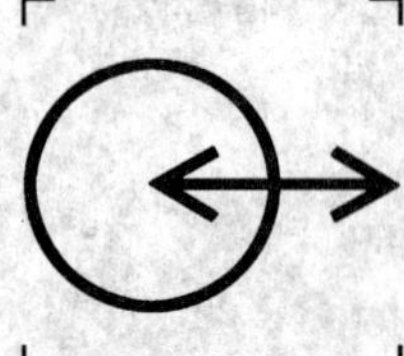

标识组合式输入/输出连接器或方式。
注:要表示与视频设备的连接,建议采用符号5521A或5521B。

5457
自动反向
Auto reverse

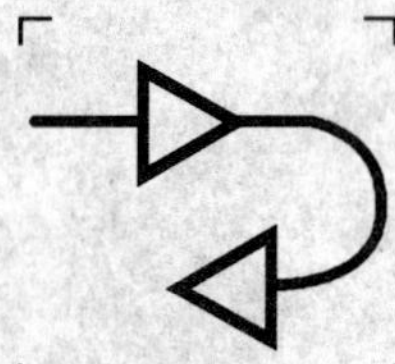

标识对自动反向动作的控制。

5459

弹出

Eject

标识对弹出功能的控制。

注：本符号宜用来代替符号 5113。

5460

储存/存储方式结束

Storage/store mode finished

标识对储存/存储方式结束的控制。

注：储存/存储方式开始，见 ISO 7000-0987。

5463

图文方式

Teletext mode

标识对图文(广播电视图像)方式的控制和一般指示。

5464

卫星接收模式，一般符号

Satellite reception mode，general

用于无线电通信接收机，标识允许设备接收卫星广播。

注：本符号与符号 5049 组合，用于标识接收卫星电视，如符号 5464-1。

5464-1

卫星接收模式,电视

Satellite reception mode, television

用于无线电通信接收机,标识允许设备接收卫星电视。

5467

图像固定

Picture freeze

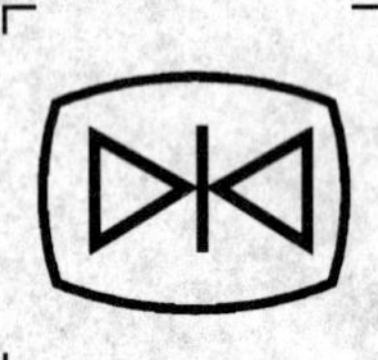

用于显示设备,标识通过这种控制所显示的图像能够被固定。

注:三角形可以填实。

5470A

显像运转,提示信号

Run with visualization; cue

用于视频设备,标识显像(提示信号)快进的控制。

5470B

显像运转,提示信号

Run with visualization; cue

是 5470A 的另一种形式,与其含义相同。

5471

逐帧画面,一般符号

Frame by frame, general

标识逐帧画面模式下操作的控制,即逐一查看每个静止的画面。

注 1:三角形可以填实。

注 2:在视频设备上,可采用符号 5471-1。

5471-1

逐帧画面,视频

Frame by frame, video

用于视频设备。标识逐帧画面模式下操作的控制,即逐一查看每个静止的画面。

注 1:三角形可填实。

注 2:一般用途见符号 5471。

5476

索引主页面

Main index page

标识在图文方式中选择索引主页面的控制。

5477

删除画面

Cancel picture

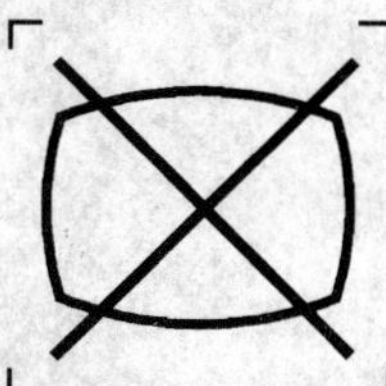

标识删除已显示画面的控制。

5478
页面扩展
Page enlargement

标识在显示装置上对页面扩展的控制,例如一个图文页面的扩展。
注:三角形可填实。

5480
图文混合
TV and text mixed

标识对电视画面和文字混合的控制。

5483
页号减
Page number down

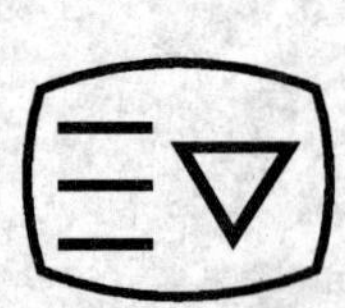

用于图文方式设备。
标识所选页号减一的控制。
注:三角形可以填实。

5484
页号加
Page number up

用于图文方式设备。
标识所选页号加一的控制。
注:三角形可以填实。

5487
视频数据
Video data

标识经过电话线路传送的视频数据的控制和/或指示。

5490
烹饪区扩展,同心
Enlargement of the cooking zone, concentric

标识圆形烹饪区同心扩展的指示或控制元件。

5491
烹饪区扩展,偏心
Enlargement of the cooking zone, eccentric

标识圆形烹饪区离心扩展的指示或控制元件。

5492
烹饪区扩展,椭圆
Enlargement of the cooking zone, oval

标识烹饪区单侧圆扩展的指示或控制元件。

5493
烹饪区扩展,双侧
Enlargement of the cooking zone, bilateral

标识烹饪区双侧圆扩展的指示或控制元件。

5495

复原

Return to an initial state

标识使器件回复到起始状态的控制。

5498

缩位拨号

Short code dialling

标识你只需要拨一个简单的号码(例如从 1 到 9 的一个数)就代替了通常所用的完整号码。

注:见 ITU-T 建议 E.121。

5499

呼叫转移

Basic diversion

标识将打入某一电话的呼叫转移到另一部电话的控制。

注:见 ITU-T 建议 E.121。

5500

三方通话

Three-party call

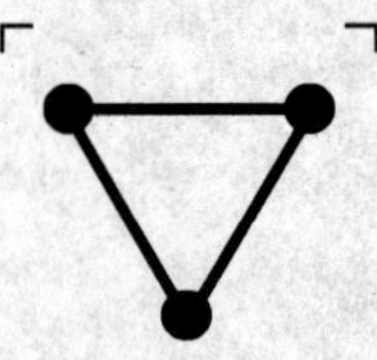

标识提供某部电话与其他两部电话进行电话会议的控制。

注:见 ITU-T 建议 E.121。

5501
回叫
Call-back

标识等对方一空闲马上就自动再进行呼叫的控制。

注：见 ITU-T 建议 E.121。

5502
来话禁止
Incoming calls barred

标识打入某部电话的呼叫全部被禁止的控制。

注：见 ITU-T 建议 E.121。

5503
总注销
General cancel

标识取消以前预约的任何服务项目的控制。

注：见 ITU-T 建议 E.121。

5504
重复呼叫
Repeat last call

标识再次呼叫已拨号码(如上次占线)的控制。本业务可重复(如果仍占线)。

注：见 ITU-T 建议 E.121。

5505

无应答转移

No-reply diversion

标识当电话无人接听时,将呼叫转移到另一个电话上的控制。

注:见 ITU-T 建议 E.121。

5506

询问呼叫

Enquiry call

标识当“保持”与某人通话时还进行另外呼叫的控制。

注:见 TU-T 建议 E.121。

5507

呼叫等待

Call waiting

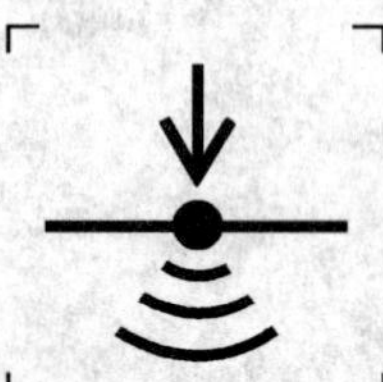

标识正在通话过程中另外有电话打入,会产生一个信号通知有人呼叫的控制。

注:见 ITU-T 建议 E.121。

5508

呼叫拾起

Call pick-up

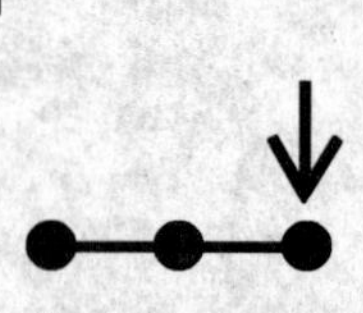

标识可以用电话应答打给同“组”中另一部电话的呼叫的控制。

注:见 ITU-T 建议 E.121。

5509

撤线

Disconnection

标识与外部设备的连接和信息交换取消或关闭的操作方式,例如在电话设备中,标识允许用户完成一次通话不更换话机,再另打电话的控制。

注:本图形符号出自 ITU-T 建议。

5510

屏幕上的附加信息

Additional information on screen

标识为使用者显示附加信息的控制,例如输入电源、选择功能、告警、时间等。

5511

菜单

Menu

标识能显示菜单(有效选项)的控制。

5512

系统状态显示

System status display

标识可显示仪表与接口总线相连状态的控制。

5513

画中画,移动

Picture-in-picture, shift

标识可移动画中画(PIP)的控制。例如:顺时针方向。

注:PIP=画中画。

5514

画中画,固定

Picture-in-picture, freeze

标识可固定画中画(PIP)的控制。

注:PIP=画中画。

5515

画中画,切换

Picture-in-picture, swap

标识画中画(PIP)与主画面可交换的控制。

注:PIP=画中画

5516

画中画,选择

Picture-in-picture,select

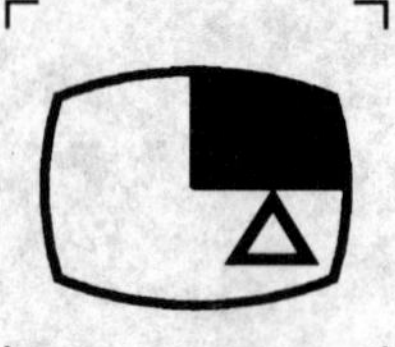

标识对画中画源选择的控制。

注：三角形可以填实。

5517A

多画面，显示

Multi-picture display

标识可接通或断开多个画中画(PIP)功能或多画面显示功能的控制。

注：实际使用中，画中画(PIP)数可与符号所显示的数目不同。

5517B

多画面，显示

Multi-picture display

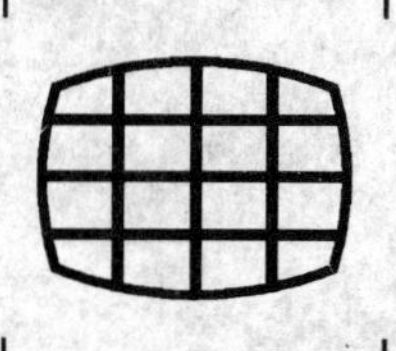

是5517A的另一种形式，与其含义相同。

5518

视盘播放机

Video disc player

标识视盘播放机的控制和端子。

5519

定时页码取消

Timed page cancel

标识定时页码模式的取消。

5520

字幕

Subtitle

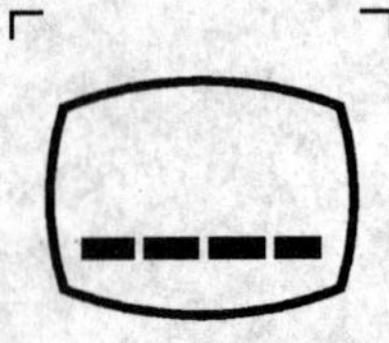

用于图文方式设备。

标识字幕的模式。

5521A

视频输入/输出

Video input/output

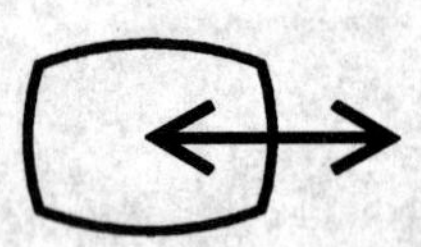

标识视频设备输入/输出的控制和连接端子。当伴有音频信号时，也使用本符号。

注1：为限定本符号，可按用户文件补充模拟标记或数字标记。

注2：本符号轮廓线可在信号进/出口处断开，如符号5521B所示。

5521B

视频输入/输出

Video input/output

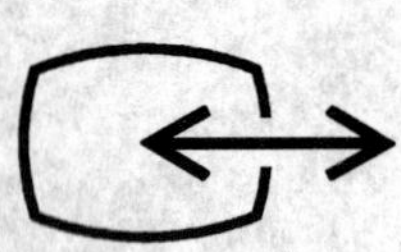

是5521A的另一种形式，与其含义相同。

5522

彩色视频输入/输出

Colour video input/output

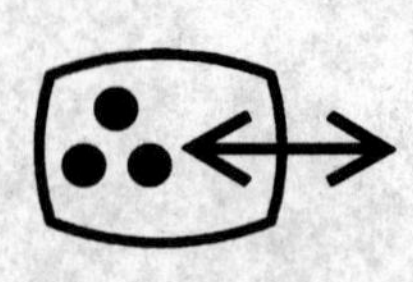

标识特指彩色视频输入/输出的控制和连接端子。

注：箭头上方可指明如符号 5522-1 和 5522-2 中所示的信号类型。

5522-1

彩色视频输入/输出，模拟式

Colour video input/output，analogue

标识特指模拟彩色视频输入/输出的控制和连接端子。

5522-2

彩色视频输入/输出，数字式

Colour video input/output，digital

标识特指数字彩色视频输入/输出的控制和连接端子。

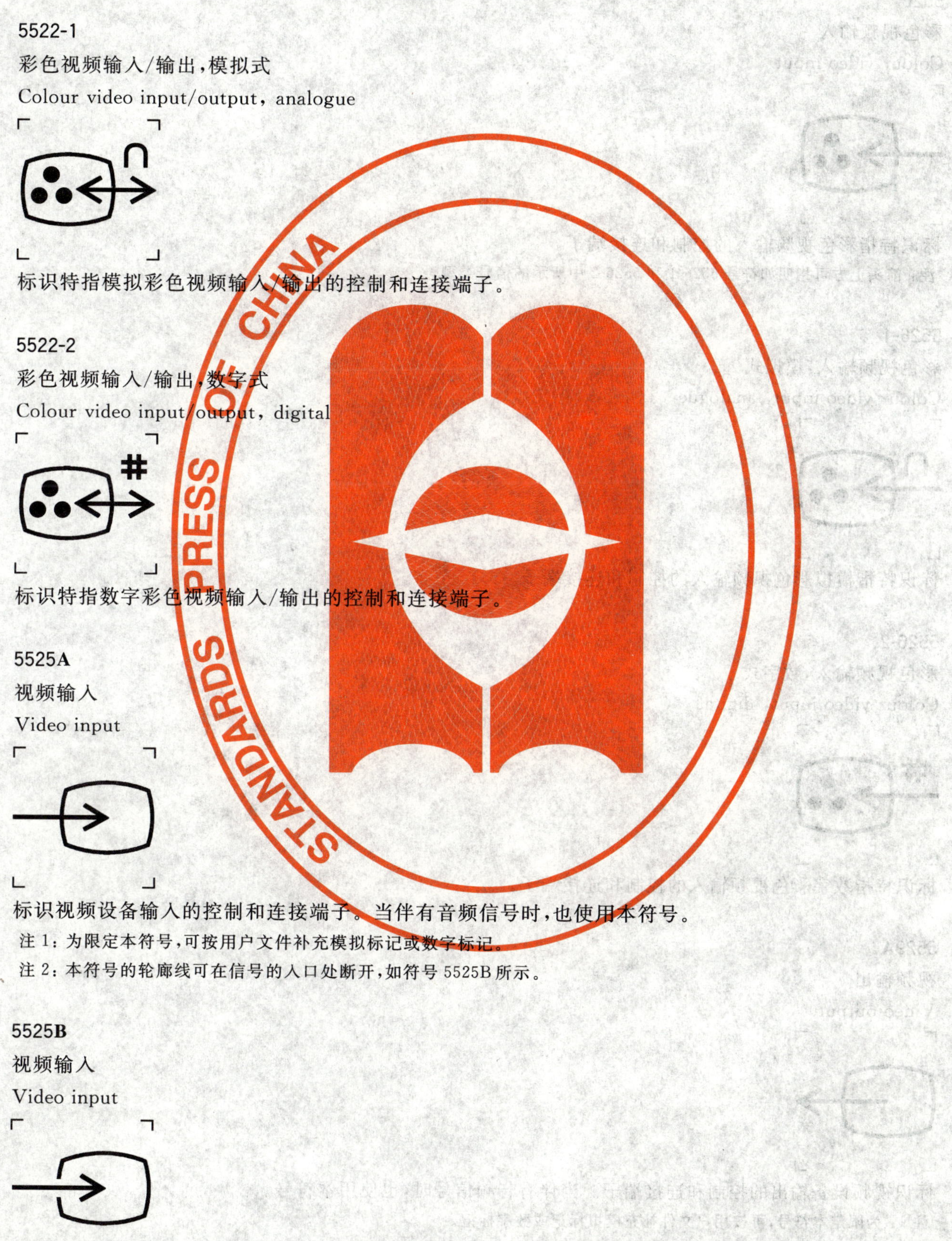

5525A

视频输入

Video input

标识视频设备输入的控制和连接端子。当伴有音频信号时，也使用本符号。

注 1：为限定本符号，可按用户文件补充模拟标记或数字标记。

注 2：本符号的轮廓线可在信号的入口处断开，如符号 5525B 所示。

5525B

视频输入

Video input

是5525A的另一种形式,与其含义相同。

5526

彩色视频输入

Colour video input

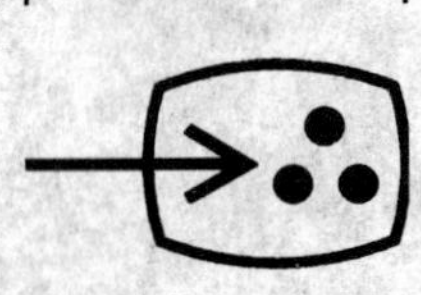

标识特指彩色视频输入的控制和连接端子。

注:箭头上方可指明如符号5526-1和5526-2中所示的信号类型。

5526-1

彩色视频输入,模拟式

Colour video input, analogue

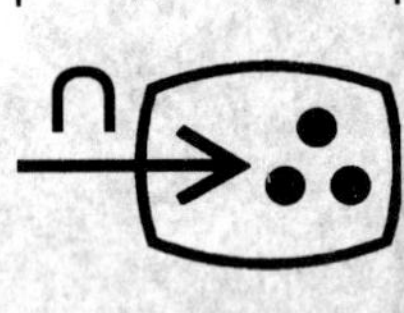

标识特指模拟彩色视频输入的控制和连接端子。

5526-2

彩色视频输入,数字式

Colour video input, digital

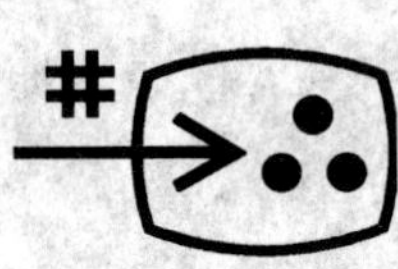

标识特指数字彩色视频输入的控制和连接端子。

5529A

视频输出

Video output

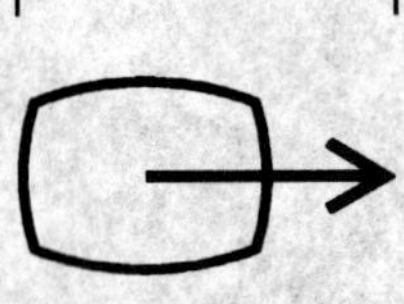

标识视频设备输出的控制和连接端子。当伴有音频信号时,也使用本符号。

注1:为限定本符号,可按用户文件补充模拟标记或数字标记。

注2:本符号的轮廓线可在信号的出口处断开,如符号5529B所示。

5529**B**

视频输出

Video output

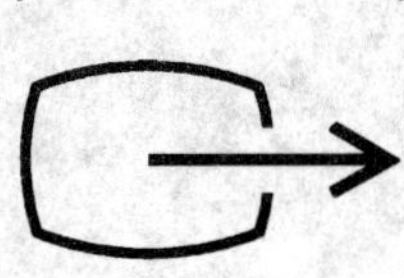

是 5529A 的另一种形式,与其含义相同。

5530

彩色视频输出

Colour video output

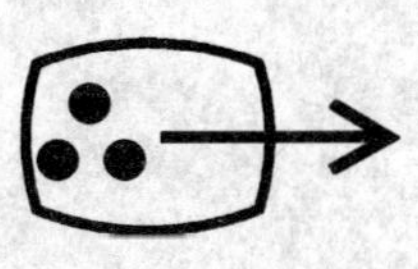

标识特指彩色视频输出的控制和连接端子。

注:箭头上方可指明如符号 5530-1 和 5530-2 中所示的信号类型。

5530-1

彩色视频输出,模拟式

Colour video output, analogue

标识特指模拟彩色视频输出的控制和连接端子。

5530-2

彩色视频输出,数字式

Colour video output, digital

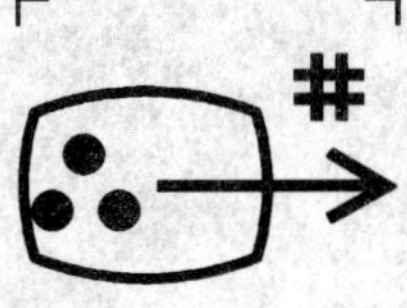

标识特指数字彩色视频输出的控制和连接端子。

5533

录制检查

Record review

用于视频设备。

标识返回并检查上次录制部分的控制,用于检查录制是否完成。

5534

电源插头

Power plug

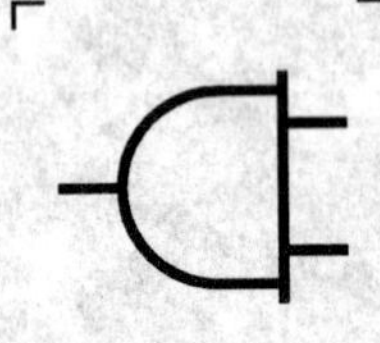

标识电源(市电电源)的连接件(如插头或塞绳),或标识连接件的存放位置。

5535

响度

Loudness

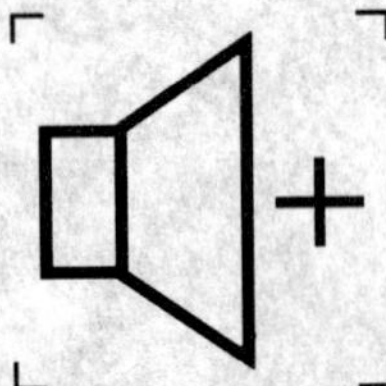

标识给定音量下提高低音或高音的控制。

5536

湿度

Moisture

标识设备内潮湿凝露状况的指示器。

注:水滴可填实。

5537

亮度调节器

Fader

用于视频设备。

标识画面渐明和渐暗的控制。

5538

微距

Close-up

用于视频摄像机或静止的照相设备。

标识对拍摄微小画面的微距镜头的调节。

注：本符号可与符号 5539 和 5540 结合使用。

5539

广角

Wide-angle

用于视频摄像机或静止的照相设备。

标识广角镜头的调节。

注：本符号可与符号 5538 和 5540 结合使用。

5540

远距(照相)

Tele(photo)

用于视频摄像机或静止的照相设备。

标识远距(照相)镜头的调节。

注:本符号可与符号 5538 和 5539 结合使用。

5541

背景光

Background light

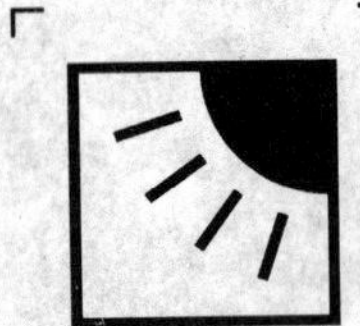

用于视频摄像机或静止的照相设备。

标识背景光的补偿控制。

5542

感光材料面;成像面

Plane of sensitized material; image plane

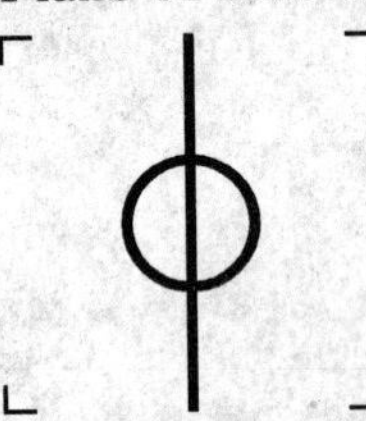

用于视频摄像机或静止照相设备。

标识感光材料面或成像面。

注:本符号在 ISO 7000-0856“感光材料面”中有相关规定。

5543

电唱机;唱机

Record player; phonograph

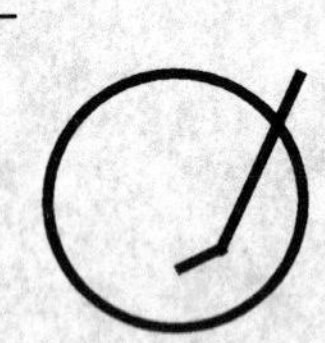

标识放音机或唱机的控制和端子。

5544

CD 播放机

Compact disc player

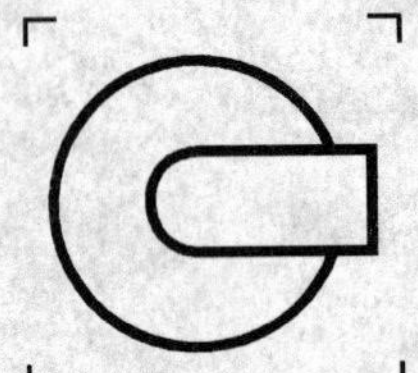

标识CD播放机的控制和端子。

5546
电池校验
Battery check

标识对一次电池或二次电池状况检验的控制或标识电池状况指示器。

注1：根据电池的状况，黑影部分尺寸可改变。

注2：当在LED等指示器上显示时，本符号表示电池正在充电。

5547
录制，一般符号
Recording, general

用于录制和复制设备。

标识预置或启动录制模式的控制。

5548
插入信号
Insertion of signals

用于视频设备。

标识对来自音频或其他视频设备的音频及视频信号同时插入的控制。

5549
录制静噪
Record muting

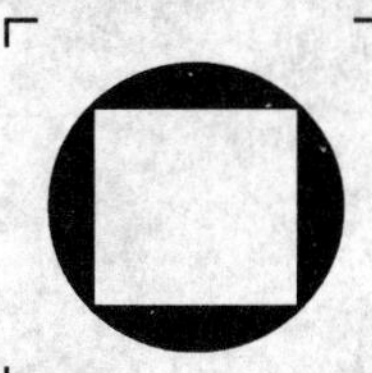

用于录制或复制设备。

标识录制过程中,在磁道上做静噪处理的控制。

5550

拾音器臂,抬起

Tone arm, up

用于转盘系统。

标识抬起拾音器臂的控制。

5551

拾音器臂,放下

Tone arm, down

用于转盘系统。

标识拾音器臂放下的控制。

注:为避免与 GB/T 16273.1—1996 中的符号 096 混淆,本符号取向必须如上所示。

5552

色温,自然光

Colour temperature, natural light

用于视频摄像机或静止照相设备。

标识与户外自然光相匹配的色温控制或指示。

注:本符号可与符号 5553、5954、5955 及 5956 结合使用。

5553

色温,白炽灯

Colour temperature, incandescent lamp

用于视频摄像机或静止照相设备。

标识与户外自然光相匹配的色温控制或指示。

标识室内白炽灯相关色温的控制和指示。

注：本符号可与符号 5552、5954、5955 及 5956 结合使用。

5554

静止模式

Still mode

用于视频设备。

标识静止模式工作的控制。

注 1：对于视频显示设备，见符号 5467。

注 2：三角形可填实。

5555

磁带运转方向

Tape running direction

用于录制和复制设备。

标识磁带运转方向的控制和指示。

注：运转方向可用适当方式指出。

5556

人工反转

Manual reverse

用于录制和复制设备。

标识当磁带转到任一方向极限时，使磁带运转反向的选择器控制。

5557
自动连续反转
Auto reverse continuously

用于录制和复制设备。
标识当磁带转到任一方向极限时,使磁带运转自动反向的性能或选择器的控制。

5558
白平衡
White balance

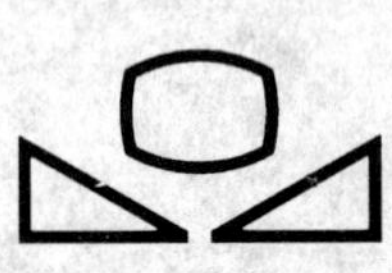

用于视频摄像机或静止照相设备。
标识调节白平衡的控制。

5559
双声道
Two independent audio channels

用于视频设备,例如电视接收机。
指示两个独立的声频通道。

5560
电视电缆分配
Cable television distribution

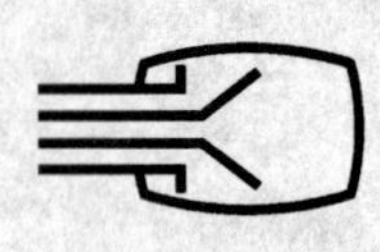

用于电视设备。
在共用电视天线(CATV)系统中用于电缆分配设备的标识,或CATV模式的切换位置标识。

5561

盒式磁带

Cassette

用于录制和复制设备。

指示盒式磁带位置,例如:用于盒式磁带的插入等。

5562

磁带终端

Tape end

用于录制和复制设备。

指示盒式磁带达到终端。

注:如果两个符号表示在同一设备上,右边的圈可填实,而不填实左边的圈。

5569

锁定,一般符号

Locking, general

标识锁定功能或显示锁定状态的控制。

5570

解锁

Unlocking

标识解锁功能或显示解锁状态的控制。

5572

电缆盘

Cable coiling

标识盘绕或非盘绕电源电缆的控制。

5573

水龙头,关

Water tap, closed

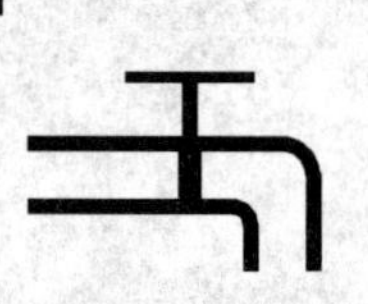

标识关闭的水龙头、接头或关闭水源的控制。

注:也可见符号 5574。

5574

水龙头,开

Water tap, open

表示打开的水龙头、接头或打开水源的控制。

注 1:本符号也可用于标识电器产品,如可以用水清洗的防水电动剃刀。

注 2:也可见符号 5573。

5575

清洁/更换过滤器

Filter cleaning / changing

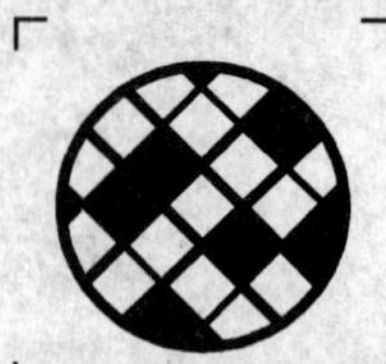

标识或建议清洁或更换过滤器。

5576

关闭铃音

Bell cancel

标识关闭铃音的控制或表示铃音的工作状态。

注 1：在不易混淆的情况下，这个符号也可用来表示“听觉信号，关闭”。

注 2：可将本符号的交叉线换成虚线，用来表示暂时关闭铃音。

5577

聚焦范围，很近距离

Zone focus，very short distance

用于视频摄影机或静止照相设备。

标识很近的聚焦距离。

注：本符号与符号 5578、5579 和 5580 中的一个或多个结合使用。

5578

聚焦范围，近距离

Zone focus，short distance

用于视频摄影机或静止照相设备。

标识近的聚焦距离。

注：本符号与符号 5577、5579 和 5580 中的一个或多个结合使用。

5579

聚焦范围，中距离

Zone focus，middle distance

用于视频摄像机或静止照相设备。

标识中等聚焦距离。

注：本符号与符号 5577、5578 和 5580 中的一个或多个结合使用。

5580

聚焦范围,远距离

Zone focus, long distance

用于视频摄像机或静止照相设备。

标识远的聚焦距离。

注:本符号与符号5577、5578和5579中的一个或多个结合使用。

5581

节约;节能

Save; economize

标识激活经济模式的控制,例如节能或节水。

注:节约量的百分比可在图中表示。

5582

用于浴缸或淋浴器附近

Suitable for use in a bath or shower

标识可在浴缸或淋浴器附近使用的家用电器,例如防水电动剃刀。

注:也可见符号5574。

5583

快洗模式

Short wash programme

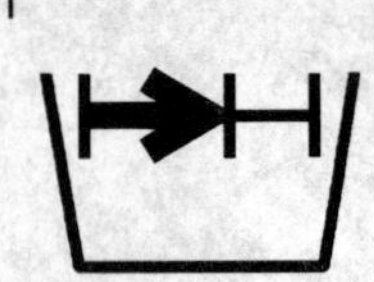

用于洗衣机。

标识对程序指示器上快洗选项的控制或执行这一步骤。

5584

洗衣粉(剂)

Laundry starch

用于洗衣机。

标识程序指示器上的相关步骤和洗衣用浆粉的容器。

注 1:本符号只能用于可分别容纳柔顺剂和洗衣粉的洗衣机。

注 2:见符号 5232“特殊处理”。

5585

柔和甩干

Gentle spin dry

用于洗衣机。

标识对程序指示器上柔和甩干选项的控制或执行这一步骤。

注:本符号需与符号 5230 或 5231 结合使用。

5586

1/2 量

Half load

用于洗衣机。

标识对程序指示器上 1/2 量选项的控制或执行这一步骤。

注:数字 1/2 可被另一个数字如 1/4 等代替。

5587
轻度污染
Lightly soiled

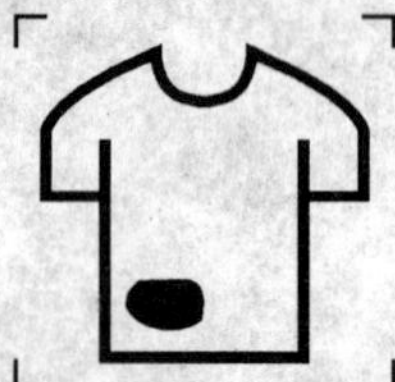

用于洗衣机。
标识对程序指示器上轻度污染选项的控制或执行这一步骤。
注：本符号与符号 5588 和 5589 中的一个或多个结合使用。

5588
中度污染
Medium soiled

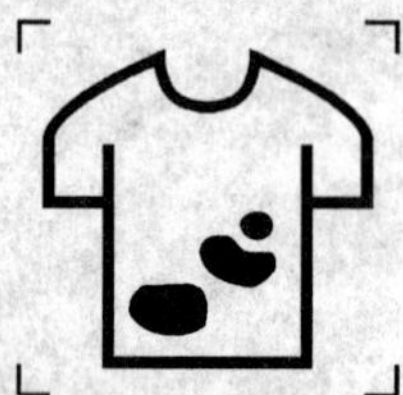

用于洗衣机。
标识对程序指示器上中度污染选项的控制或执行这一步骤。
注：本符号与符号 5587 和 5589 中的一个或多个结合使用。

5589
重度污染
Heavily soiled

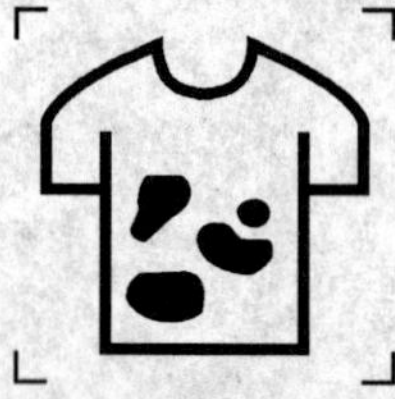

用于洗衣机。
标识对程序指示器上重度污染选项的控制或执行这一步骤。
注：本符号与符号 5587 和 5588 中的一个或多个结合使用。

5594
抗皱
Crease resisting

用于转筒式干衣机。
标识干衣机程序选项的适当位置或控制。

5595

凝液收集器，一般符号

Condensate collector, general

标识凝液收集器，如：在干衣机内。

5596

凝液收集器，满

Condensate collector, full

指示凝液收集器已经盛满，如：在干洗机内。

5597

蒸汽

Steam

用于熨烫设备。

标识释放蒸汽的控制。

注：与符号 5598 和 5599 一起使用时，本符号表示低强度的蒸汽释放。

5598

蒸汽，中强度

Steam, medium

用于熨烫设备。

标识中等强度释放蒸汽的控制。

注：本符号应与符号 5597 和 5599 一起使用。

5599

蒸汽,高强度

Steam, high

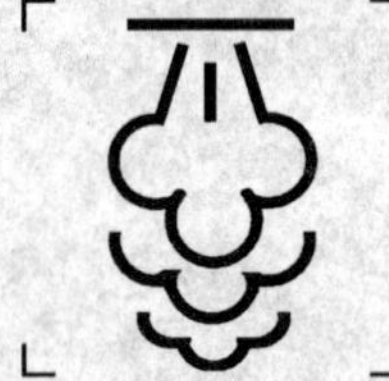

用于熨烫设备。

标识表示高强度释放蒸汽的控制。

注:本符号应与符号 5597 和/或 5598 一起使用。

5600

平滑地板或平面

Smooth floor or surface

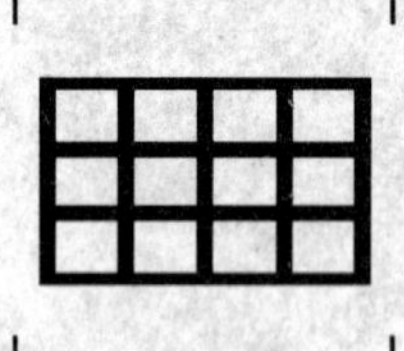

用于吸尘器。

标识用于平滑地板或平面,标记功率(瓦特)设置或操作条件的控制。

注:本符号需与符号 5601、5602、5603 和 5604 中的一个或多个一起使用。

5601

地毯,一般符号

Carpet, general

用于吸尘器。

标识用于地毯,标识功率(瓦特)设置或操作条件的控制。

注:本符号需与符号 5600、5602、5603 和 5604 一起使用。当与符号 5602 一起使用时,本符号适用于长毛一般的地毯。

5602
地毯,长毛
Carpet, long pile

用于吸尘器。
标识用于长毛地毯,标记功率(瓦特)设置或操作条件的控制装置。
注:本符号需与符号 5601 以及符号 5600、5601、5603 和 5604 中的一个或多个一起使用。

5603
室内装潢
Upholstery

用于吸尘器。
标识用于室内装潢,标识功率(瓦特)设置或操作条件的控制。
注:本符号需与符号 5600、5601、5602 和 5604 中的一个或多个一起使用。

5604
窗帘
Curtains

用于吸尘器。
标识用于窗帘,标识功率(瓦特)设置或操作条件的控制。
注:本符号需与符号 5600、5601、5602 和 5603 中的一个或多个一起使用。

5605
刷子,伸出
Brush, extended

用于吸尘器。
标识适用于平滑地板或平面的吸口的安装操作条件或控制。

5606
刷子,缩进
Brush, retracted

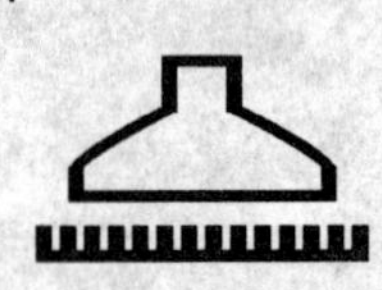

用于吸尘器。
标识适用于地毯的吸口的安装操作条件或控制。

5607
炉(箱式),一般符号
Oven, general

标识控制和/或激活条件。

注:仅用做更复杂符号(如符号5608至5621)的基本元素。

5608
烤箱,电转烤肉架
Oven, rotisserie

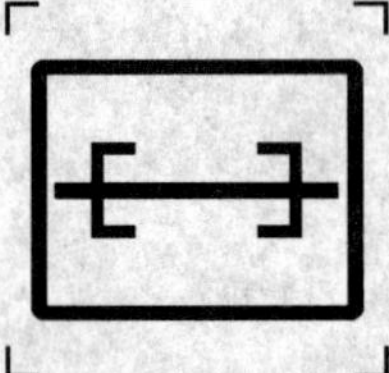

标识带有旋转叉的烤箱的控制和/或操作条件。

5609
烤箱,烤架
Oven, grill

标识烤箱烤架的控制和/或操作条件。

5610

烤箱，热循环空气

Oven，warm circulating air

标识热空气循环的控制和/或指示。

5611

烤箱，热空气烤架

Oven，warm air grill

标识带有热空气循环的烤架的控制和/或操作条件。

5612

烤箱，底部加热

Oven，lower heating

标识底部加热的烤箱的控制和/或操作条件。

注：本符号的含义取决于其取向。

5613

烤箱，顶部加热

Oven，upper heating

标识顶部加热的烤箱的控制和/或操作条件。

注：本符号的含义取决于其取向。

5614

烤箱,底部和顶部加热

Oven, lower and upper heating

标识底部和顶部加热的烤箱的控制和/或操作条件。

5615

微波炉

Oven, microwave

标识微波炉的控制和/或操作条件。

5616

微波炉,转盘

Oven, microwave and turntable

标识微波炉转盘的控制和/或操作条件。

5617

炉(箱式),自洁式

Oven, self-cleaning

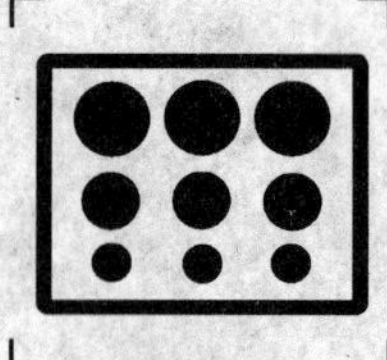

标识自洁式烤箱的控制和/或操作条件。

5618

炉(箱式),自动

Oven, automatic

标识可以自动烘烤的烤箱的控制和/或操作。

5619

炉(箱式),灯

Oven, lighting

标识灯的控制。

注:也可见符号5012。

5620

炉(箱式),解冻位置

Oven, defrosting position

标识对冷冻食物解冻过程的控制和/或操作。

5621

炉(箱式),温度计

Oven, thermometer

标识烘烤过程的控制。

注:"C"可以用其他适当的字母符号代替,如:"F"。

5622

烤炉,托盘指示

Stove, plate indicator

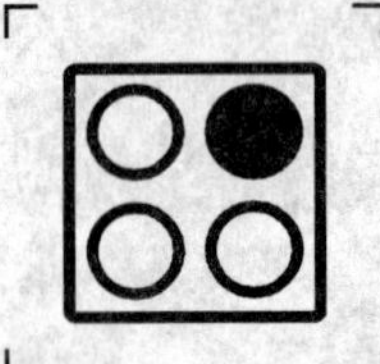

标识已做标记的烹饪托盘的位置或控制。

注:本符号的含义取决于其取向。

5623

门,关闭

Door, closed

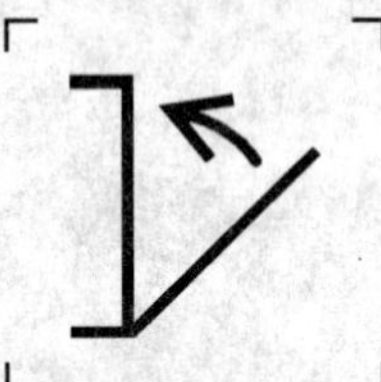

指示已标记项目正确操作的步骤,如:门、盖或边沿一定要关闭。本符号还可用于标识关闭门、盖或边沿的控制。

5624

门,开启

Door, open

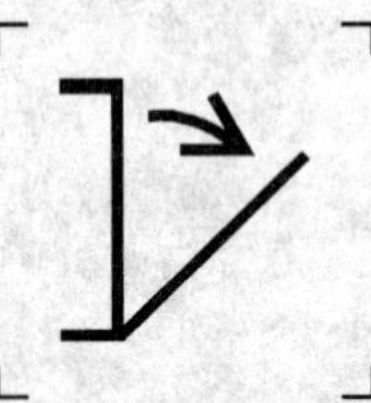

指示已标记项目正确操作的步骤,如:门、盖或边沿一定要开启。本符号还可用于标识开启门、盖或边沿的控制。

5625

中等水量清洗,洗碗机

Intermediate rinsing, dish washers

标识用中等水量清洗的程序指示器的相关步骤或相关控制。

5627

炉(箱式),保温

Oven, warming

标识在箱式炉中具有特定功能的食物保温的控制元件或指示。

5628

功能性运动,步进模式

Functional movement, stepwise mode

用于可编程设备。

标识相对于所有功能自动执行的反向操作的步进模式激活的控制。如:用于检查等。

5630A

显像运转,回放

Run with visualization; review

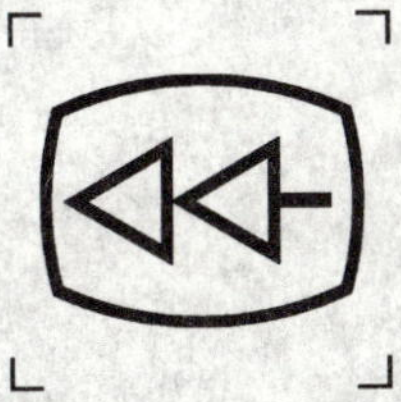

用于视频设备。

标识显像(回放)快退的控制。

5630B

显像运转,回放

Run with visualization; review

是 5630A 的另一种形式,与其含义相同。

5631

三基色视频信号(限定信号)

Three component video signal (qualifying symbol)

用于区别三基色视频信号的控制和终端与其他视频信号的控制和终端。

5632

三基色视频输入/输出

Three component video input/output

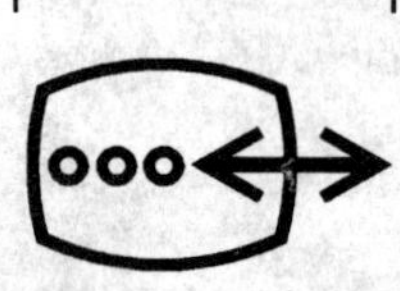

标识专用于三基色视频输入/输出的控制和连接终端。

注：信号类型可以在符号 5632-1 和 5632-2 的箭头上面标明。

5632-1

三基色视频输入/输出,模拟式

Three component video input/output, analogue

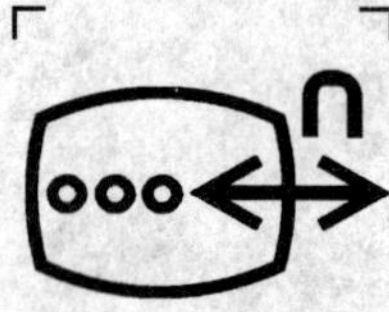

标识专用于模拟三基色视频输入/输出的控制和连接终端。

5632-2

三基色视频输入/输出,数字式

Three component video input/output, digital

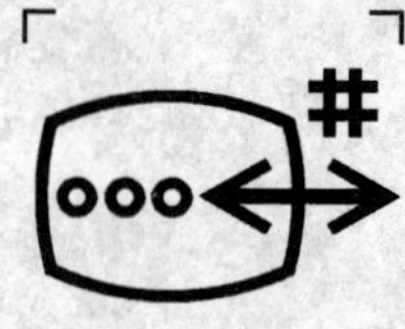

标识专用于数字三基色视频输入/输出的控制和连接终端。

5633

三基色视频输入

Three component video input

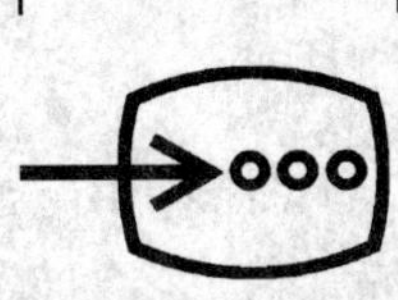

标识专用于三基色视频输入的控制和连接终端。

注：信号类型可在符号 5633-1 和 5633-2 的箭头上面标明。

5633-1

三基色视频输入，模拟式

Three component video input，analogue

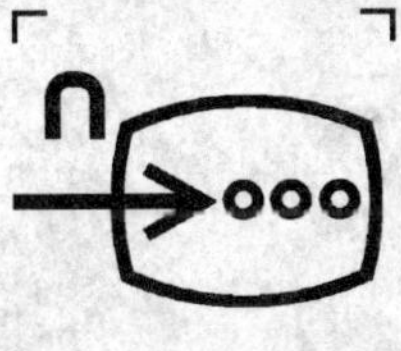

标识专用于模拟三基色视频输入的控制和连接终端。

5633-2

三基色视频输入，数字式

Three component video input，digital

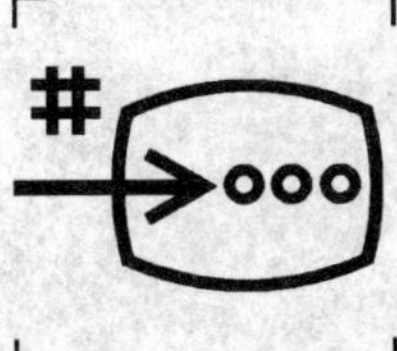

标识专用于数字三基色视频输入的控制和连接终端。

5634

三基色视频输出

Three component video output

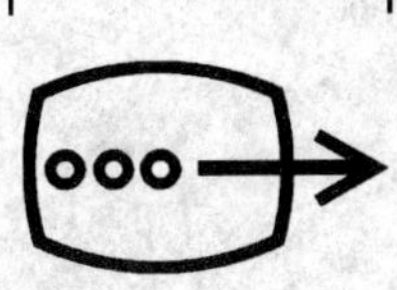

标识专用于三基色视频输出的控制和连接终端。

注：信号类型可在符号 5634-1 和 5634-2 的箭头上面标明。

5634-1

三基色视频输出,模拟式

Three component video output, analogue

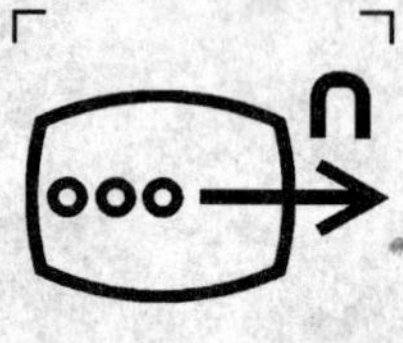

标识专用于模拟三基色视频输出的控制和连接终端。

5634-2

三基色视频输出,数字式

Three component video output, digital

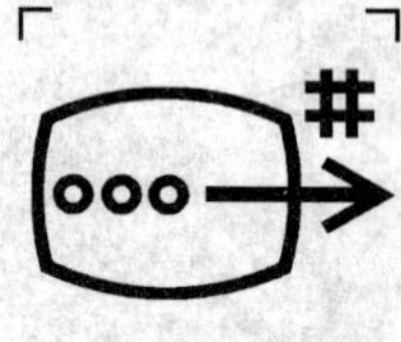

标识专用于数字三基色视频输出的控制和连接终端。

5635

色差视频输入/输出

Two component video input/output

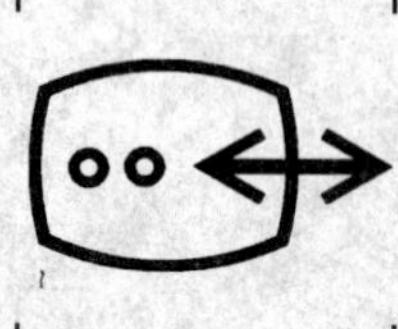

标识专用于 Y/C 分离视频输入/输出的控制和连接终端。

注:信号类型可在符号 5635-1 和 5635-2 的箭头上面标明。

5635-1

色差视频输入/输出,模拟式

Two component video input/output, analogue

标识专用于模拟 Y/C 分离视频输入/输出的控制和连接终端。

5635-2

色差视频输入/输出，数字式

Two component video input/output，digital

标识专用于数字 Y/C 分离视频输入/输出的控制和连接终端。

5636

色差视频输入

Two component video input

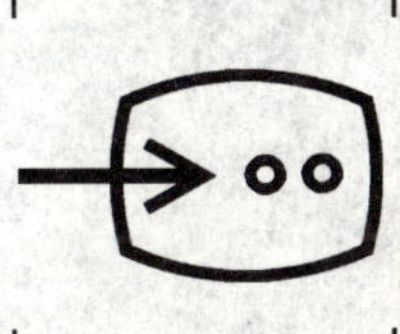

标识专用于 Y/C 分离视频输入的控制和连接终端。

注：信号类型可在符号 5636-1 和 5636-2 的箭头上面标明。

5636-1

色差视频输入，模拟式

Two component video input，analogue

标识专用于模拟 Y/C 分离视频输入的控制和连接终端。

5636-2

色差视频输入，数字式

Two component video input，digital

标识专用于数字 Y/C 分离视频输入的控制和连接终端。

5637

色差视频输出

Two component video output

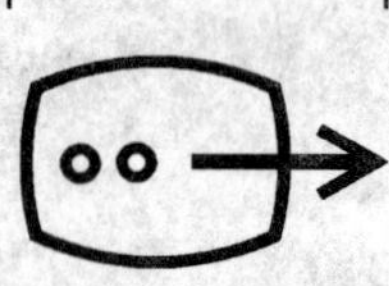

标识专用于 Y/C 分离视频输出的控制和连接终端。

注:信号类型可以在符号 5637-1 和 5637-2 的箭头上面标明。

5637-1

色差视频输出,模拟式

Two component video output, analogue

标识专用于模拟 Y/C 分离视频输出的控制和连接终端。

5637-2

色差视频输出,数字式

Two component video output, digital

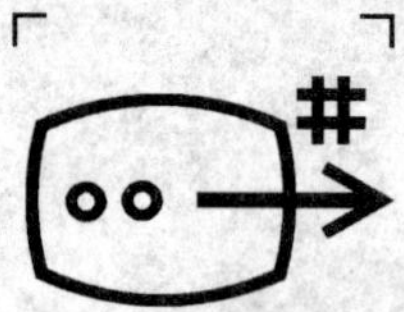

标识专用于数字 Y/C 分离视频输出的控制和连接终端。

5638

紧急停止

Emergency stop

标识紧急停止控制装置。当电工机械的用户和设备的安全被放在第一位时,本符号应代替符号 5110 或 5178 使用。

注 1:在 GB 18209.1—2000 规定了本符号的使用。

注 2:关于形状、颜色及紧急停止制动器安排等的附加要求,见 GB 5226.1—2002。

5639

可充电电池

Rechargeable battery

标识只与可充电(二级)电池一起使用的设备,或标识可充电电池。当在电池座上显示时,也可指明电池位置。

5640

主洗涤,洗碗机

Main wash, dish washers

标识主洗涤选项的程序指示器的相关步骤或相关控制。

5641

适合覆盖

Suitable for covering

表示适合用衣物或其他材料覆盖的电气用具,如毛巾架。

注:用作安全标记时,按 GB/T 2893.1—2004 的规定执行。

5642

像增强器,中等输入范围

Image intensifier, medium input field

标识选择 X 射线像增强器的中等输入范围或缩小输入范围的控制按钮或其指示。

注 1:有几个输入范围时,可给出范围相关的尺寸,而不标出波束轮廓线。

注 2:本符号只与符号 5378 和/或符号 5379 一起使用。若只需一个图像增强器输入范围符号,则使用符号 5378。

5643

零位偏移

Zero line shift

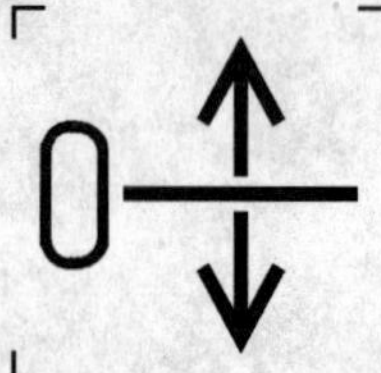

标识零位正向或反向偏移的控制。

注：指示零位只向一个方向偏移时，省略另一个箭头。

5645

感兴趣区的修正

Correction of a region of interest

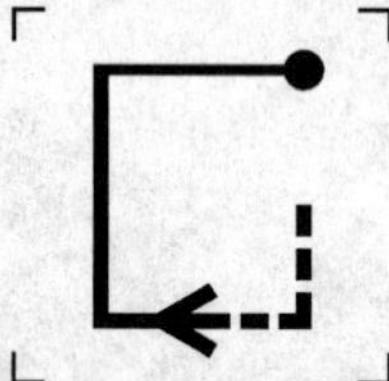

标识感兴趣区修正功能的基本图形。

5646

定义感兴趣区

Definition of a region of interest

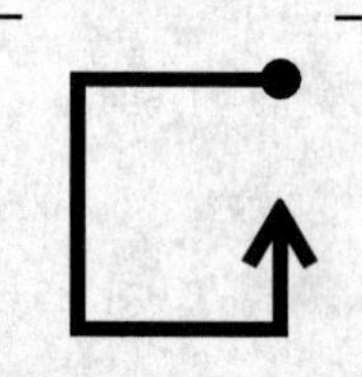

标识具有定义感兴趣区的功能。

5647

层叠显示

Display in cascade

标识在一个信道中以层叠模式显示。例如：在医学监视设备中，跟踪患者的某些病征，如心电图(ECG)的控制或指示。

5648

显示转换

Display transfer

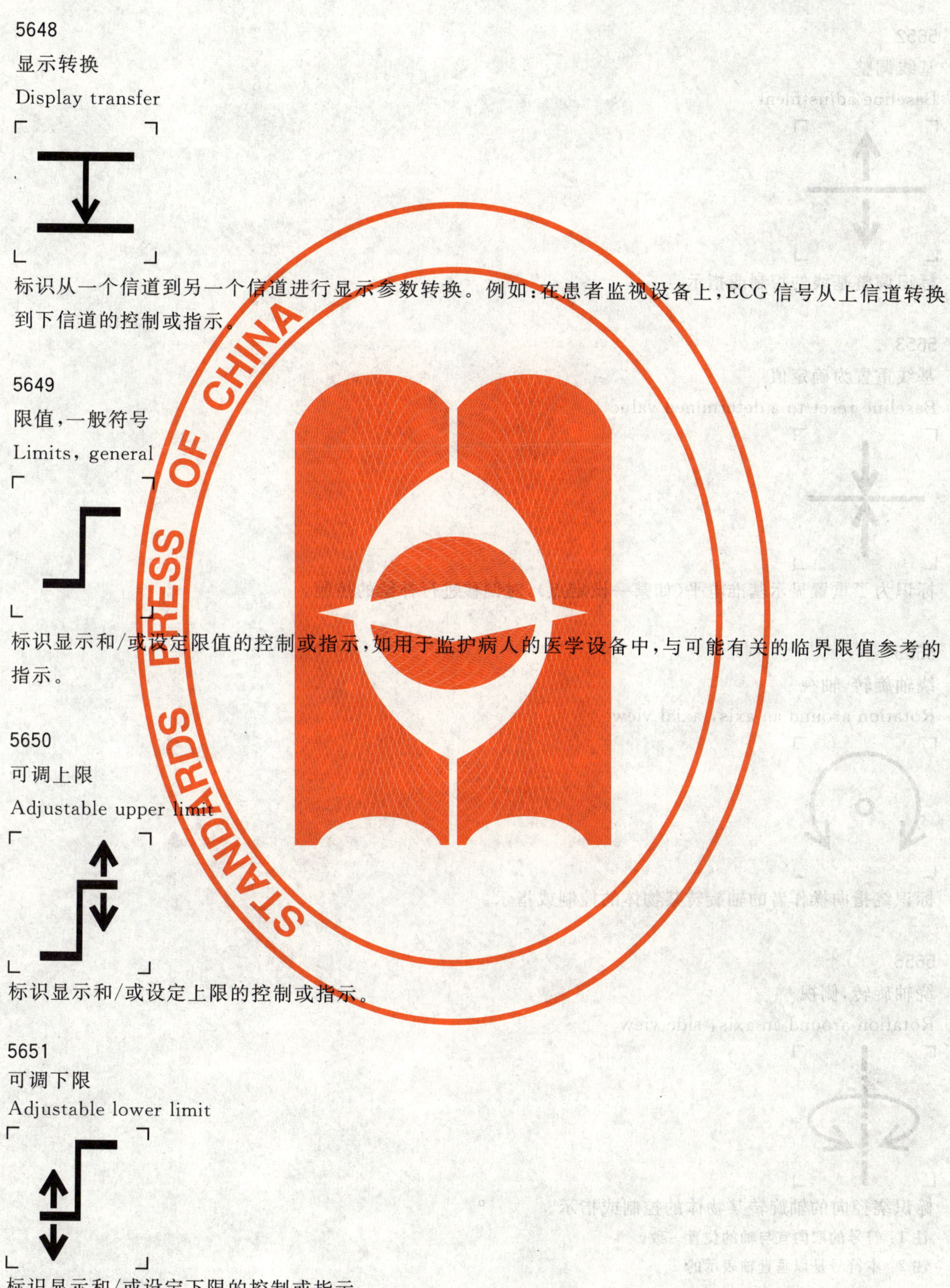

标识从一个信道到另一个信道进行显示参数转换。例如:在患者监视设备上,ECG 信号从上信道转换到下信道的控制或指示。

5649

限值,一般符号

Limits, general

标识显示和/或设定限值的控制或指示,如用于监护病人的医学设备中,与可能有关的临界限值参考的指示。

5650

可调上限

Adjustable upper limit

标识显示和/或设定上限的控制或指示。

5651

可调下限

Adjustable lower limit

标识显示和/或设定下限的控制或指示。

5652

基线调整

Baseline adjustment

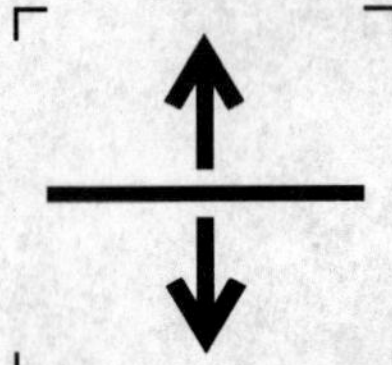

标识调整基线的控制或指示。

5653

基线重置为确定值

Baseline reset to a determined value

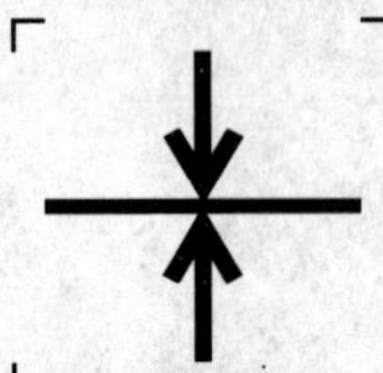

标识为了重置显示基准电平(如某一设定点),对偏移进行补偿的控制。

5655

绕轴旋转,轴视

Rotation around an axis, axial view

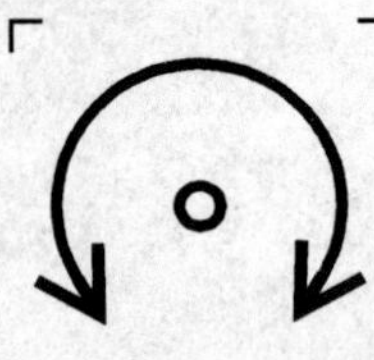

标识绕指向操作者的轴旋转某物体的控制或指示。

5656

绕轴旋转,侧视

Rotation around an axis, side view

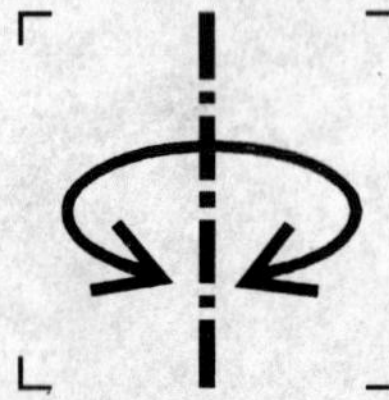

标识绕径向的轴旋转某物体的控制或指示。

注 1:符号的取向宜与轴的位置一致。

注 2:本符号是以垂直轴表示的。

5657

物质混合

Mixing of substances

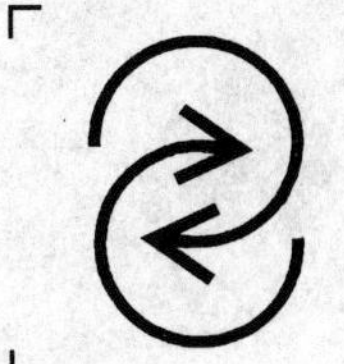

标识物质混合的控制或指示。

5658

测距

Distance measurement

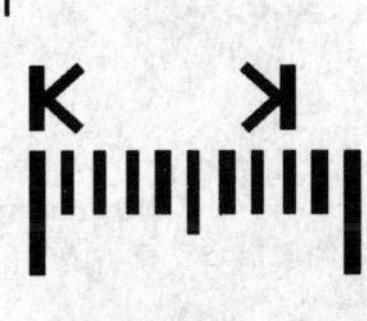

标识距离测量的控制或指示。

5659

起动,测试运行

Start, test run

标识起动一个测试运行的控制或指示。

注:也可见符号 5104 或 5177。

5661

传送准备就绪

Ready for transport

标识设备已经为传送做好准备的控制或标识设备已经为传送做好准备的指示。

5662

日期

Date

标识设定和指示日期的控制。

5663

下一个人

Next person

标识调取下一个人的记录和呼叫下一个人的控制。

5664

个人鉴别

Person identification

标识输入或调取个人数据以进行鉴别的控制或指示。

5665

体重

Body weight

标识输入或调取个人体重的控制或指示。

5666

身高

Body height

标识输入或调取个人身高的控制或指示。

5667

婴儿

Baby

标识婴儿专用的设备、设备上的连接或操作模式,如用于医用设备。

5668

护士

Nurse

指示与护士或护理专业人员有关,如用于呼叫按钮。

5669

闪烁计数器

Scintillation counter

表示用于电离辐射的闪烁计数器或其他探测器,例如用于核医学设备。

5670

井型闪烁计数器

Scintillation counter with well

表示用于电离辐射的带井的闪烁计数器或其他探测器,例如用于核医学设备。

5671

伽玛照相机

Gamma camera

指示与伽玛照相机有关,如用于核医学设备。

5672

伽玛照相机,倾斜

Gamma camera, tilt

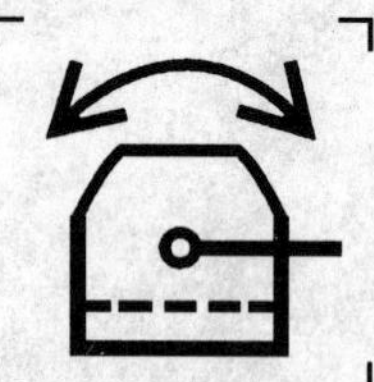

标识倾斜伽玛照相机探头的控制或指示,如用于核医学设备。

注 1:探头绕照相机的横轴旋转。

注 2:也可见符号 5673。

5673

伽玛照相机,旋转

Gamma camera, rotation

标识旋转伽玛照相机探头的控制或指示,如用于核医学设备。

注 1:探头绕正交于倾斜轴的水平轴旋转。

注 2:也可见符号 5672。

5674

患者支撑台正常速度移动

Movement of a patient support at normal speed

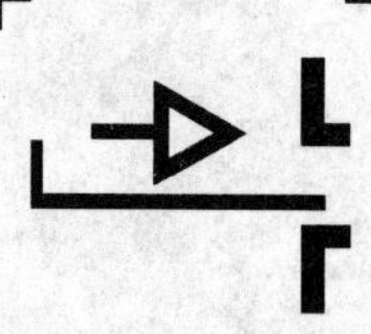

标识以正常速度移动患者支撑台进入诊断或治疗区域的控制或指示。如 CT 扫描仪或 MRI 构台。

注 1：箭头指示移动方向。

注 2：CT＝计算机断层成像。

注 3：MRI＝核磁共振成像。

5675

患者支撑台快速移动

Movement of a patient support at high speed

标识以快速移动患者支撑台进入诊断或治疗区域的控制装置或指示。如 CT 扫描仪或 MRI 构台。

注 1：箭头指示移动方向。

注 2：CT＝计算机断层成像。

注 3：MRI＝核磁共振成像。

5676

X 射线断层摄影设备，移动到起始位置

Equipment for tomography，movement to start position

用于 X 射线断层摄影放射设备。标识未发射 X 射线时移动到起始位置的控制或指示。

注：也可见符号 5345、5401、5402 和 5681。

5677

带水平台的地架式 X 射线源组件

Floor standing X-ray source assembly with horizontal table

标识选择带水平台的地架式 X 射线源组件的放射设备的控制或指示。

5678

带可倾斜台的地架式 X 射线源组件

Floor standing X-ray source assembly with tilting table

标识选择带可倾斜台的地架式 X 射线源组件的放射设备的控制或指示。

5679

带水平台的顶棚悬挂式 X 射线源组件

Ceiling suspended X-ray source assembly with horizontal table

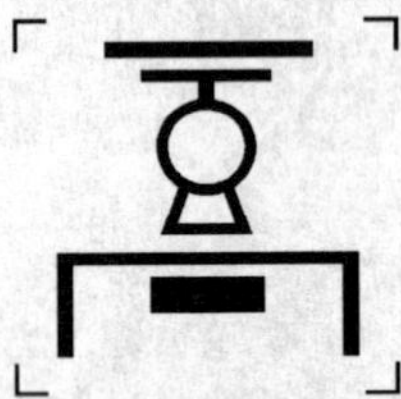

标识选择带水平台的顶棚悬挂式 X 射线源组件的放射设备的控制或指示。

5680

带可倾斜台的顶棚悬挂式 X 射线源组件

Ceiling suspended X-ray source assembly with tilting table

标识选择带可倾斜台的顶棚悬挂式 X 射线源组件的放射设备的控制或指示。

5681

带可倾斜台的 X 射线断层摄影设备

Equipment for tomography with tilting table

标识选择带可倾斜台的 X 射线断层摄影放射设备的控制或指示。

注：也可见符号 5345、5401、5402 和 5676。

5683

X 射线增感屏，低灵敏度

X-ray intensifying screen, low sensitivity

标识选择低灵敏度 X 射线增感屏的控制或指示。

注 1：实际灵敏度因数可在符号旁以数字注明。

注 2：也可见符号 5684 和 5685。

5684

X 射线增感屏，中灵敏度

X-ray intensifying screen, medium sensitivity

标识选择中灵敏度 X 射线增感屏的控制或指示。

注 1：实际灵敏度因数可在符号旁以数字注明。

注 2：也可见符号 5683 和 5685。

5685

X 射线增感屏，高灵敏度

X-ray intensifying screen, high sensitivity

标识选择高灵敏度 X 射线增感屏的控制或指示。

注 1：实际灵敏度因数可在符号旁以数字注明。

注 2：也可见符号 5683 和 5684。

5686

立体焦点

Stereo focal spot

标识选择 X 射线管的立体焦点操作的控制或指示。

注：也可见符号 5325、5326 和 5327。

5687

超声图像,一般符号

Ultrasound image, general

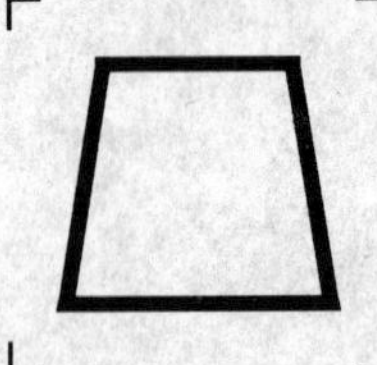

用于诊断超声设备。标识在监视器上选择超声图像的控制或指示。

注:本符号单独用于实际扫描形式。

5688

超声图像,双图像

用于诊断超声设备。标识在监视器上选择两个相邻的超声图像的控制或指示。

注:本符号单独用于实际扫描形式。

5689

超声图像,区域选择

Ultrasound image, field selection

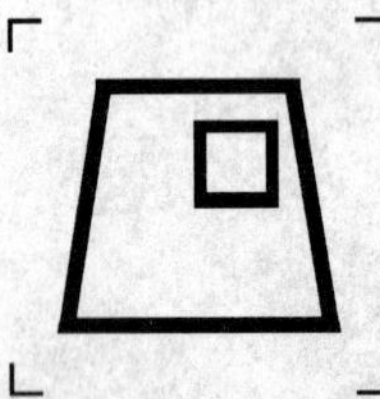

用于诊断超声设备。标识从超声图像上选择一个区域的控制或指示。

5690

超声图像,放大

Ultrasound image, magnification

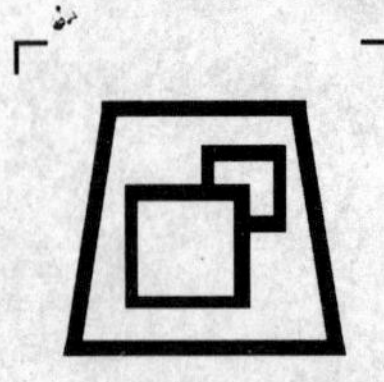

用于诊断超声设备。标识从超声图像上选择一个区域进行放大的控制或指示。

5691

超声图像,扫描线选择

Ultrasound image, scan-line selection

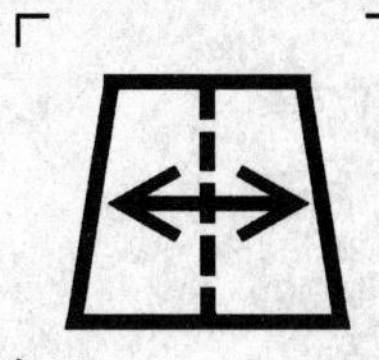

用于诊断超声设备。

标识对超声图像中 M 或 CW 多普勒扫描线的控制或位置指示。

注 1：M=时间—运动。

注 2：CW=连续波。

5692

超声图像,图像选择

Ultrasound image, image selection

用于诊断超声设备。

标识在两幅示意图中选择一个超声图像的控制或指示。

注：未被选中的图像用虚线表示。

5693

超声图像,M 模式

Ultrasound image, M mode

用于诊断超声设备。

标识呈现 M 模式超声图像的控制或指示。

注：M=时间—运动。

5694
超声图像,B和M模式
Ultrasound image, B and M modes

用于诊断超声设备。
标识选择同时呈现B和M模式超声图像的控制或指示。
注1:M=时间—运动。
注2:B=辉度(亮度)。

5695
超声图像,M速度
Ultrasound image, M speed

用于诊断超声设备。
标识监视器上的M速度的控制或指示。
注:M=时间—运动。

5696
超声图像,脉冲多普勒模式
Ultrasound image, pulsed Doppler mode

用于诊断超声设备。
标识激活脉冲多普勒模式的控制或指示。

5697
超声图像,CW多普勒模式
Ultrasound image, CW Doppler mode

用于诊断超声设备。
标识激活CW多普勒模式的控制或指示。
注:CW =连续波。

5698
超声图像,测量容积扩大
Ultrasound image, measuring volume increase

用于诊断超声设备。
标识在脉冲多普勒模式中扩大测量容积的控制或指示。

5699
超声图像,测量容积上移
Ultrasound image, measuring volume movement upwards

用于诊断超声设备。
标识在脉冲多普勒模式中上移测量容积的控制或指示。

5700
超声图像,测量容积下移
Ultrasound image, measuring volume movement downwards

用于诊断超声设备。
标识在脉冲多普勒模式中下移测量容积的控制或指示。

5701
超声图像,测量容积缩小
Ultrasound image, measuring volume decrease

用于诊断超声设备。
标识在脉冲多普勒模式中缩小测量容积的控制或指示。

5702

超声图像,焦点定位

Ultrasound image, positioning of the focus

用于诊断超声设备。

标识在图像纵深上改变焦点的控制或指示。

注:可以附加方向箭头表示不同的方向。

5707

笔式探头

Pencil probe

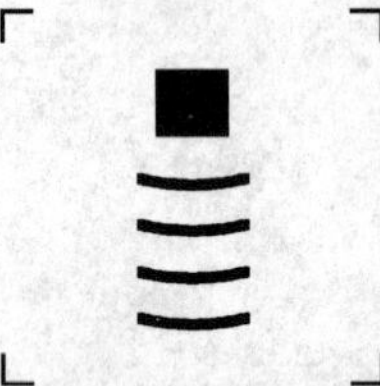

用于诊断超声设备。

标识启动多普勒笔式探头的控制或指示以及标识相应接头。

5709

扇形声场探头

Probe for sector-shaped sound field

用于诊断超声设备。

标识启动产生扇形声场的超声探头的控制或指示以及标识相应接头。

5710

线形或凸形探头

Linear or curved array probe

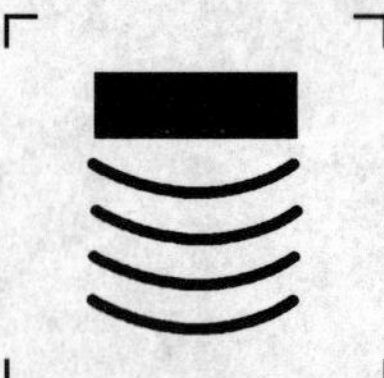

用于诊断超声设备。

标识启动产生电子声场的线形或凸形探头的控制或指示以及标识相应接头。

5711

环行声场探头

Probe for circular sound field

用于诊断超声设备。

标识启动产生环行声场的超声探头的控制或指示以及标识相应接头。

5712

超声能量调节

Variation of ultrasound energy

用于诊断超声设备。

标识增强或减弱发射的超声能量的控制或指示。

注：如果增减超声能量的控制是分开的，指示调节的符号部分可用"＋"或"－"代替。

5713

扫描深度调节

Variation of scan depth

标识选择扫描深度的控制或指示。例如用于诊断超声设备。

5714

扫描孔径调节

Variation of scan aperture

标识改变扫描孔径的控制或指示。例如用于诊断超声设备。

5715
超声接收器,总增益
Ultrasound receiver, overall gain

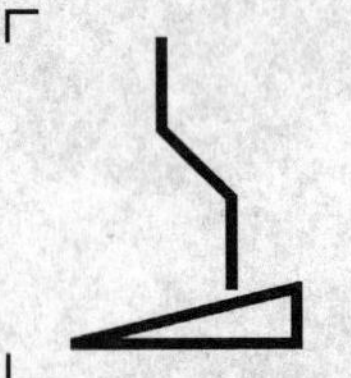

用于诊断超声设备。
标识调节接收器总增益的控制或指示。

5716
超声接收器,近场增益
Ultrasound receiver, near field gain

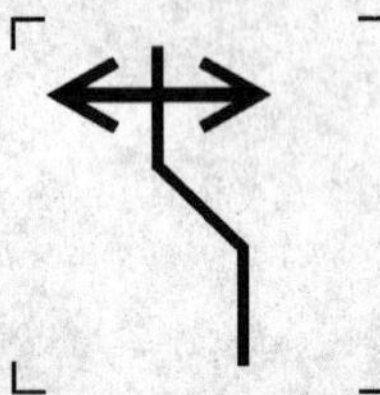

用于诊断超声设备。
标识改变近场增益的控制或指示。
注:本符号的含义取决于它的取向(见符号 5719)。

5717
超声接收器,起点深度补偿
Ultrasound receiver, start point depth compensation

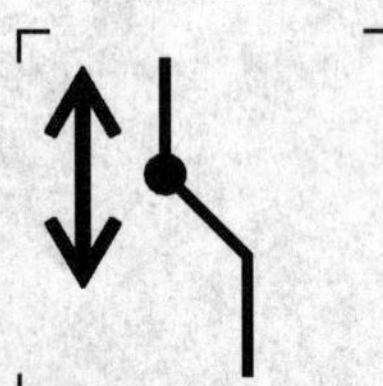

用于诊断超声设备。
标识启用起点深度补偿的控制或指示。

5718
超声接收器,深度补偿
Ultrasound receiver, depth compensation

用于诊断超声设备。
标识获得深度补偿的控制或指示。

5719

超声接收器，远场增益

Ultrasound receiver, far field gain

用于诊断超声设备

标识已接收的超声信号的增益的控制或指示。

注：本符号的含义取决于它的取向(见符号5716)。

5720

图像线密度

Image line density

标识改变图像线密度的控制或指示。例如用于诊断超声设备。

5721

动态范围

Dynamic range

标识改变动态范围的控制或指示。例如用于诊断超声设备。

5722

灰度

Grey scale

标识改变图像灰度的控制或指示。例如用于诊断超声设备。

5723

边缘增强

Edge enhancement

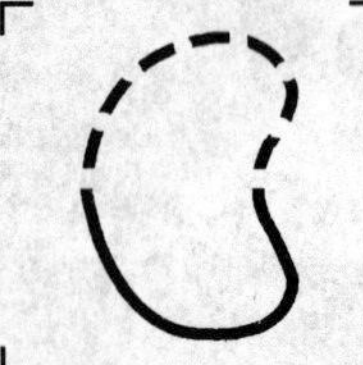

标识增强图像边缘的控制或指示。例如用于诊断超声设备。

5725

冲击波头

Shockwave head

指示冲击波头。

5726

冲击波头,台上位置

Shockwave head, overtable position

标识在台上位置的冲击波头的选择或定位

注：本符号的含义取决于它的取向(见符号 5727)。

5727

冲击波头,台下位置

Shockwave head, undertable position

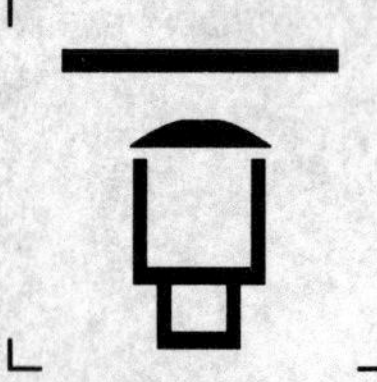

用于碎石设备。

标识在台下位置的冲击波头的选择或定位。

注 1：本符号的含义取决于它的取向。

注 2：也可见符号 5726。

5728

冲击波头,纵向运动

Shockwave head, movement in the longitudinal direction

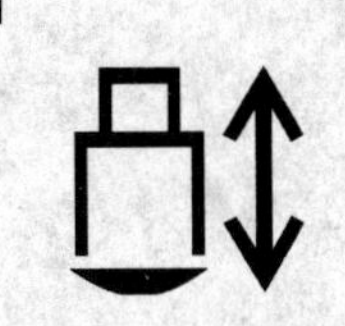

标识冲击波头纵向运动的控制或指示。

注 1: 仅表示某一个方向的运动时,省略另一方向的箭头。

注 2: 也可见符号 5769。

5729

冲击波头,旋转运动

Shockwave head, rotational movement

标识冲击波头围着横在纵向轴上的轴运动的控制或指示。

注: 仅表示某一个方向的旋转时,省略另一方向的箭头。

5730

冲击波头,目标位置

Shockwave head, target position

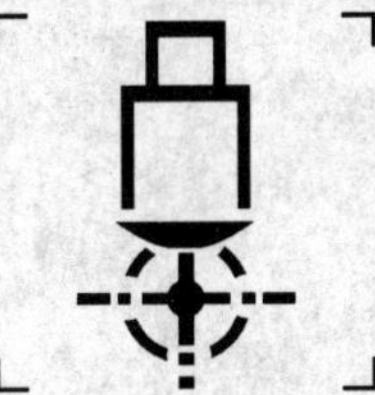

标识冲击波头进入目标位置的控制和指示。

5731

冲击波头,停放位置

Shockwave head, park position

标识冲击波头停放位置的控制和指示。

5732
冲击波头，去耦
Shockwave head, decouple

标识冲击波头与病人分离的控制和指示。
注：也可见符号 5733。

5733
冲击波头，耦合
Shockwave head, couple

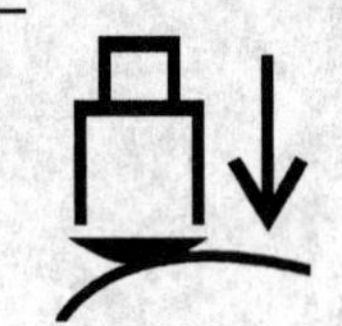

标识冲击波头与病人接触的控制和指示。
注：也可见符号 5732。

5734
冲击波头，治疗位置左
Shockwave head, therapy position left

标识用于在病人左侧治疗时的冲击波头位置。
注 1：冲击波头出现在台下。
注 2：本符号的含义取决于它的取向。
注 3：也可见符号 5735。

5735
冲击波头，治疗位置右
Shockwave head, therapy position right

标识用于在病人右侧治疗时的冲击波头位置。
注 1：冲击波头出现在台下。
注 2：本符号的含义取决于它的取向。
注 3：也可见符号 5734。

5736

冲击波

Impulse

表示一个或连续的冲击波。例如,用于释放冲击波的碎石设备。

5737

呼吸触发

Respiratory triggering

标识选择呼吸触发的控制和指示。例如,用于释放冲击波的碎石设备。

5738

目标位置校准

Alignment of the target position

标识校准目标位置的控制或指示。例如,用于释放冲击波的碎石设备调整对焦区域。

5739

至目标位置

Driving to the target position

标识把物体移动到目标位置的控制或指示。例如,用于碎石设备中移动病人或冲击波头。

5740

电极更换位置

Electrode replacement position

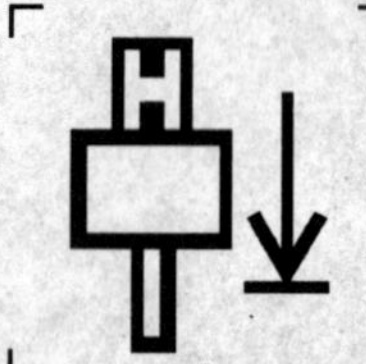

标识把设备移动到电极更换位置的控制或指示。

5741

呼吸面罩

Respiratory mask

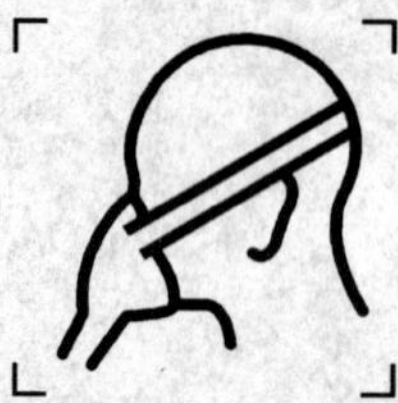

表示与呼吸面罩有关,例如:储存、使用、处置。

5742

气管插管

Tracheal tube

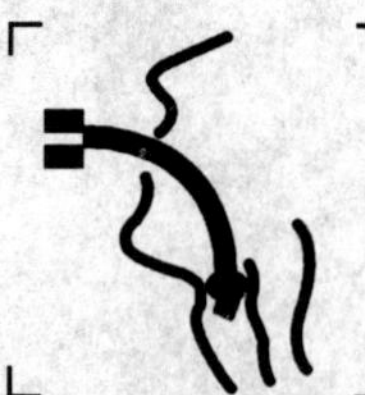

表示与气管插管有关,例如:储存、使用、处置。

5743

喉镜

Laryngoscope

表示与喉镜有关,例如:储存、使用、处置。

5744
药瓶
Ampule

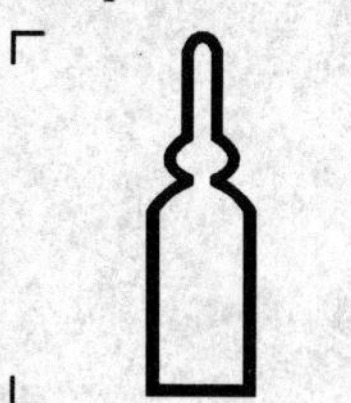

表示与安瓿有关,例如:储存、使用、处置。
注:本符号的含义取决于它的取向。

5745
皮下注射针头
Hypodermic needle

表示与皮下注射针头有关,例如:储存、使用、处置。

5746
人工呼吸器
Resuscitator

表示与人工呼吸器有关,例如:储存、使用、处置。

5747
注射液瓶
Infusion bottle

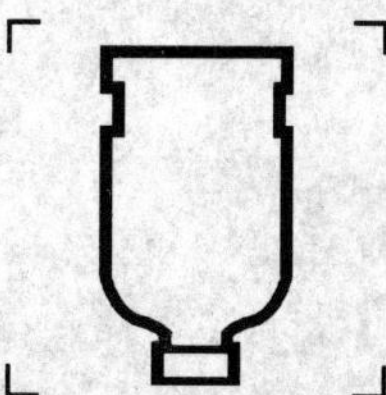

表示与注射液瓶有关,例如:储存、使用、处置。
注:本符号的含义取决于它的取向。

5748

手术器械

Surgical instrument

表示与手术器械有关,例如:储存、使用、处置。

5749

电子烧灼装置

Electrical cautery device

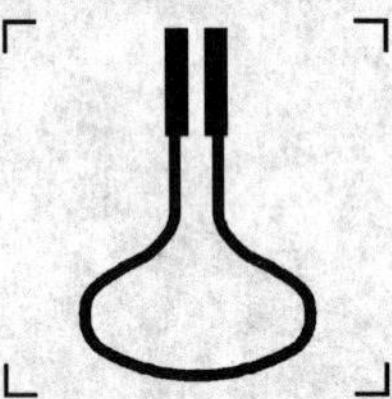

表示与电子烧灼装置有关,例如:储存、使用、处置。

5750

红外辐射

Radiation, infrared

标识切换红外辐射开和关的控制或指示,并且标识相应的连接器。本符号不能用于控制或指示激光辐射。

注:在警告信号的情况下,应遵守 GB/T 2893.1—2004 的规则。

5751

紫外线辐射

Radiation, ultraviolet

标识切换紫外线辐射开和关的控制或指示,并且标识相应的连接器。本符号不能用于控制或指示激光辐射。

注:在告警信号的情况下,应遵守 GB/T 2893.1—2004 的规则。

5752

改变线间距

Changing the line spacing

标识改变线间距的控制，并且指示当前的线间距。

注：只改变一个方向的线间距，可以省略另一个箭头。

5753

数字指示器

Digital indicator

标识数字指示器的控制和连接。

5754

调节探头角度

Probe angulation

用于超声设备，标识超声探头在以其轴为平面的范围内调节角度的控制或指示。

5755

轴向移动探头

Probe, longitudinal movement

用于超声设备，标识超声探头沿其轴方向运动的控制或指示。

5756

停放位置的探头

Probe in parking position

用于超声设备,标识超声探头进入停放位置的动作并指示该位置的控制和指示。

5757

积分辐射测量,阈值

Integral radiation measurement, threshold

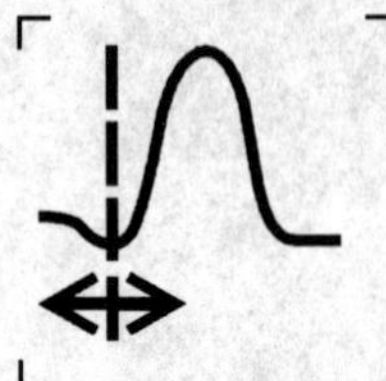

标识为了积分辐射强度的测量而调整阈值的控制或指示。如用于核医学设备。

注:本符号的含义取决于其取向。

5758

以下阈调节窗宽的能量选择型辐射测量

Energy selective radiation measurement, window width, lower threshold

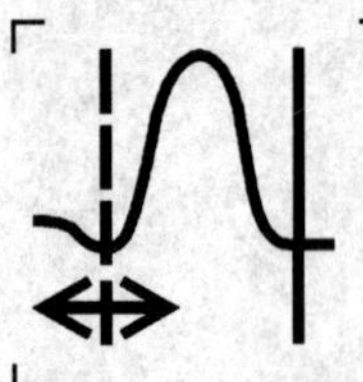

标识一种能量选择型辐射强度测量的控制或指示,其能窗宽度用调节下阈确定,例如用于核医学设备。

注1:本符号的含义取决于其取向。

注2:也可见符号5759。

5759

以上阈调节窗宽的能量选择型辐射测量

Energy selective radiation measurement, window width, upper threshold

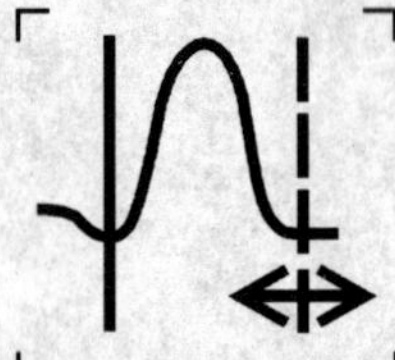

标识一种能量选择型辐射强度测量的控制或指示,其能窗宽度用调节上阈确定,例如用于核医学设备。

注1:本符号的含义取决于其取向。

注2:也可见符号5758。

5760

调节窗中心位置的能量选择型辐射测量

Energy selective radiation measurement, window center position

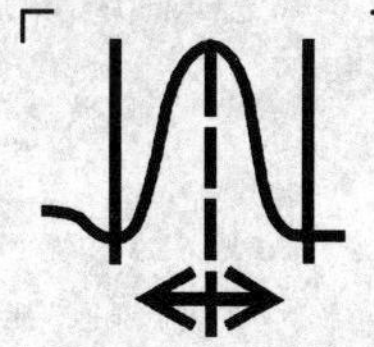

表示一种能量选择型辐射强度测量的控制或指示,其能窗中心位置可调,例如用于核医学设备。

注:本符号的含义取决于其取向。

5761

对称调节窗宽的能量选择型辐射测量

Energy selective radiation measurement, window width, symmetrical adjustment

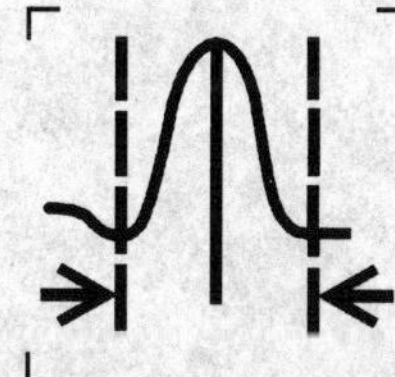

标识一种能量选择型辐射强度测量的控制或指示,其能窗的宽度用上、下阈对称调节,例如用于核医学设备。

注1:本符号的含义取决于其取向。

注2:也可见符号5758和5759。

5762

积分型辐射测量

Radiation measurement, integral

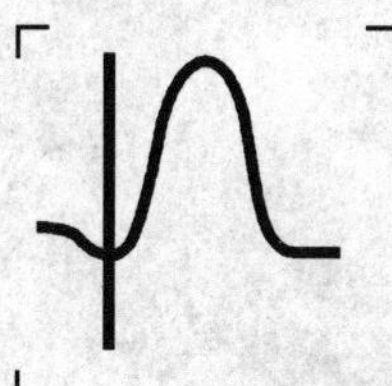

标识一种积分型(非能量选择型)辐射强度测量的控制或指示,例如用于核医学设备。

注:本符号的含义取决于其取向。

5763

能量选择型辐射测量

Radiation measurement, energy selective

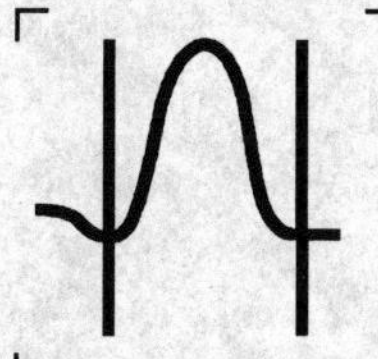

标识能量选择型辐射强度测量的控制器或指示,例如用于核医学设备。

注:本图形符号的方向决定其含义。

5764

放射性核素扫描仪

Radionuclide scanner

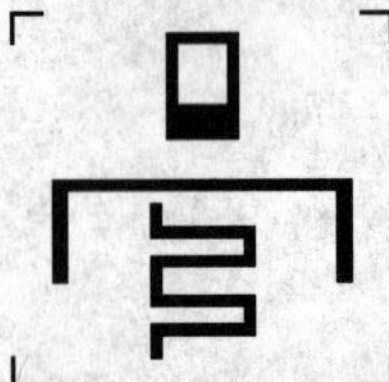

标识与放射性核素扫描仪有关。

注：本符号的含义取决于其取向。

5765

床上位置探头

Detector head in overtable position

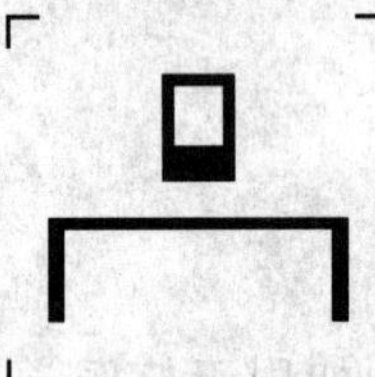

标识位于患者床上探头选择的控制和指示，用于指示相应的运行模式。

注：本符号的含义取决于其取向。

5766

床下位置探头

Detector head in undertable position

标识位于患者床下探头选择的控制和指示，用于指示相应的运行模式。

注：本符号的含义取决于其取向。

5767

能量选择辐射多道测量

Energy selective radiation multichannel measurement

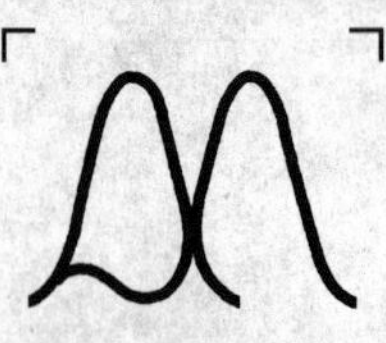

标识多道能量选择辐射强度测量的控制和指示，如用于核医学设备。

注：本符号的含义取决于其取向。

5768
像素平均值
Pixel averaging

标识若干相邻像素平均值的控制和指示,如用于统计噪音的减少。

5769
冲击波头,横向移动
Shockwave head, movement in lateral direction

用于碎石设备。
标识横向移动冲击波头的控制和指示。
注1:仅表示某一个方向的运动时,省略另一方向的箭头。
注2:也可见符号5728。

5770
键区
Keypad

指示与字母数字键区有关。

5771
电子图像,平均值
Electronic image, averaging

用于图像显示设备。
指示与求若干电子图像平均值程序有关。
注1:图例中显示的是8个框架求平均值。
注2:横线的长度应与显示数字的宽度相同。

5772

电子图像,旋转

Electronic image, rotation

用于图像显示设备。

指示与图像旋转有关。

注:也可见符号5407。

5773

电子图像,交错

Electronic image, interlacing

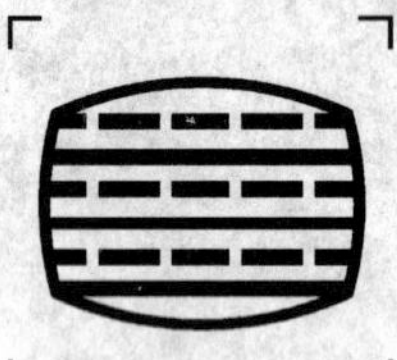

用于图像显示设备。

指示与图像在交错模式下显示有关。

5774

胶片致黑

Film blackening

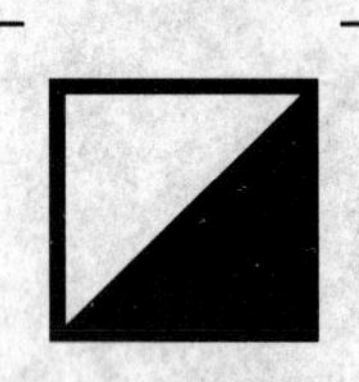

指示与设定胶片致黑程度有关。

5777

电外科,电极柄

Electrosurgery, electrode handle

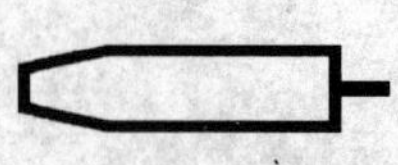

指示与电极手柄有关,如储存、使用、连接器。

5778

电外科,一键式电极手柄

Electrosurgery, one-button electrode handle

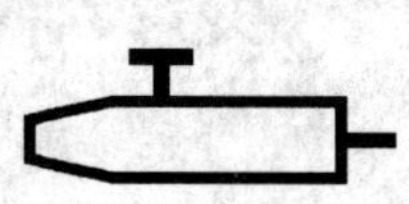

指示与一键式电极手柄有关,如储存、使用、连接器。

5779

电外科,双键式电极手柄

Electrosurgery, two-button electrode handle

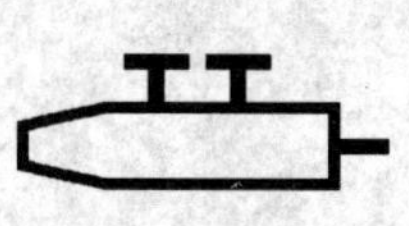

指示与双键式电极手柄有关,如储存、使用、连接器。

5780

电外科,切割模式

Electrosurgery, cutting mode

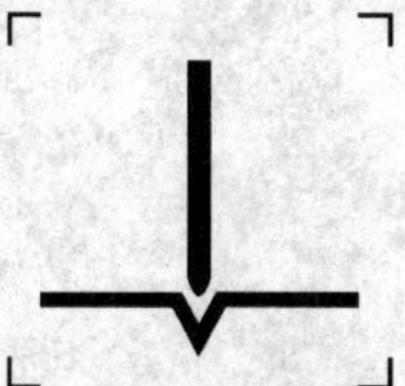

标识选择无凝结物平滑切割的控制或指示,以及标识相应电极的连接器。

5781

电外科,混合切割模式

Electrosurgery, blended cutting mode

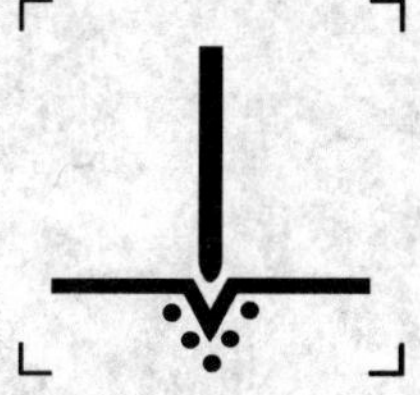

标识选择混合切割模式的控制或指示(如伴有一些凝结效果的切割模式)。

5782

电外科，凝结模式

Electrosurgery，coagulation mode

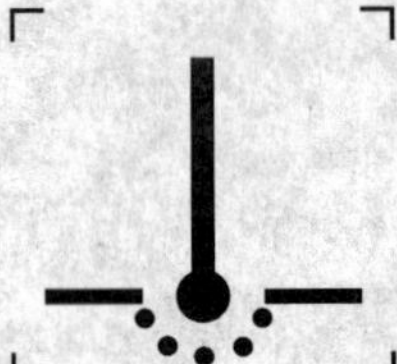

标识选择低压接触凝结模式的控制或指示，以及标识相应电极的连接器。

5783

电外科，喷雾凝结模式

Electrosurgery，spray coagulation mode

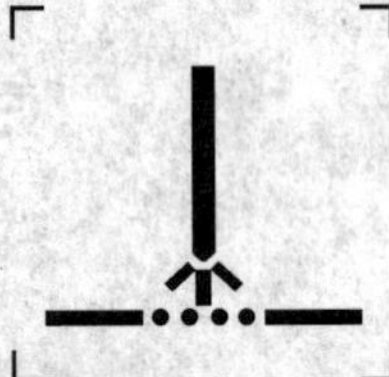

标识选择喷雾凝结模式的控制或指示，以及标识相应电极的连接器。

5784

电外科，双极凝结模式

Electrosurgery，bipolar coagulation mode

标识选择高压非接触凝结模式的控制或指示，以及标识相应电极的连接器。

5785

用于热带地区

Suitable for use in the tropics

用于家庭冷藏设备。

标识适用于热带地区的设备。

注：依照 GB/T 8059.3—1995 如果要求的储藏温度保持在环境温度＋18 ℃和＋43 ℃之间，设备适用于热带地区。

5786

用于亚热带地区

Suitable for use in the subtropics

用于家庭冷藏设备。

标识适用于亚热带地区的设备。

注：依照 GB/T 8059.3—1995 如果要求的储藏温度保持在环境温度＋18 ℃和＋38 ℃之间，设备适用于亚热带地区。

5788

显示图像，放大

Displayed image, enlarged

标识屏幕上显示图像放大的控制或指示。

5789

显示图像，缩小

Displayed image, reduced

标识屏幕上显示图像缩小的控制或指示。

5791

手形功能

Panning function

标识对显示的屏幕图像选择手形功能的控制或指示。

注：若使用本符号，则显示在屏幕上的桶状标记可省略。例如屏幕上的图标，见 ISO/IEC 11581-5。

5792

感兴趣区的放大

Enlargement of region of interest

标识对显示图像感兴趣区的放大的控制或指示。

注1：代表光反射的曲线可以省略。

注2：可以用加号或减号的字母符号替代该符号内的曲线以表示“增强放大”或“减少放大”。

5794

图像交换

Image interchange

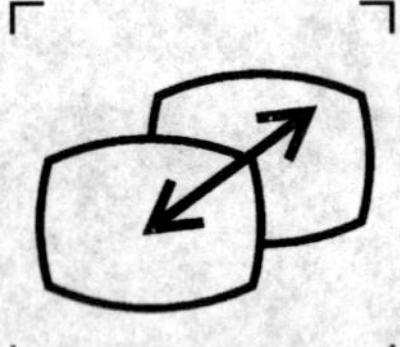

标识两个屏幕间显示图像交换的控制或指示。

注：也可见符号5892。

5795

ECG触发显示

ECG triggered display

用于医用诊断设备。标识心电图(ECG)触发序列的显示控制或指示。

5800

分割屏幕

Split Screen

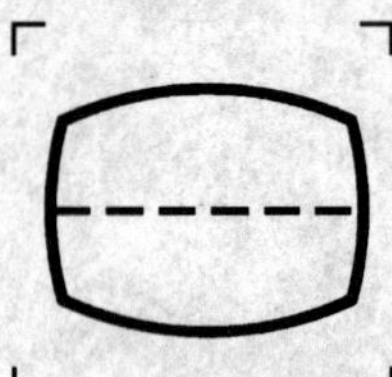

标识选择屏幕分割的控制或指示。

注：本符号表示屏幕水平分割。要表示屏幕垂直分割，则可用垂直虚线代替水平虚线。

5802

屏幕选择

Screen selection

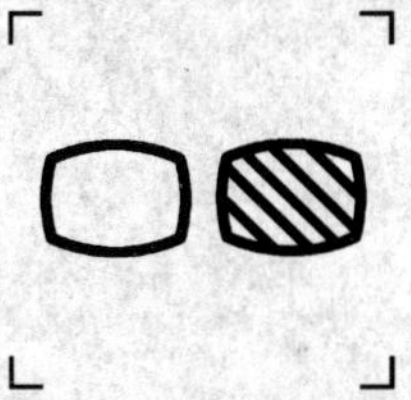

标识两个相邻屏幕选择其中之一的控制或指示。

注：该图形符号表示选择了右侧屏幕。

5810

患者位置，头/脚相反

Patient position, head/foot reversed

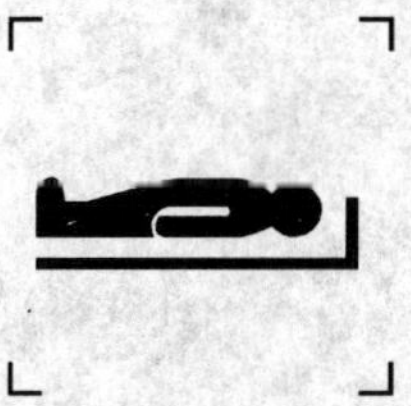

用于医用设备。表示患者躺在头/脚相反的位置。

5811

患者位置，仰卧

Patient position, supine

用于医用设备。表示仰卧姿势的患者。

5812

患者位置，俯卧

Patient position, prone

用于医用设备。表示俯卧姿势的患者。

5814

患者位置，左侧卧

Patient position, left side

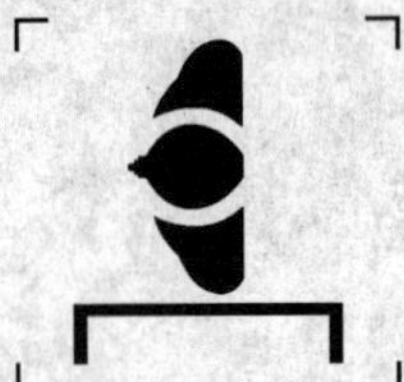

用于医用设备。表示向左侧卧的患者。

注：镜像符号可用于表示向右侧卧的患者。

5815

下一个图像系列

Next image series

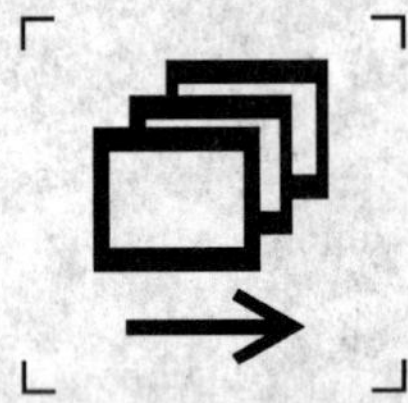

标识选择下一个屏幕显示图像系列的控制或指示。

注：如要显示该系列的第一个图像，可在该图形符号中将该图像用阴影来表示。

5816

前一个图像系列

Previous image series

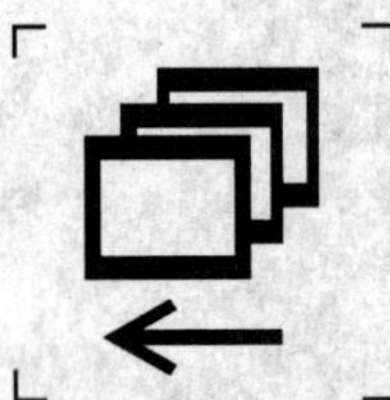

标识选择前一个屏幕显示图像系列的控制或指示。

注：如要显示该系列的第一个图像，可在该图形符号中将该图像用阴影来表示。

5817

注射对比剂曝光

Exposure with contrast injection

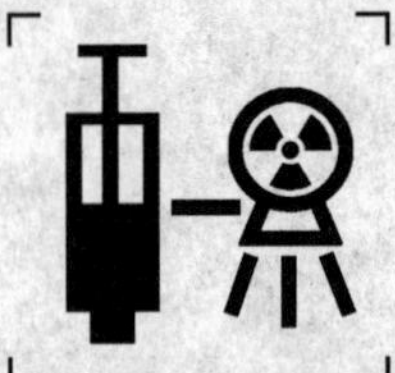

用于 X 射线诊断设备。标识使用注射对比剂的 X 射线曝光的控制和指示。

5818

限束器,常规预置

Beam limiting device, general preset

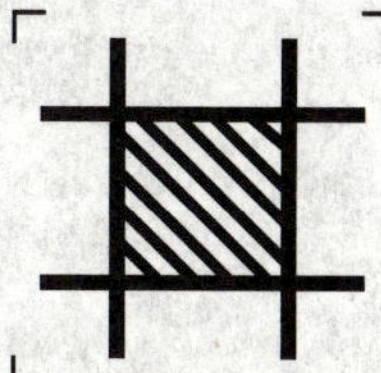

用于X射线诊断设备。标识在一定范围区域预先设置限束器的控制和指示。

注:也可见符号5819和5820。

5819

限束器,食道成像预置

Beam limiting device, esophagus preset

标识在特殊范围区域对"食道"成像预先设置限束器的控制和指示。

注:也可见符号5818和5820。

5820

限束器,小区域预置

Beam limiting device, small preset

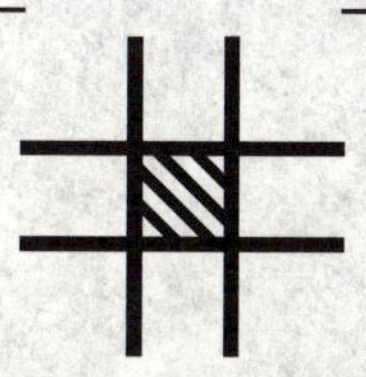

用于X射线诊断设备。

标识对特定"小"尺寸野预先设置限束器的控制和指示。

注:也可见符号5818和5819。

5821

其他双平面通道的选择

Selection of other bi-plane channel

用于X射线诊断设备。标识其他双平面通道选择的控制或指示。

注1:在这里本符号表示选择垂直通道。

注2:也可见符号5364和5365。

5822

手动移动

Manual movement

指示手动控制的移动。如:手动松闸。

注 1:在这里本符号表示水平方向移动。

注 2:也可见 GB/T 16273.1—1996 中的符号 109。

5823

患者支架移动起始位置的定义

Definition of start position of patient support movement

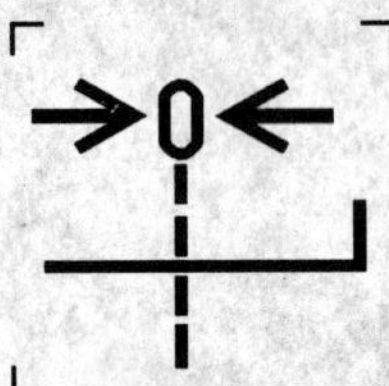

用于医用设备。标识定义患者支架在纵向起始位置移动的控制或指示。

注:也可见符号 5824。

5824

患者支架向起始位置移动

Movement of patient support to start position

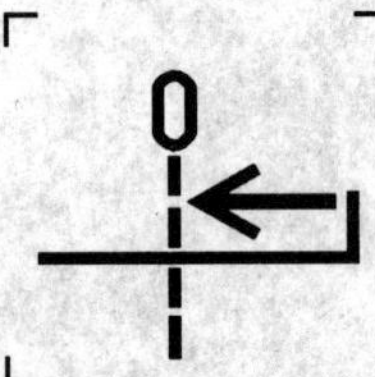

用于医用设备。标识患者支架向纵向起始位置返回的控制或指示。

注:也可见符号 5823。

5825

楔形滤板,进/出移动

Wedge, in/out movement

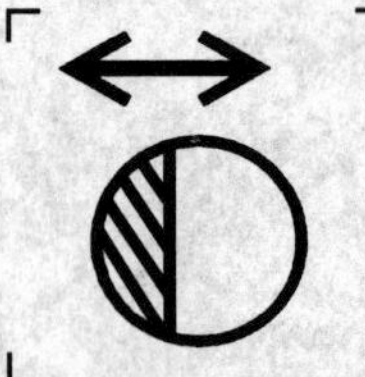

用于 X 射线诊断设备。标识移动一个楔形滤板进出辐射束的控制或指示。

注 1:符号表示左侧楔形滤板。

注 2:仅表示某一个方向的移动,省略另一方向的箭头。

5826

轮廓楔形滤板,进/出移动

Contour wedge, in/out movement

用于X射线诊断设备。标识移动一个轮廓楔形滤板进出辐射束的控制或指示。

注1:符号表示左侧楔形滤板。

注2:仅表示一个方向的移动时,省略另一方向的箭头。

5827

中心楔形滤板,进/出移动

Central wedge, in/out movement

用于X射线诊断设备。标识移动一个中心楔形滤板进出辐射束的控制或指示。

注:仅表示一个方向的移动时,省略另一方向的箭头。

5828

楔形滤板,旋转

Wedge, rotation

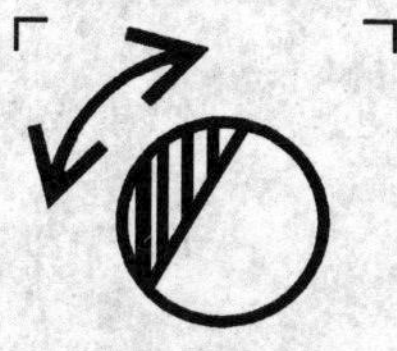

用于X射线诊断设备。标识旋转一个楔形滤板的控制或指示。

注1:符号表示左侧楔形滤板。

注2:仅表示一个方向的旋转时,省略另一方向的箭头。

5829

中心楔形滤板,旋转

Central wedge,rotation

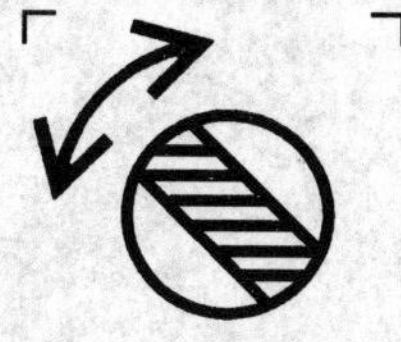

用于X射线诊断设备。标识旋转一个中心楔形滤板的控制或指示。

注:仅表示一个方向的旋转时,省略另一方向的箭头。

5830

X 射线源，绕水平轴旋转

X-ray source, rotation around a horizontal axis

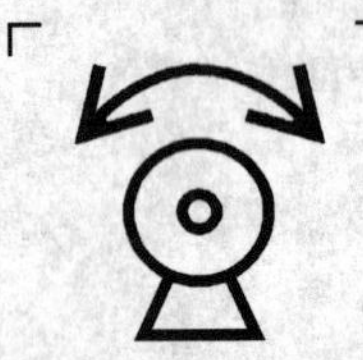

用于 X 射线诊断设备。标识 X 射线源组件绕水平轴旋转的控制或指示。

注：仅表示一个方向的旋转时，省略另一方向的箭头。

5831

X 射线源和影像增强器，共同旋转

X-ray source and image intensifier, combined rotation

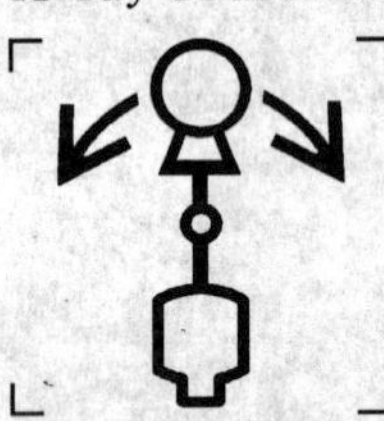

用于 X 射线诊断设备。标识 X 射线源组件与 X 射线影像增强器一起旋转的控制和指示。

注：仅表示一个方向的旋转时，省略另一方向的箭头。

5832

X 射线源和影像增强器，联合移动

X-ray source and image intensifier, combined movement

用于 X 射线诊断设备。标识 X 射线源组件与 X 射线影像增强器一起向左或右移动的控制和指示。

注：仅表示一个方向的移动时，省略另一方向的箭头。

5833

X 射线源，绕其光束轴旋转

X-ray source, rotation around its beam axis

用于 X 射线诊断设备。标识 X 射线源组件围绕它的光束轴旋转的控制和指示。

注：仅表示一个方向的旋转时，省略另一方向的箭头。

5840
B 型应用部分
Type B applied part

用于医用设备。标识 B 型应用部分并与 GB 9706.1—2007 一致。
注：B=身体。

5841
防心脏除颤 B 型应用部分
Defibrillation-proof type B applied part

用于医用设备。
标识遵照 GB 9706.1—2007 的防心脏除颤 B 型应用部分。
注：B=身体。

5842
多脉冲
Multi-pulse

指示与脉冲序列有关，例如标识产生多脉冲的控制。
注：也可见符号 5130 和 5131。

5843
目标位置
Target position

标识选择或在显示图像上标记目标位置的控制或指示。

5844

体温

Body temperature

指示身体温度的参数。

5845

内径

Inner diameter

指示内径的参数。

5846

外径

Outer diameter

指示外径的参数。

5847

趋势

Trend

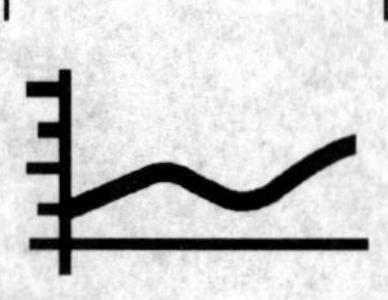

指示趋势信息的参考。

5848

探头旋转

Probe rotation

用于超声设备。

标识在其纵向轴附近转动超声探头的控制或指示。

5849

设置

Setup

标识控制进入改变产品或程序的基本配置。

5850

串行接口

Serial interface

标识串行数据连接的连接器。

5851

打印机连接;并行接口

Printer connection; parallel interface

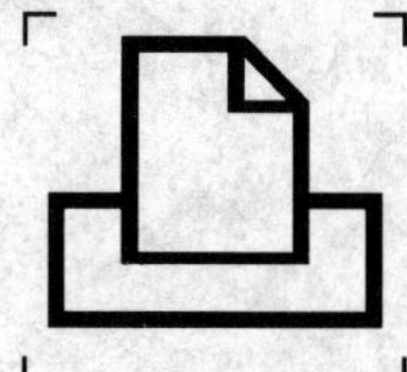

标识并行数据的连接,或标识打印功能。

5852

X-射线滤板

X-ray filter

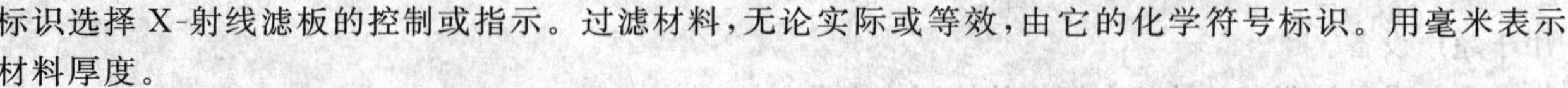
标识选择 X-射线滤板的控制或指示。过滤材料，无论实际或等效，由它的化学符号标识。用毫米表示材料厚度。

注 1：所示符号为厚度 0.03 mm 的钼过滤片。

注 2：指出材料的等效厚度，例如：铝，Al 2,0。

5853

最终漂洗，洗碗机

Final rinsing, dish washers

标识相关的控制或标识程序指示器上最终漂洗的相关步骤。

5854

速冻；快速结霜

Fast freeze; superfrost

用于冷冻机。

标识激活速冻功能的控制和/或标识监视速冻功能的指示灯。

5855

最小供电容量

Minimum supply capacity

指示只用于每相不小于 100A 电流容量的低压供电的设备。

注：该符号的应用和设备与 IEC 61000-3-11 第 4 条规定的 400/230V 市电网络的有条件连接紧密相关。

5856

预洗洗涤剂

Pre-wash detergent

用于洗碗机。

标识预洗洗涤剂的容器。

5857

灯测试

Lamp test

测试所有灯和控制的功能，例如工业设施或系统面板。

5861

下一个；播放下一部分

Next; to play next part

标识播放后一个部分然后停止的控制或指示。

注1：用于视觉设备，特别是用于数码照相机。符号可以用于回放后一个部分然后停止，或反向回放前一个部分然后停止。

注2：本符号的含义取决于其取向。

注3：另一种形式见 ISO 7000-1116。

5862

前一个；播放前一部分

Previous; to play previous part

标识跳回前一个部分的开端，播放该部分然后停止的控制和指示。

注：本图形符号应代替符号 5125A 用于播放多个部分中的前一个部分。

5863

音调,升调

Tune, high key

标识提高音调的功能。

5864

音调,降调

Tune, low key

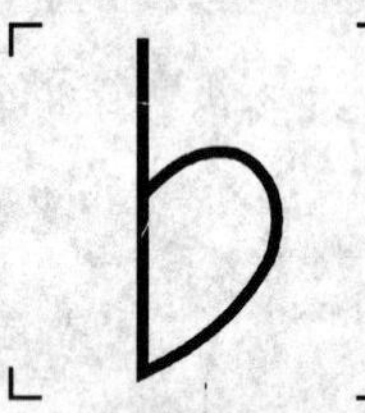

标识降低音调的功能。

5865

音调,还原

Tune, normal key

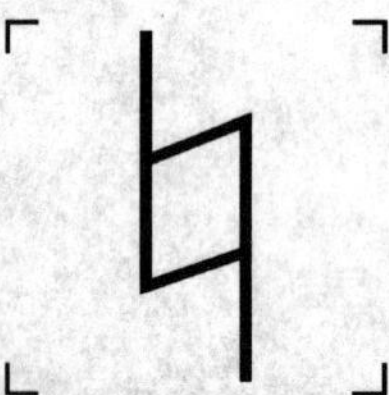

标识重置为缺省音调的功能。

5866

图像调整,倾斜

Picture adjustment, tilt

标识调整失真图像水平线的功能。

5867

图像调整,失真

Picture adjustment, skew

标识调整失真图像垂直线的功能。

5868

图像调整,水平基准

Picture adjustment, horizontal keystone

标识调整图像水平基准畸变的功能。

5869

图像调整,垂直基准

Picture adjustment, vertical keystone

标识调整图像垂直基准畸变的功能。

5870

图像调整,水平枕形

Picture adjustment, horizontal pincushion

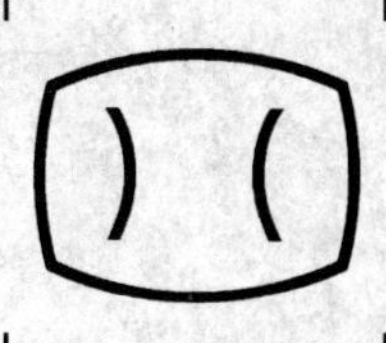

标识调整图像水平枕形失真的功能。

5871

图像调整,垂直枕形

Picture adjustment, vertical pincushion

标识调整图像垂直枕形失真的功能。

5872

图像调整,水平弓形

Picture adjustment, horizontal bow

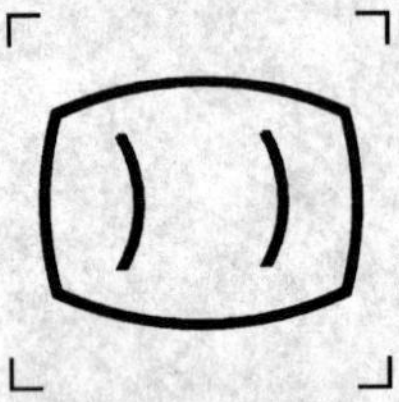

标识调整图像水平弓形的功能。

5873

图像调整,垂直弓形

Picture adjustment, vertical bow

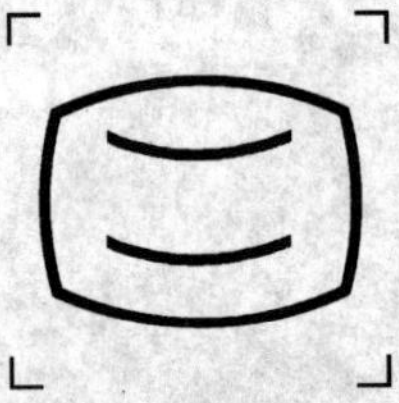

标识调整图像垂直弓形的功能。

5874

图像调整,旋转

Picture adjustment, rotation

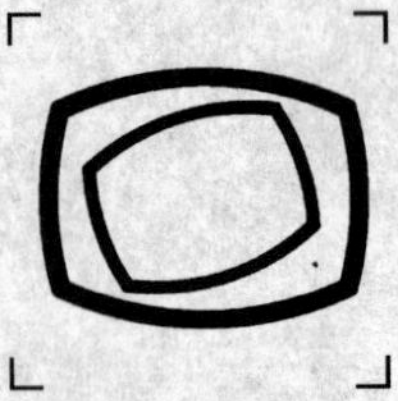

标识调整图像旋转的功能。

5875
光学聚焦
Optical focus

用于照相机。
标识电子照相机和其他光电设备的聚焦功能。

5876
夜间人像模式
Night portrait mode

用于照相机。
标识夜间人像或夜间拍照模式的功能。

5877
微光模式
Low light mode

用于照相机。
标识适应拍照时光线极暗的功能。

5879
定时器
Self-timer

标识自动定时器功能或标识该功能正在操作，例如电子照相机的快门是自动定时器方式。

5880
世界时间
World time

标识世界时间功能或标识该功能正在操作。

5881
夏令时
Summer time

标识夏令时开始功能或标识该功能正在操作。

5882
声音和语言选择
Sound and language selection

用于音频和视频设备。
标识从同时记录或接收的不同声音和语言频道中进行选择的控制。

5883
照相机位置选择
Camera position selection

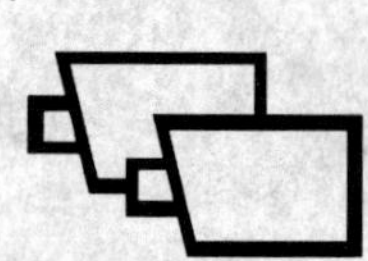

用于音频和视频设备。
标识从同时记录或接收的不同照相机位置所拍照片中进行选择的控制。

5884

存储盘

Memory disk

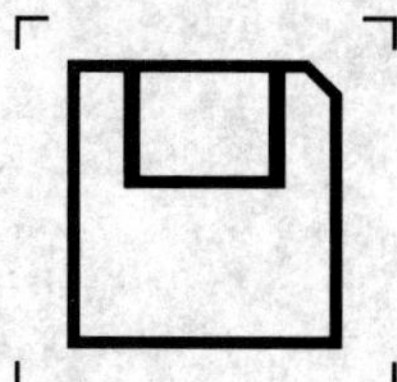

标识盒式磁盘的控制,例如软盘和光盘,或指示插入该盘的状态。

注:也可见符号 ISO 7000:1947。

5885

静物照相机

Still camera

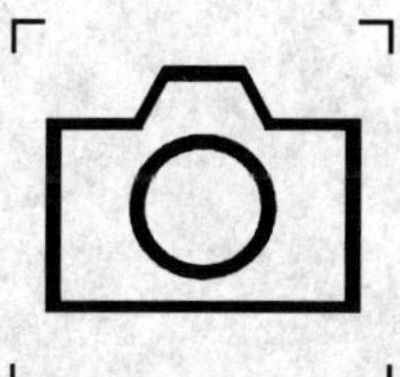

标识电子和摄影静物照相机的控制和/或终端。

5886

图像显示,基本设置

Image display, basic setting

标识返回缺省图像显示设置的控制,例如电视显示或监视器。

5887

照相记录仪

Camera recorder

标识照相机记录器的控制和/或终端。

5888

传输被标记的图像

Transfer marked images

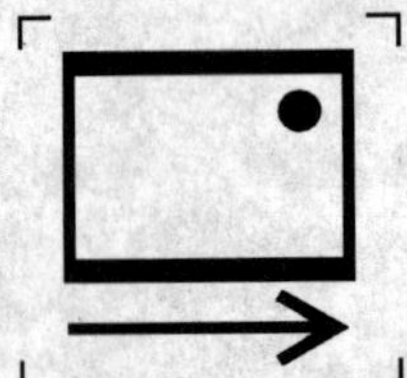

标识传输一个或更多被标记图像到另一个医用设备的数据媒体上的控制。

5889

图像标记

Marking of an image

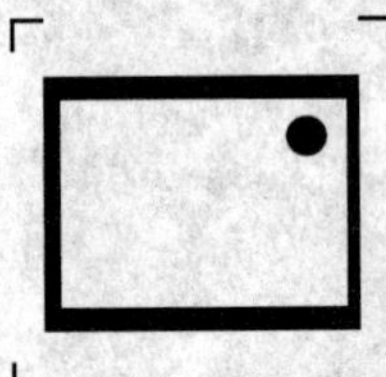

标识标记(选择)图像的控制和指示当前图像被标记在医用设备上。

5890

存储显示的图像

Store displayed image

标识存储已显示图像的控制。

5892

传递图像

Transfer image

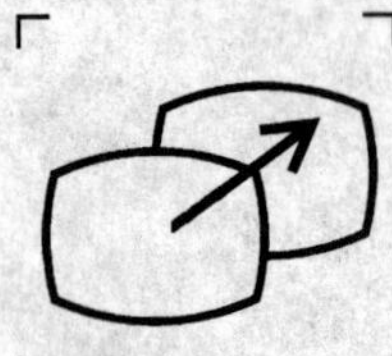

标识把已显示的图像传递到第二个屏幕的控制。

注:也可见符号 5794。

5893

电子快门,关

Electronic shutters, close

标识使电子快门变窄以遮住已显示在医用设备屏幕上的部分图像的控制。

注:也可见符号 5894。

5894

电子快门,开

Electronic shutters, open

标识扩宽电子快门使已显示在医用设备屏幕上的图像曝光的控制。

注:也可见符号 5893。

5895

测功计

Ergometer

标识涉及测功计的部分,例如可用于医用设备。

5896

光导照明

Optical conductor lighting

标识通过光导进行照明的控制或指示。

5897

底架,水平调节

Floor stand, horizontal adjustment

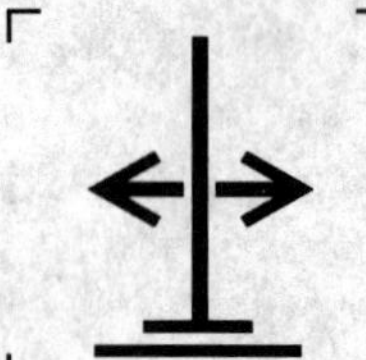

标识对底架进行水平调节的控制或指示。例如用于放射医学。

5898

底架,垂直调节

Floor stand, vertical adjustment

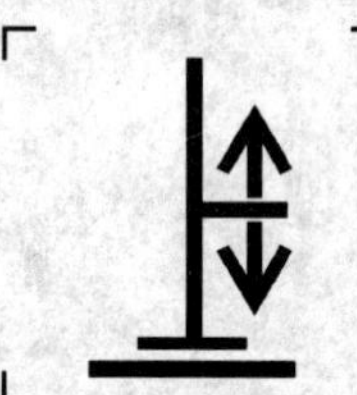

标识对底架进行垂直调节的控制或指示,例如用于放射医学。

5913

手持话筒

Handheld microphone

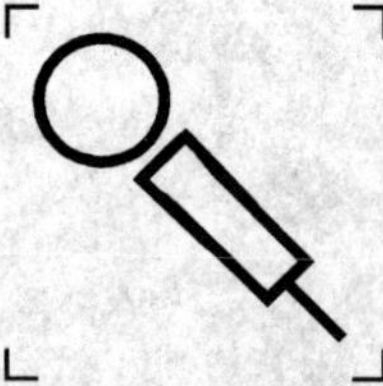

标识手持话筒的控制和端子。

注:也可见符号 5082。

5914

应急告警接收模式

Emergency warning reception mode

用于音频和视频设备。

标识选择应急告警广播自动接收模式的控制,或指示该模式已被激活。

5915

隔间,语音实验室

Booth, language laboratory

标识与语音实验室隔间有关的控制和功能。例如:用于教师呼叫隔间里的学生。

注1:本符号可与隔间中设备的图形符号一起使用。

注2:也可见符号5187、5188、5189、5190和5916。

5916

一对学生

Pair of students

标识与语音实验室中一对学生开始对话课程有关的控制和功能。

注:也可见符号5187、5188、5189、5190和5915。

5917

单帧拍摄

Single frame shot

用于视频设备。标识将静止画面存储到视频设备的控制或开关位置。

5918

带反射镜的照明

Lighting with reflector

标识一种照明或带光反射镜的光照射的控制或指示。

注:也可见符号5012和5320。

5920

位置,中前

Position, centre front

标识对虚拟物体定位的控制,例如在中前位置由音频设备塑造的声音形象。

注:箭头指示向前而圆圈指示虚拟物体的位置。

5921

位置,中后

Position, centre rear

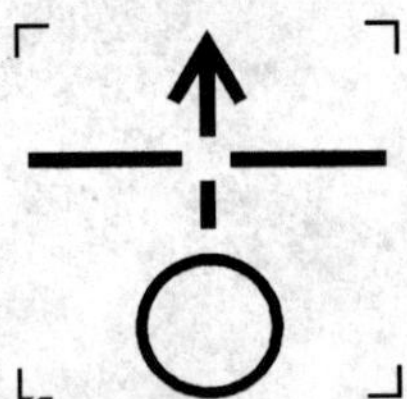

标识对虚拟物体定位的控制,例如在中后位置由音频设备塑造的声音形象。

注:箭头指示向前而圆圈指示虚拟物体的位置。

5922

位置,中央

Position, centre

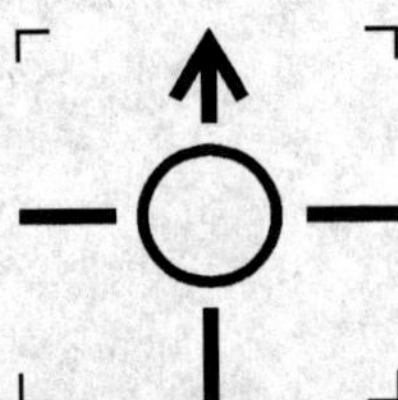

标识对虚拟物体定位的控制,例如在中心区由音频设备塑造的声音形象。

注:箭头指示向前而圆圈指示虚拟物体的位置。

5923

位置,左前

Position, left front

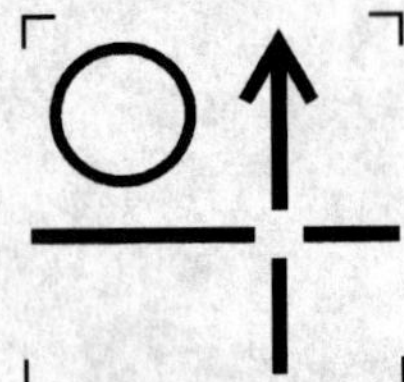

标识对虚拟物体定位的控制,例如在左前位置由音频设备塑造的声音形象。

注1:箭头指示向前而圆圈指示虚拟物体的位置。

注2:本符号可以是符号“位置,右前”的镜像。

5924
位置,左后
Position, left rear

标识对虚拟物体定位的控制,例如在左后位置由音频设备塑造的声音形象。
注 1:箭头指示向前而圆圈指示虚拟物体的位置。
注 2:本符号可以是符号“位置,右后”的镜像。

5925
位置,左
Position, left

标识对虚拟物体定位的控制,例如在左边位置由音频设备塑造的声音形象。
注 1:箭头指示向前而圆圈指示虚拟物体的位置。
注 2:本符号可以是符号“位置,右”的镜像。

5926
直流电源连接器的极性
Polarity of d.c. power connector

标识直流电源正负连接(极性),或直流电源所连接设备的正负极性。

5927
快速快门模式;运动模式
Fast shutter speed mode; sports mode

用于视频照相机或静止摄像设备。
标识用快速快门照相的模式,例如,对一个快速移动的目标。

5928

宽屏幕(16∶9),标准模式

Wide-screen (16∶9), normal mode

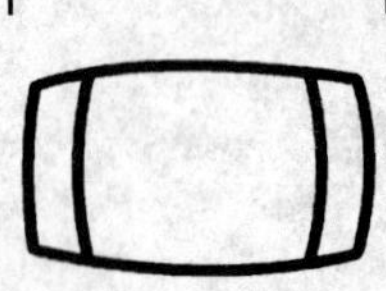

表示在宽屏幕(16∶9)上保留原始比例(4∶3),并不失真地显示图像。

5929

宽屏幕(16∶9),图像模式选择

Wide-screen (16∶9), selection of picture mode

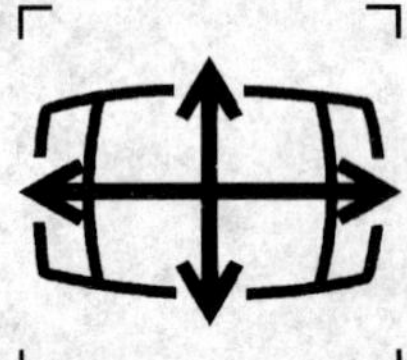

标识为宽屏幕(16∶9)选择一个图像显示模式如标准、全屏、缩放和水平缩放模式的控制。

5930

宽屏幕(16∶9),全屏模式

Wide-screen (16∶9), full picture mode

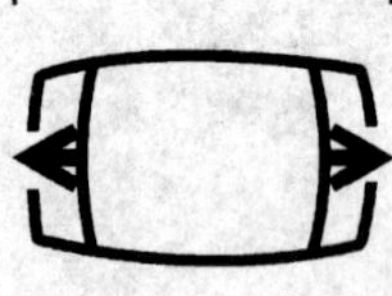

标识在宽屏幕(16∶9)上水平放大原始图像(4∶3)的控制。

5931

宽屏幕(16∶9),水平缩放模式

Wide-screen (16∶9), horizontal zoom mode

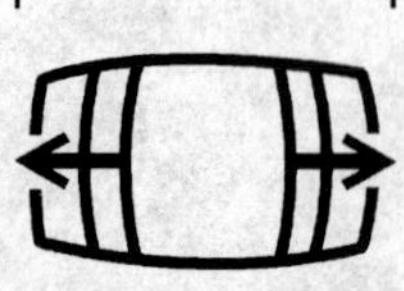

标识在宽屏幕(16∶9)上水平缩放原始图像(4∶3),使画面中央比例正常而边缘向水平方向伸展的控制。

注:该模式导致图像中央看起来不失真而边缘看起来失真。

5932

宽屏幕(16:9),放大模式

Wide-screen (16:9), zoom mode

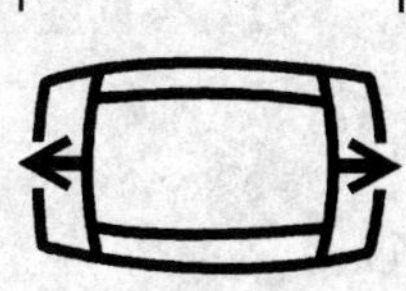

标识将图像(4:3)放大至整个宽屏幕,在不丢失图像信息的同时使画面中央比例正常而边缘向外部伸展的控制。

注:该模式导致图像中心区域看起来不失真而边缘看起来失真。图像边缘部分比放大模式中的图像放大程度要小。

5933

宽屏幕(16:9),放大/缩小

Wide-screen (16:9), zoom in/out

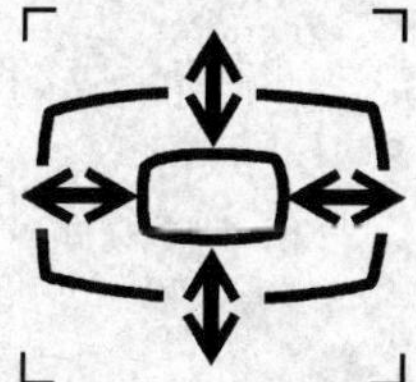

标识在宽屏幕(16:9)上通常对图像放大或缩小的控制。

5934

宽屏幕(16:9),图像放大模式

Wide-screen (16:9), picture enlarge mode

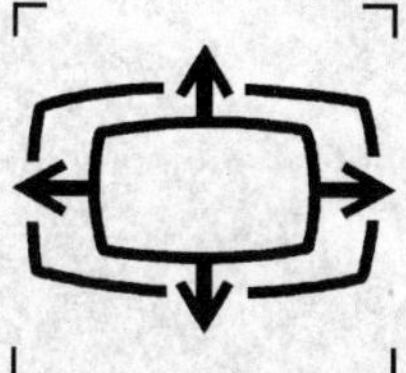

标识将普通图像简单放大到整个宽屏幕(16:9)而不改变原来的比例的控制。

注:本模式可能会导致部分原始图像丢失。

5935

清洁用电动吸水清洗头

Motorized cleaning head for water suction cleaning

标识吸水清洁装置用的电动清洗头。

注:本图形符号不应用于工作电压高达24V的第三类结构的装置。

5937

心脏起搏器;植入型心律转复除颤器

Cardiac pacemaker; implantable cardioverter defibrillator

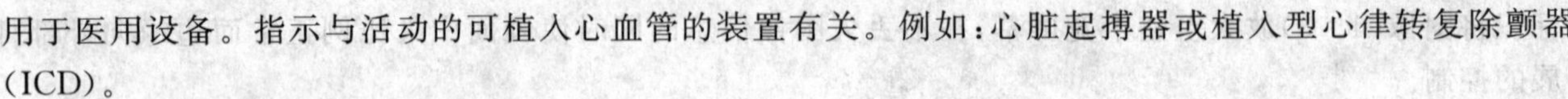

用于医用设备。指示与活动的可植入心血管的装置有关。例如:心脏起搏器或植入型心律转复除颤器(ICD)。

注:作为安全标记应用时,应遵守 GB/T 2893.1—2004 的规则。

5938

通信,红外线

Communication, infrared

标识使用红外收发信机发送和接收调制信号的通信产品。

5939

电气装置的供电型式

Power supply type of electric device

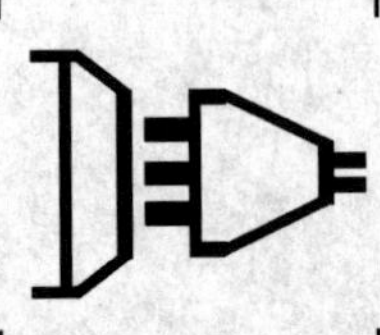

用于装置或设备。例如:用于弧焊设备。

标识三极插头插座类型的电源。

5941

自耦变压器,一般符号

Auto-transformer, general

标识一般使用的自耦变压器。

注:为指示失效保护功能,可在符号旁边使用字母 F。

5942

自耦变压器,非耐短路

Auto-transformer, non-short-circuit proof

标识非耐短路自耦变压器。

5943

自耦变压器,耐短路

Auto-transformer, short-circuit proof

标识耐短路自耦变压器。

5944

隔离变压器,非耐短路

Isolating transformer, non-short-circuit proof

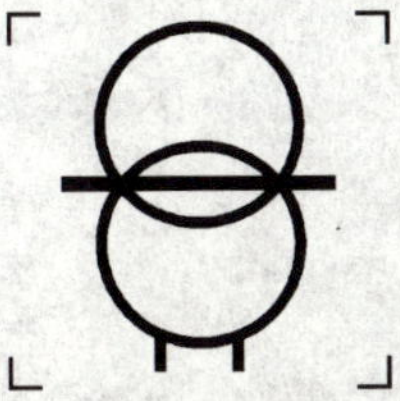

标识非耐短路隔离变压器。

注:也可见符号5221、5223和5945。

5945

隔离变压器,耐短路

Isolating transformer, short-circuit proof

标识耐短路隔离变压器。

注:也可见符号5220、5221和5944。

5946

安全隔离变压器,非耐短路

Safety isolating transformer, non-short-circuit proof

标识非耐短路安全隔离变压器。

注:也可见符号 5222、5944 和 5947。

5947

安全隔离变压器,耐短路

Safety isolating transformer, short-circuit proof

标识耐短路安全隔离变压器。

注1:耐短路的特点可以是固有的也可以是非固有的。

注2:也可见符号 5222、5945 和 5946。

5948

抗干扰隔离变压器,一般符号

Perturbation attenuation isolating transformer, general

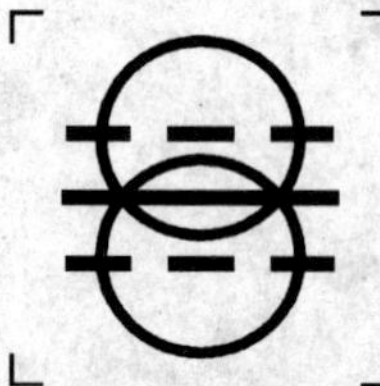

标识抗干扰隔离变压器。

注1:为指示失效保护功能,可在符号旁边使用字母 F。

注2:也可见符号 5949。

5949

抗干扰隔离变压器,耐短路

Perturbation attenuation isolating transformer, short-circuit proof

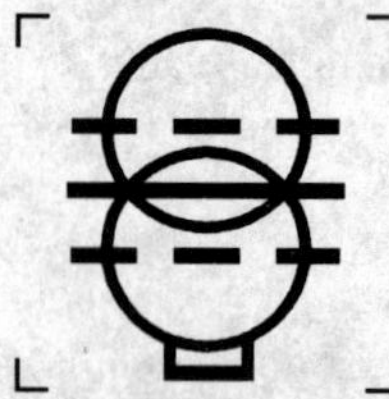

标识耐短路抗干扰隔离变压器。

注:耐短路的特点为固有或非固有。

5950

小型电抗器,一般符号

Small reactor, general

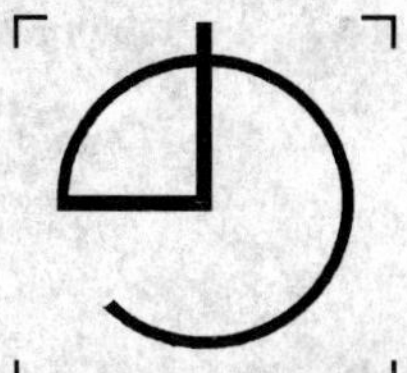

标识小型电抗器。

注1:指示失效保护功能时,可在符号旁边使用字母F。

注2:也可见符号5951和5952。

5951

小型电抗器,非耐过载

Small reactor, non-overload proof

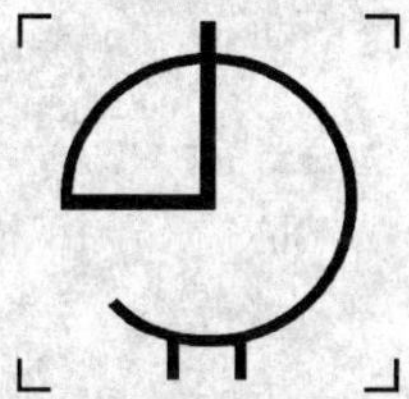

标识非耐过载小型电抗器。

注:也可见符号5950和5952。

5952

小型电抗器,耐过载

Small reactor, overload proof

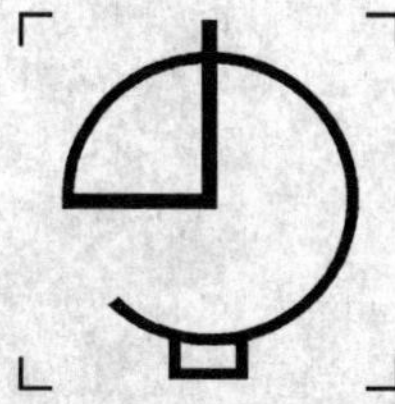

标识耐过载小型电抗器。

注:也可见符号5950和5951。

5953

Ⅲ类手持灯用变压器,耐短路

Transformer for Class Ⅲ handlamps, short-circuit proof

标识Ⅲ类手用钨丝灯的耐短路变压器。

注:耐短路的特点可以是固有的也可以是非固有的。

5954
色温,荧光灯
Colour temperature, fluorescent lamp

用于视频摄像机或静止照相设备。
标识与室内荧光灯相关的色温控制或指示。
注:本符号可与符号 5552、5553、5955 和 5956 结合使用。

5955
色温,多云/多雨
Colour temperature, cloudy/rainy

用于视频摄像机或静止照相设备。
标识与室外多云/多雨灯光相关的色温控制或指示。
注:本符号可与符号 5552、5553、5954 和 5956 结合使用。

5956
色温,日出/日落
Colour temperature, sunrise/sunset

用于视频摄像机或静止照相设备。
标识室外日出/日落条件下的相关色温控制或指示。
注:本符号可与符号 5552、5553、5954 和 5955 结合使用。

5957
仅限室内使用
For indoor use only

标识设计仅限室内使用的电子设备。
注:也可见符号 5109。

5958
X 射线诊断 C 形臂,角度
Radiodiagnostic C-arm, angulation

用于 X 射线诊断设备。
标识 C 形臂沿着 C 形臂弧度运动的控制或指示。
注:仅表示一个方向的旋转时,省略另一方向的箭头。

5959
X 射线源到影像增强器距离,增加
X-ray source to image intensifier distance, increase

用于 X 射线诊断设备。
标识增加装配的 X 射线源和 X 射线影像增强器距离的控制或指示。如增加 X 射线源到影像增强器的距离(SID)。

5960
X 射线源到影像增强器距离,减少
X-ray source to image intensifier distance, decrease

用于 X 射线诊断设备。
标识减少装配的 X 射线源和 X 射线影像增强器间距离的控制或指示。如减少 X 射线源到图像的距离(SID)。

5961
X 射线源到影像增强器,中心对准
X-ray source to image intensifier, centering

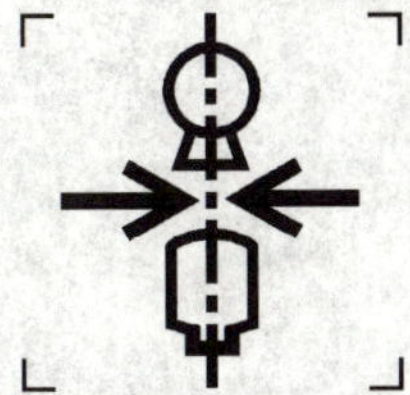

用于 X 射线诊断设备。
标识居中装配的 X 射线源和 X 射线影像增强器的控制或指示。

5962
影像增强器,绕水平轴旋转
Image intensifier, rotation around a horizontal axis

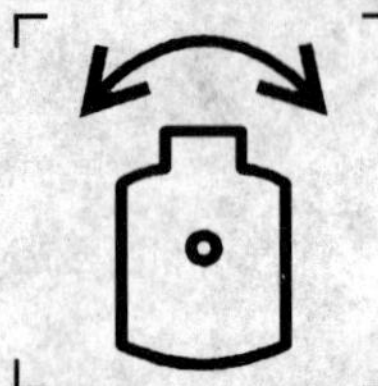

用于 X 射线诊断设备。
标识 X 射线影像增强器沿水平轴旋转的控制或指示。
注:仅表示一个方向的旋转时,省略另一方向的箭头。

5963
X 射线源,横向移动
X-ray source, lateral movement

用于 X 射线诊断设备。
标识装配的 X 射线源的横向移动的控制或指示。
注:仅表示一个方向的移动时,省略另一方向的箭头。

5964
X 射线源,纵向移动
X-ray source, longitudinal movement

用于 X 射线诊断设备。
标识装配的 X 射线源的纵向移动的控制或指示。
注:仅表示一个方向的移动时,省略另一方向的箭头。

5965
X 射线源,垂直移动
X-ray source, vertical movement

用于 X 射线诊断设备。
标识装配的 X 射线源的垂直移动的控制或指示。
注:仅表示一个方向的移动时,省略另一方向的箭头。

5966

患者支撑台,患者位置移动

Patient support, patient transfer position

用于医用设备。

标识患者支撑台的位置,将患者移放到支撑台上或将患者从支撑台上移走的控制或指示。

5967

机架,倾斜

Gantry, tilt

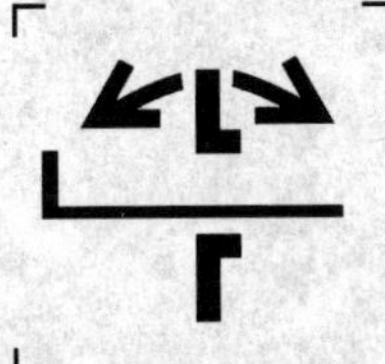

用于医用诊断设备。

标识机架倾斜的控制或指示。

注:仅表示一个方向的旋转时,省略另一方向的箭头。

5968

抗干扰安全隔离变压器

Perturbation attenuation safety isolating transformer

标识设计用于提供安全超低电压(SELV)或保护超低电压(PELV)电路的隔离变压器,次级绕组上的中点用于电源抗干扰,主要用于限制瞬间干扰对连接到变压器周围器件的影响。

注1:指示失效保护功能,可在符号旁边使用字母F。

注2:也可见符号5948。

5969
抗干扰安全隔离变压器,耐短路
Perturbation attenuation safety isolating transformer, short-circuit proof

标识设计用于提供安全超低电压(SELV)或保护超低电压(PELV)电路的耐短路隔离变压器,次级绕组上的中点用于电源抗干扰,主要用于抑制瞬间干扰对连接到变压器周围器件的影响。

注1:耐短路的特点可以有也可以没有。

注2:见符号5949。

5970
变频器
Frequency converter

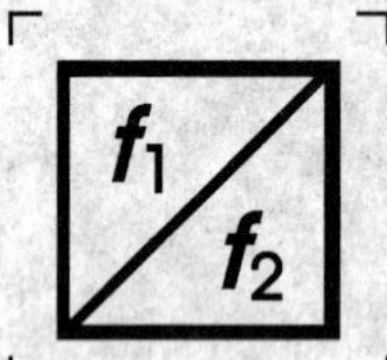

标识变频器。

5971
Ⅲ类手持灯变压器,非耐短路
Transformer for Class Ⅲ handlamps, non-short-circuit proof

标识Ⅲ类手持钨丝灯变压器,使用时非耐短路。

5972
医用场所的电源隔离变压器,非耐短路
Isolating transformer for the supply of medical locations, non-short-circuit proof

标识用于医学场所的电源隔离变压器,除铁心和外壳部分外,变压器各部分(主体部分、屏蔽、电路、热装置)双重隔离或强化隔离。

注:也可见GB 19212.16—2005。

5973

镜像触点

Mirror contact

标识动断的辅助触点,即使在主触头熔焊的非正常情况下,该触点不能与动合的主触头同时处于关闭位置。

5974

固定照明的连接设备;DCL

Devices for connection of fixed luminaires; DCL

用于照明连接设备(DCL)。

标识仅与固定照明设备一同使用的出口或插头。

5977

X 射线影像接收器,透视

X-ray image receptor, radioscopic

用于 X 射线诊断设备。

标识用于 X 射线透视的 X 射线影像接收器。

注 1:本符号通常作为一个符号元素或与符号 5976 联合使用,见符号 5340。

注 2:也可见符号 5978。

5979

X 射线暗盒,自由放置

X-ray cassette, freely positioned

用于 X 射线诊断设备。

标识选择 X 射线暗盒可以自由放置的操作模式的控制和指示,如不固定的内部暗盒支持物。

5980
间接X射线摄影,数字式
Indirect radiography, digital

用于X射线诊断设备。
标识带有数字图像处理(数字X射线摄影)的间接X射线摄影以及相应的X射线摄影释放的控制和指示。

注:也可见符号5329。

5981
透视,脉冲
Radioscopy, pulsed

用于X射线诊断设备。
标识脉冲透视(荧光镜检查)的控制或指示。

注:也可见符号5330。

5982
X射线野,不受遮光器限制
X-ray field, not limited by shutters

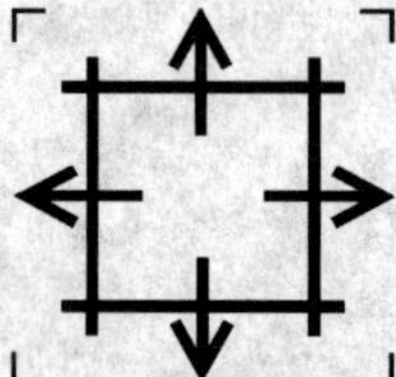

用于X射线诊断设备。
标识限束器的遮光板完全打开的控制或指示,或指示没有限束器。

5986
磁盘媒体
Disc media

标识磁盘驱动器的控制,或指示磁盘媒体已经被插入或访问。

5987

硬盘

Hard disk

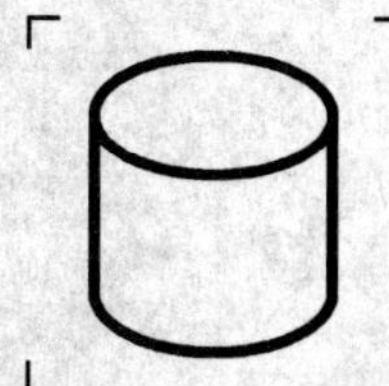

标识硬盘本身或指示硬盘正在被访问。

注：为指示访问状态，本图形符号通常与一个动态指示器(如 LED)一同使用，访问状态将把它激活。

5988

计算机网络

Computer network

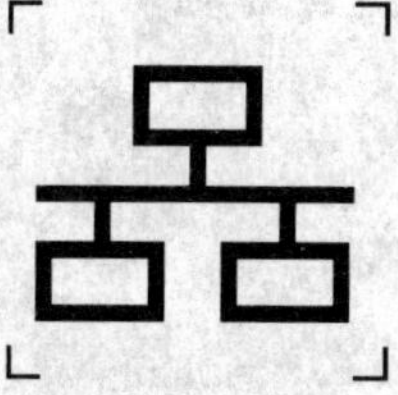

标识计算机网络本身或指示计算机网络的连接终端。

5989

电话线

Telephone line

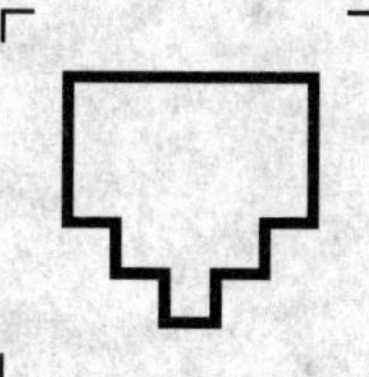

标识任何连接到电话线上的通信设备的终端。

5990

鼠标

Mouse

与计算机鼠标有关的标识。

5991
键盘
Keyboard

与计算机键盘有关的标识,如用于终端。

5992
数字锁定
Locking, numerals; num-lock

用于键盘。
指示数字锁定状态、键入数字字母的锁定和解锁。
注1:本符号不能用于某个键。也可见ISO 7000:2012。
注2:本图形符号中的元素可以改变,通常与字母符号1或9对应。

5993
大写字母锁定
Locking, capitals; caps-lock

用于键盘。
指示大写锁定状态、键入大写字母的锁定和解锁。
注:本符号不能用于某个键。也可见ISO 7000:2010。

5994
滚动锁定
Locking, scroll; scroll lock

用于键盘。
指示计算机屏幕上滚动窗口的锁定或解锁状态。

6005

脉冲背景

Pulse background

用于弧焊设备。

标识脉冲背景的控制。

注1：控制由从 IEC 60974-1 的表 L.1 中选出的字母确定。

注2：本图形符号的含义取决于其取向。

6006

脉冲峰值

Pulse peak

用于弧焊设备。

标识脉冲峰值的控制。

注1：控制由从 IEC 60974-1 的表 L.1 中选出的字母确定。

注2：本图形符号的含义取决于其取向。

6007

热启动

Hot start

用于弧焊设备。

标识在焊接开始时增加能量的控制或功能。

注1：控制由从 IEC 60974-1 的表 L.1 中选出的字母确定。

注2：本图形符号的含义取决于其取向。

6008

倾斜,增加

Slope, increasing

用于弧焊设备。

标识调整增加值的控制或功能。

注 1:控制由从 IEC 60974-1 的表 L.1 中选出的字母确定。

注 2:本图形符号的含义取决于其取向。

6009

倾斜,减少

Slope, decreasing

用于弧焊设备。

标识调整减少值的控制或功能。

注 1:控制由从 IEC 60974-1 的表 L.1 中选出的字母确定。

注 2:本图形符号的含义取决于其取向。

4 索引

5001A	电池,一般符号	Battery,general
5001B	电池,一般符号	Battery,general
5002	电池定位	Positioning of cell
5003	交流/直流变换器;整流器;电源转接器	AC/DC-converter; rectifier; substitute power supply
5004	可变性(可调性)	Variability
5005	正号;正极	Plus; positive polarity
5006	负号;负极	Minus; negative polarity
5007	通(电源)	"ON" (power)
5008	断(电源)	"OFF" (power)
5009	待机	Stand-by
5010	通/断(按-按)	"ON"/"OFF" (push-push)
5011	通/断(按钮开关)	"ON"/"OFF" (push button)
5012	灯;照明;照明设备	Lamp; lighting; illumination
5013	铃	Bell
5014	喇叭	Horn
5015	通风机;鼓风机;风扇	Air impeller; blower; fan
5016	熔断器	Fuse
5017	接地	Earth; ground
5018	功能性接地	Functional earthing; functional grounding (US)
5019	保护接地	Protective earth; protective ground
5020	接机壳;接机架	Frame or chassis
5021	等电位	Equipotentiality
5022	单向运动	Movement in one direction
5023	双向运动	Movement in both directions
5024	双向局限运动	Movement limited in both directions
5025	移离参考点的效应或作用	Effect or action away from a reference point
5026	移向参考点的效应或作用	Effect or action towards a reference point
5027	移离参考点的双向效应或作用	Effect or action in both directions away from a reference point

5028	移向参考点的双向效应或作用	Effect or action in both directions towards a reference point
5029	非同时移离和移向参考点的效应或作用	Non-simultaneous effect or action away from and towards a reference point
5030	同时移离和移向参考点的效应或作用	Simultaneous effect or action away from and towards a reference point
5031	直流电	Direct current
5032	交流电	Alternating current
5032-1	三相交流电	Three-phase alternating current
5032-2	带中性线的三相交流电	Three-phase alternating current with neutral conductor
5033	交直流两用	Both direct and alternating current
5034	输入	Input
5035	输出	Output
5036	危险电压	Dangerous voltage
5037	高音控制	Treble control
5038	低音控制	Bass control
5039	天线	Aerial; antenna
5040	偶极子天线	Dipole
5041	小心,烫伤	Caution, hot surface
5042	环形天线	Frame aerial; loop antenna
5043	调谐器;无线电接收机	Tuner; radio receiver
5044	信号强度衰减,本地/远端	Signal strength attenuation, local/distant
5045	调谐	Tuning
5046	自动频率控制	Automatic frequency control
5047	噪声抑制	Muting; squelch
5048	彩色(限定符号)	Colour (qualifying symbol)
5049	电视;视频	Television; video
5050	彩色电视	Colour television
5051	电视监视器	Television monitor
5052	彩色电视监视器	Colour television monitor
5053	电视接收机	Television receiver
5054	彩色电视接收机	Colour television receiver
5055	聚焦	Focus

5056	亮度;辉度	Brightness; brilliance
5057	对比度	Contrast
5058	色饱和度	Colour saturation
5059	图像轮廓加重器	Crispener
5060	色调	Hue
5061	水平同步	Horizontal synchronization
5062	垂直同步	Vertical synchronization
5063	水平图像位移	Horizontal picture shift
5064	垂直图像位移	Vertical picture shift
5065	水平图像幅度	Horizontal picture amplitude
5066	垂直图像幅度	Vertical picture amplitude
5067	图像尺寸调整	Picture size adjustment
5068	水平(行)线性	Horizontal linearity
5069	垂直(场)线性	Vertical linearity
5070	单道声	Monophonic
5071	立体声	Stereophonic
5072	平衡	Balance
5073	全向传声器	Omnidirectional microphone
5074	双向传声器	Bi-directional microphone
5075	单向或心形传声器	Unidirectional or cardiold microphone
5076	耳机	Earphone
5077	头戴耳机	Headphones
5078	头戴立体声耳机	Stereophonic headphones
5079	头戴送、受话器	Headset
5080	扬声器	Loudspeaker
5081	扬声器/传声器	Loudspeaker/microphone
5082	传声器,一般符号	Microphone, general
5083	立体声传声器	Stereophonic microphone
5084	放大器	Amplifier
5085	音乐	Music
5086	唱片拾音器	Pick-up for disk records
5087	立体声唱片拾音器	Stereophonic pick-up for disk records

5088	晶体或陶瓷的压电拾音器	Piezo-electric pick-up, crystal or ceramic
5089	电磁式拾音器	Dynamic pick-up, electro-or magneto-dynamic
5090	电话;电话适配器	Telephone; telephone adapter
5091	高通滤波器	High-pass filter
5092	低通滤波器	Low-pass filter
5093	带式录音机	Tape recorder
5094	立体声磁带录音机	Magnetic tape stereo sound recorder
5095	磁带录制	Recording on tape
5096	磁带重放或读出	Play-back or reading from tape
5097	磁带消磁	Erasing from tape
5098	磁带录制时的输入监视	Monitoring at the input during recording on tape
5099	磁带录制后的磁带监视	Monitoring of tape after recording on tape
5100	磁带重放或读出的监视	Monitoring during play-back or reading from tape
5101	磁带录音机锁定装置	Recording lock on tape recorders
5102	磁带录音机上的脉冲标记	Pulse marker on tape recorders
5103	磁带剪辑	Tape cutting
5104	起动;动作的开始	Start; start of action
5105	指令或纠错	Instruction or correction
5106	记录内容的长度或结尾	Length or end of text
5107A	常速运转;常速	Normal run; normal speed
5107B	常速运转;常速	Normal run; normal speed
5108A	快速运转;快速	Fast run; fast speed
5108B	快速运转;快速	Fast run; fast speed
5109	不得用于住宅区	Not to be used in residential areas
5110A	停机(动作的停止)	Stop
5110B	停机(动作的停止)	Stop
5111A	暂停;中断	Pause; interruption
5111B	暂停;中断	Pause; interruption
5112	信号转换	Transfer of signal
5113	弹出	Rejection

5114	脚踏开关	Foot switch
5115	信号灯	Signal lamp
5116	电视摄像机	Television camera
5117	彩色电视摄像机	Colour television camera
5118	磁带录像机	Videotape recorder
5119	彩色磁带录像机	Colour videotape recorder
5120	录像	Video recording
5121	彩色录像	Colour video recording
5122	重放视频	Video play-back
5123	重放彩色视频	Colour video play-back
5124A	慢速运转;慢速	Slow run; slow speed
5124B	慢速运转;慢速	Slow run; slow speed
5125A	重述	Recapitulate
5125B	重述	Recapitulate
5126	按传声方式工作的扬声器	Loudspeaker in operation as a microphone
5127	按扬声器方式工作的扬声器	Loudspeaker in operation as such
5128	航首标志	Heading marker
5129	天线旋转;扫描器旋转	Aerial rotation; scanner rotation
5130	脉冲,一般符号	Pulse, general
5131	长脉冲	Long pulse
5132	可编程的起点	Programmable start
5133	方位标记	Bearing marker
5134	静电敏感器件	Electrostatic sensitive devices
5136	航首方位	Ship's head-up presentation
5137	指北方位	North-up presentation
5138	独立的照明辅助设备	Independent lighting auxiliary
5140	非电离的电磁辐射	Non-ionizing electromagnetic radiation
5141	抑制海面杂波,最小位置	Anti sea-clutter, position of minimum
5142	抑制雨点杂波,最小位置	Anti rain-clutter, position of minimum
5143	区域选择器	Range selector
5144	区域环亮度	Range rings brilliance
5145	可调区域标记	Variable range marker

5146	调到最小	Adjustment to a minimum
5147	调到最大	Adjustment to a maximum
5148	视频放像机拾像器	Pick-up for video disk record player
5149	发射功率监视器	Transmitted power monitor
5150	发射/接收监视器	Transmit/receive monitor
5151	水听器	Hydrophone
5152	激光设备的辐射	Radiation of laser apparatus
5153	水下发声器	Underwater sound projector
5154	水声可逆换能器	Reversible transducer for underwater sound
5156	变压器	Transformer
5157	带通滤波器	Band-pass filter
5158	可调中心频率的带通滤波器	Band-pass filter with variable centre frequency
5159	可调带宽的带通滤波器;选择性控制	Band-pass filter with variable pass-band; selectivity control
5160	带阻滤波器	Band-stop filter
5161	抑制海面杂波,最大位置	Anti sea-clutter, position of maximum
5162	抑制雨点杂波,最大位置	Anti rain-clutter, position of maximum
5163	信息载体的录制	Recording on an information carrier
5164	信息载体的读出或重放	Reading or reproduction from an information carrier
5165	信息载体的消迹	Erasing from an information carrier
5166	信息载体的记录或录制时对输入数据的监视	Monitoring input data during writing or recording on an information carrier
5167	信息载体的记录或录制后对输入数据的监视	Monitoring input data after writing or recording on an information carrier
5168	信息载体的读出或重放时对输出数据的监视	Monitoring output data during read-out or reproduction from an information carrier
5169	录制锁定	Recording lock
5170	标志	Marker
5171	剪辑	Cutting
5172	Ⅱ类设备	Class Ⅱ equipment
5173	信号低端	Signal low terminal
5177	快速起动	Fast start
5178	快速停止	Fast stop

5179	测试电压	Test voltage
5180	Ⅲ类设备	Class Ⅲ equipment
5181	步调节	Variability in steps
5182	声音;音频	Sound; audio
5183	调节,最大步	Variability, maximum step
5184	钟;定时开关;计时器	Clock; time switch; timer
5185	拒波滤波器;陷波器	Rejection filter; wave trap
5186	整流器,一般符号	Rectifier, general
5187	教师;管理员	Teacher; supervisor
5188	学生;操作人员	Student; operator
5189	一组学生或操作人员	Group of students; group of operators
5190	全体学生或操作人员	All students; all operators
5191	框架调整	Frame adjustment
5192	图形记录器	Graphical recorder
5193	打印机	Printer
5194	直流/交流变换器	DC/AC-converter
5195	可调带阻滤波器	Variable band-stop filter
5196	陀螺指示器	Gyro indicator, general
5197	陀螺指示器的定位	Gyro indicator, setting
5198	陀螺罗盘仪真实方位	Gyro-compass true bearing
5199	相对方位	Relative bearing
5200	方位尺定位	Bearing ruler setting
5201	相位校准	Phase calibration
5202	角度校准	Angle calibration
5204	辨向天线开关	Sense-aerial switch; sense-antenna switch
5210	讲	Speak
5211	听	Listen
5213	莫尔斯电键	Morse key
5216	适合带电作业;双三角	Suitable for live working; double triangle
5219	玩具用安全隔离变压器	Safety isolating transformer for toys
5220	短路保护变压器	Short-circuit-proof transformer
5221	隔离变压器	Isolating transformer, general

5222	安全隔离变压器,一般符号	Safety isolating transformer, general
5223	非短路保护变压器	Non-short-circuit-proof transformer
5225	电动剃刀插座	Electric shaver outlet
5226	预洗,纺织品洗衣机	Pre-wash, textile washing machines
5227	主洗,纺织品洗衣机	Main wash, textile washing machines
5228	清洗	Rinsing
5229	最后一次清洗后停止	Stop after last rinse
5230	甩干	Spinning
5231	不甩干	Without spinning
5232	特殊处理	Special treatment
5234	高水位	High water level
5235	低水位	Low water level
5236	排水	Draining
5237	干燥或热度控制	Drying or warming operation
5244	自动增益控制,大范围	Automatic gain control, large field
5245	自动增益控制,小范围	Automatic gain control, small field
5249	告警信号的频率	Frequency of an alarm signal
5250	会议电话	Conference
5251	将用户数据输入本地存储器	Enter subscriber data into the local memory
5252	暂停通话;阻断通话	Parked call; held call
5253	(呼叫)转移	(Call) transfer
5254	链路装置	Link unit
5255	行波管放大器	Travelling wave tube amplifier
5256	信令发送器	Signalling sender
5257	信令接收器	Signalling receiver
5258	测试;识别或控制信令的频率	Frequency of a test, identification or control signal
5259	同步信令的频率	Frequency of a synchronizing signal
5260	解调器	Demodulator
5260-1	主群解调器	Demodulator, primary group
5260-2	次群解调器	Demodulator, secondary group
5261	调制器	Modulator

5261-1	主群调制器	Modulator, primary group
5261-2	次群调制器	Modulator, secondary group
5262	调制解调器	Modem
5263	主控台	Principal control panel
5264	设备的一部分"通"	"ON" for a part of equipment
5265	设备的一部分"断"	"OFF" for a part of equipment
5266	设备的一部分处于等待或预备状态	Stand-by or preparatory state for a part of equipment
5267	同步功能	Synchronizing function
5268	双位按钮控制的"按入"状态	"IN" position of a bi-stable push control
5269	双位按钮控制的"弹出"状态	"OUT" position of a bi-stable push control
5270	可编程停止;睡眠定时器	Programmable stop; sleep timer
5271	逻辑控制通路选择	Channel selector with logic control
5272	谐波发生器	Harmonic generator
5273	自动转换单元	Automatic change-over unit
5274	手动转换单元	Manual change-over unit
5275	过压保护装置	Overvoltage protection device
5276	本地	Local
5276-1	载波,本地	Carrier, local
5276-2	载频,本地	Pilot, local
5276-3	测量,本地	Measure, local
5276-4	信令,本地	Signalling, local
5276-5	告警,本地	Alarm, local
5277	远端	Remote
5277-1	载波,远端	Carrier, remote
5277-2	载频,远端	Pilot, remote
5277-3	测量,远端	Measure, remote
5277-4	信令,远端	Signalling, remote
5277-5	告警,远端	Alarm, remote
5278	相位抖动	Phase jitter
5279	相位抖动滤波器	Phase jitter filter
5280	环路	Loop

5281	数字组合器	Digital combiner
5282	数字分离器	Digital separator
5283	再生中继器	Regenerative repeater
5284	有稳定输出电压的变换器	Converter with stabilized output voltage
5285	可调整装置	Adjustable device
5286	失真校正器	Distortion corrector
5286-1	失真校正器,振幅/频率	Distortion corrector, amplitude/frequency
5286-2	失真校正器,相位/频率	Distortion corrector, phase/frequency
5286-3	失真校正器,延迟/频率	Distortion corrector, delay/frequency
5287	跟踪	Tracking
5288	配录	Dubbing
5289	辅助应用	Application assistance
5290	页面暂停	Page hold
5291	画中画模式	Picture-in-picture mode
5292	交换	Interchange
5293	具有肯定断开操作的动断触点的行程开关	Position switch having a break contact with positive opening operation
5294	严重玷污的物品,烹调用具	Badly soiled items; cooking utensils
5295	一般玷污的物品	Normally soiled items
5296	轻微玷污的物品	Lightly soiled items
5297	精致易碎的物品	Delicate items
5298	更新剂	Regenerating agent
5299	洗净剂	Final rinse agent
5300	洗碗机中的预洗	Pre-wash, dish washers
5301	主洗涤剂	Main wash detergent
5302	有稳定输出电流的变换器	Converter with stabilized output current
5303	运算放大器	Operational amplifier
5304	具有逻辑元件的设备	Equipment containing logic element
5305	取样单元	Sampling unit
5306	比较器,一般符号	Comparator, general
5306-1	比较器,电压	Comparator, voltage
5306-2	比较器,电流	Comparator, current

5306-3	比较器,频率	Comparator, frequency
5307	告警,一般符号	Alarm, general
5308	紧急告警	Urgent alarm
5309	告警系统解除	Alarm system clear
5310	帧	Frame
5311	复帧	Multiframe
5312	帧定位	Frame alignment
5313	帧定位丢失	Loss of Frame alignment
5314	帧定位误差	Error in frame alignment
5315	二电平信号	Two-level signal
5316	三电平信号	Three-level signal
5317	二进制编码信号	Binary coded signal
5318	选通,一般符号	Strobe, general
5318-1	选通,视频设备	Strobe, Video equipment
5319	告警禁止	Alarm inhibit
5320	间接照明	Indirect lighting
5321	低强度照明	Low-intensity lighting
5322	手持开关	Hand-held switch
5323	可变光阑孔板,开启	Iris diaphragm, open
5324	可变光阑孔板,闭合	Iris diaphragm, closed
5325	小焦点	Small focal spot
5326	中焦点	Intermediate focal spot
5327	大焦点	Large focal spot
5328	X射线摄影控制	Radiographic control
5329	间接X射线摄影	Indirect radiography
5330	X射线透视	Radioscopy
5331	AP型设备	Category AP equipment
5332	APG型设备	Category APG equipment
5333	BF型应用部分	Type BF applied part
5334	防除颤的BF应用部分	Defibrillation-proof type BF applied part
5335	CF型应用部分	Type CF applied part
5336	防除颤的CF型应用部分	Defibrillation-proof type CF applied part

5337	X射线管	X-ray tube
5338	X射线源组件	X-ray source assembly
5339	X射线源组件,发射	X-ray source assembly, emitting
5340	垂直X射线透视架	Vertical radioscopic stand
5341	垂直X射线摄影架	Vertical radiographic stand
5342	水平X射线摄影台	Horizontal radiographic table
5343	荧光照相架	Photo-fluorographic stand
5344	荧光照相机	Photo-fluorographic camera
5345	断层成像设备	Equipment for tomography
5346	带有台上X射线源组件的可倾斜台	Tilting table with overtable X-ray source assembly
5347	带有台下X射线源组件的可倾斜台	Tilting table with undertable X-ray source assembly
5348	X射线诊断压迫器	Radiodiagnostic compression device
5349	X射线诊断压迫器,移动	Radiodiagnostic compression device, movement
5350	X射线诊断压迫器,进行压迫	Radiodiagnostic compression device, pressure applide
5351	X射线诊断压迫器,停放	Radiodiagnostic compression device, parked
5352	滤线栅	Anti-scatter grid
5353	滤线栅,移动	Anti-scatter grid, movement
5354	滤线栅,未用	Anti-scatter grid, not used
5355	X射线诊断自动控制系统	Radiodiagnostic automatic control system
5356	单片射线照相的连续换片器	Serial changer for single radiographic film
5359	射线照相胶片选择,整幅和方向	Radiographic film selection, full format and orientation
5360	X射线摄影胶片选择,半幅和方向	Radiographic film selection, division by two and orientation
5361	射线照相胶片选择,四分之一幅和方向	Radiographic film selection, division by four and orientation
5362	胶片或底片切换器	Film or cassette changer
5363	胶片或底片切换器,双向操作	Film or cassette changers, bi-plane operation
5364	X射线诊断双向同步操作	Radiodiagnostic simultaneous bi-plane operation
5365	X射线诊断双向交替操作	Radiodiagnostic alternating bi-plane operation

5366	安装在地板上的放射线设备	Floor mounted radiological equipment
5367	悬吊在天花板上的放射线设备	Ceiling suspended radiological equipment
5368	X射线诊断泌尿科专用床	Radiodiagnostic urological table
5369	外科专用床	Surgical table
5370	患者专用椅,绕垂直轴旋转	Patient's chair, rotation about a vertical axis
5371	患者专用椅,绕水平轴倾斜	Patient's chair, tilt about a horizontal axis
5372	头颅X射线照相设备	Craniographic equipment
5373	X射线诊断C形臂	Radiodiagnostic C-arm
5374	X射线诊断U形臂	Radiodiagnostic U-arm
5375	乳腺X射线照相设备	Mammographic equipment
5376	X射线影像增强器	X-ray image intensifier
5377	具有稳定输入的X射线影像增强器	X-ray image intensifier with stabilized input
5378	影像增强器,全野输入	Image intensifier, full input field
5379	影像增强器,小野输入	Image intensifier, small input field
5380	X射线影像增强器,消气器	X-ray image intensifier, gettering
5381	辐射过滤器或渗透	Radiation filter or filtration
5382	注射器	Injection syringe
5383	辐射场中心的灯光指示器	Indication of radiation field centre by light
5384	辐射场的灯光指示器	Indication of radiation field by light
5385	限束装置,开启	Beam limiting device, open
5386	限束装置,关闭	Beam limiting device, closed
5387	具有独立开启挡板的限束装置	Beam limiting device with separate opening of the shutters
5388	具有独立关闭挡板的限束装置	Beam limiting device with separate closing of the shutters
5389	患者,较瘦体型	Patient, thin
5390	患者,正常体型	Patient, normal
5391	患者,肥胖体型	Patient, obese
5392	患者支架,倾斜	Patient support, tilting
5393	患者支架,纵向移动	Patient support, longitudinal movement
5394	患者支架,步进移动	Patient support, stepwise movement
5395	患者支架,垂直床面移动	Patient support, orthogonal movement to its plane

5396	患者支架,床面平面内移动	Patient support, movements in its plane
5397	患者支架,绕纵轴旋转	Patient support, rotation about a longitudinal axis
5398	患者摇架,绕纵轴旋转	Patient cradle, rotation about its longitudinal axis
5399	患者支架,绕垂直轴旋转	Patient support, rotation about an orthogonal axis
5401	无X射线辐射的断层摄影的移动	Tomographic movement without X radiation
5402	具有X射线辐射的断层摄影的移动	Tomographic movement with X radiation
5403	断层摄影层位选择	Tomographic layer selection
5404	阳极旋转,正常速度	Anode rotation, normal speed
5405	阳极旋转,高速	Anode rotation, high speed
5406	电离室	Ionization chamber
5407	电子图像,正常	Electronic image, normal aspect
5408	电子图像,从右向左翻转	Electronic image, reversal right-to-left
5409	电子图像,上下倒置	Electronic image, inverted top-to-bottom
5410	电子图像,上下倒置和从右向左翻转	Electronic image, inverted top-to-bottom and reversal right-to-left
5411	电子图像,黑白反置	Electronic image, reversal black-to-white
5412	电子图像,基准场	Electronic image, reference field
5413	电子图像,灰度控制	Electronic image, gamma control
5415	流逝时间显示	Elapsed time display
5416	剩余时间显示	Remaining time display
5417	可编程序的持续时间	Programmable duration
5418	灰尘袋,满	Dust bag, full
5419	灰尘袋	Dust bag
5420	扰码器	Scrambler
5421	解扰器	Descrambler
5424	接口器件,一般符号	Interface device, general
5424-1	接口器件,140 Mbit/s	Interface device, 140 Mbit/s
5424-2	接口器件,二进制	Interface device, binary
5424-3	接口器件,同步	Interface device, synchronization
5430	优先	Priority
5431	直达链路	Direct link

5432	混合链路	Omnibus link
5433	正常运行	Normal operation
5434	备用操作	Reserve operation
5435	亮度和对比度	Brightness and contrast
5436	静音	Sound muting
5438	立体声效果	Spatial sound effect
5439A	自动搜索调谐	Automatic search tuning
5439B	自动搜索调谐	Automatic search tuning
5440	可编程定时器,一般符号	Programmable timer, general
5444	遥控接收指示器	Remote control reception indicator
5446	一位或多位数选择	Single or multi-digit selection
5447	频带选择	Frequency band selection
5448	输入/输出	Input/output
5457	自动反向	Auto reverse
5459	弹出	Eject
5460	储存/存储方式结束	Storage/store mode finished
5463	图文方式	Teletext mode
5464	卫星接收模式,一般符号	Satellite reception mode, general
5464-1	卫星接收模式,电视	Satellite reception mode, television
5467	图像固定	Picture freeze
5470A	显像运转,提示信号	Run with visualization; cue
5470B	显像运转,提示信号	Run with visualization; cue
5471	逐帧画面,一般符号	Frame by frame, general
5471-1	逐帧画面,视频	Frame by frame, video
5476	索引主页面	Main index page
5477	删除画面	Cancel picture
5478	页面扩展	Page enlargement
5480	图文混合	TV and text mixed
5483	页号减	Page number down
5484	页号加	Page number up
5487	视频数据	Video data
5490	烹饪区扩展,同心	Enlargement of the cooking zone, concentric

5491	烹饪区扩展,偏心	Enlargement of the cooking zone, eccentric
5492	烹饪区扩展,椭圆	Enlargement of the cooking zone, oval
5493	烹饪区扩展,双侧	Enlargement of the cooking zone, bilateral
5495	复原	Return to an initial state
5498	缩位拨号	Short code dialling
5499	呼叫转移	Basic diversion
5500	三方通话	Three-party call
5501	回叫	Call-back
5502	来话禁止	Incoming calls barred
5503	总注销	General cancel
5504	重复呼叫	Repeat last call
5505	无应答转移	No-reply diversion
5506	询问呼叫	Enquiry call
5507	呼叫等待	Call waiting
5508	呼叫拾起	Call pick-up
5509	撤线	Disconnection
5510	屏幕上的附加信息	Additional information on screen
5511	菜单	Menu
5512	系统状态显示	System status display
5513	画中画,移动	Picture-in-picture, shift
5514	画中画,固定	Picture-in-picture, freeze
5515	画中画,切换	Picture-in-picture, swap
5516	画中画,选择	Picture-in-picture, select
5517A	多画面,显示	Multi-picture display
5517B	多画面,显示	Multi-picture display
5518	视盘播放机	Video disc player
5519	定时页码取消	Timed page cancel
5520	字幕	Subtitle
5521A	视频输入/输出	Video input/output
5521B	视频输入/输出	Video input/output
5522	彩色视频输入/输出	Colour video input/output
5522-1	彩色视频输入/输出,模拟式	Colour video input/output, analogue

5522-2	彩色视频输入/输出,数字式	Colour video input/output, digital
5525A	视频输入	Video input
5525B	视频输入	Video input
5526	彩色视频输入	Colour video input
5526-1	彩色视频输入,模拟式	Colour video input, analogue
5526-2	彩色视频输入,数字式	Colour video input, digital
5529A	视频输出	Video output
5529B	视频输出	Video output
5530	彩色视频输出	Colour video output
5530-1	彩色视频输出,模拟式	Colour video output, analogue
5530-2	彩色视频输出,数字式	Colour video output, digital
5533	录制检查	Record review
5534	电源插头	Power plug
5535	响度	Loudness
5536	湿度	Moisture
5537	亮度调节器	Fader
5538	微距	Close-up
5539	广角	Wide-angle
5540	远距(照相)	Tele(photo)
5541	背景光	Background light
5542	感光材料面;成像面	Plane of sensitized material; image plane
5543	电唱机;唱机	Record player; phonograph
5544	CD 播放机	Compact disc player
5546	电池校验	Battery check
5547	录制,一般符号	Recording, general
5548	插入信号	Insertion of signals
5549	录制静噪	Record muting
5550	拾音器臂,抬起	Tone arm, up
5551	拾音器臂,放下	Tone arm, down
5552	色温,自然光	Colour temperature, natural light
5553	色温,白炽灯	Colour temperature, incandescent lamp
5554	静止模式	Still mode

5555	磁带运转方向	Tape running direction
5556	人工反转	Manual reverse
5557	自动连续反转	Auto reverse continuously
5558	白平衡	White balance
5559	双声道	Two independent audio channels
5560	电视电缆分配	Cable television distribution
5561	盒式磁带	Cassette
5562	磁带终端	Tape end
5569	锁定,一般符号	Locking, general
5570	解锁	Unlocking
5572	电缆盘	Cable coiling
5573	水龙头,关	Water tap, closed
5574	水龙头,开	Water tap, open
5575	清洁/更换过滤器	Filter cleaning / changing
5576	关闭铃音	Bell cancel
5577	聚焦范围,很近距离	Zone focus, very short distance
5578	聚焦范围,近距离	Zone focus, short distance
5579	聚焦范围,中距离	Zone focus, middle distance
5580	聚焦范围,远距离	Zone focus, long distance
5581	节约;节能	Save; economize
5582	用于浴缸或淋浴器附近	Suitable for use in a bath or shower
5583	快洗模式	Short wash programme
5584	洗衣粉(剂)	Laundry starch
5585	柔和甩干	Gentle spin dry
5586	1/2 量	Half load
5587	轻度污染	Lightly soiled
5588	中度污染	Medium soiled
5589	重度污染	Heavily soiled
5594	抗皱	Crease resisting
5595	凝液收集器,一般符号	Condensate collector, general
5596	凝液收集器,满	Condensate collector, full
5597	蒸汽	Steam

5598	蒸汽,中强度	Steam, medium
5599	蒸汽,高强度	Steam, high
5600	平滑地板或平面	Smooth floor or surface
5601	地毯,一般符号	Carpet, general
5602	地毯,长毛	Carpet, long pile
5603	室内装潢	Upholstery
5604	窗帘	Curtains
5605	刷子,伸出	Brush, extended
5606	刷子,缩进	Brush, retracted
5607	炉(箱式),一般符号	Oven, general
5608	烤箱,电转烤肉架	Oven, rotisserie
5609	烤箱,烤架	Oven, grill
5610	烤箱,热循环空气	Oven, warm circulating air
5611	烤箱,热空气烤架	Oven, warm air grill
5612	烤箱,底部加热	Oven, lower heating
5613	烤箱,顶部加热	Oven, upper heating
5614	烤箱,底部和顶部加热	Oven, lower and upper heating
5615	微波炉	Oven, microwave
5616	微波炉,转盘	Oven, microwave and turntable
5617	炉(箱式),自洁式	Oven, self-cleaning
5618	炉(箱式),自动	Oven, automatic
5619	炉(箱式),灯	Oven, lighting
5620	炉(箱式),解冻位置	Oven, defrosting position
5621	炉(箱式),温度计	Oven, thermometer
5622	烤炉,托盘指示	Stove, plate indicator
5623	门,关闭	Door, closed
5624	门,开启	Door, open
5625	中等水量清洗,洗碗机	Intermediate rinsing, dish washers
5627	炉(箱式),保温	Oven, warming
5628	功能性运动,步进模式	Functional movement, stepwise mode
5630A	显像运转,回放	Run with visualization; review
5630B	显像运转,回放	Run with visualization; review

5631	三基色视频信号(限定信号)	Three component video signal (qualifying symbol)
5632	三基色视频输入/输出	Three component video input/output
5632-1	三基色视频输入/输出,模拟式	Three component video input/output, analogue
5632-2	三基色视频输入/输出,数字式	Three component video input/output, digital
5633	三基色视频输入	Three component video input
5633-1	三基色视频输入,模拟式	Three component video input, analogue
5633-2	三基色视频输入,数字式	Three component video input, digital
5634	三基色视频输出	Three component video output
5634-1	三基色视频输出,模拟式	Three component video output, analogue
5634-2	三基色视频输出,数字式	Three component video output, digital
5635	色差视频输入/输出	Two component video input/output
5635-1	色差视频输入/输出,模拟式	Two component video input/output, analogue
5635-2	色差视频输入/输出,数字式	Two component video input/output, digital
5636	色差视频输入	Two component video input
5636-1	色差视频输入,模拟式	Two component video input, analogue
5636-2	色差视频输入,数字式	Two component video input, digital
5637	色差视频输出	Two component video output
5637-1	色差视频输出,模拟式	Two component video output, analogue
5637-2	色差视频输出,数字式	Two component video output, digital
5638	紧急停止	Emergency stop
5639	可充电电池	Rechargeable battery
5640	主洗涤,洗碗机	Main wash, dish washers
5641	适合覆盖	Suitable for covering
5642	像增强器,中等输入范围	Image intensifier, medium input field
5643	零位偏移	Zero line shift
5645	感兴趣区的修正	Correction of a region of interest
5646	定义感兴趣区	Definition of a region of interest
5647	层叠显示	Display in cascade
5648	显示转换	Display transfer
5649	限值,一般符号	Limits, general

5650	可调上限	Adjustable upper limit
5651	可调下限	Adjustable lower limit
5652	基线调整	Baseline adjustment
5653	基线重置为确定值	Baseline reset to a determined value
5655	绕轴旋转,轴视	Rotation around an axis, axial view
5656	绕轴旋转,侧视	Rotation around an axis, side view
5657	物质混合	Mixing of substances
5658	测距	Distance measurement
5659	起动,测试运行	Start, test run
5661	传送准备就绪	Ready for transport
5662	日期	Date
5663	下一个人	Next person
5664	个人鉴别	Person identification
5665	体重	Body weight
5666	身高	Body height
5667	婴儿	Baby
5668	护士	Nurse
5669	闪烁计数器	Scintillation counter
5670	井型闪烁计数器	Scintillation counter with well
5671	伽玛照相机	Gamma camera
5672	伽玛照相机,倾斜	Gamma camera, tilt
5673	伽玛照相机,旋转	Gamma camera, rotation
5674	患者支撑台正常速度移动	Movement of a patient support at normal speed
5675	患者支撑台快速移动	Movement of a patient support at high speed
5676	X射线断层摄影设备,移动到起始位置	Equipment for tomography, movement to start position
5677	带水平台的地架式X射线源组件	Floor standing X-ray source assembly with horizontal table
5678	带可倾斜台的地架式X射线源组件	Floor standing X-ray source assembly with tilting table
5679	带水平台的顶棚悬挂式X射线源组件	Ceiling suspended X-ray source assembly with horizontal table
5680	带可倾斜台的顶棚悬挂式X射线源组件	Ceiling suspended X-ray source assembly with tilting table

5681	带可倾斜台的X射线断层摄影设备	Equipment for tomography with tilting table
5683	X射线增感屏,低灵敏度	X-ray intensifying screen, low sensitivity
5684	X射线增感屏,中灵敏度	X-ray intensifying screen, medium sensitivity
5685	X射线增感屏,高灵敏度	X-ray intensifying screen, high sensitivity
5686	立体焦点	Stereo focal spot
5687	超声图像,一般符号	Ultrasound image, general
5688	超声图像,双图像	Ultrasound image, dual-image
5689	超声图像,区域选择	Ultrasound image, field selection
5690	超声图像,放大	Ultrasound image, magnification
5691	超声图像,扫描线选择	Ultrasound image, scan-line selection
5692	超声图像,图像选择	Ultrasound image, image selection
5693	超声图像,M模式	Ultrasound image, M mode
5694	超声图像,B和M模式	Ultrasound image, B and M modes
5695	超声图像,M速度	Ultrasound image, M speed
5696	超声图像,脉冲多普勒模式	Ultrasound image, pulsed Doppler mode
5697	超声图像,CW多普勒模式	Ultrasound image, CW Doppler mode
5698	超声图像,测量容积扩大	Ultrasound image, measuring volume increase
5699	超声图像,测量容积上移	Ultrasound image, measuring volume movement upwards
5700	超声图像,测量容积下移	Ultrasound image, measuring volume movement downwards
5701	超声图像,测量容积缩小	Ultrasound image, measuring volume decrease
5702	超声图像,焦点定位	Ultrasound image, positioning of the focus
5707	笔式探头	Pencil probe
5709	扇形声场探头	Probe for sector-shaped sound field
5710	线形或凸形探头	Linear or curved array probe
5711	环行声场探头	Probe for circular sound field
5712	超声能量调节	Variation of ultrasound energy
5713	扫描深度调节	Variation of scan depth
5714	扫描孔径调节	Variation of scan aperture
5715	超声接收器,总增益	Ultrasound receiver, overall gain

5716	超声接收器,近场增益	Ultrasound receiver, near field gain
5717	超声接收器,起点深度补偿	Ultrasound receiver, start point depth compensation
5718	超声接收器,深度补偿	Ultrasound receiver, depth compensation
5719	超声接收器,远场增益	Ultrasound receiver, far field gain
5720	图像线密度	Image line density
5721	动态范围	Dynamic range
5722	灰度	Grey scale
5723	边缘增强	Edge enhancement
5725	冲击波头	Shockwave head
5726	冲击波头,台上位置	Shockwave head, overtable position
5727	冲击波头,台下位置	Shockwave head, undertable position
5728	冲击波头,纵向运动	Shockwave head, movement in the longitudinal direction
5729	冲击波头,旋转运动	Shockwave head, rotational movement
5730	冲击波头,目标位置	Shockwave head, target position
5731	冲击波头,停放位置	Shockwave head, park position
5732	冲击波头,去耦	Shockwave head, decouple
5733	冲击波头,耦合	Shockwave head, couple
5734	冲击波头,治疗位置左	Shockwave head, therapy position left
5735	冲击波头,治疗位置右	Shockwave head, therapy position right
5736	冲击波	Impulse
5737	呼吸触发	Respiratory triggering
5738	目标位置校准	Alignment of the target position
5739	至目标位置	Driving to the target position
5740	电极更换位置	Electrode replacement position
5741	呼吸面罩	Respiratory mask
5742	气管插管	Tracheal tube
5743	喉镜	Laryngoscope
5744	药瓶	Ampule
5745	皮下注射针头	Hypodermic needle
5746	人工呼吸器	Resuscitator
5747	注射液瓶	Infusion bottle

5748	手术器械	Surgical instrument
5749	电子烧灼装置	Electrical cautery device
5750	红外辐射	Radiation，infrared
5751	紫外线辐射	Radiation，ultraviolet
5752	改变线间距	Changing the line spacing
5753	数字指示器	Digital indicator
5754	调节探头角度	Probe angulation
5755	轴向移动探头	Probe，longitudinal movement
5756	停放位置的探头	Probe in parking position
5757	积分辐射测量，阈值	Integral radiation measurement，threshold
5758	以下阈调节窗宽的能量选择型辐射测量	Energy selective radiation measurement，window width，lower threshold
5759	以上阈调节窗宽的能量选择型辐射测量	Energy selective radiation measurement，window width，upper threshold
5760	调节窗中心位置的能量选择型辐射测量	Energy selective radiation measurement，window center position
5761	对称调节窗宽的能量选择型辐射测量	Energy selective radiation measurement，window width，symmetrical adjustment
5762	积分型辐射测量	Radiation measurement，integral
5763	能量选择型辐射测量	Radiation measurement，energy selective
5764	放射性核素扫描仪	Radionuclide scanner
5765	床上位置探头	Detector head in overtable position
5766	床下位置探头	Detector head in undertable position
5767	能量选择辐射多道测量	Energy selective radiation multichannel measurement
5768	像素平均值	Pixel averaging
5769	冲击波头，横向移动	Shockwave head，movement in lateral direction
5770	键区	Keypad
5771	电子图像，平均值	Electronic image，averaging
5772	电子图像，旋转	Electronic image，rotation
5773	电子图像，交错	Electronic image，interlacing
5774	胶片致黑	Film blackening
5777	电外科，电极柄	Electrosurgery，electrode handle
5778	电外科，一键式电极手柄	Electrosurgery，one-button electrode handle

5779	电外科,双键式电极手柄	Electrosurgery, two-button electrode handle
5780	电外科,切割模式	Electrosurgery, cutting mode
5781	电外科,混合切割模式	Electrosurgery, blended cutting mode
5782	电外科,凝结模式	Electrosurgery, coagulation mode
5783	电外科,喷雾凝结模式	Electrosurgery, spray coagulation mode
5784	电外科,双极凝结模式	Electrosurgery, bipolar coagulation mode
5785	用于热带地区	Suitable for use in the tropics
5786	用于亚热带地区	Suitable for use in the subtropics
5788	显示图像,放大	Displayed image, enlarged
5789	显示图像,缩小	Displayed image, reduced
5791	手形功能	Panning function
5792	感兴趣区的放大	Enlargement of region of interest
5794	图像交换	Image interchange
5795	ECG 触发显示	ECG triggered display
5800	分割屏幕	Split Screen
5802	屏幕选择	Screen selection
5810	患者位置,头/脚相反	Patient position, head/foot reversed
5811	患者位置,仰卧	Patient position, supine
5812	患者位置,俯卧	Patient position, prone
5814	患者位置,左侧卧	Patient position, left side
5815	下一个图像系列	Next image series
5816	前一个图像系列	Previous image series
5817	注射对比剂曝光	Exposure with contrast injection
5818	限束器,常规预置	Beam limiting device, general preset
5819	限束器,食道成像预置	Beam limiting device, esophagus preset
5820	限束器,小区域预置	Beam limiting device, small preset
5821	其他双平面通道的选择	Selection of other bi-plane channel
5822	手动移动	Manual movement
5823	患者支架移动起始位置的定义	Definition of start position of patient support movement
5824	患者支架向起始位置移动	Movement of patient support to start position
5825	楔形滤板,进/出移动	Wedge, in/out movement

5826	轮廓楔形滤板,进/出移动	Contour wedge, in/out movement
5827	中心楔形滤板,进/出移动	Central wedge, in/out movement
5828	楔形滤板,旋转	Wedge, rotation
5829	中心楔形滤板,旋转	Central wedge,rotation
5830	X 射线源,绕水平轴旋转	X-ray source, rotation around a horizontal axis
5831	X 射线源和影像增强器,共同旋转	X-ray source and image intensifier, combined rotation
5832	X 射线源和影像增强器,联合移动	X-ray source and image intensifier, combined movement
5833	X 射线源,绕其光束轴旋转	X-ray source, rotation around its beam axis
5840	B 型应用部分	Type B applied part
5841	防心脏除颤 B 型应用部分	Defibrillation-proof type B applied part
5842	多脉冲	Multi-pulse
5843	目标位置	Target position
5844	体温	Body temperature
5845	内径	Inner diameter
5846	外径	Outer diameter
5847	趋势	Trend
5848	探头旋转	Probe rotation
5849	设置	Setup
5850	串行接口	Serial interface
5851	打印机连接;并行接口	Printer connection; parallel interface
5852	X-射线滤板	X-ray filter
5853	最终漂洗,洗碗机	Final rinsing, dish washers
5854	速冻;快速结霜	Fast freeze; superfrost
5855	最小供电容量	Minimum supply capacity
5856	预洗洗涤剂	Pre-wash detergent
5857	灯测试	Lamp test
5861	下一个;播放下一部分	Next; to play next part
5862	前一个;播放前一部分	Previous; to play previous part
5863	音调,升调	Tune, high key
5864	音调,降调	Tune, low key

5865	音调,还原	Tune, normal key
5866	图像调整,倾斜	Picture adjustment, tilt
5867	图像调整,失真	Picture adjustment, skew
5868	图像调整,水平基准	Picture adjustment, horizontal keystone
5869	图像调整,垂直基准	Picture adjustment, vertical keystone
5870	图像调整,水平枕形	Picture adjustment, horizontal pincushion
5871	图像调整,垂直枕形	Picture adjustment, vertical pincushion
5872	图像调整,水平弓形	Picture adjustment, horizontal bow
5873	图像调整,垂直弓形	Picture adjustment, vertical bow
5874	图像调整,旋转	Picture adjustment, rotation
5875	光学聚焦	Optical focus
5876	夜间人像模式	Night portrait mode
5877	微光模式	Low light mode
5879	定时器	Self-timer
5880	世界时间	World time
5881	夏令时	Summer time
5882	声音和语言选择	Sound and language selection
5883	照相机位置选择	Camera position selection
5884	存储盘	Memory disk
5885	静物照相机	Still camera
5886	图像显示,基本设置	Image display, basic setting
5887	照相记录仪	Camera recorder
5888	传输被标记的图像	Transfer marked images
5889	图像标记	Marking of an image
5890	存储显示的图像	Store displayed image
5892	传递图像	Transfer image
5893	电子快门,关	Electronic shutters, close
5894	电子快门,开	Electronic shutters, open
5895	测功计	Ergometer
5896	光导照明	Optical conductor lighting
5897	底架,水平调节	Floor stand, horizontal adjustment
5898	底架,垂直调节	Floor stand, vertical adjustment

5913	手持话筒	Handheld microphone
5914	应急告警接收模式	Emergency warning reception mode
5915	隔间,语音实验室	Booth, language laboratory
5916	一对学生	Pair of students
5917	单帧拍摄	Single frame shot
5918	带反射镜的照明	Lighting with reflector
5920	位置,中前	Position, centre front
5921	位置,中后	Position, centre rear
5922	位置,中央	Position, centre
5923	位置,左前	Position, left front
5924	位置,左后	Position, left rear
5925	位置,左	Position, left
5926	直流电源连接器的极性	Polarity of d. c. power connector
5927	快速快门模式;运动模式	Fast shutter speed mode; sports mode
5928	宽屏幕(16∶9),标准模式	Wide-screen (16∶9), normal mode
5929	宽屏幕(16∶9),图像模式选择	Wide-screen(16∶9),selection of picture mode
5930	宽屏幕(16∶9),全屏模式	Wide-screen (16∶9), full picture mode
5931	宽屏幕(16∶9),水平缩放模式	Wide-screen (16∶9), horizontal zoom mode
5932	宽屏幕(16∶9),放大模式	Wide-screen (16∶9), zoom mode
5933	宽屏幕(16∶9),放大/缩小	Wide-screen (16∶9), zoom in/out
5934	宽屏幕(16∶9),图像放大模式	Wide-screen (16∶9), picture enlarge mode
5935	清洁用电动吸水清洗头	Motorized cleaning head for water suction cleaning
5937	心脏起搏器;植入型心律转复除颤器	Cardiac pacemaker; implantable cardioverter defibrillator
5938	通信,红外线	Communication, infrared
5939	电气装置的供电型式	Power supply type of electric device
5941	自耦变压器,一般符号	Auto-transformer, general
5942	自耦变压器,非耐短路	Auto-transformer, non-short-circuit proof
5943	自耦变压器,耐短路	Auto-transformer, short-circuit proof
5944	隔离变压器,非耐短路	Isolating transformer, non-short-circuit proof
5945	隔离变压器,耐短路	Isolating transformer, short-circuit proof

5946	安全隔离变压器,非耐短路	Safety isolating transformer, non-short-circuit proof
5947	安全隔离变压器,耐短路	Safety isolating transformer, short-circuit proof
5948	抗干扰隔离变压器,一般符号	Perturbation attenuation isolating transformer, general
5949	抗干扰隔离变压器,耐短路	Perturbation attenuation isolating transformer, short-circuit proof
5950	小型电抗器,一般符号	Small reactor, general
5951	小型电抗器,非耐过载	Small reactor, non-overload proof
5952	小型电抗器,耐过载	Small reactor, overload proof
5953	Ⅲ类手持灯用变压器,耐短路	Transformer for Class Ⅲ handlamps, short-circuit proof
5954	色温,荧光灯	Colour temperature, fluorescent lamp
5955	色温,多云/多雨	Colour temperature, cloudy/rainy
5956	色温,日出/日落	Colour temperature, sunrise/sunset
5957	仅限室内使用	For indoor use only
5958	X射线诊断C形臂,角度	Radiodiagnostic C-arm, angulation
5959	X射线源到影像增强器距离,增加	X-ray source to image intensifier distance, increase
5960	X射线源到影像增强器距离,减少	X-ray source to image intensifier distance, decrease
5961	X射线源到影像增强器,中心对准	X-ray source to image intensifier, centering
5962	影像增强器,绕水平轴旋转	Image intensifier, rotation around a horizontal axis
5963	X射线源,横向移动	X-ray source, lateral movement
5964	X射线源,纵向移动	X-ray source, longitudinal movement
5965	X射线源,垂直移动	X-ray source, vertical movement
5966	患者支撑台,患者位置移动	Patient support, patient transfer position
5967	机架,倾斜	Gantry, tilt
5968	抗干扰安全隔离变压器	Perturbation attenuation safety isolating transformer
5969	抗干扰安全隔离变压器,耐短路	Perturbation attenuation safety isolating transformer, short-circuit
5970	变频器	Frequency converter

5971	Ⅲ类手持灯变压器,非耐短路	Transformer for Class Ⅲ handlamps, non-short-circuit proof
5972	医用场所的电源隔离变压器,非耐短路	Isolating transformer for the supply of medical locations, non-short-circuit
5973	镜像触点	Mirror contact
5974	固定照明的连接设备;DCL	Devices for connection of fixed luminaires; DCL
5977	X射线影像接收器,透视	X-ray image receptor, radioscopic
5979	X射线暗盒,自由放置	X-ray cassette, freely positioned
5980	间接X射线摄影,数字式	Indirect radiography, digital
5981	透视,脉冲	Radioscopy, pulsed
5982	X射线野,不受遮光器限制	X-ray field, not limited by shutters
5986	磁盘媒体	Disc media
5987	硬盘	Hard disk
5988	计算机网络	Computer network
5989	电话线	Telephone line
5990	鼠标	Mouse
5991	键盘	Keyboard
5992	锁定,数字	Locking, numerals; num-lock
5993	锁定,大写字母	Locking, capitals; caps-lock
5994	锁定,滚动;滚动锁定	Locking, scroll; scroll lock
6005	脉冲背景	Pulse background
6006	脉冲峰值	Pulse peak
6007	热启动	Hot start
6008	倾斜,增加	Slope, increasing
6009	倾斜,减少	Slope, decreasing

ICS 83.080.01
G 31

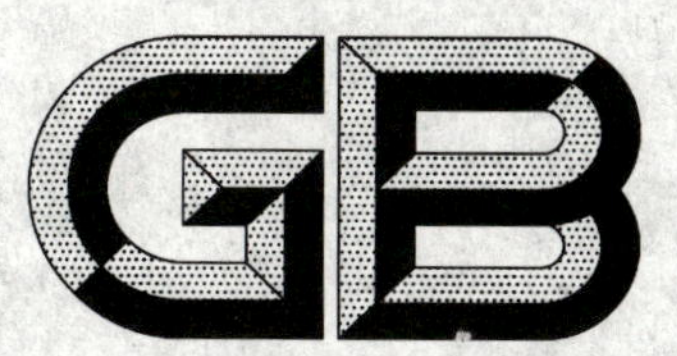

中华人民共和国国家标准

GB/T 5470—2008
代替 GB/T 5470—1985

塑料　冲击法脆化温度的测定

Plastics—Determination of the brittleness temperature by impact

(ISO 974:2000,MOD)

2008-08-14 发布　　　　2009-04-01 实施

中华人民共和国国家质量监督检验检疫总局
中国国家标准化管理委员会　发布

前　　言

本标准修改采用 ISO 974:2000《塑料——冲击法脆化温度的测定》(英文版)。

本标准根据 ISO 974:2000 重新起草。

本标准与 ISO 974:2000 的主要技术性差异如下:

——增加了对本标准中两种试验方法的说明(第 1 章);

——增加了规范性引用文件(第 2 章);

——ISO 974:2000 引用的国际标准由相应的我国标准代替(第 2 章);

——增加了 B 型试验机(同 ASTM D746:2007 中的 A 型试验机)(5.2);

——增加了"量具"和"秒表"的规定(5.7,5.8);

——增加了 B 型试样(同 ASTM D746:2007 中的 Ⅰ 型试样)(6.3);

——增加"精密度"一章(第 10 章);

——试验报告中增加了"注明所用试验方法"(第 11 章)。

为便于使用,本标准做了下列编辑性修改:

——用小数点"."代替作为小数点的逗号","。

本标准代替 GB/T 5470—1985《塑料　冲击脆化温度的测定》。

本标准与 GB/T 5470—1985 的主要差异如下:

——增加了对本标准中两种试验方法的说明(第 1 章);

——增加了"规范性引用文件"一章(第 2 章);

——增加了 B 型试验机(同 ASTM D746:2007 中的 A 型试验机)(5.2);

——仪器中取消了读数显微镜(GB/T 5470—1985 的 3.6);

——增加了对箱体和搅拌器的要求(5.5 和 5.6);

——增加了 B 型试样(同 ASTM D746:2007 中的 Ⅰ 型试样)(6.3) ;

——取消切口试样(见 GB/T 5470—1985 的 4.4);

——增加了"精密度"一章(第 10 章);

——试验报告中增加了"注明所用试验方法"(第 11 章)。

本标准由中国石油和化学工业协会提出。

本标准由全国塑料标准化技术委员会(SAC/TC 15)归口。

本标准起草单位:中国石化北京燕山分公司树脂应用研究所。

本标准参加起草单位:国家合成树脂质量监督检验中心、国家化学建筑材料测试中心(材料测试部)、国家石化有机原料合成树脂质检中心、广州金发科技股份有限公司。

本标准主要起草人:郑慧琴、杨黎黎、王晓丽、高雪艳、吴彦瑾、赵淑芝、于洋、王建东、王超先、李建军、王振江。

本标准所代替标准的历次版本发布情况为:GB/T 5470—1985。

引　言

塑料在多种用途中需要在承受或不承受冲击条件下进行低温弯曲。加工时产生的取向、热历史、冲击时施加在材料上的力、尤其是施力速度都会影响聚合物的脆性。当应用的变形条件与试验方法中规定的条件相似时，脆化温度可用于预测塑料材料的低温行为。脆化温度试验用于测量聚合物失去韧性呈“玻璃状”的温度。

塑料　冲击法脆化温度的测定

1　范围

本标准规定了标准环境温度下测定非硬质塑料在特定冲击条件下出现脆化破损时温度的方法。按照试验机和试样类型的不同分为两种方法,即

——使用A型试验机和A型试样的A法;

——使用B型试验机和B型试样的B法。

本标准用统计方法得出脆化温度。由于要在统计的基础上计算脆化温度,所以需要准备足够的样品。统计技术已用于测得如定义3.1中的脆化温度。

本标准确定了试样破损率为50%时的脆化温度。本标准对制定材料规范较为有用,而不必测定材料的最低使用温度。用于材料规范时,测定值的测量精度不大于±5 ℃。

2　规范性引用文件

下列文件中的条款通过本标准的引用而成为本标准的条款。凡是注日期的引用文件,其随后所有的修改单(不包括勘误的内容)或修订版均不适用于本标准,然而,鼓励根据本标准达成协议的各方研究是否可使用这些文件的最新版本。凡是不注日期的引用文件,其最新版本适用于本标准。

GB/T 2918—1998　塑料　试样状态调节和试验的标准环境(idt ISO 291:1997)

GB/T 11547—2008　塑料　耐液体化学试剂性能的测定(ISO 175:1999,MOD)

ASTM D746:2007　塑料和弹性体冲击法脆化温度的测定

3　术语和定义

下列术语和定义适用于本标准。

3.1

脆化温度　brittleness temperature

T_{50}

在规定试验条件下,试样破损率为50%时的温度。

3.2

试验速度　test speed

试验机的冲头与固定在夹具中的试样之间的相对速度。

4　原理

将在夹具中呈悬臂梁固定的试样浸没于精确控温的传热介质中,按规定时间进行状态调节后,以规定速度单次摆动冲头冲击试样。测试足够多的试样,用统计理论来计算脆化温度。50%试样破损时的温度即为脆化温度。

5　仪器

5.1　A型试验机

试验机由样品夹具和冲头以及机械连接部件组成,正确安装这些部件以确保冲头能在相对恒定的速度下冲击样品。图1为A型试验机冲头和夹具组件的尺寸关系,图2为安装上试样的A型样品夹具,图3为A型试验机的冲头和样品夹具的详细说明。

其主要部件的尺寸如下：

a) 冲头半径为 1.6 mm±0.1 mm；

b) 钳口半径为 4.0 mm±0.1 mm；

c) 冲头中心线与夹具间隙为 3.6 mm±0.1 mm；

d) 冲头的外侧与夹具间隙为 2.0 mm±0.1 mm。

冲击时试验速度应达到 200 cm/s±20 cm/s，冲头行程至少达 5.0 mm。

单位为毫米

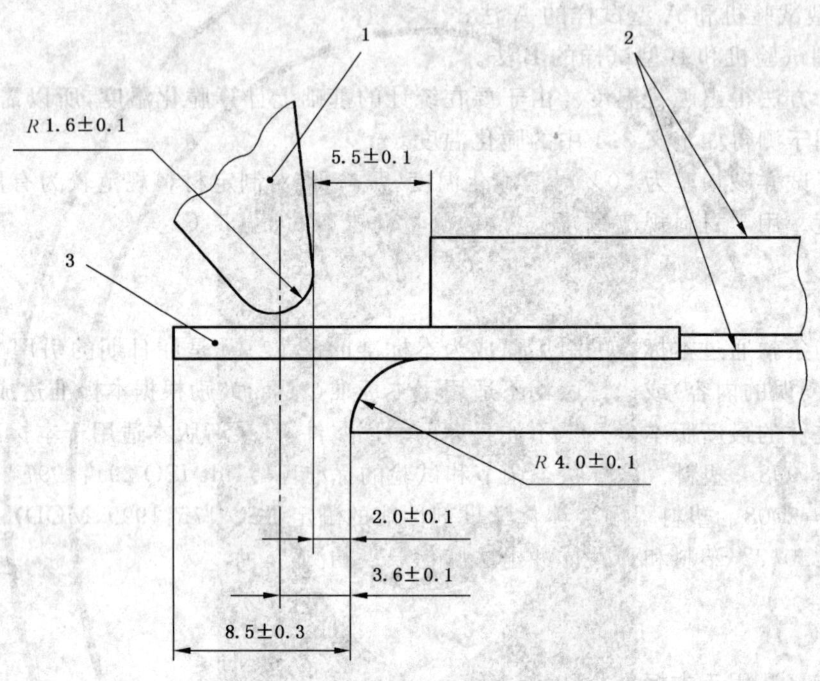

1——冲头；
2——夹具；
3——试样。

图 1 A 型试验机冲头和夹具组件的尺寸关系

图 2 安装上试样的 A 型样品夹具(示意图)

单位为毫米

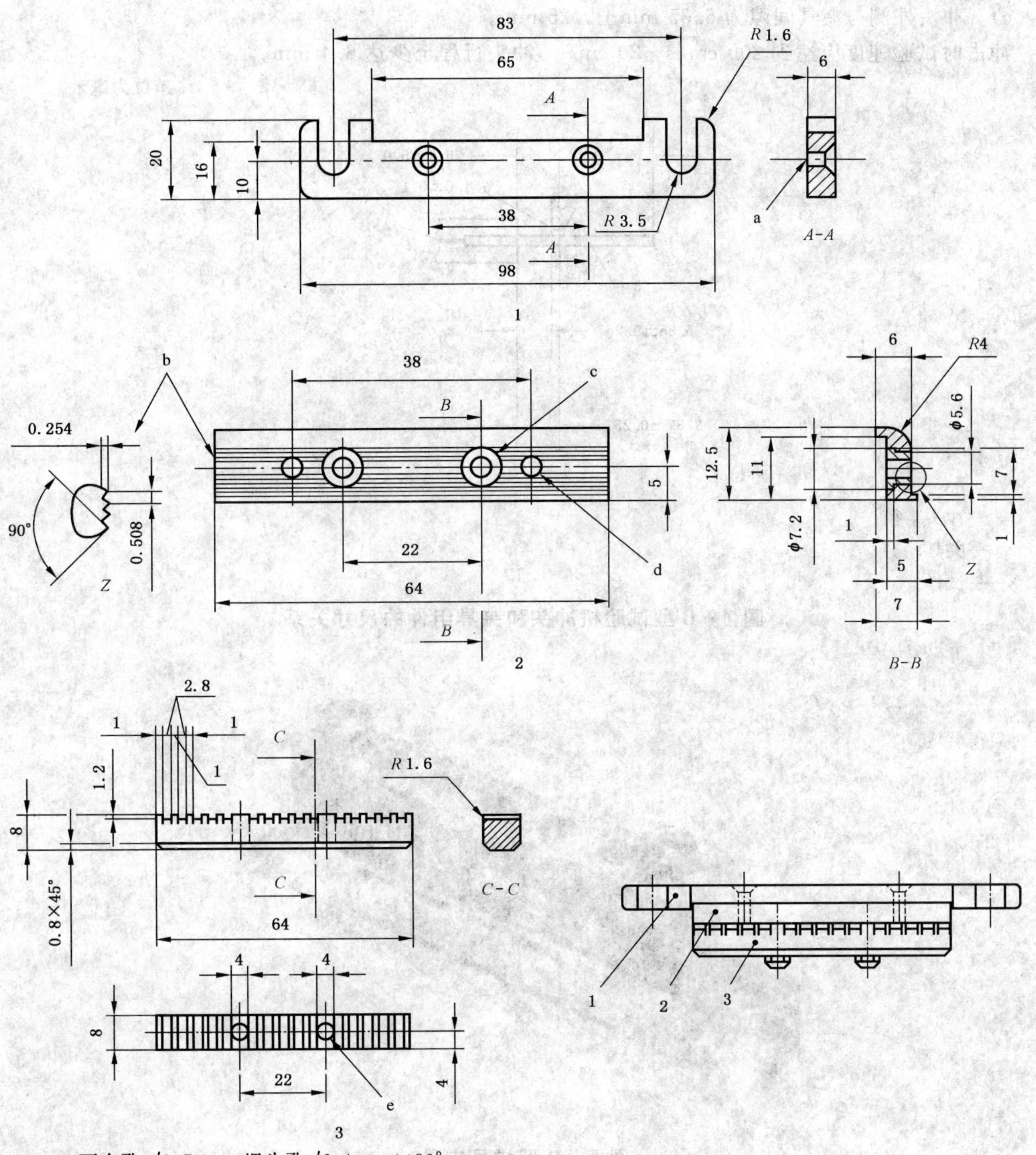

a——两个孔，ϕ3.7 mm，埋头孔 ϕ6.4 mm×90°；

b——移去齿轮上的尖角；

c——两个嵌入式衬套；

d——两个孔，48 A；

e——两个孔，ϕ3.7 mm。

图 3 A 型试验机冲头和样品夹具的具体尺寸

5.2 B 型试验机

试验机由样品夹具和冲头以及机械连接部件组成，正确安装这些部件以确保冲头能在相对恒定的速度下冲击样品。图 4 是 B 型试验机的冲头和夹具组件的尺寸关系。图 5 为 B 型样品夹具。

其主要部件的尺寸如下：

a) 冲头半径为 1.6 mm±0.1 mm；

b) 冲头中心线与夹具间隙为 7.87 mm±0.25 mm；

c) 冲头外侧与夹具间隙为 6.35 mm±0.25 mm。

冲击时试验速度应达到 200 cm/s±20 cm/s，冲头行程至少达 6.4 mm。

单位为毫米

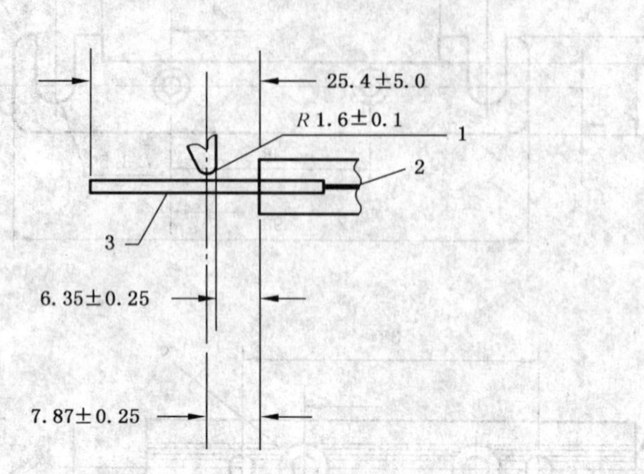

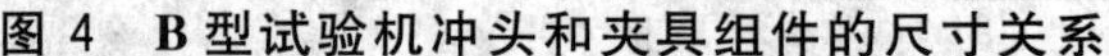

1——冲头半径；

2——夹具；

3——试样。

图 4 B 型试验机冲头和夹具组件的尺寸关系

图 5 B 型样品夹具

注：因为试样夹具的几何尺寸不同，使用 A 型试样夹具和冲头测试的结果与使用 B 型仪器得到的结果不具有可比性。

5.3 温度测试系统

可用任何适合的设备。应在要求范围校准且精确至±0.5 ℃，测温装置应尽可能靠近试样。

5.4 液体或气体导热介质

在试验温度下，能够保证流动性并对试样没有影响的液体都可以使用。传热介质的温度控制在试验温度的±0.5 ℃内。

注：液体介质与塑料试样的接触时间短且温度低，对大多数塑料材料，乙醇和干冰的混合物都适用。此混合物可使温度降至−76 ℃，低于此温度则需要其他传热介质，如硅油、二氯二氟甲烷/液氮或空气浴槽。

在使用的最高温度下测量暴露前和暴露 15 min 后的物理性能，能够得出塑料和传热介质之间是否发生作用(见 GB/T 11547—2008),两次测得数值不应有明显差异。

5.5 **箱体**

具有绝热性。

5.6 **搅拌器**

使导热介质能够均匀循环。

5.7 **量具**

精度为 0.1 mm,用于测量试样的宽度和厚度。

5.8 **秒表**

6 试样

6.1 概述

对许多聚合物,试验结果在很大程度上取决于样片制备和试样制备的条件和方法。除非另有规定,应按照相关的产品规定进行样片制备,再从样片上裁取。清洁的冲刀和减少或消除偶然的缺口都会得到更低的脆化温度。

用同一方法制备试样很重要,用刀片或其他锋利的工具切割试样,最好每次平稳冲切。不推荐手动冲刀切试样,尽管这样可能制备出满意的试样。推荐使用自动冲切机。无论使用哪种方法,经常检查和维护冲刀很重要。要获得可靠的试验结果,制备试样应使用锋利的冲刀。

可以通过观察任一系列破损试样上破裂点来判断冲刀的状况。当被冲破的样条从试验仪器的夹具上掉下时,可以很方便的收集这些样品并且观察到这些样品是否在同一点上或同一点附近有破裂的趋势。如果破裂点一直在同一位置出现,说明冲刀的那个位置已钝化、有缺口或弯曲。

注:对于使用自动切割的样条,见 Bestelink,P. N. 和 Turner,S.;聚乙烯的低温冲击试验方法,ASTM Bulletin No. 231,68(1958)。

6.2 A 型试样

试样长 20.00 mm±0.25 mm,宽 2.50 mm±0.05 mm,厚 2.00 mm±0.10 mm,具体尺寸见图 6(a)。试样可以从宽 20.00 mm±0.25 mm 和要求厚度的长条样片上很方便地切成规定的尺寸。最好的方法是使用自动冲切机。

单位为毫米

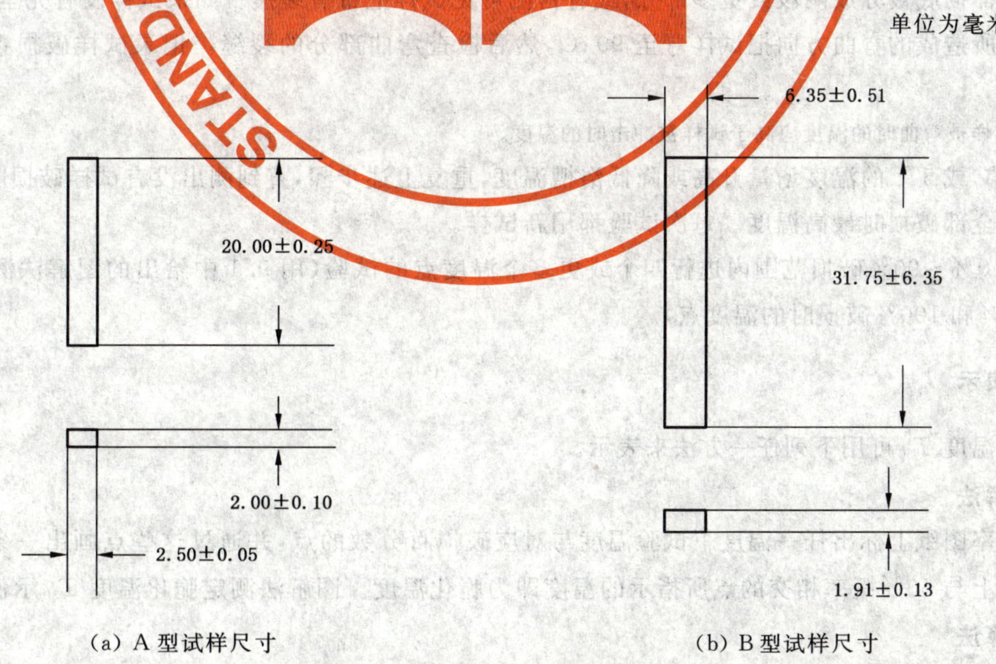

(a) A 型试样尺寸　　(b) B 型试样尺寸

图 6 A 型和 B 型试样尺寸

6.3 B 型试样

试样长 31.75 mm±6.35 mm，宽 6.35 mm±0.51 mm，厚 1.91 mm±0.13 mm，具体尺寸见图 6(b)。

7 状态调节

按照材料标准的规定对试样进行状态调节，未做规定且相关方未协商一致时，从 GB/T 2918—1998 中选择最适宜的状态调节条件。

8 操作步骤

8.1 预定一种材料的脆化温度时，推荐在预期能达到 50%破损率的温度条件下进行试验。在该温度下至少用 10 个试样进行试验。如果试样全部破损，把浴槽的温度升高 10 ℃，用新试样重新进行试验；如果试样全部不破损，把浴槽的温度降低 10 ℃，用新试样重新进行试验；如果不知道大致的脆化温度，起始温度可以任意选择。

8.2 试验前准备浴槽，仪器调至起始温度。如果用干冰冷却浴槽，把适量的粉状干冰置于绝热的箱体中，然后慢慢加入导热介质，直至液面与顶部保持 30 mm～50 mm 的高度。如果仪器配备了液氮或干冰冷却系统和自动控温装置，应遵循仪器制造商提供的说明书操作。

8.3 将试样紧固在夹具内，并将夹具固定在试验机上(见图 3)。

注：夹具的夹持力过大时，可能对某些材料造成预应力，试验时导致试样过早破损。用扭矩扳手可控制试样的夹持力，并且应对每一试样施加相同的最小夹持力。

8.4 将夹具降至传热介质中。如果使用干冰做冷却剂，可以通过适时添加少量干冰来保持恒温。如果仪器配备的是液氮或干冰冷却系统和自动控温装置，应遵循仪器制造商提供的设置和控温方法操作。

8.5 使用液体介质时，3 min±0.5 min 记录温度并对试样做一次冲击；用气体介质时，20 min±0.5 min 记录温度并对试样做一次冲击。

8.6 将夹具从试验仪器中移开，并把每个试样都从夹具中取出，逐个检查试样确定是否已破损。所谓破损即试样彻底被分成两段或更多部分，或者目测可见试样上带有裂痕。如果试样没有完全分离，可以沿着冲击所造成的弯曲方向把试样弯至 90 ℃，然后检查弯曲部分的裂缝。记录试样破损数目和试验温度。

注：试样被弯曲时的温度应高于试样被冲击时的温度。

以 2 ℃或 5 ℃的温度增量升高或降低浴槽温度，重复上述步骤，直到测出没有试样破损时的最低温度和试样全部破损时最高温度。每次试验都用新试样。

8.7 在 10%～90%破损范围内进行四个或更多个温度点的试验(用 9.1 中给出的图解法测定 T_{50} 时，不包含 0%和 100%破损时的温度点)。

9 结果表示

脆化温度 T_{50} 可用下列任一方法来表示。

9.1 图解法

在概率图纸上标出任一温度下试验温度与对应破损百分数的点，并通过这些点画出一条最理想的直线。线上与 50%概率相交的点所指示的温度即为脆化温度。图解法测定脆化温度 T_{50} 示例见图 7。

9.2 计算法

按式(1)计算材料的脆化温度：

$$T_{50} = T_h + \Delta T\left(\frac{S}{100} - \frac{1}{2}\right) \quad \cdots\cdots(1)$$

式中：

T_{50}——脆化温度，单位为摄氏度(℃)；

T_h——所有试样全部破损时的温度(用正确的代数符号)，单位为摄氏度(℃)；

ΔT——两次试验间相同的适当温度增量，单位为摄氏度(℃)；

S——每个温度点破损百分率的总和(从没有发生断裂现象的温度开始下降直至包括 T_h)。

把试验结果表示为一个最靠近的摄氏温度整数值。

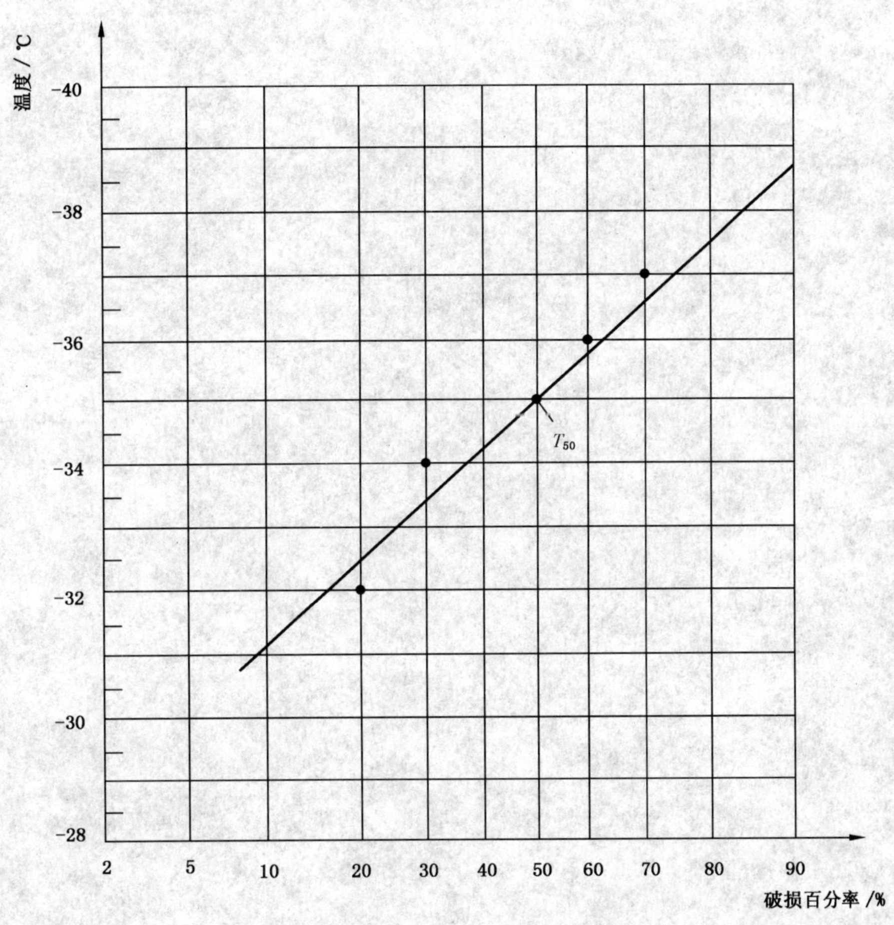

图 7 图解法测定脆化温度 T_{50} 示例

10 精密度

因未获得实验室间数据，本试验方法的精密度尚不可知。待得到实验室间数据后，将在下次修订中增加有关精密度的内容。

11 试验报告

报告应包括以下信息：

a) 注明采用本标准；

b) 受试材料的详细说明，包括类型、来源、生产厂牌号、形状和经历等；

c) 脆化温度；

d) 试样的制备方法；

e) 注明所用试验方法；

f) 状态调节方法，如果可能包括模塑和退火后所经过的时间；

g) 传热介质；

h) 试验日期和人员。

ICS 83.080.10
G 31

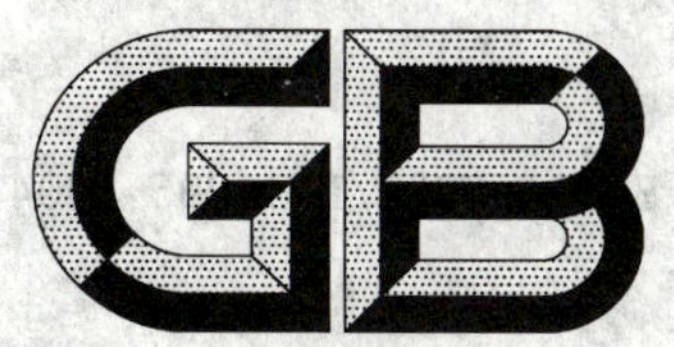

中华人民共和国国家标准

GB/T 5471—2008/ISO 295:2004
代替 GB/T 5471—1985

塑料　热固性塑料试样的压塑

Plastics—Compression moulding of test specimens of thermosetting materials

(ISO 295:2004,IDT)

2008-09-04 发布　　　　2009-04-01 实施

中华人民共和国国家质量监督检验检疫总局
中国国家标准化管理委员会　发布

前　言

本标准等同采用 ISO 295:2004《塑料——热固性塑料压塑试样》(英文版)。

本标准等同翻译 ISO 295:2004。

为便于使用,本标准做了下列编辑性修改:

——“本国际标准”改为“本标准”;

——用小数点“.”代替作为小数点的逗号“,”;

——删除了 ISO 的前言;

——对于 ISO 295:2004 引用的国际标准中,有被等同采用为我国标准的,引用我国标准代替国际标准,其余未有等同采用为我国标准的,在标准中均被直接引用。

本标准代替 GB/T 5471—1985《热固性模塑料压塑试样制备方法》。

本标准与 GB/T 5471—1985 相比主要差异如下:

——修改了标准名称;

——增加了适用范围一章;

——增加了规范性引用文件一章。

本标准由中国石油和化学工业协会提出。

本标准由全国塑料标准化技术委员会塑料树脂通用方法和产品分会(SAC/TC 15/SC 4)归口。

本标准负责起草单位:国家合成树脂质量监督检验中心。

本标准参加起草单位:四川大学、北京燕山石化树脂所、中石化北化院国家化学建筑材料测试中心。

本标准主要起草人:黄正安、王建东、陈军、吴世见、陈宏愿、卞贞秀。

本标准所代替标准的历次版本发布情况为:

——GB/T 5471—1985。

塑料　热固性塑料试样的压塑

1　范围

本标准建立了热压模塑制备热固性材料试样的通则和压制程序。

本标准规定了在性能试验报告应包含的有关试样制备的详细内容。

本标准给出设计制备试样用模具的一般原理。

为了以再现的方法制备试样，本标准讨论了试验结果具有可比的试样制备所涉及的基本条件。

本标准适用于以酚醛树脂、氨基树脂、三聚氰胺/酚醛、环氧及不饱和聚酯树脂为基料的热固性粉状模塑料(PMCs)。由于某些模塑料的成分、流动性或其他可变因素，可能需要按照规定的方法制备试样。在此情况下需要各方协商一致，并在模塑报告中注明。

2　规范性引用文件

下列文件中的条款通过本标准的引用而成为本标准的条款。凡是注日期的引用文件，其随后所有的修改单(不包括勘误的内容)或修订版均不适用于本标准，然而，鼓励根据本标准达成协议的各方研究是否可使用这些文件的最新版本。凡是不注日期的引用文件，其最新版本适用于本标准。

GB/T 1033.1—2008　塑料　非泡沫塑料密度的测定　第1部分:浸渍法、液体比重瓶法和滴定法(ISO 1183-1:2004,IDT)

GB/T 1404.1—2008　塑料　粉状酚醛模塑料　第1部分:命名方法和基础规范(ISO 14526-1:1999,IDT)

GB/T 1404.2—2008　塑料　粉状酚醛模塑料　第2部分:试样制备和性能测定(ISO 14526-2:1999,IDT)

GB/T 2035—2008　塑料　术语及其定义(ISO 472:1999,IDT)

GB/T 3403.1—2008　塑料　粉状脲-甲醛和脲/三聚氰胺-甲醛模塑料(UF-和UF/MF-PMCs)　第1部分:命名系统和分类基础(ISO 14527-1:1999,IDT)

GB/T 11997—2008　塑料　多用途试样(ISO 3167:2002,IDT)

ISO 4287　几何产品规范(GPS)　表面结构:轮廓方法——术语、定义和表面结构参数

ISO 14526-3　塑料　粉状酚醛模塑料(PF-PMCs)　第3部分:选择模塑料的要求

ISO 14527-2　塑料　脲-甲醛和脲/三聚氰胺-甲醛粉状模塑料(UF-和UF/MF-PMCs)　第2部分:试样制备和性能测定

ISO 14527-3　塑料　脲-甲醛和脲/三聚氰胺-甲醛粉状模塑料(UF-和UF/MF-PMCs)　第3部分:选择模塑料的要求

ISO 14528-1　塑料　三聚氰胺-粉状甲醛模塑料(MF-PMCs)　第1部分:命名和规格基础

ISO 14528-2　塑料　三聚氰胺-粉状甲醛模塑料(MF-PMCs)　第2部分:试样制备和性能测定

ISO 14528-3　塑料　三聚氰胺-粉状甲醛模塑料(MF-PMCs)　第3部分:选择模塑料的要求

ISO 14529-1　塑料　三聚氰胺/粉状酚醛模塑料(MP-PMCs)　第1部分:命名和规格基础

ISO 14529-2　塑料　三聚氰胺/粉状酚醛模塑料(MP-PMCs)　第2部分:试样制备和性能测定

ISO 14529-3　塑料　三聚氰胺/粉状酚醛模塑料(MP-PMCs)　第3部分:选择模塑料的要求

ISO 14530-1　塑料　粉状不饱和聚酯树脂模塑料(UP-PMCs)　第1部分:命名方法和规格基础

ISO 14530-2　塑料　粉状不饱和聚酯树脂模塑料(UP-PMCs)　第2部分:试样制备和性能测定

ISO 14530-3　塑料　粉状不饱和聚酯树脂模塑料(UP-PMCs)　第3部分:选择模塑料的要求

ISO 15252-1　塑料　粉状环氧树脂模塑料(EP-PMCs)　第1部分:命名方法和规格基础

ISO 15252-2　塑料　粉状环氧树脂模塑料(EP-PMCs)　第2部分:试样制备和性能测定

ISO 15252-3　塑料　粉状环氧树脂模塑料(EP-PMCs)　第3部分:选择模塑料的要求

3　术语和定义

GB/T 2035—2028 确立的以及下列术语和定义适用于本标准。

3.1

空间温度差　spatial temperature differences

把温度调整设备设定在给定的温度，当达到永久热平衡后，模具内不同点存在的瞬态温度差。

3.2

瞬时温度差　temporal temperature differences

把温度调节装置设定在给定的温度，在达到永久热平衡后，模具内部某给定点不同时间发生的温度差。

3.3

交联时间或固化时间　crosslinking time or cure time

模具闭合和模具打开之间的时间间隔。

注：实际上，固化时间通常由压力达到规定值时开始计时。

4　装置

4.1　压塑模具，由钢制造，能经受所述的模温和压力。

模具应设计成使压力以无损失地传向模塑材料，可以是单腔或多腔型模具，图1为一种单腔不溢料式模具的示例。模具的型腔尺寸应符合 GB/T 11997—2008 的多用途试样的要求。在某些情况下，如氨基模塑料，虽然作用于模塑材料上压力不确定，但适宜半阳模成型。在这种情况下，试样厚度应该利用分模线上的垫片进行调整。

单位为毫米

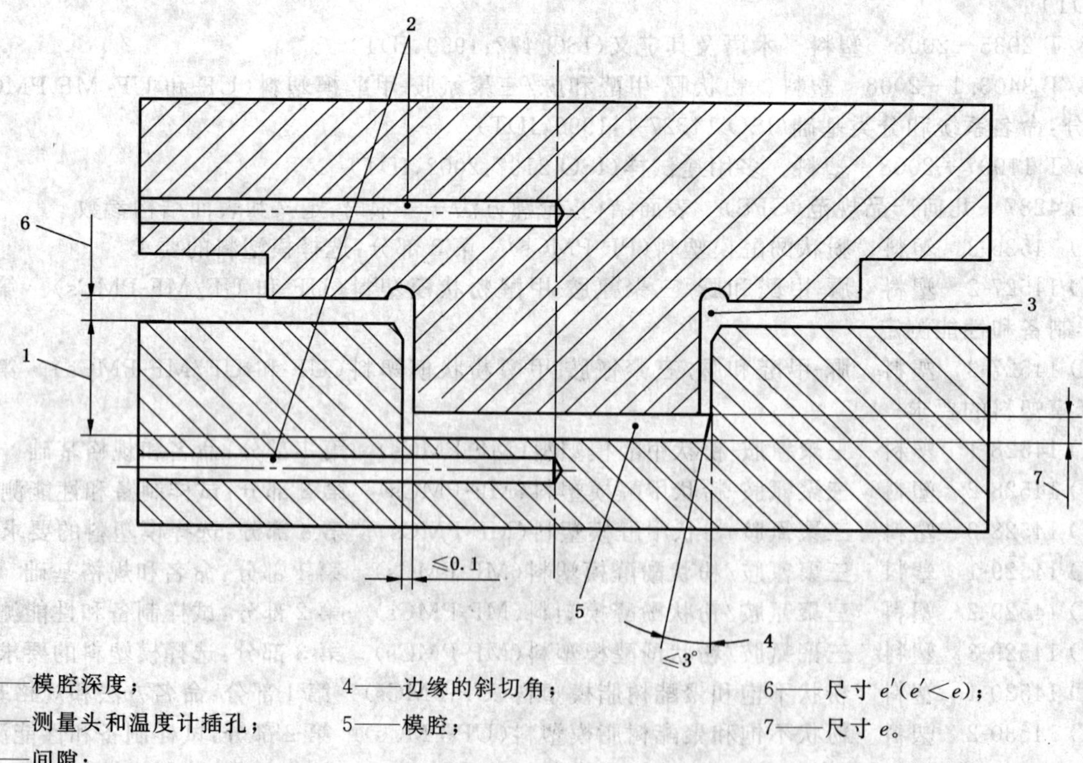

1——模腔深度；
2——测量头和温度计插孔；
3——间隙；
4——边缘的斜切角；
5——模腔；
6——尺寸 e' ($e'<e$)；
7——尺寸 e。

图1　单腔不溢料式模具示例

模腔可以是各种形状，例如，方形、圆形或符合 GB/T 11997—2008 的多用途试样。对模塑粉料，推荐本标准的 E 型单腔模具，尺寸为 120 mm×120 mm。在模塑报告中，样板命名为"GB/T 5471Eh 型"，此处 h 是厚度，单位为毫米(mm)(例如"GB/T 5471E4 型"的样板，其厚度是 4 mm，尺寸为 120 mm×120 mm)。

大多数试验方法要求厚度是 4 mm，但也有少数，如测量某些电性能，可能需要较薄的样板。当有疑义时，应该使用试验方法本身所规定的尺寸。

所用板材允许以机加工方法切割成试样，试样不应在板材的边缘处切取，推荐距边缘 10 mm。

模具表面不能存在任何的损伤或污染，同时其粗糙度 Ra 应在 0.4 μm～0.8 μm 之间，包括这两个值(见 ISO 4287)。模具不一定镀铬，但镀铬可以防止粘连。

如果边缘倾斜角不大于 3°(见图 1)，模腔侧壁与不溢料式模具间的间隙不应大于 0.1 mm(见图 1)。尺寸 e' 应通过计算获得，以防止模腔中没有物料时将模具压坏。

因为模塑料的体积是模塑件的体积的 2～10 倍，因此型腔(见图 1)应具有足够的空间，使加料能一次完成。

模具可以配备顶杆，如果使用顶杆(见图 2)，应确保试样不产生任何变形。如果试样是由模具的可移动的底板(见图 3)顶出，底板和模腔壁间的交接处不能有明显的漏料。

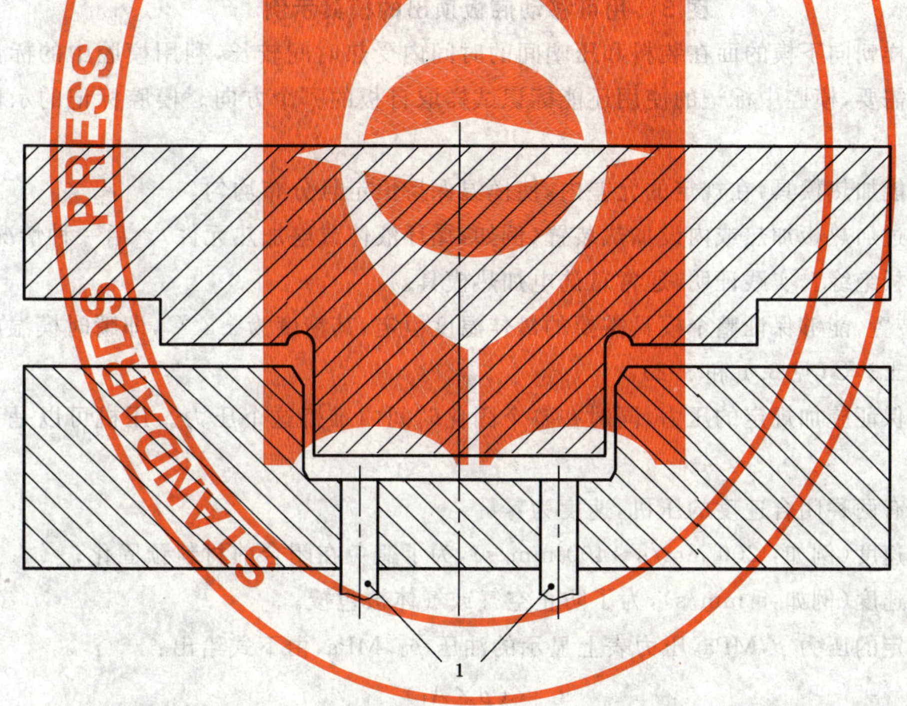

1——顶杆。

图 2 带有顶杆的模具示例

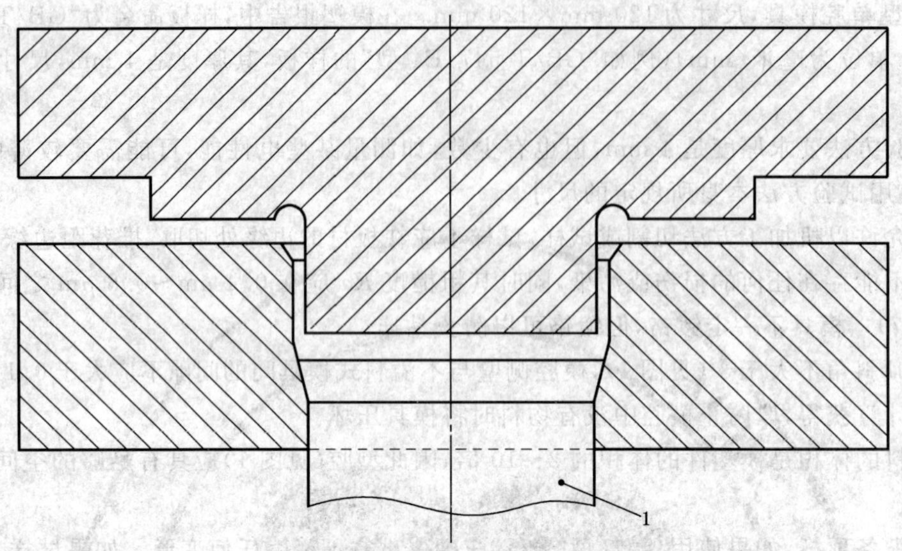

1——可移动底板。

图 3 用可移动底板顶出的模具示例

由于模塑试样朝向下模的面在装料和压塑间的时间内受热时间较长，利用模腔中的标记区分两面是有价值的。若需要，模腔中标记的使用还能标识试样取自板的哪个方向。模腔标记的示例在附录 A 中给出。

4.2 加热装置，能加热模具，在规定的允差内，使模温保持恒定且分布均匀。

模具可以通过加热板加热或内设加热装置（例如，循环液体或电加热元件）。后一种情况下，模具应用绝缘材料与压板绝缘。实践证明，通常首选电加热模具。

4.3 模温调节装置，能够保证整个模具需要的最佳温度恒定，其精度为±3 ℃，即瞬时模温或空间模温变化不应该超过±3 ℃（见 3.1 和 3.2）。

4.4 压机，能够保证施加规定的压力，同时在整个固化时间内维持这个压力。压机可以是手工操作或程序操作。

最好使用具有两种闭合速度的压机，速度为：

——快驶进速度（例如，200 mm/s～400 mm/s），为了避免在闭合前材料预固化；

——慢闭合速度（例如，5 mm/s），为了防止空气或气体被包覆。

为了获得规定的压力 p，MPa，压力表上显示的油压 p_0，MPa，由下式给出：

$$p_0=\frac{(p\times A_1)}{A}$$

式中：

A——压机柱塞的面积，单位为平方米（m^2）；

A_1——模腔的总面积，单位为平方米（m^2）。

4.5 秒表，精确至 1 s。

4.6 模温测量装置，具有规定精度的，诸如，高温计或可熔融盐。

4.7 天平，准确至 0.1 g。

4.8 冷却定型板，至少与试样有同样面积的约 20 mm 厚的金属板，同时有足够的质量，以防试样从模具中移出后在冷却过程中发生翘曲（见第 8 章）。

5 模塑前材料的状态调节

模塑前，受试材料的样品应该按供应商的要求贮存、干燥。需要密封贮存的模塑料，其贮存条件应防止它们的挥发物含量变化或吸潮。

如果想重新贮存该材料，应按供应商的要求进行。

6 预压锭片制备

如模塑的材料体积相对模具加料室的容积过大，材料可以预成型成锭片，压锭条件应在模塑报告中注明。

7 模塑条件

7.1 概述

没有专门的标准时，模塑温度和压力以及交联时间或固化时间应采用国家标准或国际标准中对材料给出的规定。

——酚醛树脂模塑料，依据 GB/T 1404—2008、ISO 14526-3 的条件；

——氨基塑料模塑料，依据 GB/T 3403.1—2008、ISO 14527、ISO 14528 的条件；

——三聚氰胺/酚醛模塑料，依据 ISO 14529 的条件；

——环氧树脂模塑料，依据 ISO 15252 的条件；

——不饱和聚酯模塑料，依据 ISO 14530 的条件。

预处理和模塑条件见表 1。

表 1 预处理和模塑条件

条件	模塑料类型				
	酚醛模塑料	氨基塑料模塑料		环氧树脂	不饱和聚酯
		脲-甲醛	三聚氰胺-甲醛		
预处理					
烘箱干燥(7.2)	允许			不推荐	不推荐
压锭	允许				
高频预热(7.3)	允许				不推荐
预塑化(7.4	允许				不推荐
排气(7.6)	允许			不需要	不推荐
模塑					
温度/℃	引用标准中对有疑问材料的规定(见 7.1)				
压力/MPa					
固化时间/s					
模具					
表面光洁度	表面光洁度 Ra 为 0.4 μm～0.8 μm				
镀铬	最好				要求

由于某些模塑料的特性、流动性及其他因素，可能需要用规定的方法制备试样。在此情况下需要各

方协商一致,并在模塑报告中注明。

7.2 干燥

酚醛和氨基模塑料宜干燥,材料应该铺成一薄层并在下列条件下用烘箱干燥:

——酚醛模塑料:90 ℃±3 ℃下烘 30 min,或在 105 ℃±3 ℃下烘 15 min;

——氨基塑料模塑料:90 ℃±3 ℃下烘 60 min。

材料从烘箱中移出后应立即模塑。干燥条件各有关方应该形成协商一致的意见,同时该条件应该在模塑报告中注明。

7.3 高频预热

环氧模塑料、酚醛模塑料、氨基塑料模塑料和干燥的粒状聚酯,允许高频预热,这样可以缩短固化时间。预热的材料在预热后应立即模塑。高频预热条件各有关方应形成协商一致的意见,同时这些条件应在模塑报告中注明。

7.4 预塑化

环氧、酚醛和氨基塑料允许预塑化,以保证材料的热和力学性能的均匀。预塑化材料在预热塑炼后应立即模塑。预塑化的条件各有关方应形成协商一致的意见,同时这些条件应在模塑报告中注明。

7.5 脱模剂

通常含有内润滑剂的模塑材料是容易脱模的。

脱模剂可使模塑材料从模具中容易脱模,当对模塑试样表观没有影响时才可使用。当试样经受诸如电性能、味觉、颜色或光谱分析试验时,这种要求特别适用,因为所有这些试验都可能受到脱模剂的影响。如果使用脱模剂,应该在模塑报告中注明。

7.6 排气

模塑过程,若需打开模具进行排气,应该在报告中注明。

8 操作步骤

a) 确定所用的模塑条件(见第 7 章)。

b) 等待温度恒定在±3 ℃以内。

c) 利用例如高温计或可熔融的盐(见 4.6)检查模腔中的温度。

d) 按照第 6 章和第 7 章加料。

e) 为获得所希望的试样厚度,称取所需材料的量,该量相当于试样密度和试样体积的乘积,同时再加上根据先前试验确定的飞边损耗。

f) 把材料放在模腔中并闭合压机(4.4),若需要,允许排气。

注:当使用程序压机时,排气开模是自动的。

g) 当压力达到规定值,就立即启动秒表(4.5)。

h) 当固化时间结束时,打开压机(见注),立即将试样从模具中移出,除非试验方法另有规定外,把试样放在导热较差的支撑上并且允许它在冷却定型板(4.8)的金属板下冷却。

i) 检查模具填充的满意情况,包括外观、有无空隙、变色、飞边及翘曲。如果需要,按照 GB/T 1033.1—2008 所测定的密度。

9 精密度

由于未获得实验室间的数据,本试验方法的精密度尚不知。当获得实验室间数据时,在下次修订中会加上精密度说明。

10 试验报告

试验报告应采用本标准,即 GB/T 5471—2008 进行编制,同时应该包括表 2 给出的所有信息。

表 2　试验报告中应包括下列内容

模塑材料的物理形状			
预处理	干燥	不需要	
		时间	
		温度	
	压锭	压力	
		温度	
		压锭质量	
		压锭尺寸	
	高频预热	预热功率	
		时间	
		安培	
		压锭数量	
		压锭温度	
	预塑化	料筒温度	
		动态压力	
		螺杆速度	
		材料温度	
压塑		温度	
		温度测量装置	
		压力	
		固化时间	
		排气	
模具		型号	
		模腔数	
		镀铬	
		加热装置	

附　录　A
（资料性附录）
试样的标记

A.1　标上标记的目的是：

——为区分试样两面；

——为鉴别试样取自板的哪个方向。

A.2　所刻上的线应平行且靠近模腔的边缘（也就是模塑板的边缘）。在多模腔的情况下，一条线指明模腔1，两条线为模腔2，等等（见图A.1）。

这些标线应处于紧靠彼此垂直的两条边处，即试样试验区以外。

方向不同，相垂直的线的宽度应该不同，因而可以以一条细线标记试样被取出的方向，而以一条较宽的线标记试样的垂直方向，以避免发生混淆（见图A.1），标记线只需看清则无需刻划很深，以避免板从模腔中移出时，发生模腔表面的损伤和粘连。

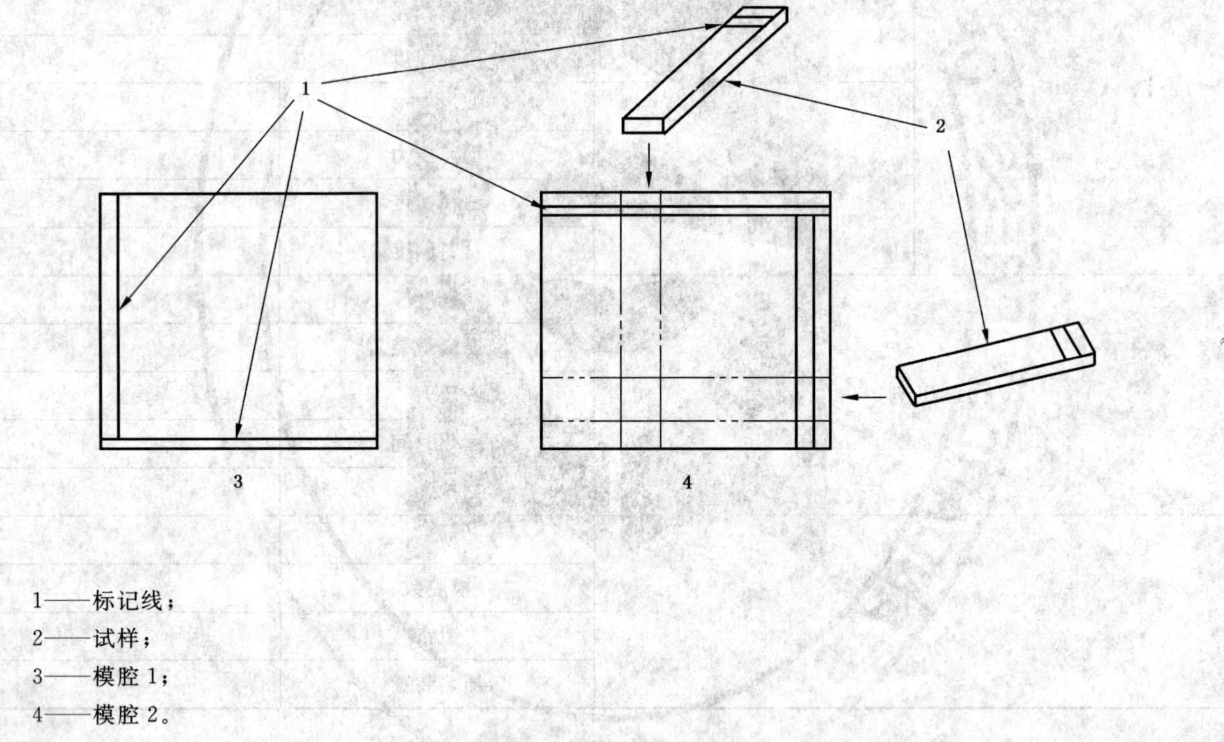

1——标记线；

2——试样；

3——模腔1；

4——模腔2。

图A.1　标记线位置

参 考 文 献

[1] GB/T 19467.1 塑料 可比单点数据的获得和表示 第1部分：模塑材料
[2] ISO 2577 塑料——热固性材料收缩率的测定
[3] ISO 2818 塑料——机械加工方法制备试样
[4] ISO 10724-1 塑料——热固性粉状模塑料(PMCs)注塑试样——第1部分:通则和多用途试样模塑
[5] ISO 10724-2 塑料——热固性粉状模塑料(PMCs)注塑试样——第2部分:小样
[6] ISO 11403-1 塑料——多点数据的获得和表述——第1部分:机加工性能
[7] ISO 11403-2 塑料——多点数据的获得和表述——第2部分:热处理性能
[8] ISO 11403-3 塑料——多点数据的获得和表述——第3部分:环境对性能的影响

ICS 83.080.01
G 31

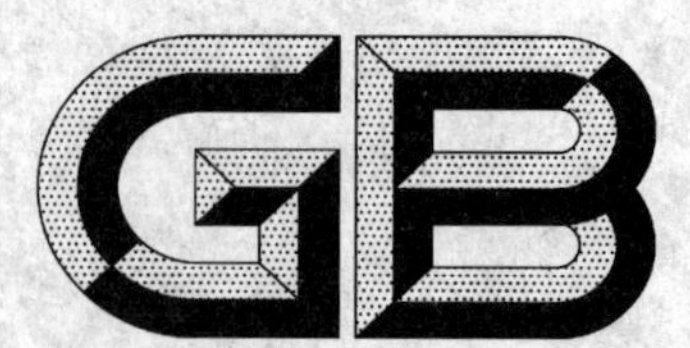

中华人民共和国国家标准

GB/T 5478—2008/ISO 9352:1995
代替 GB/T 5478—1985

塑料　滚动磨损试验方法

Plastics—Test method for wear by rolling

(ISO 9352:1995,IDT)

2008-08-18 发布　　2009-04-01 实施

中华人民共和国国家质量监督检验检疫总局
中国国家标准化管理委员会　发布

前　言

本标准等同采用国际标准 ISO 9352:1995《塑料——磨轮法耐磨损的测定》。

本标准等同翻译与 ISO 9352:1995。

为便于使用，本标准做了下列编辑性修改：

——把“本国际标准”一词改为“本标准”；

——用小数点“.”代替作为小数点的逗号“,”；

——删除了 ISO 的前言，增加了国家标准前言；

——对于 ISO 6980-1:2006 引用的国际标准中，有被等同采用为我国标准的用我国标准代替，其余未有等同采用为我国标准的，在标准中均被直接引用。

本标准代替 GB/T 5478—1985《塑料　滚动磨损试验方法》；本标准与 GB/T 5478—1985 相比主要变化如下：

——增加了“原理”一章；

——修改了磨轮的定义；

——增加了使用范围“不适用于泡沫材料或涂料”；

——增加了磨轮选择表 1；

——将转动圆盘上端面跳动由“0.1 mm 以下”改为“不超过 0.05 mm”；

——转动圆盘中心线与磨轮中心线之间的距离由“20.0 mm±0.2 mm”改为“19.1 mm±0.1 mm”；

——将转动圆盘轴中心线与磨轮外侧之间的距离由“39.5 mm±0.2 mm”改为“38.9 mm±0.2 mm”；

——删除了磨轮安装轴的直径和磨轮安装臂长的规定；

——增加了“转盘直径应为 100 mm”；

——简化了“加荷砝码”负荷值的具体规定；

——修改了转动圆盘与磨轮安装位置图；

——将橡胶磨轮外径由“49.5 mm－51 mm”改为“51.6 mm±0.02 mm”；

——将橡胶磨轮厚度由“13 mm±0.2 mm”改为“12.7 mm±0.1 mm”；

——增加了磨轮橡胶层的规定应为“6 mm 厚的硬度在 50IRHD 到 55IRHD 的硫化橡胶层”；

——删除了磨轮质量指标的具体规定；

——将试样的厚度规定由“0.5 mm 到 5 mm”改为“0.5 mm 到 10 mm”；

——将试样数规定由“每组试样不少于 5 个”改为“每组试样不少于 3 个”；

——将状态调节时间由“24 h”改为“48 h”；

——删除了试验步骤中关于修磨步骤的内容；

——将试验步骤中“用感量为 0.1 mg 的分析天平称取其质量”改为“测量原始数据”；

——将试验步骤中吸入孔与试样之间的距离“约为 3 mm”改成“1.5 mm±0.5 mm”；

——将试样步骤中“每组试样连续试验 1 000 r”改为由不同情况规定试验转数；

——增加了结果表示中试样性能变化和表面损坏时的结果表述；

——试验报告中增加了磨损评定方法；

——增加了附录 A。

本标准的附录 A 为规范性附录。

本标准由中国石油和化学工业协会提出。

本标准由全国塑料标准化技术委员会塑料树脂通用方法和产品分会(SAC/TC 15)归口。

本标准起草单位:中石化北化院国家化学建筑材料测试中心(材料测试部)。

本标准参加起草单位:国家合成树脂质量监督检验中心、国家塑料制品质检中心(北京)、广州金发科技有限公司。

本标准主要起草人:游欢、刘玉春、张振、黄正安、王秀娴、李建军。

本标准所代替标准的历次版本发布情况为:

——GB/T 5478—1985。

塑料　滚动磨损试验方法

1　范围

本标准规定了塑料滚动磨损试验的方法。

本标准适用于测定塑料板、片材试样滚动磨损性能。

本标准不适用于泡沫材料或涂料。

2　规范性引用文件

下列文件中的条款通过本标准的引用而成为本标准的条款。凡是注日期的引用文件，其随后所有的修改单(不包括勘误的内容)或修订版均不适用于本标准，然而，鼓励根据本标准达成协议的各方研究是否可使用这些文件的最新版本。凡是不注日期的引用文件，其最新版本适用于本标准。

GB/T 2918—1998　塑料试样状态调节和试验的标准环境(idt ISO 291:1997)

GB/T 6031—1998　硫化橡胶或热塑性橡胶硬度的测定(idt ISO 48:1994)

GB/T 17037.1—1997　热塑性塑料材料注塑试样的制备　第1部分:一般原理及多用途试样和长条试样的制备(idt ISO 294-1:1996)

ISO 293:1986　塑料——热塑性压塑试样的制备

ISO 295:1974　塑料——热固性模塑料压塑试样制备方法

ISO 2818:1994　塑料——试样的机加工制备

ISO 6508:1981　金属布氏硬度试验

ISO 6507-1:1982　金属维氏硬度试验

3　术语和定义

下列术语和定义适用于本标准。

3.1

磨轮　abrasive wheel

使塑料产生磨损所用的小砂轮或带有砂纸的轮。

3.2

磨损　abrasive wear

由于磨轮的刮擦作用导致塑料材料接触面的材料损失。

4　原理

在两个磨轮上施加定量的负荷并使其与试样接触，试样经过规定次数的摩擦后，产生磨损，再以适宜的方法进行评价(例如:质量磨损，体积磨损，光学性能的变化等)。

5　试验设备

5.1　滚动磨损试验仪

试样放在电动转台上。两个磨轮都可以在轴向自由旋转并在一定的位置以一定的负荷与试样接触。图1说明了不同组成部分的相对位置，设备应满足下列要求。

单位为毫米

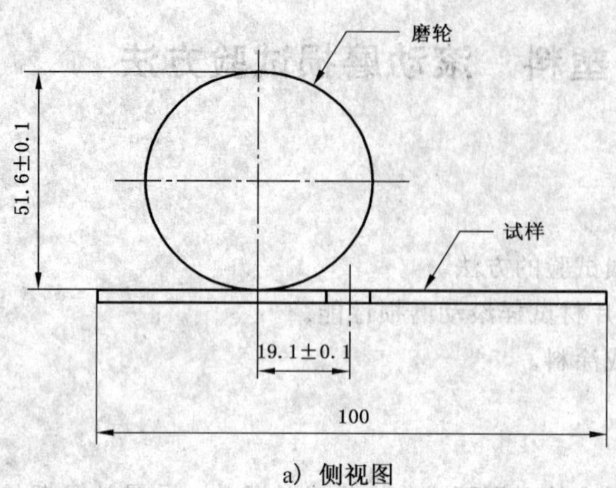

a）侧视图

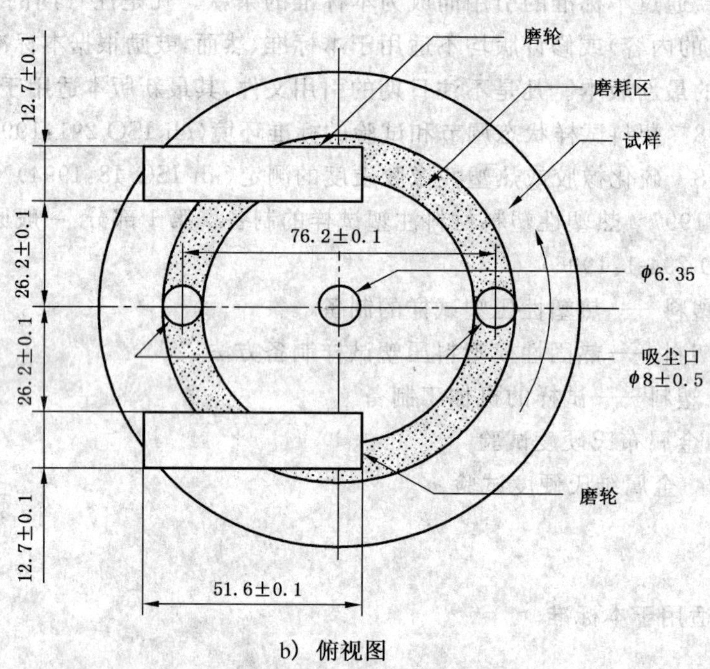

b）俯视图

图 1　转动圆盘与磨轮安装位置

5.1.1　转动圆盘应平坦且定轴旋转，在 45 mm 半径圆内，任何一点在垂直方向上的跳动不超过 0.05 mm，转盘直径应为 100 mm，60 Hz 时转速是 72 r/min，50 Hz 时转速是 60 r/min。

5.1.2　磨轮固定在安装臂上，安装的磨轮应能自由转动，如滚轴轴承。安装臂上的磨轮应是同轴的，投影到转动圆盘的水平面上的投影线与圆盘轴线距离为 19.1 mm±0.1 mm。

两磨轮内侧的距离为 52.4 mm±0.2 mm。

每个安装臂都可以安放砝码。磨轮外形为圆柱体。磨轮中有一轴向的孔，以使磨轮固定在安装臂上。

5.1.3　磨轮应满足下列条件之一：

a）由摩擦材料制成，轮的厚度应为 12.7 mm±0.1 mm，新的磨轮外径为 51.6 mm±0.1 mm，修磨后使用的磨轮最小外径不得小于 44.4 mm。

b）带有 6 mm 厚的硬度在 50IRHD 到 55IRHD 的硫化橡胶层的金属轮（见 GB/T 6031—1998），表面粘贴砂纸并没有空隙或重叠。磨轮厚度为 12.7 mm±0.2 mm，直径为 51.6 mm±0.2 mm。砂纸宽度应在相关材料或产品标准中有所规定。

应按照相关材料或产品标准来选择磨轮，参考表1选择合适的磨轮，如果需要表征磨轮的磨耗性，则应按附录A的内容进行测试。

表1 磨轮列表

名称列表	轮的类型	组成成分	推荐负载范围/N	磨损作用	磨粒大致尺寸/（磨粒的数量/cm^2）
CS10	有弹性	橡胶和抛光粉	4.9～9.8	轻微	1 420
CS10F	有弹性	橡胶和抛光粉	2.5～4.9	很轻微	1 420
CS17	有弹性	橡胶和抛光粉	4.9～9.8	力度大	645
H10	无弹性	陶瓷	4.9～9.8	粗糙	1 160
H18	无弹性	陶瓷	4.9～9.8	中度粗糙	1 160
H22	无弹性	陶瓷	4.9～9.8	非常粗糙	515
H38	无弹性	陶瓷	2.5;4.9;9.8	非常粗糙剧烈	5 785

注1：一般情况下，“CS”系列的轮应使用在测试柔性样品上，“H”系列的轮应使用在刚性样品上。

注2：CS10F轮会因橡胶的老化而失效，特别是在富氧环境下。因此应该在磨轮的产品有效期前使用。

注3：当重新修磨时，对CS10、CS10F和CS17轮的优选转数是25～50。

注4：两个不同的磨轮，甚至是相同类型的磨轮，其结果也可能不具有可比性。

5.1.4 吸尘装置用来清理磨耗碎屑，吸尘装置有两个吸气管，管口位于试样的磨耗区上。其中一个管口应固定在磨轮之间，另一个应固定在磨耗区上的对称处（见图1）。每个管口内径均为8 mm±0.5 mm。试样到管口的距离应为1.5 mm±0.5 mm。当吸尘管口在工作位置时，吸尘装置吸力应是1.5 kPa～1.6 kPa。

5.1.5 仪器配备一个在达到预定转动次数时能停止试验的装置。

5.1.6 为了测试薄片试样或柔软塑料，应配备环形夹具，以确保试样能固定在转盘上。

5.2 试验环境调节设备

按照GB/T 2918—1998能使试验环境保持在温度23 ℃±2 ℃，相对湿度为50%±10%。

5.3 标准锌板

用以校准磨轮的磨耗性（见附录A）。

5.4 加荷砝码

用对每个磨轮施加负荷。

5.5 修磨仪

整修磨轮外圆的装置。

5.6 评定磨耗的仪器

根据相关材料或产品要求选择。

6 试样

6.1 形状及尺寸

6.1.1 试样应

——表面光滑、平整，无气泡，无机械损伤及杂质等；

——直径应为100 mm的圆形，当不使用环形夹具时，可用边长100 mm的正方形制成八边形试样。

6.1.2 每组试样不小于三个，试样厚度应均匀且在0.5 mm～10 mm之间。

6.2 试样制备

试样可以按照 ISO 293,GB/T 17037.1,ISO 295 以模塑方式制得,也可以按照 ISO 2818 以机加工形式制得。

6.3 试样清洁

测试样品的表面可用适宜的中性挥发溶剂或中性洗涤液来清洗,可按相关材料或产品标准或相关各方约定来选用。

警告——在按 8.1 和 8.3 规定的操作过程中,注意不要污染试样表面,如:在与手指接触时带上油。

6.4 试样数量应由相关材料或产品标准规定。在没有规定的情况下,不少于 3 个。

7 状态调节

状态调节按相关材料或产品标准要求或 GB/T 2918—1998 进行,温度为 23 ℃±2 ℃,相对湿度为 50%±10%,调节时间不少于 48 h。

注:一些标准里也规定了砂轮和砂纸的状态调节。

8 试验步骤

8.1 试样在温度 23 ℃±2 ℃,相对湿度为 50%±10%的环境下进行。

8.2 每个试样都要按照相关的材料或产品标准(见 8.3 警告)测量原始数据,例如试验前试样的厚度、质量、光泽度等。

8.3 把试样安放在转动原盘上。

警告——在 8.2 和 8.3 描述的操作过程中,注意不要污染样品表面,比如手指接触油后又接触样品表面。

8.4 将磨轮安装到仪器上,避免接触磨耗区。放下安装臂,并轻轻将磨轮放置在试样上。磨轮(砂轮或砂纸)的磨耗性可按附录 A 中的步骤进行校验。使用砂轮时,应在使修磨仪修磨完表面后进行校验。

8.5 加荷砝码调节磨轮负荷到指定值,指定值是由相关材料或产品标准规定的。

8.6 调节吸尘装置位置。

8.7 设定转数值。

按材料或产品标准或各方协商约定的值来设定转数值,所使用的仪器可见 5.1.5(也可见 8.9 的注)。

8.8 打开转台开关,使试样转动,同时打开吸尘装置。

8.9 当达到规定转数时,停止设备,取出试样并按相关材料或产品标准测量。

注:有的标准不会规定转数值,但应周期性检查表面磨损情况,当达到特定的磨损极限时停止试验。

8.10 当使用砂轮时,试验前都应用修磨机修磨砂轮,确保磨面是圆柱形且磨面和侧面的边是锐利的,并没有任何曲率半径。

当使用砂纸时,每运转 500 r 后、填塞或摩擦能力损失,砂纸都应被替换。砂纸填塞是由于试样材料依附在砂纸上造成的。当试样为软质材料、蜡状材料时,每 25 r 观察一次砂纸,在其他情况下,每 50 r 或 100 r 观察一次砂纸。

砂轮很少会因填塞而受影响,应每 50 r~100 r 检察一次(需要时可用金属刷清理)。

9 结果表示

试验结果应用下列方式中的一种来表示:

a) 当达到规定转数后,以试样一种性能的变化来表示,例如厚度的改变,质量的改变,光泽度的变化。在这种情况下,应计算试样平均值。

b) 达到特定表面损坏的转数,试验旋转量以 25 r 最接近的倍数来表示。

c) 在特定的条件下测试密度相近的材料时,以质量损失表示。单位以 kg/1 000 r 表示。

d) 当比较不同密度的材料时,可以用体积损失表示。单位以 mm^3/1 000 r 表示。

10 精密度

因未得到实验室间试验数据,因此还不知道本试验方法的精密度。此方法的精密度将按照评定磨耗的方式来确定。当评定质量磨耗,体积磨耗,光学性能改变时,会得到不同的结果。在得到实验室间数据前,此方法不适合在特定的或结果有争议的情况下使用。

11 试验报告

试验报告应包括下列内容:

a) 说明采用本标准或相关材料标准;

b) 材料或产品的详细说明;

c) 所使用磨轮类型(小砂轮或砂纸)的详细说明,如需要测定磨耗性,应按附录 A 中所描述的要求来测量;

d) 试样表面的清洁方法;

e) 试验负荷及转速;

f) 当试验结果不是以转数表示时,注明设定的旋转量;

g) 测定的单个值,平均值和损耗评定方法;

h) 所有其他试验说明(砂纸变化,清洁情况,状态调节等)。

附 录 A
（规范性附录）
磨轮磨耗性的测定

磨轮的磨耗性应按相关的材料或产品标准来测定，是以一定的旋转次数以后标准锌板损失的量来表征的。

A.1 标准试样

标准试样是一块锌板（纯度至少 99%），厚度为 0.7 mm～0.8 mm，并在 200 ℃下预处理 60 min。

根据 GB/T 4340.1—1999 测量，样片表面的维氏硬度应是 42HV100±2HV100 或者对应的依据 GB/T 231.1—2002 测量得到的布氏硬度值。

A.2 试验步骤

用丙酮清洁标准试样，称量标样，精确到 1 mg，按第 8 章所述的步骤进行试验。试验负荷和旋转量应在相关材料或产品标准中规定。在此类说明的情况下，使用负荷 4.9 N 和 1 000 r 进行试验。

测试以后，再次称量试样，精确到 1 mg。

A.3 结果表述

磨轮的磨耗性（砂轮或砂纸）应以磨损量来表征，磨损量是以旋转 1 000 r 时所损失的质量或体积来表示或按相关材料或产品标准来规定的。

A.4 校准频率

A.4.1 对砂轮而言，建议在首次试验时进行磨轮的校准，并每隔三个月进行一次校准。每次校准后，砂轮都应用修磨仪修磨表面。

A.4.2 对砂纸而言，校准应用有代表性的试样来完成，首次试验应用砂纸未使用的部分。建议在首次试验时进行磨轮的校准，并每隔三个月进行一次校准，或按相关材料或产品标准进行校准。

ICS 91.120.10
Q 25

中华人民共和国国家标准

GB/T 5480—2008
代替 GB/T 5480.1～5480.7—2004,GB/T 5480.8—2003,GB/T 16401—1996

矿物棉及其制品试验方法

Test methods for mineral wool and its products

2008-05-12 发布　　2008-11-01 实施

中华人民共和国国家质量监督检验检疫总局
中国国家标准化管理委员会　发布

前　言

本标准与 ASTM C550—2003《硬质保温块和板的垂直度和平整度测量》、ISO 8144-1:1995《绝热材料—屋面通风区用矿物棉毡—第1部分:通风区内应用规范》、ISO 8145:1994《绝热材料—屋面绝热用矿物棉板—规范》、JIS A 9504—2004《人造矿物纤维保温材料》、BS 2972—1989《无机隔热材料试验方法》、ASTM C 1104/C 1104M—2000《无覆面矿物纤维绝热材料水蒸气吸着性试验方法》的一致性程度为非等效。

本标准代替 GB/T 5480.1—2004《矿物棉及其制品试验方法　总则》、GB/T 5480.2—2004《矿物棉及其制品试验方法　垂直度和平整度》、GB/T 5480.3—2004《矿物棉及其制品试验方法　尺寸和密度》、GB/T 5480.4—2004《矿物棉及其制品试验方法　纤维平均直径》、GB/T 5480.5—2004《矿物棉及其制品试验方法　渣球含量》、GB/T 5480.6—2004《矿物棉及其制品试验方法　酸度系数》、GB/T 5480.7—2004《矿物棉及其制品试验方法　吸湿性》、GB/T 5480.8—2003《矿物棉及其制品试验方法　油含量》、GB/T 16401—1996《矿物棉制品吸水性试验方法》。对9项标准的内容进行了整合。

本标准由中国建筑材料联合会提出。

本标准由全国绝热材料标准化技术委员会(SAC/TC 191)归口。

本标准起草单位:南京玻璃纤维研究设计院。

本标准主要起草人:张游、曾乃全、成钢、沙德仁、王佳庆、崔军。

本标准所代替标准的历次版本发布情况为:

——GB/T 5480.1—1985,GB/T 5480.1—2004;

——GB/T 5480.2—1985,GB/T 5480.2—2004;

——GB/T 5480.3—1985,GB/T 5480.3—2004;

——GB/T 5480.4—1985,GB/T 5480.4—2004;

——GB/T 5480.5—1985,GB/T 5480.5—2004;

——GB/T 5480.6—1985,GB/T 5480.6—2004;

——GB/T 5480.7—1987,GB/T 5480.7—2004;

——GB/T 5480.8—2003;

——GB/T 16401—1996。

矿物棉及其制品试验方法

1 范围

本标准规定了矿物棉及其制品的垂直度、平整度、尺寸、密度、纤维平均直径、渣球含量、酸度系数、吸湿性、油含量和吸水性等试验方法的相关术语和定义、试验条件、试样的选取、试验方法以及试验记录。

本标准适用于玻璃棉、岩棉、矿渣棉、硅酸铝棉及其制品各项性能的测定。其他类似绝热材料也可参照采用。其中矿物棉管壳制品的吸水性宜采用毛细管渗透试验，吸湿性试验仅适用于无覆面产品。

2 规范性引用文件

下列文件中的条款通过本标准的引用而成为本标准的条款。凡是注日期的引用文件，其随后所有的修改单(不包括勘误的内容)或修订版均不适用于本标准，然而，鼓励根据本标准达成协议的各方研究是否可使用这些文件的最新版本。凡是不注日期的引用文件，其最新版本适用于本标准。

GB/T 1549—1994 钠钙硅铝硼玻璃化学分析方法

GB/T 4132—1996 绝热材料及相关术语

3 术语和定义

GB/T 4132—1996 确立的以及下列术语和定义适用于本标准。

3.1

基材 basic material

矿物棉制品不包括贴面部分的基体材料。

3.2

酸度系数 coefficient of acidity

矿物棉及其制品化学组成中二氧化硅、三氧化二铝质量分数之和与氧化钙、氧化镁质量分数之和的比值。

3.3

直角偏离度 corner squareness

试样压制面两相邻边的垂直程度。

3.4

端面垂直度 edge squareness

试样端面与压制面的垂直程度。

3.5

平整度 face trueness

矿棉板压制面翘曲程度。

3.6

矿物棉板 mineral wool board (slab)

由施加了粘结剂的矿物棉制成的具有一定刚度的板状制品。

3.7

矿物棉毡 mineral wool mat (blanket)

由矿物棉制成的低密度卷材或可折叠的柔性毡状制品。

3.8

矿物棉制品 mineral wool products

由矿物棉制成具有一定形状的有贴面和无贴面毡、板、管壳、带、绳等制品。

3.9

矿物棉卷材 mineral wool roll

由矿物棉制成的,以卷状或圆柱状包装供应的柔性席、垫或毡状制品。

3.10

矿物棉半硬板 semi-rigid mineral wool board (slab)

由矿物棉制成具有弹性和可弯曲的板状制品。

3.11

渣球 shot

矿物棉中未被制成纤维的粒状、块状及棒状物。

3.12

试样(试件) specimen

从样本中取出的按规定方法制备供试验用的样品。

3.13

吸湿性 the moisture absorption

材料在潮湿空气中吸收空气中水气的性能。

3.14

单位产品 unit product

为实施抽样检查的需要而划分的基本单位。

3.15

油含量 oil content

在规定条件下测得的矿物棉及其制品中油(主要是防尘油)的质量与其干质量的比值。

4 试验条件

4.1 试验环境

对试验室环境条件有特殊要求的试验项目,应在相应的试验方法中注明。未注明试验室环境条件的均可于试验室内的自然环境下进行。推荐采用环境条件为室温 16℃～28℃,相对湿度 30%～80%。含水率等试验项目在试验时应记录下试验室环境的温度和湿度。

4.2 样品的状态调节

4.2.1 吸湿性、不燃性和导热系数等试验项目在试验前应对试样进行干燥预处理。

4.2.2 含水率等试验项目在试验时应记录试验室环境的温度和湿度。

4.2.3 其他试验均可于样品抵达试验室后立即开始进行,样品无需在试验前进行状态调节。

5 试样的选取

5.1 各试验项目所需试样按其规定尺寸从大到小依次取整块产品或从中随机切取。

5.2 双试件导热系数所需的两块试样应在同一块产品邻近的区域进行切取,若单块产品面积太小无法切取两块试样时,才可在密度最接近的两块产品上进行切取。

5.3 其他试验项目,应尽可能在不同的单块产品中选取试样。

5.4 试样规定尺寸较小的试验项目在切取试样时,可从其他试验项目取样剩余的部分上进行切取,试样切取应随机分布在所有的区域上,不可随意集中在同一范围内。

5.5 除非试验项目对产品的特定性能不产生影响,否则不应用试验后的试样进行其他项目的试验。

6 垂直度和平整度试验方法

6.1 量具和器材

6.1.1 直角尺：边长大于500 mm，直角偏差±0.1度。

6.1.2 深度游标卡尺：分度值不大于0.1 mm。

6.1.3 刚性直尺：长度比试样的长度大150 mm。

6.1.4 垫块：长度约为100 mm，宽度约为25 mm，密度约为0.8 g/cm³，厚度为Y且表面平整大小相同的木质垫块两个。Y值取15 mm左右，但两个垫块的Y值应相等，精确到0.1 mm。

6.1.5 塞尺：量程0.02 mm到4.00 mm，精度0.01 mm。

6.1.6 钢卷尺：分度值为1 mm。

6.2 试验步骤

6.2.1 垂直度的测定

6.2.1.1 端面垂直度

把被测的整块试样和直角尺放于硬质平台上，直角尺紧贴试样的上(或下)边缘直立在平台上，用深度游标卡尺或塞尺测量d值(见图1)，读数精确至0.01 mm。厚度h的测量按7.2条的规定。

共测四个端面垂直度，结果以d/h表示，保留两位有效数字，取其中最大值作为单件产品的端面垂直度。

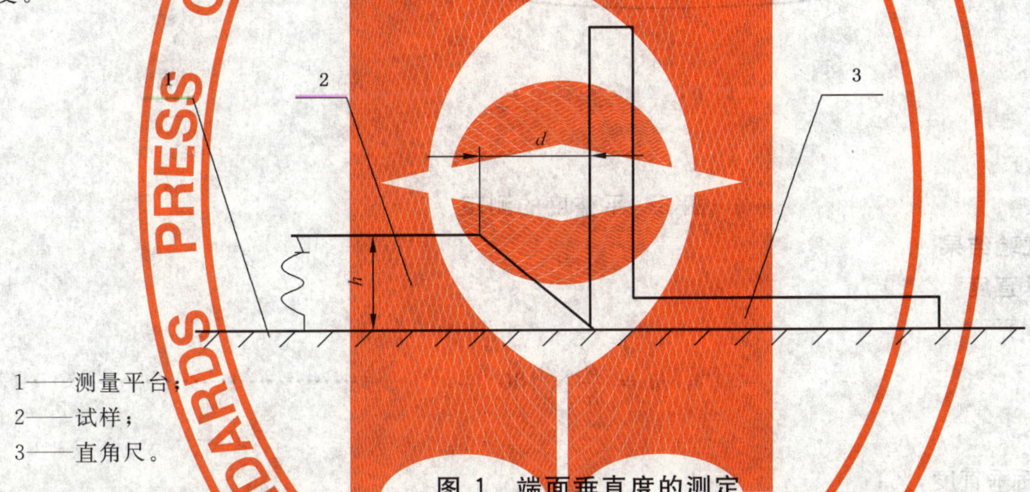

1——测量平台；
2——试样；
3——直角尺。

图1 端面垂直度的测定

6.2.1.2 直角偏离度

将试样放于测量平台上，用直角尺的一边贴紧试样压制面的任一边，直角尺的角应与试样的角对准。用深度游标卡尺或塞尺测量A值(见图2)，读数精确到0.1 mm。用钢卷尺测量B值，读数精确到1 mm。

重复上述步骤，测量其他边的A值和B值，取其中A/B最大值作为单件产品的直角偏离度。

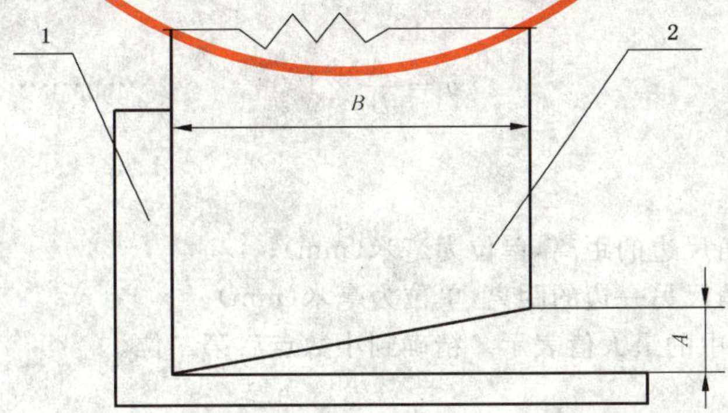

1——直角尺；
2——试样。

图2 直角偏离度的测定

6.2.2 平整度

将试样放于测量平台上，使其凹面朝上，把两块已知厚度为 Y 的垫块，分别放于试样两端的边缘、纵向的中线位置上，并将刚性直尺侧放于厚度为 Y 的两个垫块上。用深度游标卡尺测量试样凹面最低点与刚性直尺的距离 X_L（见图 3），读数精确到 0.1 mm。重复上述步骤，测量横向的中线位置上的 X_b 值。

长度和宽度的测定按 7.2 的规定。

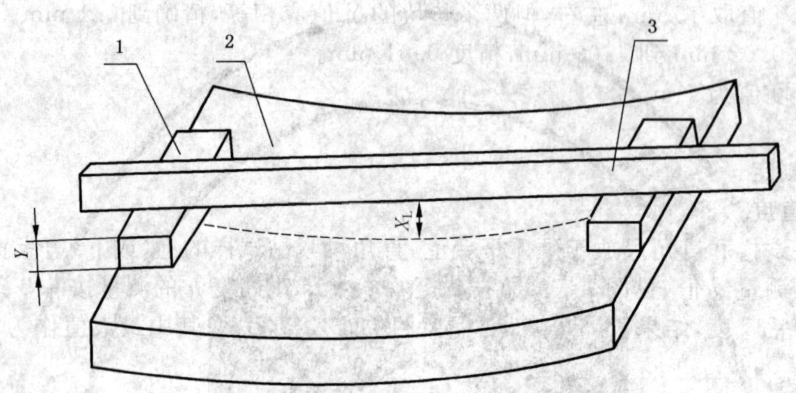

1——垫块；
2——试样；
3——刚性直尺。

图 3 平整度的测定

6.3 计算及试验结果

6.3.1 端面垂直度

按式(1)计算

$$m = \frac{d}{h} \times 100 \qquad \cdots\cdots(1)$$

式中：

m——端面垂直度，%；

d——试样顶端与直角尺边的距离，单位为毫米(mm)；

h——试样厚度，单位为毫米(mm)。

以每个试样测量结果中的最大值表示。保留两位有效数字。

6.3.2 直角偏离度

按式(2)计算

$$q = \frac{A}{B} \times 100 \qquad \cdots\cdots(2)$$

式中：

q——直角偏离度，%；

A——试样末端与直角尺边的距离，单位为毫米(mm)；

B——试样测点到直角尺另一边的距离，单位为毫米(mm)。

以每个试样测量结果中的最大值表示。精确到小数点后第二位。

6.3.3 平整度

按式(3)和式(4)计算

$$f_L = \frac{X_L - Y}{L} \times 100 \qquad \cdots\cdots(3)$$

$$f_b = \frac{X_b - Y}{b} \times 100 \qquad \cdots\cdots(4)$$

式中：

f_L——纵向平整度，%；

X_L——横向试样凹面的最低点与刚性直尺的距离，单位为毫米(mm)；

X_b——纵向试样凹面的最低点与刚性直尺的距离，单位为毫米(mm)；

Y——垫块厚度，单位为毫米(mm)；

L——试样长度，单位为毫米(mm)；

f_b——横向平整度，%；

b——试样宽度，单位为毫米(mm)。

计算结果精确到小数点后第二位。

7 尺寸和密度试验方法

7.1 仪器及工具

7.1.1 衡器：量程满足试样称量要求，分度值不大于被称质量的0.5%。

7.1.2 针形厚度计：分度值为1 mm，压板压强49 Pa，压板尺寸为200 mm×200 mm，如图4所示。

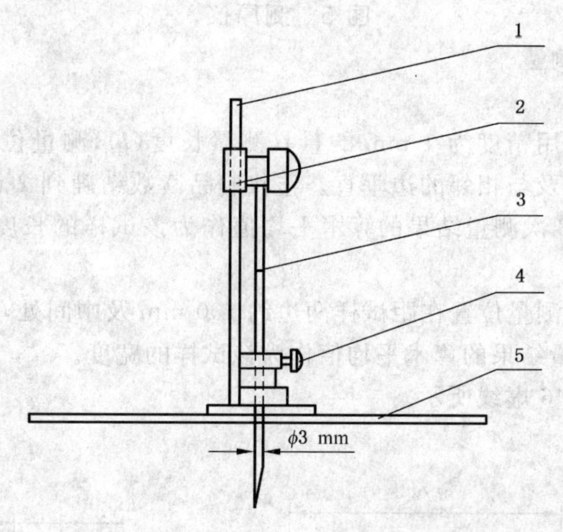

1——标尺；
2——滑标；
3——测针；
4——止动螺丝；
5——压板。

图4 针形厚度计

7.1.3 测厚仪：分度值为0.1 mm，压板压强98 Pa，如图5所示。

7.1.4 金属尺：分度值为1 mm。

7.1.5 游标卡尺：测量范围(0～150)mm，分度值为0.02 mm。

7.1.6 密度测量桶：外筒内径150 mm。内筒外径149 mm，质量8.8 kg。内外筒高度均为150 mm。

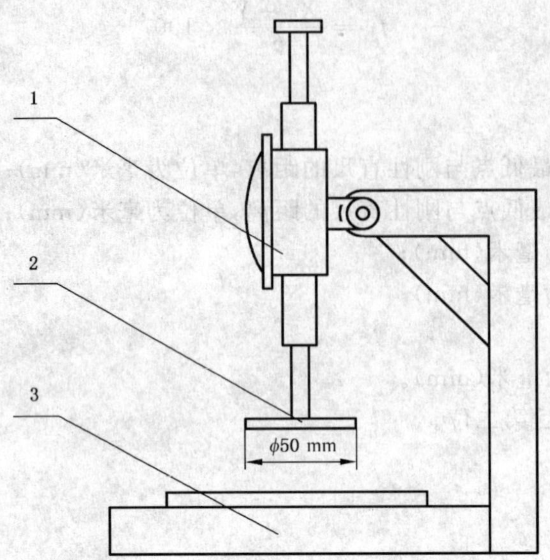

1——百分表；
2——压板；
3——表架。

图 5 测厚仪

7.2 毡状、板状制品尺寸的测量

7.2.1 长度和宽度的测量

把试样平放在玻璃板上，用精度为 1 mm 的量具测量长度(l)，测量位置在距试样两边约 100 mm 处，测时要求与对应的边平行及与相邻的边垂直。毡状制品读数精确到 2 mm，板状制品的读数精确到 1 mm。每块试样测 2 次，以 2 次测量结果的算术平均值作为该试样的长度。对表面有贴面的制品，应按制品基材的长度进行测量。

试样宽度(b)测量 3 次。测量位置在距试样两边约 100 mm 及中间处，测时要求与对应的边平行及与相邻的边垂直。以 3 次测量结果的算术平均值作为该试样的宽度。

长度，宽度测量位置如图 6 虚线所示。

单位为毫米

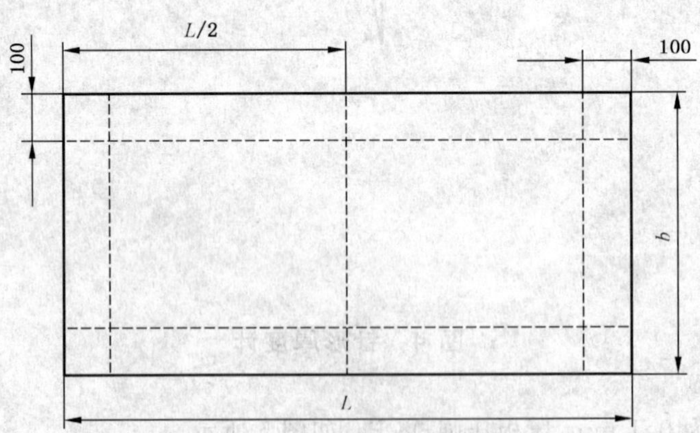

图 6 长度与宽度测量位置

7.2.2 厚度测量

7.2.2.1 毡状制品(包括毯)

毡状制品的厚度测量在经过长度和宽度测量的试样上进行。如果试样长度大于 1 m，截取试样中部 1 m 进行厚度测量。将针形厚度计的压板轻轻平放在试样上，小心地将针插入试样。当测针与玻璃板接触 1 min 后读数，精确到 1 mm。在操作过程中应避免加外力于针形厚度计的压板上。对于厚度测量需包括贴面层的试样，应将贴面向下放置。但若是金属网贴面，则应将金属网除去后再测。4 个厚度测量点的位置如图 7 所示，以 4 点测量的算术平均值作为该试样的厚度。

单位为毫米

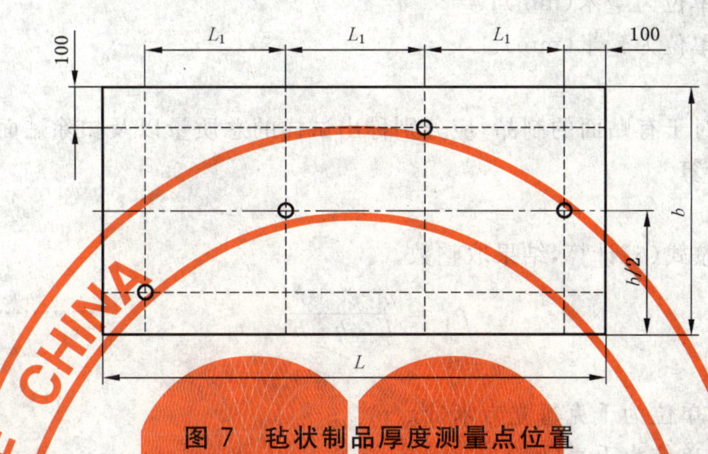

图 7　毡状制品厚度测量点位置

7.2.2.2　板状制品(包括半硬板和带)

板状制品厚度的测量在经过长度、宽度测量的试样上进行。每块试样切取尺寸为 100 mm×100 mm 的小样 4 块，进行厚度测量。小样的取样位置如图 8 所示。扫净测厚仪的底面，调节测厚仪压板与底面平行。平稳地抬起测厚仪压板，将小样放在底面和压板之间，轻轻放下压板，使其与小样接触。待测厚仪指针稳定后读数，精确到 0.1 mm。以 4 个小样测量的算术平均值作为该试样的厚度。

有关贴面的情况处理同毡状制品。

图 8　板状制品厚度测量小样的取样位置

7.3　管状制品尺寸的测量

7.3.1　长度

用分度值为 1 mm 的金属尺，在试样外侧沿母线方向测量管壳的长度，旋转 180°再测量一次，取 2 次测量的算术平均值，精确到 1 mm。

7.3.2　直径

在管壳的两端部用分度值为 1 mm 的金属尺测量内径(d_1)和外径(d_2)，然后在旋转 90°的位置，分别再测一次，内径和外径各取 4 次测量的算术平均值，精确到 1 mm。

7.3.3　厚度

由 7.3.2 条所测量的内、外径，按式(5)计算管壳的厚度，精确到 1 mm。

$$h=\frac{d_2-d_1}{2} \quad \cdots\cdots (5)$$

式中：

h——管壳的厚度，单位为毫米(mm)；

d_1——管壳的内径，单位为毫米(mm)；

d_2——管壳的外径，单位为毫米(mm)。

7.4 试样质量的称量

称出试样的质量。对于有贴面的制品，应分别称出试样的总质量以及扣除贴面后的质量。

7.5 制品密度的结果计算

7.5.1 毡状、板状制品

无贴面制品的密度按式(6)计算，结果取整数。

$$\rho_1=\frac{m_1\times 10^9}{L\cdot b\cdot h} \quad \cdots\cdots (6)$$

式中：

ρ_1——试样的密度，单位为千克每立方米(kg/m³)；

m_1——试样的质量，单位为千克(kg)；

L——试样的长度，单位为毫米(mm)；

b——试样的宽度，单位为毫米(mm)；

h——试样的厚度，单位为毫米(mm)。

连贴面试样的密度按式(7)计算，结果取整数。

$$\rho_2=\frac{m_2\times 10^9}{L\cdot b\cdot h} \quad \cdots\cdots (7)$$

式中：

ρ_2——带有贴面时，试样的密度，单位为千克每立方米(kg/m³)；

m_2——带有贴面时试样的质量，单位为千克(kg)。

7.5.2 管壳制品

管壳制品的密度按式(8)计算，结果取整数。

$$\rho_3=\frac{4m_3\times 10^9}{\pi(d_2^2-d_1^2)L} \quad \cdots\cdots (8)$$

式中：

ρ_3——管壳的密度，单位为千克每立方米(kg/m³)；

m_3——管壳的质量，单位为千克(kg)；

L——管壳的长度，单位为毫米(mm)。

7.6 原棉和粒状棉密度试验方法

7.6.1 试验步骤

称取 100 g 试样，均匀放入测量筒的外筒内。将内筒放入外筒中，底部轻轻与棉贴实，不要冲击，也不要用手施压。5 min 后，在测量筒周边等距离的三点，用游标卡尺测量内外筒的高度差，精确至 0.1 mm。以三点测量的算术平均值作为试样的厚度。

7.6.2 结果计算

试样的密度按式(9)计算，结果保留整数。

$$\rho=\frac{5.66\times 10^3}{h} \quad \cdots\cdots (9)$$

式中：

ρ——原棉或粒状棉的密度，单位为千克每立方米(kg/m³)；

5.66×10^3——试样质量除以测量筒底面积所得的常数，单位为克每平方米(g/m^2)；

h——试样厚度，单位为毫米(mm)。

8 纤维平均直径试验方法

8.1 显微镜法

8.1.1 仪器及材料

8.1.1.1 显微镜：放大倍数为 800 倍及以上，分辨率不大于 0.5 μm。

8.1.1.2 载玻片。

8.1.1.3 浸液：由等容积的甘油和蒸馏水配制。

8.1.2 试样制备

从提交的单位产品中，抽取 1 g 左右的纤维(试样应去除粘结剂)，通过缩分使每一小样成为大小合适的一撮纤维，从中剪取 1 mm 左右的长度，放在载玻片上。加入适量的浸液，用针将其分散均匀，共制备 3 块载玻片。

8.1.3 试验步骤

将制备好的载玻片放在显微镜载物台上，按显微镜使用规程，移动载玻片使纤维至视场中央。调节焦距至纤维边缘清晰，并使其一个边缘与目镜测微尺的刻线重合，读出另一个边缘在测微尺中对应的格数，估读到二分之一格。在 1 块载玻片上按此方法从一端开始逐一地测(30～40)根纤维，重叠或不清楚的不测，并避免对同一根纤维重复测量。共测 3 块载玻片，计 100 根纤维。

8.1.4 计算及试验结果

8.1.4.1 纤维平均直径

首先根据测量的格数值，按式(10)算出平均格数：

$$\overline{X}=\frac{\sum_{i=1}^{n}X_i}{n} \qquad \cdots\cdots(10)$$

式中：

$\overline{X}$——平均格数；

X_i——单根纤维的实测格数值；

n——纤维测量根数。

利用预先确定的目镜测微尺每分格的标定长度 d_0(μm)，将测量的平均格数 $\overline{X}$，换算成纤维平均直径 $\overline{d}$(μm)($\overline{d}=\overline{X}d_0$)。精确到 0.1 μm。

8.1.4.2 纤维直径的标准差

纤维直径的标准差 S(μm)按式(11)计算，取二位有效数字：

$$S=d_0\sqrt{\frac{\sum_{i=1}^{n}(X_i-\overline{X})^2}{n-1}} \qquad \cdots\cdots(11)$$

式中：

S——纤维直径的标准差，单位为微米(μm)；

d_0——目镜测微尺每分格的标定长度，单位为微米(μm)。

8.1.4.3 纤维直径的变异系数

纤维直径的变异系数 C_v(%)按式(12)计算，取二位有效数字：

$$C_v=\frac{S}{d}\times100 \qquad \cdots\cdots(12)$$

式中：

C_v——纤维直径的变异系数，%；

$\bar{d}$——纤维平均直径，单位为微米（μm）。

8.2 气流仪法

8.2.1 原理

气流通过定容定量的纤维时，所受到的阻力与纤维平均直径有关。气流仪利用纤维在特定条件下，其直径与空气流量之间存在的函数关系，给出纤维的平均直径。

8.2.2 试验仪器

8.2.2.1 天平：最大称量 200 g，分度值 0.01 g。

8.2.2.2 气流式纤维测定仪：气流流量范围为（1.0～6.5）L/min，压差为 1 960 Pa，并备有如图 9 所示的试样套筒。

单位为毫米

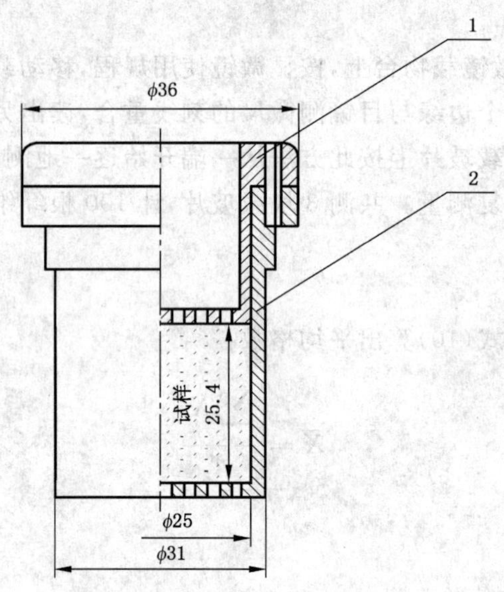

1——压样筒；

2——装样筒。

图 9 试样套筒

8.2.3 A 法（适用于岩棉、矿渣棉）

8.2.3.1 试验步骤

称取试样约 30 g，在约（550±20）℃的温度下灼烧 30 min，去除粘结剂后缩分，同时剔除明显的非纤维状杂质。称取岩棉试样 6.00 g，矿渣棉试样 6.15 g，称量精确到 0.01 g。将其均匀放入有效容积为 12.9 cm^3 试样套筒内，用旋盖压紧。在预先调好水平及压力计水位的气流式纤维测定仪上进行流量测定。缓缓打开气流调节阀，使液面下降到与压力计的下刻线平齐，记录与转子顶部相齐处流量 Q 的读数，精确到 0.05 L/min。每个试样一般测二次，若两次测量差异超过平均数的 15%，则应重新称样测定一次，取两次相近的测量结果。

8.2.3.2 试验结果

算出两次测量的算术平均值，精确到 0.1 L/min。从表 1 中查出纤维平均直径 $\bar{d}$，作为该试样的纤维平均直径。

表 1　气流流量(Q)与纤维平均直径($\bar{d}$)对照表(适用于岩棉、矿渣棉)

Q/(L/min)	$\bar{d}$/μm	Q/(L/min)	$\bar{d}$/μm	Q/(L/min)	$\bar{d}$/μm
2.6	4.0	3.8	5.2	5.0	6.5
2.7	4.1	3.9	5.4	5.1	6.6
2.8	4.2	4.0	5.5	5.2	6.7
2.9	4.3	4.1	5.6	5.3	6.8
3.0	4.4	4.2	5.7	5.4	6.9
3.1	4.5	4.3	5.8	5.5	7.0
3.2	4.6	4.4	5.9	5.6	7.2
3.3	4.7	4.5	6.0	5.7	7.3
3.4	4.8	4.6	6.1	5.8	7.4
3.5	4.9	4.7	6.2	5.9	7.5
3.6	5.0	4.8	6.3	6.0	7.6
3.7	5.1	4.9	6.4		

8.2.4　**B 法**(适用于玻璃棉)

8.2.4.1　试验步骤

称取试样约 3 g,在约(500±20)℃的温度下灼烧 30 min,去除粘结剂后缩分。称取试样 0.9 g,称量精确到 0.01 g。将其均匀放入有效容积为 3.14 cm^3 的试样套筒内,用旋盖压紧。在预先调好水平及压力计水位的气流式纤维测定仪上进行流量测定。缓缓打开气流调节阀,使液面下降到与压力计的下刻线平齐,记录与转子顶部相齐处流量 Q 的读数,精确到 0.05 L/min。每个试样一般测二次,若两次结果的差异超过平均数的 15%,则应重新称样测定一次,取两次相近的测量结果。

8.2.4.2　试验结果

算出两次测量的算术平均值,精确到 0.1 L/min。从表 2 中查出纤维平均直径 $\bar{d}$,作为该试样的纤维平均直径。

表 2　气流流量(Q)与纤维平均直径($\bar{d}$)对照表(适用于玻璃棉)

Q/(L/min)	$\bar{d}$/μm	Q/(L/min)	$\bar{d}$/μm	Q/(L/min)	$\bar{d}$/μm
1.6	3.0	3.0	3.7	4.4	4.4
1.7	3.1	3.1	3.8	4.5	4.5
1.8	3.1	3.2	3.8	4.6	4.5
1.9	3.2	3.3	3.9	4.7	4.6
2.0	3.2	3.4	3.9	4.8	4.6
2.1	3.3	3.5	4.0	4.9	4.7
2.2	3.3	3.6	4.0	5.0	4.7
2.3	3.4	3.7	4.1	5.1	4.8
2.4	3.4	3.8	4.1	5.2	4.8
2.5	3.5	3.9	4.2	5.3	4.9
2.6	3.5	4.0	4.2	5.4	4.9
2.7	3.6	4.1	4.3	5.5	5.0
2.8	3.6	4.2	4.3	5.6	5.0
2.9	3.7	4.3	4.4	5.7	5.1

表 2(续)

Q/ (L/min)	$\bar{d}$/ μm	Q/ (L/min)	$\bar{d}$/ μm	Q/ (L/min)	$\bar{d}$/ μm
5.8	5.1	6.1	5.3	6.4	5.4
5.9	5.2	6.2	5.3	6.5	5.5
6.0	5.2	6.3	5.4		

9 渣球含量试验方法

9.1 原理

利用渣球和纤维在水介质中运动时受到的重力和阻力的差异,使渣球和纤维得到分离,并通过烘干、筛分、称量测得矿物棉中渣球的含量。

9.2 仪器及设备

9.2.1 分离装置:包括(0～200)mL/min 玻璃转子流量计;内径为 80 mm,总高度为 380 mm 的分离筒;塑料水槽;纤维收集器和渣球收集器等。见图 10。

单位为毫米

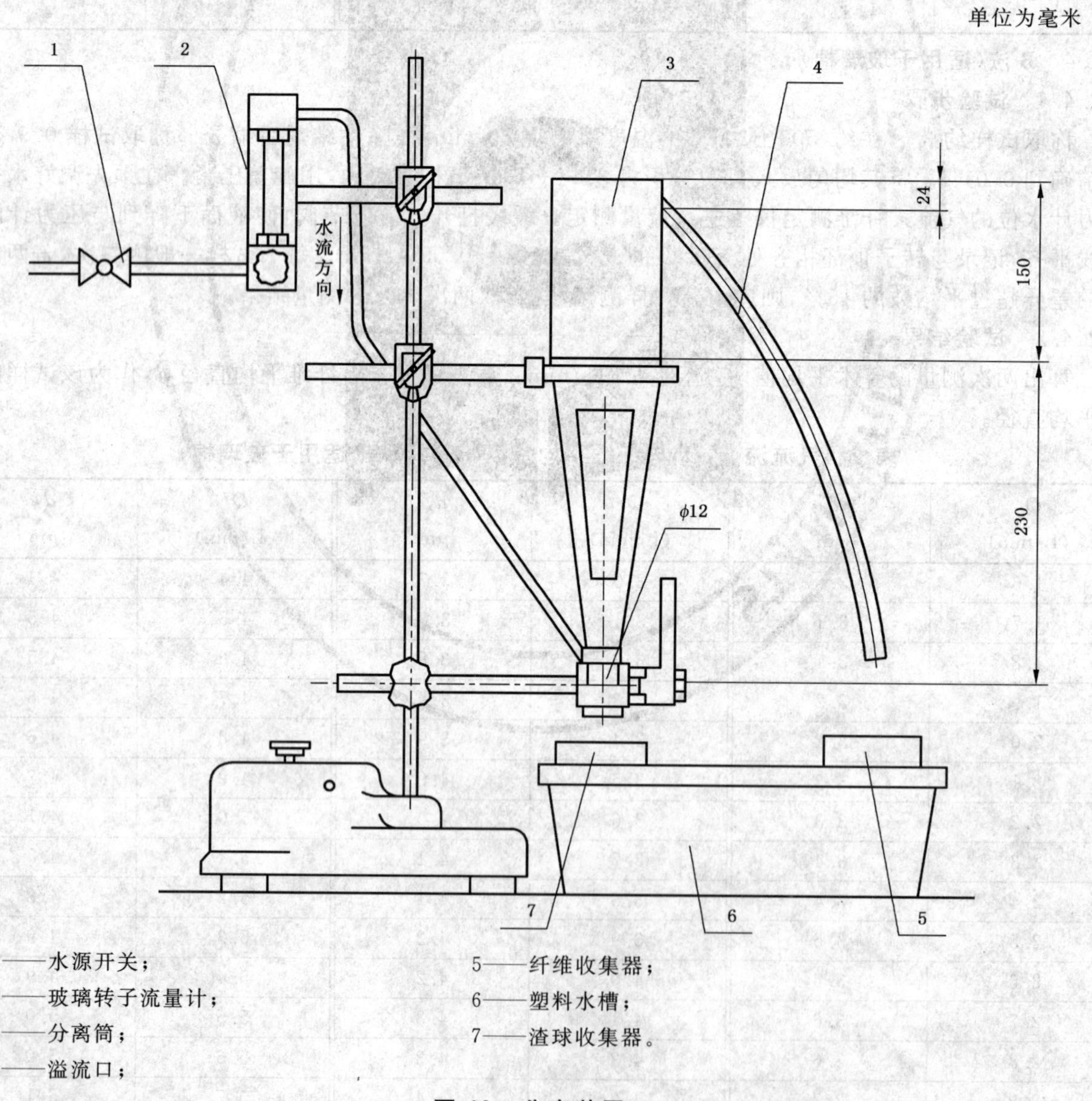

1——水源开关;
2——玻璃转子流量计;
3——分离筒;
4——溢流口;
5——纤维收集器;
6——塑料水槽;
7——渣球收集器。

图 10 分离装置

9.2.2 取样器：内径为 14 mm 的圆筒形切取试样的工具。

9.2.3 压样设备：由试样筒、压样筒和压榨器组成。见图 11。

注 1：试样筒内径为 27 mm。有效高度为 53.5 mm。

注 2：压样筒外径为 26 mm。有效高度分二种，岩棉、矿渣棉和硅酸铝棉试验用的为 38.2 mm；而玻璃棉试验用的为 36.2 mm。

单位为毫米

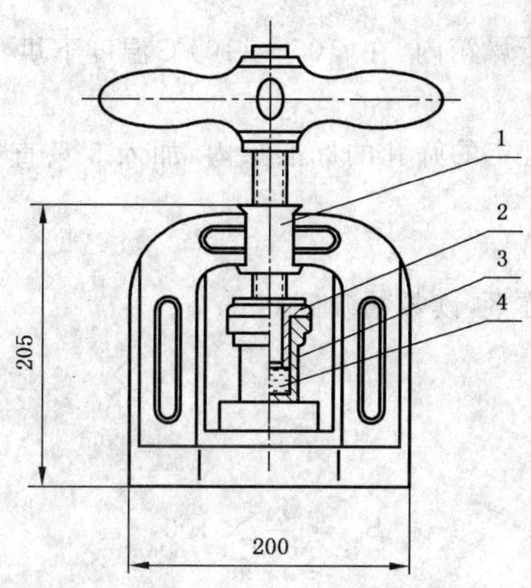

1——压榨器；

2——压样筒；

3——试样筒；

4——试样。

图 11 压样设备

9.2.4 筛分装置：包括振筛机和标准筛。振筛机振动频率为 23.5 次/s。

9.2.5 天平：最大称量 200 g，分度值小于等于 0.01 g。

9.2.6 电热干燥箱：控温精度为±5℃。

9.2.7 高温电炉：可调节、控温精度为±10℃。

9.2.8 定时器。

9.3 试剂

1%浓度的季胺盐型阳离子表面活性剂(例如商品牌号为 1631 表面活性剂)。

9.4 试验步骤

9.4.1 制备试样

按第 5 章的规定选取试样，切取全厚度的试样 11 g 左右。对于玻璃棉及其制品，在(500±20)℃灼烧 30 min 以上；对于矿渣棉、岩棉及其制品，在(550±20)℃下灼烧 30 min 以上；对于硅酸铝棉及其制品，在(700±20)℃下灼烧 30 min 以上。除尽粘结剂再称量精确到 0.01 g。试样数量按产品标准的规定，但不应少于 3 个。

9.4.2 压制试样

把称量好的试样放入相应的试样筒内，套上压样筒，放于压榨器上进行手动螺旋加压。

9.4.3 润湿试样

将压制好的试样取出，放于 250 mL 量杯内，加入表面活性剂溶液 50 mL，并充分搅拌，使纤维在溶液中得到润湿和分散。

9.4.4 分离试验

9.4.4.1 将试样全部移入分离筒中。

9.4.4.2 打开水源开关，使转子流量计的流量示值为 60 mL/min，保持此流量直至纤维在水中得到分散和悬浮。

9.4.4.3 加大水流量至(120～180)mL/min,继续分离 10 min 左右。

9.4.4.4 待分离筒内水澄清后,打开分离筒下端的排渣阀,借助水流把渣球完全排入边长不大于产品标准规定的筛孔边长的标准筛内。

9.4.4.5 检查纤维收集器内的纤维中是否含有渣球,若有渣球应将其放入分离器内再进行分离。

9.4.5 干燥

将盛有渣球的筛子放入电热干燥箱内,在(105～110)℃温度下烘干至少 20 min。

9.4.6 筛分

将干燥的渣球移入产品标准规定的筛孔的标准筛内,加入 3 只直径为(20±1)mm 的陶瓷球,盖装后启动振筛机筛分 15 min。

9.4.7 称量

将筛分后的渣球放在天平上称量,读数精确到 0.01 g。

9.5 计算及试验结果

9.5.1 计算

渣球含量 S_h 按式(13)计算:

$$S_h = \frac{m}{m_0} \times 100 \qquad \cdots\cdots (13)$$

式中:

S_h——渣球含量(质量分数),%;

m——渣球质量,单位为克(g);

m_0——试样质量,单位为克(g)。

9.5.2 试验结果

试验结果以算术平均值表示。精确到小数点后第一位。同时报出所用筛孔的孔径。

10 酸度系数试验方法

10.1 试样制备

按第 5 章的规定选取试样,分析试样从中随机抽取 50 g 左右,混合缩分至 5 g～10 g,在玛瑙研钵中研磨至全部通过 80 μm 孔径筛,贮于称量瓶中。对含有粘结剂的样品,应在研磨前先以 550℃±20℃灼烧 30 min 以上除去粘结剂,将研磨后的试样置于烘箱中于 105℃～110℃干燥 1 h 以上。置干燥器中备用。

10.2 分析步骤

10.2.1 二氧化硅

按 GB/T 1549—1994 中 5.1 的规定。

10.2.2 三氧化二铝、氧化钙、氧化镁

从试样中称取约 0.5 g 试料,精确至 0.1 mg,置铂坩埚中。用水润湿,戴耐酸手套加入 1+1 硫酸 4～5 滴和约 10 mL 氢氟酸,在通风橱内的电炉上低温加热蒸发至近干,再升高温度驱尽三氧化硫白烟,继续加热数分钟。冷却后加入 2 g～3 g 焦硫酸钾,在电炉上加热使之初步熔化,后移至 600℃～700℃喷灯上小心熔融至熔体呈透明状,冷却。用热水浸出熔块于 250 mL 烧杯中,加入 1+1 硫酸 3 mL～5 mL,加热使溶液清亮。冷却后将溶液移入 250 mL 容量瓶中,稀释至标线,摇匀。此试液供测定三氧化二铁、三氧化二铝、氧化钙、氧化镁。以下分别按 GB/T 1549—1994 中 5.3、5.5、5.6 和 5.7 的规定进行。

10.2.3 结果计算

酸度系数 M_k 按式(14)计算:

$$M_k = \frac{w(SiO_2) + w(Al_2O_3)}{w(CaO) + w(MgO)} \qquad \cdots\cdots (14)$$

式中：

M_k——酸度系数；

$w(SiO_2)$——二氧化硅质量分数的数值，%；

$w(Al_2O_3)$——三氧化二铝质量分数的数值，%；

$w(CaO)$——氧化钙质量分数的数值，%；

$w(MgO)$——氧化镁质量分数的数值，%。

计算结果表示到小数点后一位。

10.2.4 精密度

二氧化硅、三氧化二铝、氧化钙、氧化镁分析结果的精密度按 GB/T 1549—1994 第 6 章的规定。

11 吸湿性试验方法

11.1 仪器设备

11.1.1 天平：分度值不大于被称质量的 0.1%。

11.1.2 电热鼓风干燥箱。

11.1.3 调温调湿箱：温度波动不大于±2℃，相对湿度波动不大于±3%，箱内置样区域无凝露。

11.1.4 干燥器。

11.1.5 金属尺：分度值为 1 mm。

11.1.6 针形厚度计：分度值为 1 mm，压板压强 49 Pa。

11.1.7 样品袋：由聚乙烯薄膜制成，其尺寸足以容纳被密封的试样。

11.1.8 样品盒：由不吸水、无腐蚀的材料制成，带有可密封的盖子。样品盒尺寸约为 150 mm×150 mm×50 mm，用于盛放松散状的试样。

11.2 试样

按第 5 章的规定选取试样。板状试样的尺寸应便于称量及在调温调湿箱内放置，并不得小于 150 mm×150 mm，厚度为原厚。管状试样的长度不得小于 150 mm，圆弧部分的大小应适合测试，厚度为原厚。松散状纤维的试样按标称体积密度放入 11.1.8 所规定的样品盒内。试样表面应清洁、无机械损伤。

试样数量 3 个，或按产品标准的规定。

11.3 试验步骤

11.3.1 方法 A，（适用于毡、板和管壳等矿物棉制品）

用金属尺和针形厚度计测出制品的尺寸，如需要，体积可按标称厚度而不是实测厚度计算，但必须在报告中说明。将试样放入温度为 105℃±5℃ 的电热鼓风干燥箱内烘干至恒重（连续两次称量之差不大于试样质量的 0.2%）。当试样中含有在此温度下易挥发或易变化的组分时，可在较低的温度下烘干至恒重。记下试样的质量及烘干温度。将试样再次放入电热鼓风干燥箱内，在温度不低于 60℃ 的环境中使其达到均匀温度，然后将试样放置在调温调湿箱内。在温度为(50±2)℃、相对湿度为(95±3)%，并具有空气循环流动的调温调湿箱内保持(96±4)h。取出后立即放入预称量的样品袋中，密封袋口，冷至室温后称量。扣除袋重后记下试样吸湿后的质量。

11.3.2 方法 B，（适用于松散状的矿物棉产品）

将干燥至恒重的松散装填的矿物棉产品放入已恒重的样品盒内，配至标称体积密度，称量。记下样品吸湿前的质量。开启盖子，使试样恢复到不低于 60℃ 的均匀温度，放入调温调湿箱，样品盒呈水平放置。在温度为(50±2)℃、相对湿度为(95±3)%，并具有空气循环流动的调温调湿箱内保持(96±4)h。将样品盒加盖密封后取出，冷至室温后称量。扣除盒重后记下试样吸湿后的质量。

11.4 试验结果的计算和表示

11.4.1 质量吸湿率

按式(15)计算：

$$w_1 = \frac{m_1 - m_2}{m_2} \times 100 \quad \cdots\cdots (15)$$

式中：

w_1——质量吸湿率，%；

m_1——吸湿后试样的质量，单位为千克(kg)；

m_2——干燥试样的质量，单位为千克(kg)。

11.4.2 体积吸湿率

按式(16)计算：

$$w_2 = \frac{V_1}{V_2} \times 100 = \frac{(m_1 - m_2) \times 100}{1\,000 \times V_2} = \frac{w_1 \cdot \rho}{1\,000} \quad \cdots\cdots (16)$$

式中：

w_2——体积吸湿率，%；

V_1——试样中水分所占的体积，单位为立方米(m^3)；

V_2——试样的体积，单位为立方米(m^3)；

ρ——试样的容重，单位为千克每立方米(kg/m^3)；

1 000——水的密度，单位为千克每立方米(kg/m^3)。

11.4.3 试验结果

以平均值表示，精确到小数点后一位。

在报告体积吸湿率时，也应报出试样的质量吸湿率和密度。

12 油含量试验方法

12.1 原理

用特定的溶剂萃取出矿物棉及其制品中的油，萃取液经过分馏、干燥，分离出油，通过测定油的质量求得矿物棉及其制品的油含量。

12.2 仪器

12.2.1 索氏萃取器：规格 250 mL(如图 12)，或具有相同功能的其他合适仪器。

12.2.2 电热恒温水浴：温度范围 37℃～100℃，控温精度±2℃。

12.2.3 鼓风干燥箱：最高温度 250℃，控温精度±5℃。

12.2.4 天平：分度值 0.1 mg。

12.2.5 干燥器。

12.2.6 蒸馏装置。

12.3 试验步骤

12.3.1 从样品上随机抽取 3 个试样(岩棉、矿渣棉每个试样 10 g±0.5 g，玻璃棉每个试样 7 g±0.5 g)，放入 105℃±5℃鼓风干燥箱中烘干 2 h，移入干燥器中冷却至室温。

12.3.2 称量干燥试样，精确至 0.1 mg，质量记为 m_0。

12.3.3 用滤纸将试样包成柱状的放入回流萃取器内，在萃取烧瓶中注入 250 mL 的正己烷。装上回流萃取器、冷凝器，将索氏萃取器放入恒温水浴中，在恒温水浴达到合适的温度时，连续萃取 4 h，萃取过程中萃取液应在回流虹吸管中每小时回流 6 次～10 次。

12.3.4 将萃取液倾泻过滤，滤液承接于 500 mL 蒸馏烧瓶中。用少量正己烷洗涤萃取烧瓶内壁二至三次，洗液并入蒸馏烧瓶。

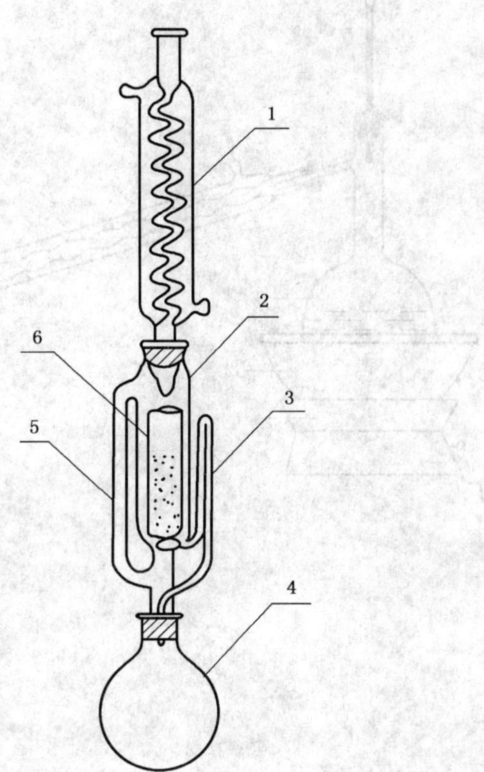

1——冷凝器；

2——回流萃取器；

3——回流虹吸管；

4——萃取烧瓶；

5——蒸气升管；

6——滤纸包裹的试样。

图 12　索氏萃取器示意图

12.3.5　由蒸馏烧瓶、冷凝管、接受瓶组成蒸馏装置(如图 13)。

12.3.6　缓缓加热蒸馏烧瓶，在 85℃±5℃温度下使萃取液中正己烷汽化、冷凝后流入接受瓶中待用。

12.3.7　待蒸馏烧瓶中仅有少量萃取液时，停止蒸馏，冷却蒸馏烧瓶至室温，将残液倒入质量为 m_1 的蒸发皿中，用少量正己烷洗涤蒸馏烧瓶二至三次，洗液并入蒸发皿中。

12.3.8　将蒸发皿置于鼓风干燥箱中经 105℃±5℃烘干 1 h，取出放入干燥器中冷却至室温用天平称重，精确至 0.1 mg，质量记为 m_2。

12.4　结果计算

12.4.1　油含量按式(17)计算：

$$c = \frac{m_2 - m_1}{m_0} \times 100 \quad \cdots\cdots(17)$$

式中：

c——油含量，%；

m_0——试样的质量，单位为克(g)；

m_1——蒸发皿初始的质量，单位为克(g)；

m_2——蒸发皿加上油的质量，单位为克(g)。

12.4.2　以 3 个试样的算术平均值为测试结果。

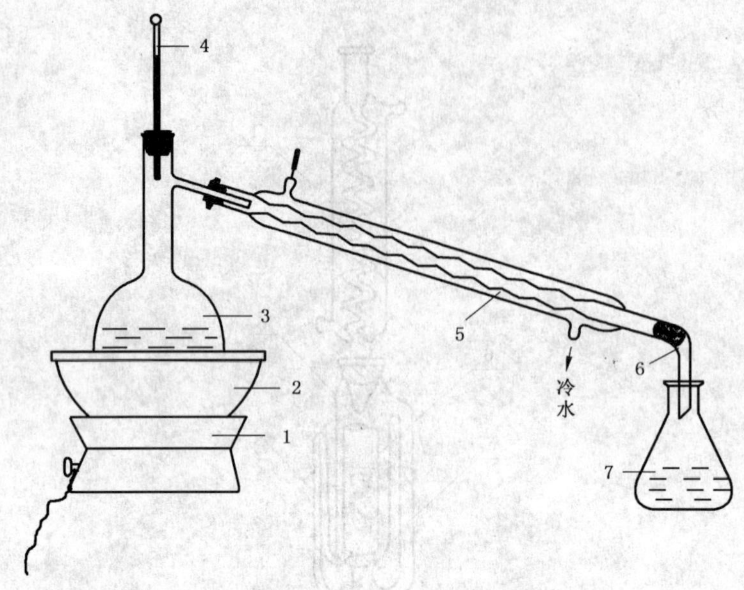

1——电炉；
2——水浴锅；
3——蒸馏烧瓶；
4——温度计；
5——冷凝管；
6——接受管；
7——接受瓶。

图 13 蒸馏装置

13 吸水性试验方法

13.1 原理

将规定尺寸的试样置于水中规定的位置，浸泡一定时间后，测量其吸水前后试样质量的变化，计算出试样中水分所占的体积比(w)，以此来表示制品的体积吸水率。对全浸试验，可算出其单位体积的吸水量(w_V)，对半浸试验，可算出其单位面积的吸水量(w_S)。对毛细管渗透试验，则是以测量试样的毛细管渗透高度来表示制品的吸水性。

13.2 仪器及工具

13.2.1 天平：分度值不大于 1 g。

13.2.2 钢直尺：测量范围为 0 mm～300 mm，分度值 1 mm。

13.2.3 测厚仪：分度值为 0.1 mm，压板压强 98 Pa，如图 5 所示。

13.2.4 鼓风干燥箱：最高温度 250℃，控温精度±5℃。

13.2.5 水箱：具有足够的容积，可将试样全部浸入水中，其顶面与水面的距离不小于 25 mm，试样间及试样与水箱壁不应接触。水箱具有可控制流量的慢速进、出水口，可使水面控制在特定的位置，水位波动范围不大于±0.5 mm。并配有合适的试样支撑物、刚性不锈筛网和压块。

13.2.6 试验用水：自来水。

13.3 试验条件

按第 4 章的规定。

13.4 试样

板状制品试样尺寸为 150 mm×150 mm，厚度为样品的原厚。管状制品试样的长度为 150 mm，横截面为半环形或扇形，扇形的外弧长为 150 mm，壁厚为样品的原壁厚。试样应在样品中部切取，其边缘距样品边缘至少 100 mm，表面应清洁平整，无裂纹。试样个数不少于 6 块。

13.5 全浸试验方法

13.6 试验步骤

13.6.1 测量试样的尺寸。对板状制品，长度和宽度采用钢直尺测量。在试样的正、反面，各测两次，读数精确到 1 mm。硬质制品采用钢直尺测量厚度，测量点位于样品四个侧面的中部。软质制品厚度的测量采用测厚仪，每块试样测四点，位置均布。管状制品，壁厚的测量在试样的两端进行，各测两次。外弧长的测量位置沿管壁均布，长度的测量位置沿母线均布，各测四次。内径取公称值。

13.6.2 将试样放入干燥箱内，在 105℃±5℃的温度下干燥至恒重。当试样含有在此温度下易挥发或易变化组分时，可在 60℃±5℃或低于挥发温度 5℃～10℃的条件下干燥至恒重。称取试样的质量 m_1。

13.6.3 用细金属丝按试样形状将其固定在不锈刚筛网上。慢慢地将试样压入水面下方 25 mm 处，加上压块使之固定，如图 14 所示。试样间及试样与水箱壁面无接触。保持上述状态 2 h。慢慢地取出试样，提起试样的一角，让其沥干 5 min。用拧干的湿毛巾小心地擦去浮水，立即称取试样的质量 m_2。

1——试样；
2——压块；
3——刚性筛网；
4——支撑物；
5——水箱。

图 14 全浸试验示意图

13.6.4 结果计算

13.6.4.1 体积吸水率按(18)式计算

$$w=\frac{V_1}{V}\times 100=\frac{m_2-m_1}{V\times\rho}\times 100 \qquad \cdots\cdots(18)$$

式中：

w——体积吸水率，%；

V_1——吸入试样中的水的体积，单位为立方厘米(cm^3)；

V——试样的体积，单位为立方厘米(cm^3)；

m_1——干燥试样的质量，单位为克(g)；

m_2——吸水后试样的质量，单位为克(g)；

ρ——水的密度，单位为克每立方厘米(g/cm^3)。

13.6.4.2 单位体积吸水量按(19)式计算

$$w_V=\frac{m_2-m_1}{V}\times 10^3 \qquad \cdots\cdots(19)$$

式中：

w_V——单位体积吸水量，单位为千克每立方米(kg/m^3)；

V——试样的体积，单位为立方厘米(cm^3)；

m_1——干燥试样的质量，单位为克(g)；

m_2——吸水后试样的质量，单位为克(g)；

10^3——单位换算系数。

13.6.4.3 试验结果以组试样的算术平均值表示，保留二位有效数字。组试样的个数按产品标准的规定，但不得少于6块试样。

13.7 部分浸入试验方法

13.7.1 试验步骤

13.7.1.1 按13.6.1的规定测量试样的尺寸，按13.6.2的规定干燥试样并称取试样的质量 m_1，算出试样体积和浸水面的底面积。

13.7.1.2 用细的金属丝按试样形状将其固定在刚性不锈筛网上，慢慢地将试样底面压至水面下6 mm处，加上压块使之固定，如图15所示。保持此状态24 h。取出试样，提起试样的一角，让其沥干5 min。用拧干的湿毛巾小心地擦去浮水，立即称取试样的质量 m_2。

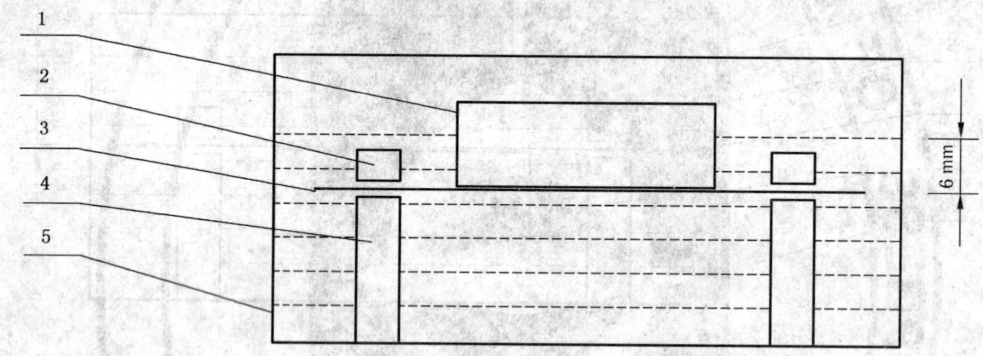

1——试样；

2——压块；

3——刚性筛网；

4——支撑物；

5——水箱。

图15 部分浸入试验示意图

13.7.2 结果计算

13.7.2.1 体积吸水率按(18)式计算

13.7.2.2 单位面积吸水量按(20)式计算

$$w_S = \frac{m_2 - m_1}{S} \times 10 \quad \cdots\cdots (20)$$

式中：

w_S——单位面积吸水量，单位为千克每平方米(kg/m^2)；

S——试样浸水面的底面积，单位为平方厘米(cm^2)；

m_1——干燥试样的质量，单位为克(g)；

m_2——吸水后试样的质量，单位为克(g)；

10——单位换算系数。

13.7.2.3 试验结果按13.6.4.3的规定。

13.8 毛细管渗透试验方法

13.8.1 试验步骤

13.8.1.1 按13.6.2的规定干燥试样。

13.8.1.2 将试样垂直竖立在水深为 6 mm～10 mm 的水箱中，对于较软的试样，可捆扎在镀锌铁丝网上，以帮助竖立。水中可放入使吸水线醒目的指标剂。测量试样浸入的深度 d_0，精确到 1 mm，保持此状态 24 h。取出试样，测量试样吸水线高度 d_1（间隔 30 mm 测量 1 处，共测 4 处，算出平均值），精确到 1 mm。

13.8.2 **结果计算**

13.8.2.1 毛细管渗透高度按(21)式计算：

$$d = d_1 - d_0 \qquad (21)$$

式中：

d——毛细管渗透高度，单位为毫米（mm）；

d_0——试样浸入水中的深度，单位为毫米（mm）；

d_1——24 h 后，试样吸水线的高度，它以试样表面浸渍线至其底端距离的平均值表示，单位为毫米（mm）。

13.8.2.2 试验结果按 13.6.4.3 的规定。

14 试验记录

试验记录至少包括以下内容：

a) 试样的名称、编号和数量；
b) 试验项目名称；
c) 试验依据标准；
d) 试验数据及结果；
e) 试验中观察到的异常情况；
f) 试验方法和仪器；
g) 试验人员和日期；
h) 其他需说明的情况。

ICS 91.100.10
Q 62

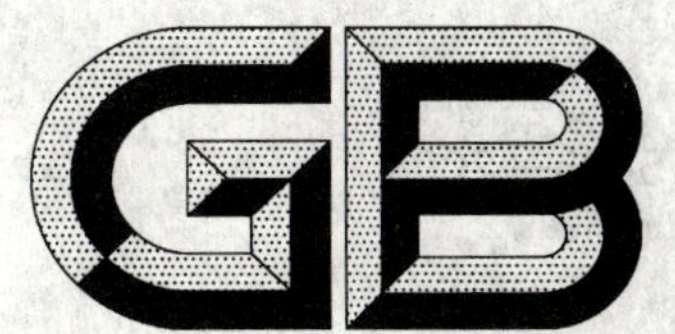

中华人民共和国国家标准

GB/T 5483—2008
代替 GB/T 5483—1996

天然石膏
Natural gypsum

2008-06-30 发布　　　　2009-04-01 实施

中华人民共和国国家质量监督检验检疫总局
中国国家标准化管理委员会　发布

前　言

本标准代替 GB/T 5483—1996《石膏和硬石膏》。

本标准与 GB/T 5483—1996 相比主要变化如下：

——对标准的名称做了修改；

——把“主题内容与使用范围”修改为“范围”，并对内容进行了修改（1996 年版的第 1 章；本版的第 1章）；

——对“规范性引用文件”做了修改，增加了引导语，引用标准增加了年代号（1996 年版的第 2 章；本版的第 2 章）；

——增加了第 3 章“术语和定义”（见第 3 章）；

——将“产品分类”修改为“分类与等级”（1996 年版的第 4 章；本版的第 4 章）；

——将“块度尺寸”修改为“规格”（1996 年版的 4.2；本版的 4.2）；

——将表 1 的“产品名称”去掉，并去掉了分子式（1996 年版的表 1；本版的表 1）；

——增加了“附着水的测定”（本版的 6.1）；

——对“品位测定”的条款进行了调整（1996 年版的 6；本版的 6.2）；

——用字母代替了品位计算中的分子式（1996 年版的 6；本版的 6.2.3）；

——将“验收规则”修改为“检验规则”（1996 年版的第 7 章；本版的第 7 章）；

——将“批量与编号”修改为“组批原则”（1996 年版的 7.1；本版的 7.1）；

——去掉原标准中的“交货与验收”（1996 年版的 7.2）；

——将“取样方法”修改为“抽样方法及制样”（1996 年版的 7.3；本版的 7.2）；

——将“检验项目及产品检验单”修改为“检验”（1996 年版的 7.4；本版的 7.3）；

——将原标准中的“判定规则”的条款和内容进行了修改（1996 年版的 7.5；本版的 7.4）；

——将“运输和贮存”修改为“标志、包装、运输与贮存”（1996 年版的第 8 章；本版的第 8 章）。

本标准由中国建筑材料联合会提出。

本标准由全国非金属矿产品及制品标准化技术委员会归口。

本标准起草单位：咸阳非金属矿研究设计院、中国建筑材料科学研究总院、河南建院建筑材料检测有限公司。

本标准主要起草人：焦红斌、张秀芬、王显斌、刘永川、冯德平。

本标准首次发布于 1985 年 10 月，1996 年为第一次修订，本次为第二次修订。

天然石膏

1 范围

本标准规定了天然石膏产品的术语和定义、分类与等级、要求、试验方法、检验规则、标志、包装、运输与贮存。

本标准适用于自然界产出的天然石膏矿产品。

2 规范性引用文件

下列文件中的条款通过本标准的引用而成为本标准的条款。凡是注日期的引用文件，其随后所有的修改单(不包括勘误的内容)或修订版均不适用于本标准，然而，鼓励根据本标准达成协议的各方研究是否可使用这些文件的最新版本。凡是不注日期的引用文件，其最新版本适用于本标准。

GB/T 2007.2—1987 散装矿产品取样、制样通则 手工制样方法

GB/T 5484 石膏化学分析方法

3 术语和定义

下列术语和定义适用于本标准。

3.1

品位 grade

指单位体积或单位质量矿石中有用组分或有用矿物的含量。

3.2

附着水(H_2O^-) free water

物质吸附空气中的水分。

3.3

结晶水(H_2O^+) combined water

在结晶物质中，以化学键力与离子或分子相结合的、数量一定的水分子。

3.4

石膏 gypsum

在形式上主要以二水硫酸钙($CaSO_4 \cdot 2H_2O$)存在的叫做石膏。

3.5

硬石膏 anhydrite

在形式上主要以无水硫酸钙($CaSO_4$)存在的，且无水硫酸钙($CaSO_4$)的质量分数与二水硫酸钙($CaSO_4 \cdot 2H_2O$)和无水硫酸钙($CaSO_4$)的质量分数之和的比不小于80%叫做硬石膏。

3.6

混合石膏 mixed gypsum

在形式上主要以二水硫酸钙($CaSO_4 \cdot 2H_2O$)和无水硫酸钙($CaSO_4$)存在的，且无水硫酸钙($CaSO_4$)的质量分数与二水硫酸钙($CaSO_4 \cdot 2H_2O$)和无水硫酸钙($CaSO_4$)的质量分数之和的比小于80%叫做混合石膏。

4 分类与等级

4.1 分类

天然石膏产品按矿物组分分为：石膏(代号 G)、硬石膏(代号 A)、混合石膏(代号 M)三类。

4.2 等级

各类天然石膏按品位分为特级、一级、二级、三级、四级等五个级别。

4.3 规格

产品的块度不大于 400 mm。如有特殊要求，由供需双方商定。

5 要求

5.1 天然石膏产品的附着水含量(质量分数)不大于 4%。

5.2 各天然石膏产品的品位应符合表 1 要求。

表 1

级别	品位(质量分数)/%		
	石膏(G)	硬石膏(A)	混合石膏(M)
特级	≥95	—	≥95
一级	≥85		
二级	≥75		
三级	≥65		
四级	≥55		

6 试验方法

6.1 附着水的测定

附着水的测定按 GB/T 5484 进行。

6.2 品位测定

6.2.1 结晶水的测定按 GB/T 5484 进行。

6.2.2 三氧化硫的测定按 GB/T 5484 进行。

6.2.3 品位的计算：

$$G_1 = 4.778\,5 \times W \quad \cdots\cdots(1)$$

$$G_2 = 1.700\,5 \times S + W \quad \cdots\cdots(2)$$

$$X_1 = 1.700\,5 \times S - 4.778\,5 \times W \quad \cdots\cdots(3)$$

式中：

G_1——G 类产品的品位，%；

G_2——A 类和 M 类产品的品位，%；

X_1——$CaSO_4$ 质量分数，%；

W——结晶水质量分数，%；

S——三氧化硫质量分数，%。

7 检验规则

7.1 组批原则

天然石膏产品的验收和供货按批量进行。天然石膏以同一次交货的同类别同等级产品 300 t 为一批，不足 300 t 时亦按一批计。

7.2 抽样方法及制样

7.2.1 采用方格法。根据矿石质量、块度均匀性和矿堆体积大小确定方格间距。取样时应在不同深度上取样，每次取样量大致相等。

7.2.2 散装交货时，每批量抽取点数不得少于 10 点，每次取样量不应少于 10 kg，由此组成总样品；包装交货时，每批量抽取袋数不得少于 20 袋，每次取样量不应少于 5 kg，由此组成总样品。

7.2.3 制样

按 GB/T 2007.2—1987 中 4.3“制样程序”规定进行。

7.3 检验

基本分析项目为附着水、结晶水和三氧化硫三项。其他分析项目由供需双方商定。

7.4 判定规则

7.4.1 按本标准 5.2 规定判定产品类别。按本标准 6.2 计算产品的品位。

7.4.2 检验结果中凡有一项指标不符合本标准 5.1～5.2 规定时，应对该项指标进行复检。以复检结果作为最终测定结果。

8 标志、包装、运输与贮存

8.1 标志

每个包装上应有产品名称、执行标准编号、净含量、生产厂厂名、厂址、生产日期。

8.2 包装

8.2.1 天然石膏产品采用内衬塑料薄膜的塑料编织袋或牛皮纸袋包装，包装要坚固、整洁，并附有产品质量合格证。

8.2.2 散装天然石膏产品应随车提供产品的合格证。

8.3 运输与贮存

运输贮存中应防雨、防潮、防破包，严禁与农药、化肥、化学药品等混放、混运。

ICS 91.120.10
Q 25

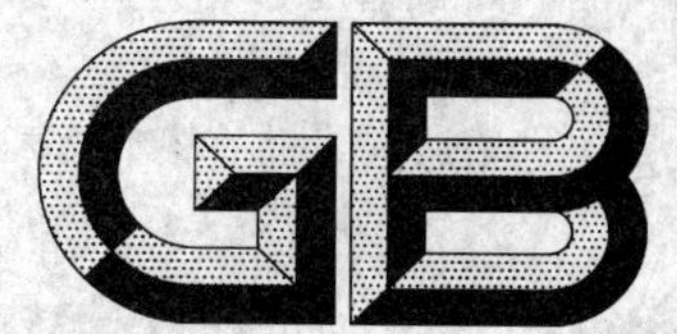

中华人民共和国国家标准

GB/T 5486—2008
代替 GB/T 5486.1～5486.4—2001

无机硬质绝热制品试验方法

Test methods for inorganic rigid thermal insulation

2008-05-12 发布　　　　2008-11-01 实施

中华人民共和国国家质量监督检验检疫总局
中国国家标准化管理委员会　发布

前言

本标准与ASTM C550-03《硬质绝热块与平板平直度和垂直度试验方法》、ASTM C303-02《预制块型绝热制品尺寸与密度试验方法》、ASTM C302-95(2001)《预制管型绝热制品密度与尺寸试验方法》、ASTM C165-00《绝热制品抗压性能试验方法》、ASTM C203-99《块型绝热制品破坏荷载及抗弯强度试验方法》，ATSTM C356-03《预制高温绝热材料匀温灼烧线收缩率试验方法》的一致性程度为非等效。

本标准代替GB/T 5486.1—2001《无机硬质绝热制品试验方法　外观质量》、GB/T 5486.2—2001《无机硬质绝热制品试验方法　力学性能》、GB/T 5486.3—2001《无机硬质绝热制品试验方法　密度、含水率及吸水率》、GB/T 5486.4—2001《无机硬质绝热制品试验方法　匀温灼烧性能》。

本标准与GB/T 5486.1～5486.4—2001相比主要变化如下：

——增加了弧形板和管壳抗压强度受压面最小尺寸；

——修改了抗压强度、抗折强度试件数量；

——修改了匀温灼烧性能的升温速率与恒温时间。

请注意本标准的某些内容可能涉及专利，本标准的发布机构不应承担识别这些专利的责任。

本标准由中国建筑材料工业联合会提出。

本标准由全国绝热材料标准化委员会(SCA/TC 191)归口。

本标准负责起草单位：河南建筑材料研究设计院有限责任公司。

本标准主要起草人：白召军、张利萍、马挺、王军生、曹晓润、陈胜强。

本标准委托河南建筑材料研究设计院有限责任公司负责解释。

本标准所代替的历次版本发布情况为：

——GB/T 5486.1—1985，GB/T 5486.1—2001；

——GB/T 5486.2—1985，GB/T 5486.2—2001；

——GB/T 5486.3—1985，GB/T 5486.3—2001；

——GB/T 5486.4—2001。

无机硬质绝热制品试验方法

1 范围

本标准规定了无机硬质绝热制品几何尺寸、外观质量、抗压强度、抗折强度、密度、含水率、吸水率、匀温灼烧性能等项目的试验方法。

本标准适用于硅酸钙绝热制品、泡沫玻璃绝热制品、膨胀珍珠岩及蛭石绝热制品等无机硬质绝热制品。

2 规范性引用文件

下列文件中的条款通过本标准的引用而成为本标准的条款。凡是注日期的引用文件，其随后所有的修改单(不包括勘误的内容)或修订版均不适用于本标准，然而，鼓励根据本标准达成协议的各方研究是否可使用这些文件的最新版本。凡是不注日期的引用文件，其最新版本适用于本标准。

GB/T 4132 绝热材料及相关术语(GB/T 4132—1996,neq ISO 7345:1987)

3 术语和定义

GB/T 4132 确立的术语和定义适用于本标准。

4 几何尺寸

4.1 测量工具

4.1.1 钢直尺:分度值为 1 mm。

4.1.2 钢卷尺:分度值为 1 mm。

4.1.3 钢直角尺:分度值为 1 mm,其中一个臂的长度应不小于 500 mm。

4.1.4 游标卡尺:分度值为 0.05 mm。

4.1.5 卡钳。

4.2 测量方法

4.2.1 块与平板

4.2.1.1 在制品相对两个大面上距两边 20 mm 处,用钢直尺或钢卷尺分别测量制品的长度和宽度,见图 1,精确至 1 mm。测量结果为 4 个测量值的算术平均值。

4.2.1.2 在制品相对两个侧面,距端面 20 mm 处和中间位置用游标卡尺测量制品的厚度,见图 1,精确至 0.5 mm。测量结果为 6 个测量值的算术平均值。

4.2.1.3 用钢直尺在制品任一大面上测量两条对角线的长度,并计算出两条对角线之差。然后在另一大面上重复上述测量,精确至 1 mm。取两个对角线差的较大值为测量结果。

4.2.2 管壳与弧形板

4.2.2.1 用钢直尺在管壳或弧形板两侧面的中心位置及内、外弧面的中心位置测量管壳或弧形板的长度,见图 2,精确至 1 mm。测量结果为 4 个测量值的算术平均值。

4.2.2.2 用游标卡尺在管壳或弧形板相对两个端面上距侧面 20 mm 处和端面中心位置测量管壳或弧形板的厚度,见图 2,精确至 0.5 mm。测量结果为 6 个测量值的算术平均值。

单位为毫米

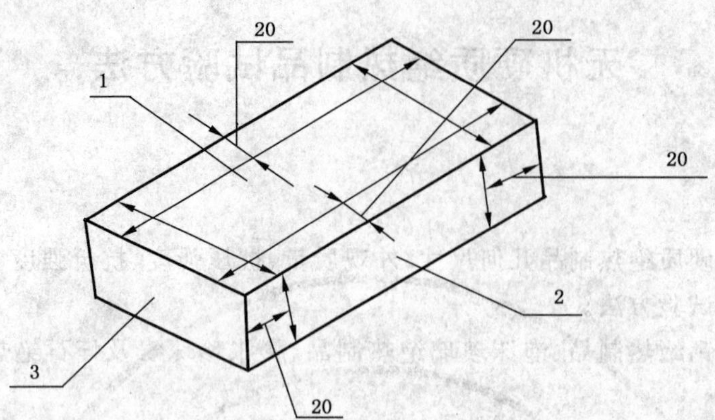

1——大面；

2——侧面；

3——端面。

图 1 板、块尺寸测量方法示意图

单位为毫米

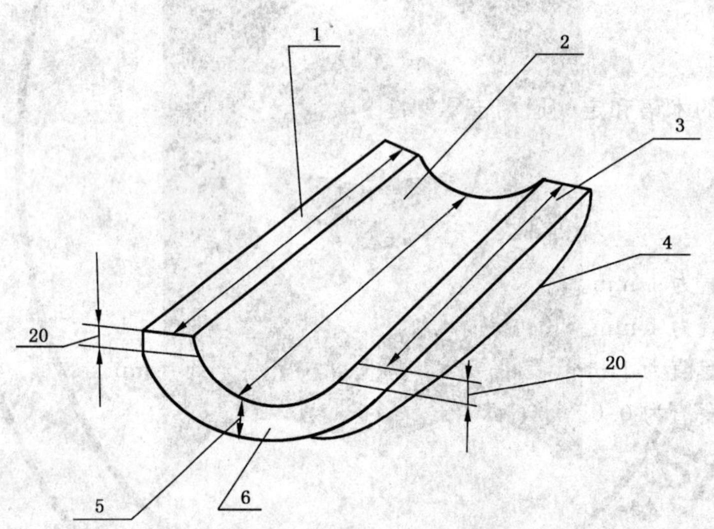

1——侧面；

2——内弧面；

3——长度；

4——外弧面；

5——厚度；

6——端面。

图 2 管壳与弧形板尺寸测量方法示意图

4.2.2.3 直径可用如下两种方法测量，其中方法一为仲裁试验方法。

4.2.2.3.1 方法一：将管壳或弧形板组成管段，用卡钳、直尺在距管段两端 20 mm 处和中心位置测量管壳或弧形板的外径，精确至 1 mm。旋转 90°重复上述测量。测量时应保证管段不因受力而变形。

制品外径的测量结果为 6 个测量值的算术平均值，制品的内径为外径与 2 倍厚度之差，精确至 1 mm。

4.2.2.3.2 方法二：用钢卷尺在距端面 20 mm 处及中心位置测量管壳或弧形板的外圆弧长(L_1)，精确至 1 mm。然后按其组成整圆的块数(n)，分别按式(1)和式(2)计算管壳或弧形板的外径和内径。

$$d_w = \frac{nL_1}{\pi} \quad \cdots\cdots (1)$$

$$d_n = \frac{nL_1}{\pi} - 2\delta \quad \cdots\cdots (2)$$

式中：

d_w——外径，单位为毫米(mm)；

d_n——内径，单位为毫米(mm)；

L_1——三次测量外圆弧长的平均值，单位为毫米(mm)；

δ——厚度，单位为毫米(mm)；

n——组成整圆的块数；

π——圆周率(取 3.14)。

每个制品直径的测量结果为三次测量值的算术平均值，制品直径的测量结果为组成整圆全部制品测量结果的算术平均值，精确至 1 mm。

5 外观质量

5.1 测量工具

5.1.1 钢直尺：分度值为 1 mm。

5.1.2 钢卷尺：分度值为 1 mm。

5.1.3 钢直角尺：分度值为 1 mm，其中 个臂的长度应不小于 500 mm。

5.1.4 游标卡尺：分度值为 0.05 mm。

5.2 缺棱掉角

用钢直尺或钢卷尺贴靠制品的棱边，测量缺棱掉角在长、宽、厚三个方向的投影尺寸，见图 3、图 4，精确至 1 mm。测量结果以缺棱掉角在长、宽、厚三个方向投影尺寸的最大值与最小值表示。

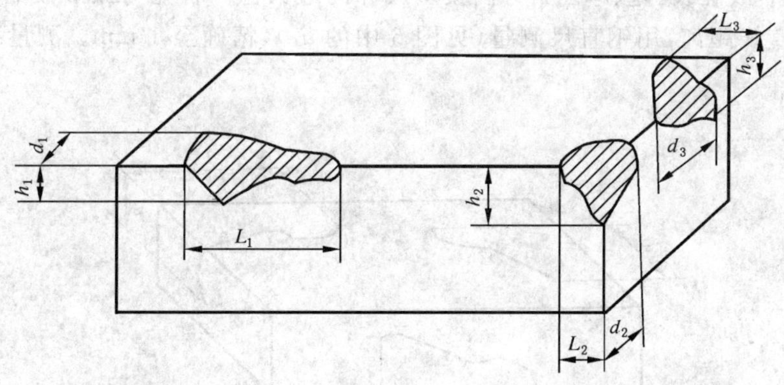

L_1、L_2、L_3——长度方向投影尺寸；

h_1、h_2、h_3——厚度方向投影尺寸；

d_1、d_2、d_3——宽度方向投影尺寸。

图 3 块与平板缺棱掉角测量方法示意图

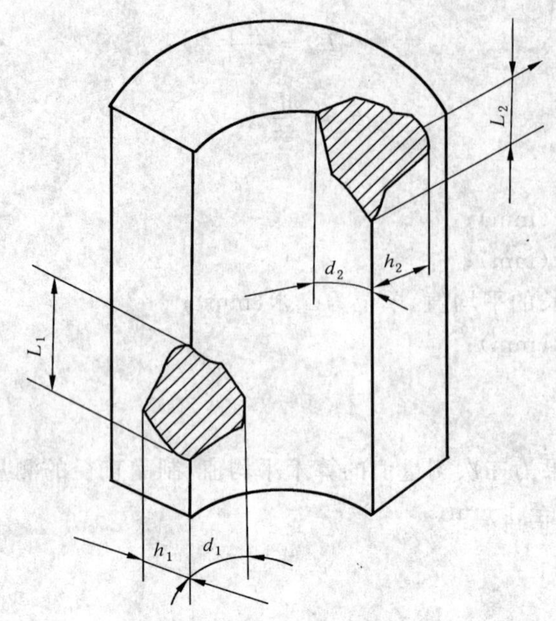

L_1、L_2——长度方向投影尺寸；
h_1、h_2——厚度方向投影尺寸；
d_1、d_2——宽度方向投影尺寸。

图 4　管壳与弧形板缺棱掉角测量方法示意图

5.3　裂纹长度

用钢直尺或钢卷尺测量裂纹在制品长、宽、厚三个方向的最大投影尺寸(见图 5、图 6)，如果裂纹由一个面延伸到另一个面时，则累计其延伸的投影尺寸(见图 5 中的 L_2+h_2、图 6 中的 h_3+d_3)，精确至 1 mm。测量结果为裂纹在长、宽、厚三个方向投影尺寸的最大值。管壳与弧形板端面上的裂纹长度为裂纹两端点之间的直线距离，用钢直尺测量(见图 6 中的 a_1)，精确至 1 mm。测量结果为测量值的最大值。

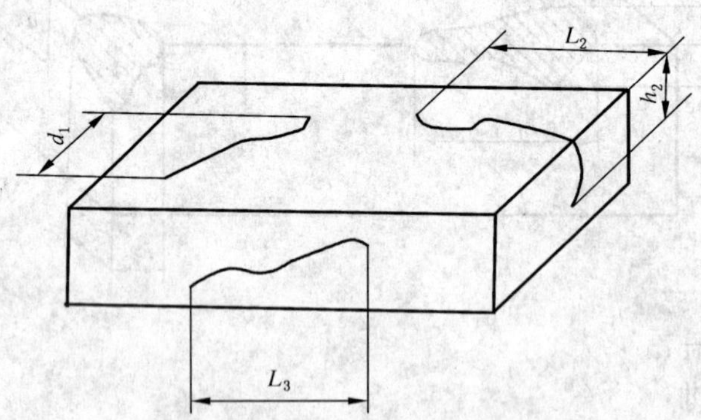

L_2、L_3——长度方向投影尺寸；
h_2——厚度方向投影尺寸；
d_1——宽度方向投影尺寸。

图 5　块与平板裂纹长度测量方法示意图

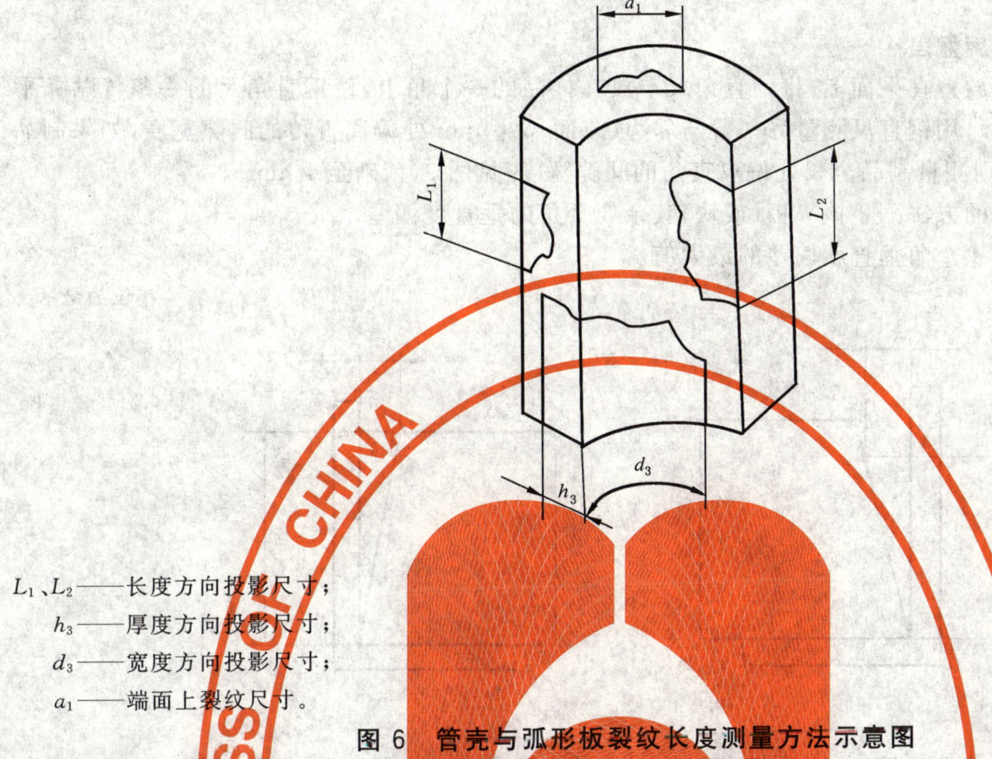

L_1、L_2——长度方向投影尺寸；

h_3——厚度方向投影尺寸；

d_3——宽度方向投影尺寸；

a_1——端面上裂纹尺寸。

图 6　管壳与弧形板裂纹长度测量方法示意图

5.4　弯曲

块与平板分大面弯曲和侧面弯曲，管壳与弧形板分外弧面弯曲和侧面弯曲。将样品放置在一个平面上，把钢直尺贴靠在弯曲面上，测量制品至钢直尺之间的距离，见图 7、图 8，精确至 1 mm。测量结果为测量值的最大值。

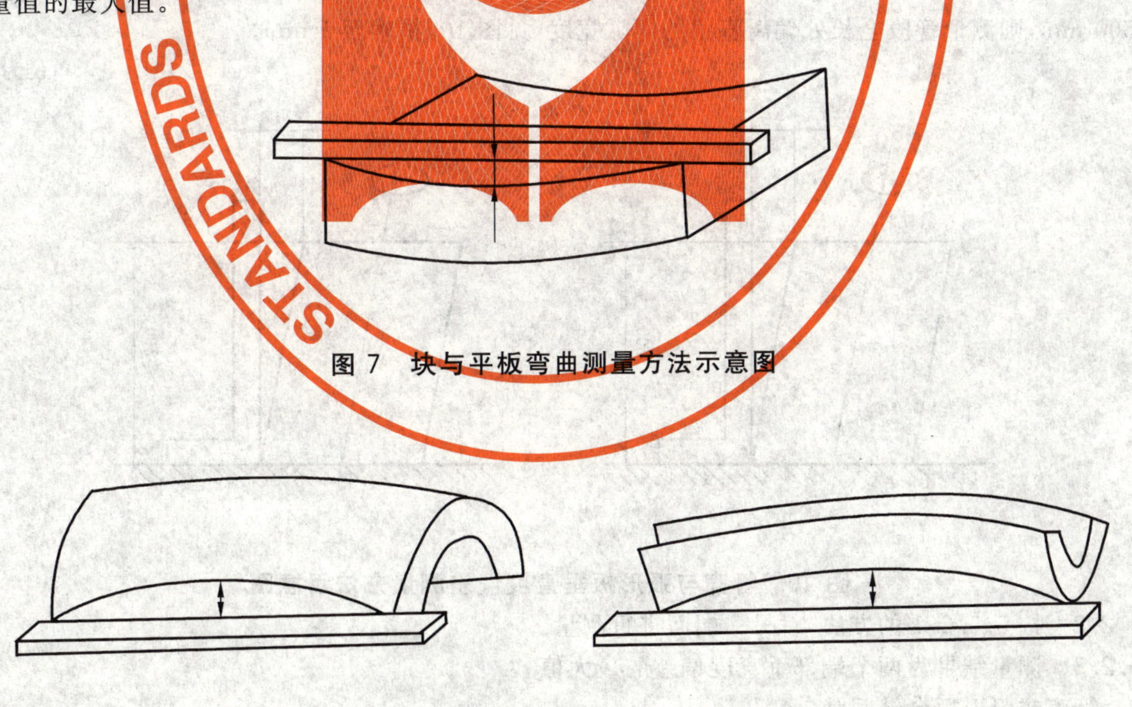

图 7　块与平板弯曲测量方法示意图

a) 侧面弯曲　　　　b) 外弧面弯曲

图 8　管壳与弧形板弯曲测量方法示意图

5.5 垂直度偏差

5.5.1 块与平板垂直度偏差

5.5.1.1 把样品水平放置在平面上，将钢直角尺卡放在样品的一个角上，使钢直角尺的一条臂贴靠平板(或块)的一边(或面)，用钢直尺测量另一臂与邻边(或面)500 mm 处偏离直角的间隙宽度，如果制品的边长小于 500 mm，则测量制品全长处偏离直角的间隙宽度，见图 9，精确至 1 mm。

5.5.1.2 按 5.5.1.1 的方法测量该平板(或块)其余 3 个角的垂直度偏差。

5.5.1.3 测量结果为 4 个角垂直度偏差的最大值。

单位为毫米

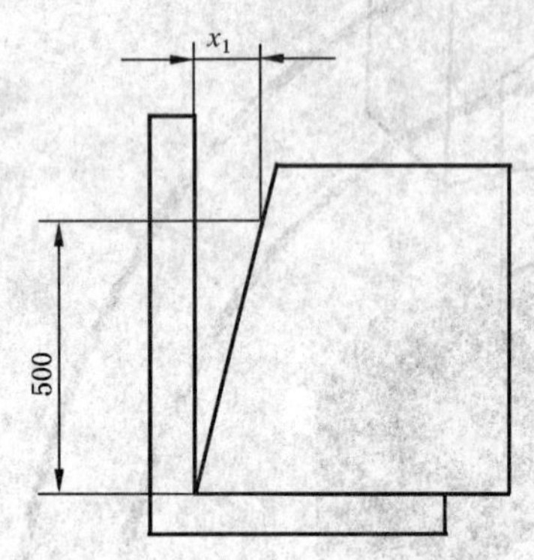

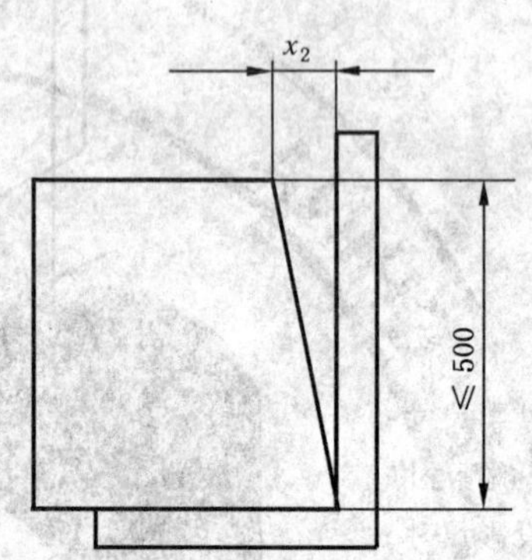

图 9 块与平板垂直度偏差测量方法示意图

5.5.2 管壳或弧形板端部垂直度偏差

5.5.2.1 将管壳或弧形板组成一完整管段，竖直放置在一个平面上，把钢直角尺的直角对着管段的底部，围绕管段底部移动，记录钢直角尺臂与管段上 500 mm 处偏离直角的最大间隙，如果管段的长度小于 500 mm，则测量管段全长处偏离直角的间隙宽度，见图 10，精确至 1 mm。

单位为毫米

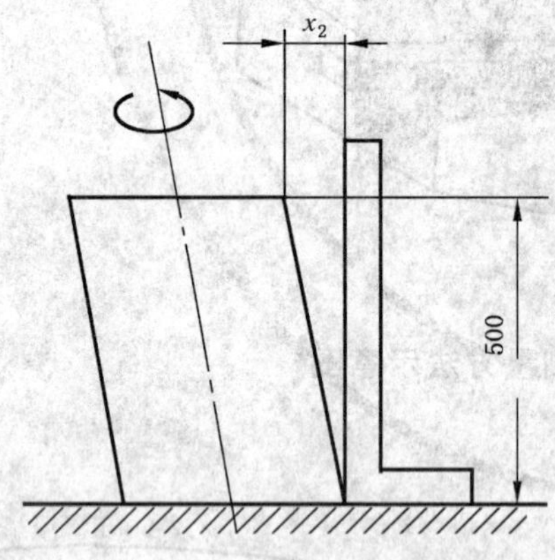

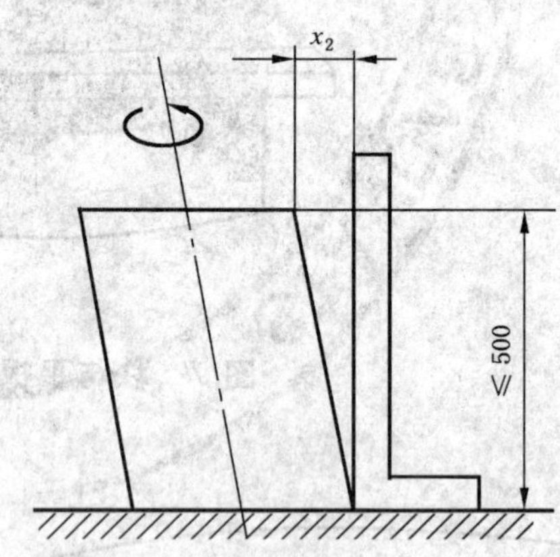

图 10 管壳与弧形板垂直度偏差测量方法示意图

5.5.2.2 按 5.5.2.1 的方法，对另一端面进行测量。

5.5.2.3 测量结果为两个端部垂直度偏差的最大值。

5.6 管壳或弧形板合缝间隙

5.6.1 将管壳或弧形板组成一完整的管段，竖直放置在一个平面上，用钢直尺测量合拢管壳或弧形板的最大的合缝间隙，见图 11，精确至 1 mm。

5.6.2 测量结果为合缝间隙测量值的最大值。

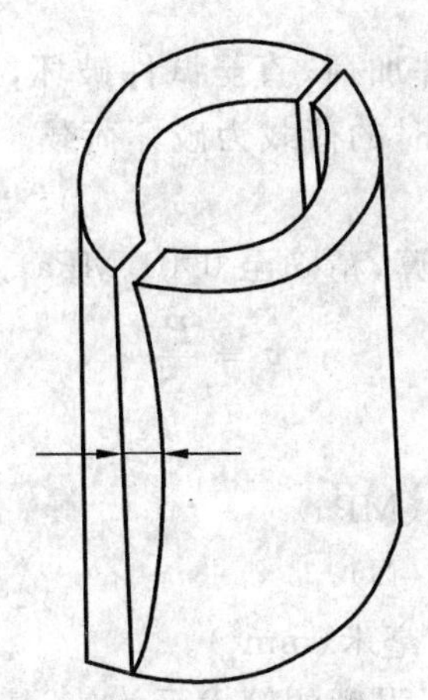

图 11　管壳与弧形板合缝间隙测量方法示意图

6　抗压强度

6.1　仪器设备

6.1.1　试验机：压力试验机或万能试验机，相对示值误差应小于 1%，试验机应具有显示受压变形的装置。

6.1.2　电热鼓风干燥箱。

6.1.3　干燥器。

6.1.4　天平：称量 2 kg，分度值 0.1 g。

6.1.5　钢直尺：分度值 1 mm。

6.1.6　游标卡尺：分度值为 0.05 mm。

6.1.7　固含量 50% 的乳化沥青（或软化点 40 ℃～75 ℃ 的石油沥青），1 mm 厚的沥青油纸，小漆刷或油漆刮刀，熔化沥青用坩埚等辅助器材。

6.2　试件

随机抽取四块样品，每块制取一个受压面尺寸约为 100 mm×100 mm 的试件。平板（或块）在任一对角线方向距两对角边缘 5 mm 处到中心位置切取，试件厚度为制品厚度，但不应大于其宽度；弧形板和管壳如不能制成受压面尺寸为 100 mm×100 mm 的试件时，可制成受压面尺寸最小为 50 mm×50 mm的试件，试件厚度应尽可能厚，但不得低于 25 mm。当无法制成该尺寸的试件时，可用同材料、同工艺制成同厚度的平板替代。试件表面应平整，不应有裂纹。

6.3　试验步骤

6.3.1　将试件置于干燥箱内，按 8.3.2 的规定烘干至恒定质量。然后将试件移至干燥器中冷却至室温。

6.3.2　在试件上、下两受压面距棱边 10 mm 处用钢直尺（尺寸小于 100 mm 时用游标卡尺）测量长度和宽度，在厚度的两个对应面的中部用钢直尺测量试件的厚度。长度和宽度测量结果分别为四个测量值的算术平均值，精确至 1 mm（尺寸小于 100 mm 时精确至 0.5 mm），厚度测量结果为两个测量值的算术平均值，精确至 1 mm。

6.3.3　泡沫玻璃绝热制品在试验前应用漆刷或刮刀把乳化沥青或熔化沥青均匀涂在试件上下两个受压面上，要求泡孔刚好涂平，然后将预先裁好的约 100 mm×100 mm 大小的沥青油纸覆盖在涂层上，并放置在干燥器中，至少干燥 24 h。

6.3.4　将试件置于试验机的承压板上，使试验机承压板的中心与试件中心重合。

6.3.5　开动试验机，当上压板与试件接近时，调整球座，使试件受压面与承压板均匀接触。

6.3.6 以(10±1)mm/min速度对试件加荷,直至试件破坏,同时记录压缩变形值。当试件在压缩变形5%时没有破坏,则试件压缩变形5%时的荷载为破坏荷载。记录破坏荷载 P_1,精确至10 N。

6.4 结果计算与评定

6.4.1 每个试件的抗压强度按式(3)计算,精确至0.01 MPa。

$$\sigma = \frac{P_1}{S} \quad \cdots\cdots(3)$$

式中:

σ——试件的抗压强度,单位为兆帕(MPa);

P_1——试件的破坏荷载,单位为牛顿(N);

S——试件的受压面积,单位为平方毫米(mm^2)。

6.4.2 制品的抗压强度为四块试件抗压强度的算术平均值,精确至0.01 MPa。

7 抗折强度

7.1 仪器设备

7.1.1 试验机:相对示值误差小于1%。试验机的抗折支座辊轴与加压辊轴的直径应为30 mm±5 mm,两支座辊轴间距应不小于200 mm,加压辊轴应位于两支座辊轴的正中,且保持互相平行,见图12。

单位为毫米

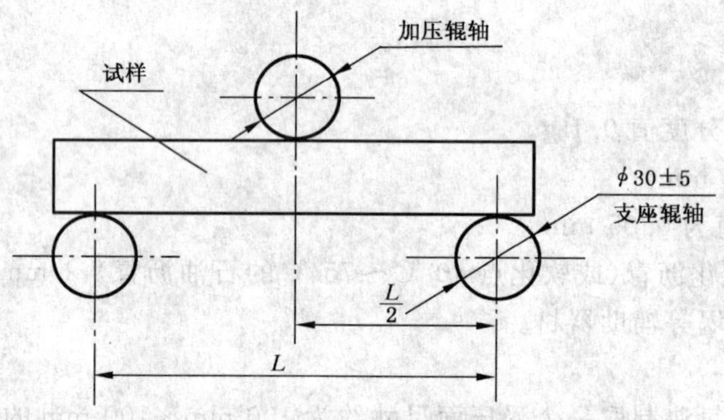

图12 抗折强度试验机示意图

7.1.2 电热鼓风干燥箱。

7.1.3 钢直尺:分度值1 mm。

7.1.4 游标卡尺:分度值为0.05 mm。

7.1.5 辅助器材同6.1.7。

7.2 试件

7.2.1 随机抽取四块样品,各制成一块长至少为240 mm(如试件的厚度大于70 mm,其长度应至少为厚度的3倍与40 mm之和)、宽75 mm~150 mm、厚度为制品厚度的试件。管壳与弧形板应加工成上述长、宽、尽可能厚的试件,但厚度不得低于25 mm。无法制成上述试件时,可用同材料、同工艺制成的平板制品代替。

7.2.2 试件加工时不应受损,不应出现裂纹。

7.3 试验步骤

7.3.1 按8.3.2将试件烘干至恒定质量,并冷却至室温。

7.3.2 在试件长度方向的中心位置,分别测量试件上、下两面的宽度及两侧面的厚度。宽度、厚度测量结果分别为两次测量值的算术平均值,宽度精确至0.5 mm,厚度精确至0.1 mm。

7.3.3 泡沫玻璃绝热制品在试验前,应在支撑点和加荷点处均匀的涂刷乳化沥青或熔化沥青,然后将预先裁好的宽度为 24 mm 的沥青油纸覆盖在涂层上,并放置在干燥器中至少干燥 24 h。

7.3.4 调整两支座辊轴之间的间距为 200 mm,如试件的厚度大于 70 mm 时,两支座辊轴之间的间距应至少加大到制品厚度的 3 倍。

7.3.5 将试件对称的放置在支座辊轴上,调整加荷速度,使加压辊轴的下降速度为(10±1)mm/min。

7.3.6 加压至试件破坏,记录试件的最大破坏荷载 P_2,精确至 1 N。

7.4 结果计算与评定

7.4.1 每个试件的抗折强度按式(4)计算,精确至 0.01 MPa。

$$R = \frac{3P_2L_2}{2bh^2} \qquad \cdots\cdots(4)$$

式中:

R——试件的抗折强度,单位为兆帕(MPa);

P_2——试件的破坏荷载,单位为牛顿(N);

L_2——下支座辊轴中心间距,单位为毫米(mm);

b——试件宽度,单位为毫米(mm);

h——试件厚度,单位为毫米(mm)。

7.4.2 制品的抗折强度为四块试件抗折强度的算术平均值,精确至 0.01 MPa。

8 密度、含水率

8.1 仪器设备

8.1.1 电热鼓风干燥箱。

8.1.2 天平:量程满足试件称量要求,分度值应小于称量值(试件质量)的万分之二。

8.1.3 钢直尺:分度值 1 mm。

8.1.4 游标卡尺:分度值为 0.05 mm。

8.2 试件

随机抽取三块样品,各加工成一块满足试验设备要求的试件,试件的长、宽均不得小于 100 mm,其厚度为制品的厚度,管壳与弧形板应加工成尽可能厚的试件。也可用整块制品作为试件。

8.3 试验步骤

8.3.1 在天平上称量试件自然状态下的质量 G_z,保留 5 位有效数字。

8.3.2 将试件置于干燥箱内,缓慢升温至 110℃±5℃(若粘结材料在该温度下发生变化,则应低于其变化温度 10℃),烘干至恒定质量,然后移至干燥器中冷却至室温。恒定质量的判据为恒温 3 h 两次称量试件质量的变化率小于 0.2%。

8.3.3 称量试件自然状态下的质量 G,保留 5 位有效数字。

8.3.4 按第 4 章规定测量试件的几何尺寸,并计算试件的体积 V_1。

8.4 结果计算与评定

8.4.1 试件的密度按式(5)计算,精确至 1 kg/m³。

$$\rho = \frac{G}{V_1} \qquad \cdots\cdots(5)$$

式中:

ρ——试件的密度,单位为千克每立方米(kg/m³);

G——试件烘干后的质量,单位为千克(kg);

V_1——试件的体积,单位为立方米(m³)。

8.4.2 制品的密度为三个试件密度的算术平均值,精确至 1 kg/m³。

8.4.3 试件的含水率按式(6)计算,精确至0.1%。

$$w = \frac{G_Z - G}{G} \times 100 \qquad \cdots\cdots(6)$$

式中:

w——试件的含水率,%;

G_Z——试件的自然状态下的质量,单位为千克(kg);

G——试件烘干后的质量,单位为千克(kg)。

8.4.4 制品的含水率为三个试件含水率的算术平均值,精确至0.1%。

9 吸水率

9.1 仪器设备及材料

9.1.1 不锈钢或镀锌板制作的水箱,大小应能浸泡三块试件。

9.1.2 断面约为20 mm×20 mm的木条制成的格栅。

9.1.3 电热鼓风干燥箱。

9.1.4 测量工具按8.1.3、8.1.4的要求。

9.1.5 天平:称量2 kg,分度值0.1 g。

9.1.6 毛巾。

9.1.7 180 mm×180 mm×40 mm软质聚氨酯泡沫塑料(海绵)。

9.2 试件

随机抽取三块样品,各制成长、宽约为400 mm×300 mm、厚度为制品的厚度的试件一块,共三块。

9.3 试验室环境条件

温度20℃±5℃,相对湿度(60±10)%。

9.4 试验步骤

9.4.1 按8.3.2的规定将试件烘干至恒定质量,并冷却至室温。

9.4.2 称量烘干后的试件质量G_g,精确至0.1 g。

9.4.3 按4.2.1的方法测量试件的几何尺寸,计算试件的体积V_2。

9.4.4 将试件放置在水箱底部木制的格栅上,试件距周边及试件间距不得小于25 mm。然后将另一木制格栅放置在试件上表面,加上重物。

9.4.5 将温度为20℃±5℃的自来水加入水箱中,水面应高出试件25 mm,浸泡时间为2 h。

9.4.6 2 h后立即取出试件,将试件立放在拧干水分的毛巾上,排水10 min。用软质聚氨酯泡沫塑料(海绵)吸去试件表面吸附的残余水分,每一表面每次吸水1 min。吸水之前要用力挤出软质聚氨酯泡沫塑料(海绵)中的水,且每一表面至少吸水两次。

9.4.7 待试件各表面残余水分吸干后,立即称量试件的湿质量G_s,精确至0.1 g。

9.5 结果计算与评定

9.5.1 每个试件的质量吸水率按式(7)计算,精确至0.1%

$$w_Z = \frac{G_s - G_g}{G_g} \qquad \cdots\cdots(7)$$

式中:

w_Z——试件的质量吸水率,%;

G_s——试件浸水后的湿质量,单位为千克(kg);

G_g——试件浸水前的干质量,单位为千克(kg)。

9.5.2 每个试件的体积吸水率按式(8)计算,精确至0.1%。

$$w_T = \frac{G_s - G_g}{V_2 \cdot \rho_w} \times 100 \qquad \cdots\cdots(8)$$

式中：

w_T——试件的体积吸水率，%；

V_2——试件的体积，单位为立方米(m^3)；

ρ_w——自来水的密度，取 1 000 kg/m^3。

9.5.3 制品的吸水率为三个试件吸水率的算术平均值，精确至 0.1%。

10 匀温灼烧性能

10.1 仪器设备

10.1.1 高温炉：最高工作温度应不小于 1 000℃，炉温应能控制在试验温度的±1%以内。

10.1.2 电热鼓风干燥箱。

10.1.3 游标卡尺：分度值为 0.02 mm。

10.1.4 钢直尺：分度值为 1 mm。

10.1.5 天平：量程满足试件称量要求，分度值应小于称量值(试件质量)的万分之二。

10.1.6 压力试验机：相对示值误差应小于 1%，试验机应具有显示受压变形的装置。

10.1.7 干燥器。

10.1.8 4 倍放大镜。

10.2 试件

随机抽取三块样品，制成长、宽约为 120 mm，厚度为制品的厚度的试件各一块，弧形板、管壳应制成长、宽约为 120 mm，尽可能厚的试件，但厚度不得低于 25 mm。对无法制成上述试件的制品，可以用同材料、同工艺制成的平板制品替代。试件加工完后应用放大镜检查，不应出现裂纹。

10.3 试验步骤

10.3.1 按 8.3.2 的规定将试件烘干至恒定质量，并冷却至室温。

10.3.2 称量烘干后试件的质量 G_1，保留 5 位有效数字。

10.3.3 在每个试件表面长、宽两个方向，距棱边等距离且平行于试件棱边，用厚度不大于 0.2 mm 的刀片分别划出两条相距约 100 mm 的平行线，沿长、宽两个方向的中心线再划出两条直线分别与两平行线相交，见图 13。或用铅笔按上述方法划线，并在两交点处固定钢针。用游标卡尺测量两交点或两钢针之间的距离 L_3，精确至 0.1 mm。如果在试验温度下钢针出现锈蚀膨胀，则必须采用刀片划线法。

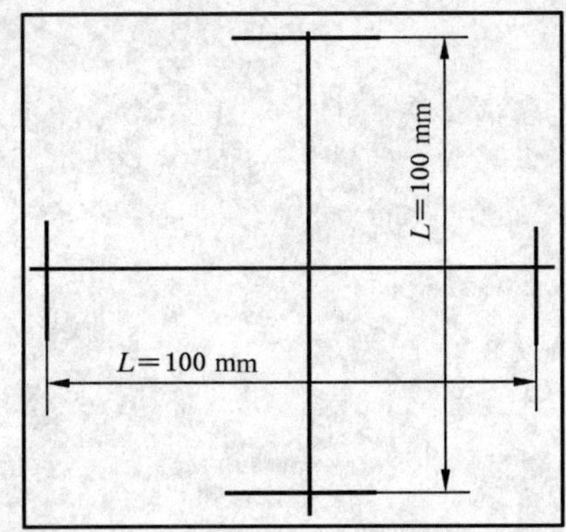

图 13 匀温灼烧线收缩率测点布置示意图

10.3.4 将测量后的试件水平放置在高温炉中，试件的底部应用瓷质圆棒支撑，试件与试件、试件与炉内任一表面(包括炉底表面)距离不得小于 10 mm，并且应设置高导热性材料制造的屏障，避免发热元件对试件的直接辐射。炉温以 150℃/h 的升温速率，从室温均匀升至要求的温度，并在该温度下恒温 24 h。

10.3.5　恒温结束后至少 8 h 将试件温度降至 105℃±5℃，再将试件移入干燥器中冷却至室温。

10.3.6　检查试件裂纹和翘曲情况，并记录。

10.3.7　测量匀温灼烧后试件在长、宽两方向两点之间的距离 L_4。

10.3.8　称量试件的质量 G_2，保留 5 位有效数字。

10.3.9　匀温灼烧后试件的残余抗压强度按第 6 章的规定进行。

10.4　结果计算与评定

10.4.1　线收缩率按式(9)计算，精确至 0.1%。

$$H = \frac{L_3 - L_4}{L_3} \times 100 \qquad \cdots\cdots(9)$$

式中：

H——线收缩率，%；

L_3——试验前两测点之间的距离，单位为毫米(mm)；

L_4——试验后两测点之间的距离，单位为毫米(mm)。

每个试件的线收缩率为长、宽两个方向线收缩率的算术平均值，制品的线收缩率为三个试件线收缩率的算术平均值，精确至 0.1%。

10.4.2　每个试件的匀温灼烧质量损失率按式(10)计算，精确至 0.1%。

$$M = \frac{G_1 - G_2}{G_1} \qquad \cdots\cdots(10)$$

式中：

M——质量损失率，%；

G_1——匀温灼烧试验前试件的质量，单位为千克(kg)；

G_2——匀温灼烧试验后试件的质量，单位为千克(kg)。

制品匀温灼烧质量损失率为三个试件质量损失率的算术平均值，精确至 0.1%。

10.4.3　制品的残余抗压强度为三个试件残余抗压强度的算术平均值。

10.4.4　分别描述每块试件的裂纹与翘曲情况。

ICS 67.040
X 04

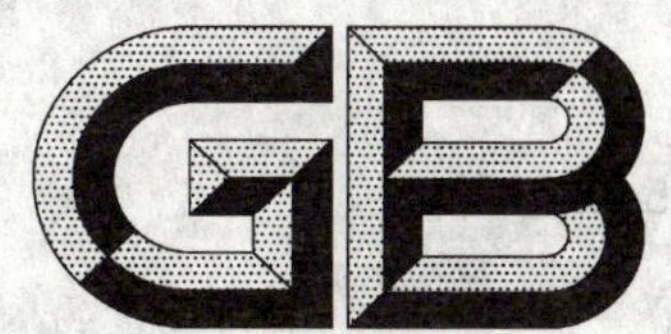

中华人民共和国国家标准

GB/T 5492—2008
代替 GB/T 5492—1985

粮油检验
粮食、油料的色泽、气味、口味鉴定

Inspection of grain and oils—
Identification of colour, odour and taste of grain and oilseeds

2008-11-04 发布　　2009-01-20 实施

中华人民共和国国家质量监督检验检疫总局
中国国家标准化管理委员会　发布

前 言

本标准代替 GB/T 5492—1985《粮食、油料检验　色泽、气味、口味鉴定法》。

本标准与 GB/T 5492—1985 相比主要变化如下：

——修改了标准的名称；

——增加了规范性引用文件和原理；

——增加了对环境和实验室的要求；

——完善了粮食油料的色泽、气味和口味的鉴定方法；

——增加了鉴定用试样量；

——删除了本标准原有的附录。

本标准由国家粮食局提出。

本标准由全国粮油标准化技术委员会归口。

本标准起草单位：河南工业大学、北京市粮油食品检验所、南京财经大学、湖北国家粮油质量监测中心、黑龙江国家粮油质量监测中心、河南国家粮油质量监测中心。

本标准主要起草人：张玉荣、周显青、卞科、张玉琴、袁建、余敦年、熊宁、王志明、宋秀娟、尹成华。

本标准所代替标准的历次版本发布情况为：

——GB/T 5492—1985。

粮油检验
粮食、油料的色泽、气味、口味鉴定

1 范围

本标准规定了粮食、油料的色泽、气味、口味鉴定的原理、用具、环境和实验室、操作步骤及结果表示。

本标准适用于商品粮食、油料的色泽、气味、口味的鉴定。

2 规范性引用文件

下列文件中的条款通过本标准的引用而成为本标准的条款。凡是注日期的引用文件，其随后所有的修改单(不包括勘误的内容)或修订版均不适用于本标准，然而，鼓励根据本标准达成协议的各方研究是否可使用这些文件的最新版本。凡是不注日期的引用文件，其最新版本适用于本标准。

GB 5491 粮食、油料检验 扦样、分样法

GB/T 10220 感官分析方法总论

GB/T 13868 感官分析 建立感官分析实验室的一般导则

GB/T 20569—2006 稻谷储存品质判定规则

GB/T 20570—2006 玉米储存品质判定规则

GB/T 20571—2006 小麦储存品质判定规则

GB/T 22505 粮油检验 感官检验环境照明

3 原理

取一定量的样品，去除其中的杂质，在规定条件下，按照规定方法借助感觉器官鉴定其色泽、气味、口味，以“正常”或“不正常”表示。

4 用具

4.1 天平：分度值 1 g。

4.2 谷物选筛。

4.3 贴有黑纸的平板(20 cm×40 cm)。

4.4 广口瓶。

4.5 水浴锅。

5 环境和实验室

环境应符合 GB/T 10220 和 GB/T 22505 的规定，实验室应符合 GB/T 13868 的规定。

6 操作步骤

6.1 试样准备

试样的扦样、分样按 GB 5491 执行。样品应去除杂质。

6.2 色泽鉴定

6.2.1 分取 20 g～50 g 样品，放在手掌中均匀地摊平，在散射光线下仔细观察样品的整体颜色和光泽。

6.2.2 对色泽不易鉴定的样品，根据不同的粮种，取 100 g～150 g 样品，在黑色平板(4.3)上均匀地摊成 15 cm×20 cm 的薄层，在散射光线下仔细观察样品的整体颜色和光泽。

6.2.3 正常的粮食、油料应具有固有的颜色和光泽。

6.3 气味鉴定

6.3.1 分取 20 g～50 g 样品，放在手掌中用哈气或摩擦的方法，提高样品的温度后，立即嗅其气味。

6.3.2 对气味不易鉴定的样品，分取 20 g 样品，放入广口瓶(4.4)，置于 60 ℃～70 ℃的水浴锅(4.5)中，盖上瓶塞，颗粒状样品保温 8 min～10 min，粉末状样品保温 3 min～5 min，开盖嗅辨气味。

6.3.3 正常的粮食、油料应具有固有的气味。

6.4 口味鉴定

稻谷、大米按 GB/T 20569—2006 中附录 B 执行。

小麦按 GB/T 20571—2006 中附录 A 执行。

玉米按 GB/T 20570—2006 中附录 B 执行。

7 结果表示

7.1 粮食、油料的色泽、气味鉴定结果以“正常”或“不正常”表示，对“不正常”的应加以说明。

7.2 稻谷、大米、小麦、玉米口味鉴定结果以“正常”或“不正常”表示。品尝评分值不低于 60 分的为“正常”，低于 60 分的为“不正常”。对“不正常”的应加以说明。

ICS 67.040
X 10

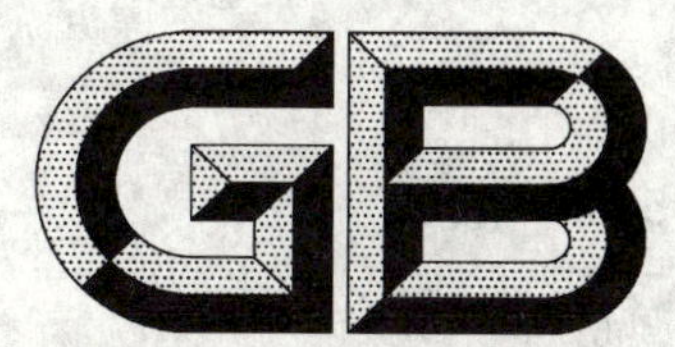

中华人民共和国国家标准

GB/T 5493—2008
代替 GB/T 5493—1985

粮油检验　类型及互混检验

Inspection of grain and oils—Determination of type purity and their mixture

2008-11-04 发布　　　　2009-01-20 实施

中华人民共和国国家质量监督检验检疫总局
中国国家标准化管理委员会　发布

前　言

本标准代替 GB/T 5493—1985《粮食、油料检验　类型及互混检验法》。

本标准与 GB/T 5493—1985 的主要技术性差异如下：

——增加了异种粮粒互混检验方法；

——增加了检验操作过程中照明要求；

——修改了籼稻、粳稻、糯稻互混检验方法和小麦粒色鉴别检验方法；

——修改了剖粒检验的内容。

本标准由国家粮食局提出。

本标准由全国粮油标准化技术委员会归口。

本标准负责起草单位：中国华粮物流集团北良有限公司。

本标准参加起草单位：河南工业大学、国家粮食储备局成都粮食储藏科学研究所、河南省粮油饲料产品质量监督检验站。

本标准主要起草人：杜海波、刘伟、王红、霍权恭、王杏娟、尹成华。

本标准所代替标准的历次版本发布情况为：

——GB/T 5493—1985。

粮油检验　类型及互混检验

1　范围

本标准规定了粮食、油料类型及互混检验的试剂、仪器和用具、照明要求、操作步骤和结果计算。

本标准适用于同种类粮食、油料间不同粒形、粒质、粒色的互混检验，以及不同种类粮食、油料间的互混检验。

2　规范性引用文件

下列文件中的条款通过本标准的引用而成为本标准的条款。凡是注日期的引用文件，其随后所有的修改单(不包括勘误的内容)或修订版均不适用于本标准，然而，鼓励根据本标准达成协议的各方研究是否可使用这些文件的最新版本。凡是不注日期的引用文件，其最新版本适用于本标准。

GB 1350　稻谷

GB 1351　小麦

GB 1354　大米

GB/T 5494　粮油检验　粮食、油料的杂质、不完善粒检验

GB/T 22505　粮油检验　感官检验环境照明

3　试剂

0.1%碘-乙醇溶液。

4　仪器和用具

4.1　电子天平：分度值 0.01 g。

4.2　实验砻谷机。

4.3　实验碾米机。

4.4　分样器。

5　照明要求

操作过程中照明条件应符合 GB/T 22505 的要求。

6　操作步骤

6.1　外形特征检验

6.1.1　籼稻、粳稻、糯稻互混检验：取净稻谷 10 g，经脱壳、碾米后称量(m_a)，按 GB 1350 中有关的分类规定，拣出混入的异类型粒，称取其质量(m_1)。

6.1.2　异色粒互混检验：按 GB/T 5494 的规定，称取试样质量(m_b)，在检验不完善粒的同时，按各粮种的质量标准规定拣出混有的异色粒，称取其质量(m_2)。

6.1.3　小麦粒色鉴别：不加挑选地取出小麦 100 粒完整粒，感官鉴别小麦粒色，按 GB 1351 中红麦和白麦的规定，鉴别小麦粒色。

6.1.4　异种粮粒互混检验：按照表 1 的规定制备试样并称量(m_c)，拣出粮食中混有的异种粮粒称量(m_3)。

表 1 各类粮食油料异种粮粒互混检验最低试样量

颗粒大小	粮食、油料名称	最低试样量/g
小粒	芝麻、小米、油菜籽等	50
中粒	稻谷、小麦、高粱、小豆等	250
大粒	大豆、玉米、豌豆等	500
特大粒	花生果、花生仁、桐籽等	1 000
注：当互混的粮食颗粒大小相差较大时，可适当增加试样量。		

6.2 角质、粉质检验

在透射光下观察粮粒，或将粮粒从中部横向切断观察断面，籽粒或断面中为玻璃状透明体和半透明体者为角质，为粉状不透明体者为粉质。

6.3 糯稻和非糯稻的染色检验

稻谷经砻谷、碾白后，制成符合国家标准三级(GB 1354)大米样品，不加挑选地取出 200 粒完整粒，用清水洗涤后，再用 0.1%碘-乙醇溶液浸泡 1 min 左右，然后用蒸馏水洗净，观察米粒着色情况。糯性米粒呈棕红色，非糯性米粒呈蓝色。拣出混有异类型的粒数(n)。

7 结果计算

7.1 籼稻、粳稻、糯稻互混率计算

籼稻、粳稻、糯稻互混率按式(1)计算：

$$X = \frac{m_1}{m_a} \times 100 \qquad \cdots\cdots(1)$$

式中：

X——互混率，即混入的异类型稻谷占试样总量的质量分数，%；

m_1——异类型稻谷的质量，单位为克(g)；

m_a——试样质量，单位为克(g)。

在重复性条件下，获得的两次独立测试结果的绝对差值不大于1%，求其平均数即为测试结果。测试结果保留到整数位。

7.2 异色粒率计算

异色粒率按式(2)计算：

$$Y = \frac{m_2}{m_b} \times 100 \qquad \cdots\cdots(2)$$

式中：

Y——异色粒率，即异色粒占试样总量的质量分数，%；

m_2——异色粒质量，单位为克(g)；

m_b——试样质量，单位为克(g)。

在重复性条件下，获得的两次独立测试结果的绝对差值不大于1.0%，求其平均数即为测试结果。测试结果保留到小数点后一位。

7.3 异种粮粒的含量计算

异种粮粒的含量按式(3)计算：

$$Z = \frac{m_3}{m_c} \times 100 \qquad \cdots\cdots(3)$$

式中：

Z——异种粮粒的含量，即异种粮粒占试样的质量分数，%；

m_3——异种粮粒质量，单位为克(g)；

m_c——试样质量，单位为克(g)。

测试结果保留到小数点后一位。

7.4 糯稻和非糯稻的染色检验互混率计算

糯稻和非糯稻的染色检验互混率按式(4)计算。

$$R = \frac{n}{200} \times 100 \quad \cdots\cdots (4)$$

式中：

R——糯稻和非糯稻染色检验互混率，%；

n——异类型粒数。

在重复性条件下，获得的两次独立测试结果的绝对差值不大于1%，求其平均数即为测试结果。测试结果保留到整数位。

ICS 67.040
X 04

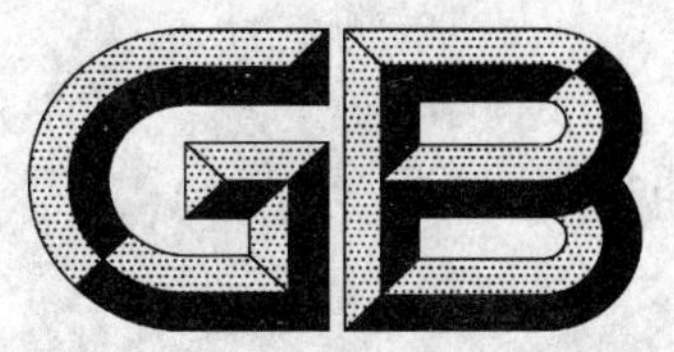

中华人民共和国国家标准

GB/T 5494—2008
代替 GB/T 5494—1985

粮油检验 粮食、油料的杂质、不完善粒检验

**Inspection of grain and oils—
Determination of foreign matter and unsound kernels of grain and oilseeds**

2008-11-04 发布　　　　2009-01-20 实施

中华人民共和国国家质量监督检验检疫总局
中国国家标准化管理委员会　发布

前　言

本标准代替 GB/T 5494—1985《粮食、油料检验　杂质、不完善粒检验法》。

本标准与 GB/T 5494—1985 相比主要变化如下：

——增加了规范性引用文件的内容；

——增加了检验操作过程中的照明要求；

——增加了米类不完善粒检验方法；

——对操作方法和结果计算进行了部分修改；

——删除了纯粮(质)率的计算。

本标准由国家粮食局提出。

本标准由全国粮油标准化技术委员会归口。

本标准负责起草单位:河南省粮油饲料产品质量监督检验站。

本标准参加起草单位:辽宁省粮油检验监测所。

本标准主要起草人:尹成华、崔国华、胡纪鹏。

本标准所代替标准的历次版本发布情况为：

——GB/T 5494—1985。

粮油检验　粮食、油料的杂质、不完善粒检验

1　范围

本标准规定了粮食、油料中杂质、不完善粒含量检验的仪器和用具、照明要求、样品制备、操作方法、结果计算等。

本标准适用于粮食、油料中杂质、不完善粒含量的测定。

2　规范性引用文件

下列文件中的条款通过本标准的引用而成为本标准的条款。凡是注日期的引用文件，其随后所有的修改单(不包括勘误的内容)或修订版均不适用于本标准，然而，鼓励根据本标准达成协议的各方研究是否可使用这些文件的最新版本。凡是不注日期的引用文件，其最新版本适用于本标准。

GB 5491　粮食、油料检验　扦样、分样法

GB/T 22505　粮油检验　感官检验环境照明

3　仪器和用具

3.1　天平：感量 0.01 g、0.1 g、1 g。

3.2　谷物选筛。

3.3　电动筛选器。

3.4　分样器或分样板。

3.5　分析盘、镊子等。

4　照明要求

操作过程中照明条件应符合 GB/T 22505 的要求。

5　样品制备

检验杂质的试样分大样、小样两种，大样是用于检验大样杂质，包括大型杂质和绝对筛层的筛下物；小样是从检验过大样杂质的样品中分出少量试样，检验与粮粒大小相似的并肩杂质。

按照 GB 5491 的规定分取试样至表 1 规定的试样用量。

表 1　杂质、不完善粒检验试样用量规定表

粮食、油料名称	大样用量/g	小样用量/g
小粒：粟、芝麻、油菜籽等	约 500	约 10
中粒：稻谷、小麦、高粱、小豆、棉籽等	约 500	约 50
大粒：大豆、玉米、豌豆、葵花籽、小粒蚕豆等	约 500	约 100
特大粒：花生果、仁，蓖麻籽，桐籽，茶籽，文冠果，大粒蚕豆等	约 1 000	约 200
其他：甘薯片、大米中带壳稗粒和稻谷粒检验	约 500～1 000	

6 操作步骤

6.1 一般粮食和油料杂质、不完善粒检验

6.1.1 筛选

6.1.1.1 电动筛选器法:按质量标准中规定的筛层套好(大孔筛在上,小孔筛在下,套上筛底),按规定取试样放入筛上,盖上筛盖,放在电动筛选器上,接通电源,打开开关,选筛自动地向左向右各筛 1 min (110 r/min～120 r/min),筛后静止片刻,将筛上物和筛下物分别倒入分析盘内。卡在筛孔中间的颗粒属于筛上物。

6.1.1.2 手筛法:按 6.1.1.1 中方法将筛层套好,倒入试样,盖好筛盖。然后将选筛放在玻璃板或光滑的桌面上,用双手以 110 次/min～120 次/min 的速度,按顺时针方向和反时针方向各筛动 1 min。筛动的范围掌握在选筛直径扩大 8 cm～10 cm。筛后的操作与 6.1.1.1 同。

6.1.2 大样杂质检验

从平均样品中,按照第 5 章的规定分取试样至表 1 规定的大样用量(m),精确至 1 g,按 6.1.1 规定的筛选法分两次进行筛选(特大粒粮食、油料分四次筛选),然后拣出筛上大型杂质和筛下物合并称量(m_1),精确至 0.01 g(小麦大型杂质在 4.5 mm 筛上拣出)。

6.1.3 小样杂质检验

从检验过大样杂质的试样中,按照第 5 章的规定分取试样至表 1 规定的小样用量(m_2),小样用量不大于 100 g 时,精确至 0.01 g;小样用量大于 100 g 时,精确至 0.1 g,倒入分析盘中,按质量标准的规定拣出杂质,称量(m_3),精确至 0.01 g。

6.1.4 矿物质检验

质量标准中规定有矿物质指标的(不包括米类),从拣出的小样杂质中拣出矿物质,称量(m_4),精确至 0.01 g。

6.1.5 不完善粒检验

在检验小样杂质的同时,按质量标准的规定拣出不完善粒,称量(m_5),精确至 0.01 g。

6.2 米类杂质、不完善粒检验

6.2.1 糠粉、矿物质、杂质总量检验

按照第 5 章的规定分取试样约 200 g(m'),精确至 0.1 g,分两次放入直径 1.0 mm 圆孔筛内,按 6.1.1规定的筛选法进行筛选,筛后轻拍筛子使糠粉落入筛底。全部试样筛完后,刷下留存在筛层上的糠粉,合并称量(m_1'),精确至 0.01 g。将筛上物倒入分析盘内(卡在筛孔中间的颗粒属于筛上物)。再从检验过糠粉的试样中分别拣出矿物质并称量(m_2'),精确至 0.01 g。拣出稻谷粒、带壳稗粒及其他杂质等一并称量(m_3'),精确至 0.01 g。

6.2.2 带壳稗粒和稻谷粒检验

按照第 5 章的规定分取试样 500 g,精确至 1 g,拣出带壳稗粒(X)和稻谷粒(Y),分别计算含量。

6.2.3 不完善粒检验

按照第 5 章的规定分取试样至表 1 规定的小样用量(m_4')(米类小样用量与其原粮相同),精确至 0.01 g,将试样倒入分析盘内,按粮食、油料质量标准中的规定拣出不完善粒并称量(m_5'),精确至 0.01 g。

7 结果计算

7.1 一般粮食和油料杂质、不完善粒检验结果计算

7.1.1 大样杂质含量(M)以质量分数(%)表示,按式(1)计算:

$$M = \frac{m_1}{m} \times 100 \qquad \cdots\cdots(1)$$

式中：

m_1——大样杂质质量，单位为克(g)；

m——大样质量，单位为克(g)。

在重复性条件下，获得的两次独立测试结果的绝对差值不大于0.3%，求其平均值，即为测试结果。测试结果保留到小数点后一位。

7.1.2 小样杂质含量(N)以质量分数(%)表示，按式(2)计算：

$$N = (100 - M) \times \frac{m_3}{m_2} \qquad \cdots\cdots(2)$$

式中：

m_3——小样杂质质量，单位为克(g)；

m_2——小样质量，单位为克(g)。

在重复性条件下，获得的两次独立测试结果的绝对差值不大于0.3%，求其平均数，即为测试结果，测试结果保留到小数点后一位。

7.1.3 矿物质含量(A)以质量分数(%)表示，按式(3)计算：

$$A = (100 - M) \times \frac{m_4}{m_2} \qquad \cdots\cdots(3)$$

式中：

m_4——矿物质质量，单位为克(g)；

m_2——小样质量，单位为克(g)。

在重复性条件下，获得的两次独立测试结果的绝对差值不大于0.1%，求其平均数，即为测试结果，测试结果保留到小数点后两位。

7.1.4 杂质总量(B)以质量分数(%)表示，按式(4)计算：

$$B = M + N \qquad \cdots\cdots(4)$$

计算结果保留到小数点后一位。

7.1.5 不完善粒(C)以质量分数(%)表示，按式(5)计算：

$$C = (100 - M) \times \frac{m_5}{m_2} \qquad \cdots\cdots(5)$$

式中：

m_5——不完善粒质量，单位为克(g)；

m_2——小样质量，单位为克(g)。

在重复性条件下，获得的两次独立测试结果的绝对差值：大粒、特大粒粮不大于1.0%，中小粒粮不大于0.5%，求其平均数，即为测试结果，测试结果保留到小数点后一位。

7.2 米类杂质、不完善粒检验结果计算

7.2.1 糠粉含量(E)以质量分数(%)表示，按式(6)计算：

$$E = \frac{m_1'}{m'} \times 100 \qquad \cdots\cdots(6)$$

式中：

m_1'——糠粉质量，单位为克(g)；

m'——试样质量，单位为克(g)。

在重复性条件下，获得的两次独立测试结果的绝对差值不大于0.04%，求其平均数，即为测试结果，测试结果保留到小数点后两位。

7.2.2 矿物质含量(A)以质量分数(%)表示，按式(7)计算：

$$A = \frac{m_2'}{m'} \times 100 \qquad \cdots\cdots(7)$$

式中：

m_2'——矿物质质量，单位为克(g)；

m'——试样质量，单位为克(g)。

在重复性条件下，获得的两次独立测试结果的绝对差值不大于0.005%，求其平均数，即为测试结果，测试结果保留到小数点后两位。

7.2.3 杂质总量(B)以质量分数(%)表示，按式(8)计算：

$$B=\frac{m_1'+m_2'+m_3'}{m'}\times 100 \quad\cdots\cdots(8)$$

式中：

m_1'——糠粉质量，单位为克(g)；

m_2'——矿物质质量，单位为克(g)；

m_3'——稻谷粒、稗粒及其他杂质质量，单位为克(g)；

m'——试样质量，单位为克(g)。

在重复性条件下，获得的两次独立测试结果的绝对差值不大于0.04%，求其平均数，即为测试结果，测试结果保留到小数点后两位。

7.2.4 带壳稗粒(F)，单位为粒/kg，按式(9)计算：

$$F=2\times X \quad\cdots\cdots(9)$$

式中：

X——500 g试样中检出的带壳稗粒，单位为粒。

在重复性条件下，获得的两次独立测试结果的绝对差值不大于3粒/千克，求其平均数，即为测试结果，平均数不足1粒时按1粒计算。

7.2.5 稻谷粒(I)，单位为粒/kg，按式(10)计算：

$$I=2\times Y \quad\cdots\cdots(10)$$

式中：

Y——500 g试样中检出的稻谷粒，单位为粒。

在重复性条件下，获得的两次独立测试结果的绝对差值不大于2粒/kg，求其平均数，即为测试结果，平均数不足1粒时按1粒计算。

7.2.6 不完善粒含量(C)以质量分数(%)表示，按式(11)计算：

$$C=\frac{m_4'}{m'}\times 100 \quad\cdots\cdots(11)$$

式中：

m_4'——不完善粒质量，单位为克(g)；

m'——试样质量，单位为克(g)。

在重复性条件下，获得的两次独立测试结果的绝对差值：大粒、特大粒粮不大于1.0%，中小粒粮不大于0.5%，求其平均数，即为测试结果，测试结果保留到小数点后一位。

ICS 67.060
B 20

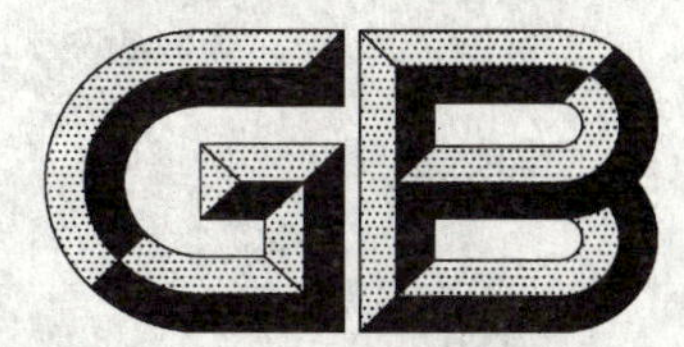

中华人民共和国国家标准

GB/T 5495—2008
代替 GB/T 5495—1985

粮油检验 稻谷出糙率检验

Inspection of grain and oils—Determination of husked rice yield from paddy

2008-11-04 发布 2009-01-20 实施

中华人民共和国国家质量监督检验检疫总局
中国国家标准化管理委员会 发布

前　言

本标准代替 GB/T 5495—1985《粮食、油料检验　稻谷出糙率检验法》。

本标准与 GB/T 5495—1985 相比主要差异如下：

——将标准名称更改为《粮油检验　稻谷出糙率检验》；

——增加了规范性引用文件、术语和定义、原理；

——对净稻谷、出糙率进行了定义；

——将净稻谷试样量由原来的 20 g 改为 20 g～25 g。

本标准由国家粮食局提出。

本标准由全国粮油标准化技术委员会归口。

本标准起草单位：湖北省粮油食品质量监测站、辽宁国家粮食质量监测中心、吉林省粮食局、江苏省粮食局粮油质量监测所、四川省粮油中心监测站。

本标准主要起草人：熊宁、刘子豪、崔国华、郁伟、刘继明、王艳、宋长权、陈建伟、李毅。

本标准所代替标准的历次版本发布情况为：

——GB/T 5495—1985。

粮油检验 稻谷出糙率检验

1 范围

本标准规定了稻谷出糙率的术语和定义、原理、仪器和用具、扦样、样品制备、操作步骤和结果计算。

本标准适用于商品稻谷的出糙率测定。

2 规范性引用文件

下列文件中的条款通过本标准的引用而成为本标准的条款。凡是注日期的引用文件，其随后所有的修改单(不包括勘误的内容)或修订版均不适用于本标准，然而，鼓励根据本标准达成协议的各方研究是否可使用这些文件的最新版本。凡是不注日期的引用文件，其最新版本适用于本标准。

GB 1350 稻谷

GB 5491 粮食、油料检验 扦样、分样法

GB/T 5494 粮油检验 粮食、油料的杂质、不完善粒检验

3 术语和定义

GB 1350 确立的以及下列术语和定义适用于本标准。

3.1

净稻谷 clean paddy

除去杂质和谷外糙米后的稻谷。

3.2

出糙率 husked rice yield

净稻谷试样脱壳后的糙米(其中不完善粒质量折半计算)占试样的质量分数。

4 原理

采用实验砻谷机脱壳和手工脱壳相结合方式进行稻谷脱壳，采用感官检验方法检验糙米不完善粒。分别称量稻谷试样、糙米和不完善粒质量，计算出糙率。

5 仪器和用具

5.1 天平：分度值 0.01 g。

5.2 分样器或分样板。

5.3 谷物选筛：直径 2.0 mm 圆孔筛。

5.4 实验砻谷机。

6 扦样

按 GB 5491 执行。

7 样品制备

7.1 实验室样品不得少于 1.0 kg。

7.2 按 GB 5491 的方法对实验室样品进行分样，得到测试样品。

7.3 将测试样品按 GB/T 5494 的方法去除杂质和谷外糙米，得净稻谷测试样品。

8 操作步骤

从净稻谷试样中称取 20 g～25 g 试样(m_0)，精确至 0.01 g，先拣出生芽粒，单独剥壳，称量生芽粒糙米质量(m_1)。然后将剩余试样用实验砻谷机脱壳，除去谷壳，称量砻谷机脱壳后的糙米质量(m_2)，感官检验拣出糙米中不完善粒糙米，称量不完善粒糙米质量(m_3)。

9 结果计算

稻谷出糙率按式(1)计算：

$$X=\frac{(m_1+m_2)-(m_1+m_3)/2}{m_0}\times 100 \qquad \cdots\cdots(1)$$

式中：

X——稻谷出糙率，%；

m_1——生芽粒糙米质量，单位为克(g)；

m_2——砻谷机脱壳后的糙米质量，单位为克(g)；

m_3——不完善粒糙米质量，单位为克(g)；

m_0——试样质量，单位为克(g)。

在重复性条件下，获得的两次独立测试结果的绝对差值不大于 0.5%，求其平均数，即为测试结果，测试结果保留 1 位小数。

ICS 67.200.20
B 33

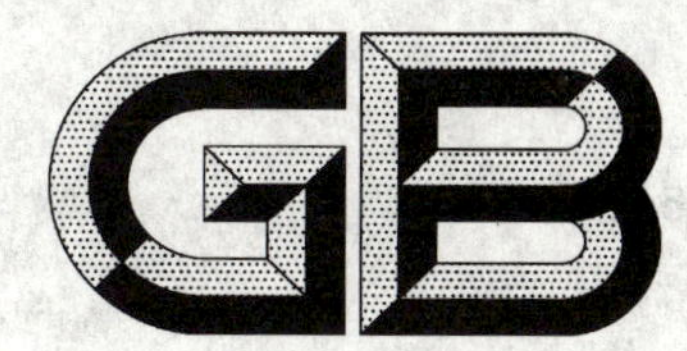

中华人民共和国国家标准

GB/T 5499—2008
代替 GB/T 5499—1985

粮油检验 带壳油料纯仁率检验法

Inspection of grain and oilseeds—Determination of pure kernel yield of unhulled oilseeds

2008-07-16 发布 2008-11-01 实施

中华人民共和国国家质量监督检验检疫总局
中国国家标准化管理委员会 发布

前　言

本标准是对 GB/T 5499—1985《粮食、油料检验　带壳油料纯仁率检验法》进行的修订。

本标准与 GB/T 5499—1985 相比的主要变化如下：

——将标准名称中“粮食、油料检验”修改为“粮油检验”；

——增加了“规范性引用文件”；

——增加了“术语和定义”；

——整合、重新排列了技术内容。

本标准自实施之日起，代替 GB/T 5499—1985。

本标准由国家粮食局提出。

本标准由全国粮油标准化技术委员会归口。

本标准起草单位：湖北省粮油食品质量监测站、湖北襄阳万宝粮油集团。

本标准主要起草人：王志明、熊宁、王艳、刘勇、刘利。

本标准所代替标准的历次版本发布情况为：

——GB/T 5499—1985。

粮油检验　带壳油料纯仁率检验法

1　范围

本标准规定了带壳油料纯仁率检验的术语和定义、仪器设备、样品制备、操作步骤和结果计算。

本标准适用于带壳油料。

2　规范性引用文件

下列文件中的条款通过本标准的引用而成为本标准的条款。凡是注日期的引用文件，其随后所有的修改单(不包括勘误的内容)或修订版均不适用于本标准，然而，鼓励根据本标准达成协议的各方研究是否可使用这些文件的最新版本。凡是不注日期的引用文件，其最新版本适用于本标准。

GB 5491　粮食、油料检验　扦样、分样法

GB/T 5494　粮食、油料检验　杂质、不完善粒检验法

3　术语和定义

下列术语和定义适用于本标准。

3.1

纯仁率　pure kernel yield

带壳油料净试样脱壳后得到的有使用价值的籽仁质量(其中不完善粒折半计算)占净试样的质量分数。

4　仪器设备

4.1　分样器：带有分配系统的锥形分样器或多出口分样器。

4.2　天平：感量为 0.1 g 和 0.01 g 的天平各一台。

4.3　分析盘。

4.4　镊子。

4.5　表面皿。

5　样品制备

5.1　按 GB 5491 的规定进行扦样、分样。

5.2　按 GB/T 5494 的规定除去样品中的杂质，并拣出果外仁，得到净试样。

6　操作步骤

6.1　称取试样

称取 5.2 规定的净试样。花生果、茶籽、桐籽等大颗粒称取 200 g，精确到 0.1 g；葵花籽、棉籽等中小颗粒称取 20 g，精确到 0.01 g。

6.2　剥壳

花生果用手剥壳；茶籽、桐籽用锤轻轻敲破外壳后剥壳；葵花籽用镊子夹压剥壳或用手剥壳；棉籽用剪刀和镊子剥壳。样品经脱壳、挑选分离得到籽仁，剥壳时不应损失籽仁。

6.3　分拣和称量

从得到的籽仁(6.2)中挑拣除去无使用价值的籽仁，然后称量(m_1)，精确到 0.01 g。

再按 GB/T 5494 的规定分拣出不完善粒，然后称量得到的不完善粒(m_2)，精确到 0.01 g。

7 结果计算

纯仁率按式(1)计算：

$$X = \frac{m_1 - m_2/2}{m} \times 100 \quad \cdots\cdots(1)$$

式中：

X——纯仁率，%；

m_1——籽仁总质量，单位为克(g)；

m_2——不完善粒质量，单位为克(g)；

m——净试样质量，单位为克(g)。

计算结果保留小数点后一位。双试验结果的绝对差值不应超过 1.0%，取其平均数，即为检验结果。

ICS 67.040
X 10

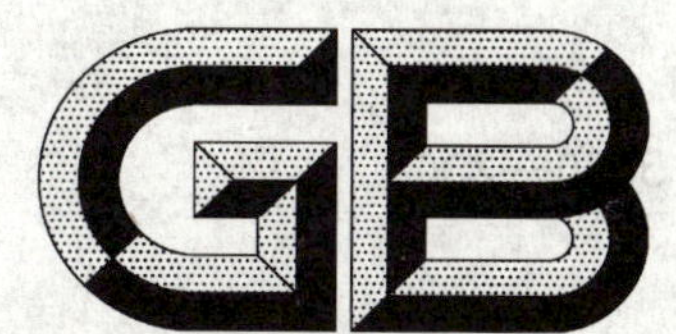

中华人民共和国国家标准

GB/T 5500—2008
代替 GB/T 5500—1985

粮油检验　甘薯片纯质率检验

Inspection of grain and oils—Determination of sound matter yield of sweet potato flakes

2008-11-04 发布　　2009-01-20 实施

中华人民共和国国家质量监督检验检疫总局
中国国家标准化管理委员会　发布

前 言

本标准代替 GB/T 5500—1985《粮食、油料检验　甘薯片纯质率检验法》。

本标准与 GB/T 5500—1985 相比主要变化如下：

——将标准名称更改为《粮油检验　甘薯片纯质率检验》；

——增加了规范性引用文件的要求；

——增加了术语和定义；

——修改了计算公式的表达方式。

本标准由国家粮食局提出。

本标准由全国粮油标准化技术委员会归口。

本标准起草单位：河南工业大学、河南永丰粮油储备有限公司。

本标准主要起草人：唐怀建、孙同明、范磊、吴存荣。

本标准所代替标准的历次版本发布情况为：

——GB/T 5500—1985。

粮油检验　甘薯片纯质率检验

1　范围

本标准规定了甘薯片纯质率检验的术语和定义、扦样、试样制备、测定及结果计算。

本标准适用于商品甘薯片纯质率的检验。

2　规范性引用文件

下列文件中的条款通过本标准的引用而成为本标准的条款。凡是注日期的引用文件，其随后所有的修改单(不包括勘误的内容)或修订版均不适用于本标准，然而，鼓励根据本标准达成协议的各方研究是否可使用这些文件的最新版本。凡是不注日期的引用文件，其最新版本适用于本标准。

GB 5491　粮食、油料检验 扦样、分样法

3　术语和定义

下列术语和定义适用于本标准。

3.1

不完善薯片　unsound sweet potato flake

受到损伤但尚有使用价值的甘薯片，包括虫蚀、病害、冻伤、生霉以及薯片中间变色、变质的薯片。

3.2

纯质率　sound matter yield

尚有使用价值的薯片占试样的质量分数。

4　扦样

扦样按 GB 5491 执行。所扦取样品应具有代表性，且在运输和储存的过程中无损坏或变质。

5　试样制备

去除试样中的杂质，得到甘薯片净样。

6　测定

称取甘薯片净样 500 g(m)，拣出外观呈虫蚀、病害、冻伤、生霉的薯片，然后折断薯片，观察是否有变色变质，拣出变色变质薯片，称取不完善薯片质量(m_1)。

7　结果计算

甘薯片纯质率按式(1)计算：

$$X = \frac{m - m_1/2}{m} \times 100 \qquad \cdots\cdots(1)$$

式中：

X——甘薯片纯质率，%；

m——试样质量，单位为克(g)；

m_1——不完善薯片质量，单位为克(g)。

甘薯片纯质率检验结果取小数点后一位。

ICS 67.040
X 10

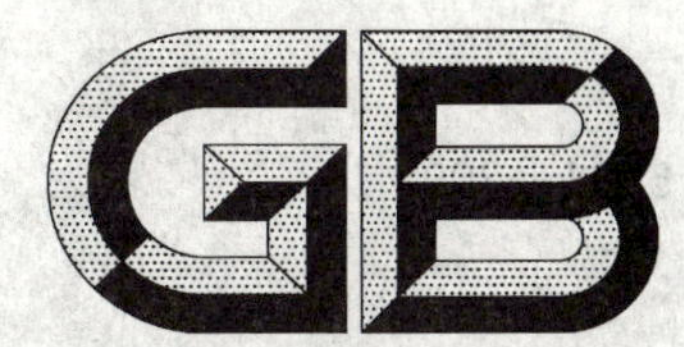

中华人民共和国国家标准

GB/T 5501—2008
代替 GB/T 5501—1985

粮油检验 鲜薯检验

Inspection of grain and oils—Determination of fresh sweet potato

2008-11-04 发布 2009-01-20 实施

中华人民共和国国家质量监督检验检疫总局
中国国家标准化管理委员会 发布

前 言

本标准代替 GB/T 5501—1985《粮食、油料检验　鲜薯检验法》。

本标准与 GB/T 5501—1985 相比主要变化如下：

——将标准名称更改为《粮油检验　鲜薯检验》；

——增加了规范性引用文件的要求；

——增加了术语和定义；

——修改了计算公式的表达方式。

本标准由国家粮食局提出。

本标准由全国粮油标准化技术委员会归口。

本标准起草单位：河南工业大学、青海省粮油检测防治所。

本标准主要起草人：卞科、张鹏飞、唐怀建。

本标准所代替标准的历次版本发布情况为：

——GB/T 5501—1985。

粮油检验　鲜薯检验

1　范围

本标准规定了鲜薯检验的术语和定义、扦样以及色泽气味、杂质、不完整块根和完整块根的检验方法。

本标准适用于商品鲜薯的检验。

2　规范性引用文件

下列文件中的条款通过本标准的引用而成为本标准的条款。凡是注日期的引用文件，其随后所有的修改单(不包括勘误的内容)或修订版均不适用于本标准，然而，鼓励根据本标准达成协议的各方研究是否可使用这些文件的最新版本。凡是不注日期的引用文件，其最新版本适用于本标准。

GB/T 5492　粮油检验　粮食、油料的色泽、气味、口味鉴定

3　术语和定义

下列术语和定义适用于本标准。

3.1

包装扦样　sampling in package

从应检包中倒包不加挑选地按规定数量取出具有代表性的样品。

3.2

散装扦样　sampling in bulk

按应检份数，在薯堆中任选几处，扒堆不加挑选地(不得撞伤薯皮)取出具有代表性的样品。

3.3

不完整块根　unsound sweet potato

有明显破损、部分掉落的鲜薯块根。

4　扦样

按以下规定分别对包装和散装鲜薯进行扦样，扦样时不得撞伤薯皮。

4.1　包装扦样

10 包以下：扦样 1 包，扦取 100 个鲜薯；

11 包～30 包：扦样 2 包，扦取 200 个鲜薯；

31 包～50 包：扦样 3 包，扦取 300 个鲜薯；

51 包～100 包：扦样 4 包，扦取 400 个鲜薯；

100 包以上，每增加 50 包扦样包数增加 1 包，扦取鲜薯个数增加 50 个。

4.2　散装抽样数量规定

鲜薯质量 250 kg 以下：扦样 1 份，扦取 100 个鲜薯；

251 kg～500 kg：扦样 2 份，扦取 200 个鲜薯；

501 kg～2 500 kg：扦样 3 份，扦取 300 个鲜薯；

2 501 kg～5 000 kg：扦样 4 份，扦取 400 个鲜薯；

5 000 kg 以上，每增加 2 500 kg 增加扦样 1 份，扦取鲜薯个数增加 50 个。

5 色泽气味检验

按 GB/T 5492 执行。

6 杂质检验

包装的鲜薯，首先称取每包的总质量(m，去掉包装的质量)，然后倒包把浮土等杂质和块根分开，再称取块根质量(m_1)。从总质量中减去块根质量，即得浮土等杂质质量(m_2，散装不检验浮土等杂质)。再从样品的块根上轻轻剥下泥土(不得伤及薯皮)称量(m_3)。按式(1)和式(2)分别计算块根沾泥和杂质含量：

$$X_1 = \frac{m_3}{m_1} \times 100 \quad \cdots\cdots(1)$$

$$X_2 = \frac{m_2 + m_3}{m} \times 100 \quad \cdots\cdots(2)$$

式中：

X_1——块根沾泥(质量分数)，%；

m_3——块根沾泥质量，单位为克(g)；

m_1——块根质量，单位为克(g)；

X_2——杂质含量(质量分数)，%；

m_2——浮土等杂质质量，单位为克(g)；

m——样品总质量，单位为克(g)。

7 不完整块根检验

拣出不完整块根，计算个数，用式(3)计算其含量：

$$X_3 = \frac{M_1}{M} \times 100 \quad \cdots\cdots(3)$$

式中：

X_3——不完整块根，%；

M_1——不完整块根个数；

M——样品个数。

8 完整块根检验

从样品中拣出完整块根，按块根质量分出大小块，计算个数，用式(4)计算其含量：

$$X_4 = \frac{M_2}{M} \times 100 \quad \cdots\cdots(4)$$

式中：

X_4——大(小)块个数，%；

M_2——大(小)完整块根个数；

M——样品个数。

ICS 67.040
X 04

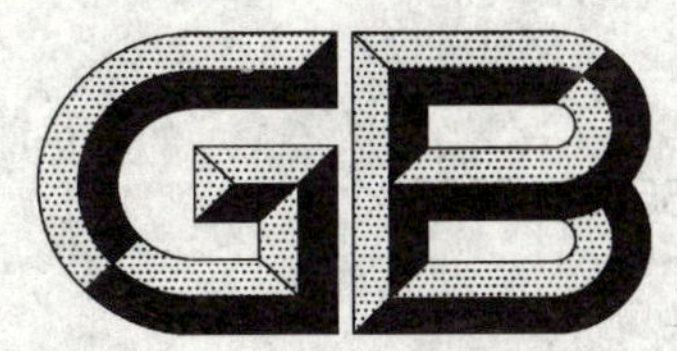

中华人民共和国国家标准

GB/T 5502—2008
代替 GB/T 5502—1985

粮油检验　米类加工精度检验

Inspection of grain and oils—Determination of processing degree of rice and other grain kernels

2008-11-04 发布　　2009-01-20 实施

中华人民共和国国家质量监督检验检疫总局
中国国家标准化管理委员会　发布

前言

本标准代替 GB/T 5502—1985《粮食、油料检验　米类加工精度检验法》。

本标准与 GB/T 5502—1985 相比主要变化如下：

——增加了规范性引用文件；

——增加了术语和定义；

——增加了原理的描述；

——增加了扦样和分样的要求；

——增加了结果判定与表示。

本标准由国家粮食局提出。

本标准由全国粮油标准化技术委员会归口。

本标准起草单位：湖北省粮油食品质量监测站、辽宁省粮油检验监测所。

本标准主要起草人：倪姗姗、刘子豪、吴莉莉、王志明、乔丽娜。

本标准所代替标准的历次版本发布情况为：

——GB/T 5502—1985。

粮油检验　米类加工精度检验

1　范围

本标准规定了米类加工精度检验的术语和定义、原理、试剂和材料、仪器设备、扦样和分样、检验步骤以及结果判定与表示。

本标准适用于商品米类加工精度的检验。

2　规范性引用文件

下列文件中的条款通过本标准的引用而成为本标准的条款。凡是注日期的引用文件，其随后所有的修改单（不包括勘误的内容）或修订版均不适用于本标准，然而，鼓励根据本标准达成协议的各方研究是否可使用这些文件的最新版本。凡是不注日期的引用文件，其最新版本适用于本标准。

GB 5491　粮食、油料检验　扦样、分样法

GB/T 6682　分析实验室用水规格和试验方法（GB/T 6682—2008，ISO 3696:1987，MOD）

3　术语和定义

下列术语和定义适用于本标准。

3.1

加工精度　processing degree

米类背沟和粒面的留皮程度。

3.2

乳白粒　under milled kernel

果皮基本去净，脱掉种皮达粒面三分之二以上的颗粒。

4　原理

直接比较法：利用米类与相应的加工精度等级标准样品对照比较，通过观测判定加工精度等级。

染色法：利用大米各不同组织成分对各种染色基团分子的亲和力不同，经染色处理后，米粒各组织呈现不同的颜色，从而判定大米的加工精度。

5　试剂和材料

除非另有规定，仅使用分析纯试剂。实验用水至少应符合 GB/T 6682 中三级水的要求。

5.1　品红石碳酸溶液：称取 0.5 g 苯酚，加入 10 mL95% 的乙醇中，再加入盐基品红 1 g，待溶解后，用水稀释到 500 mL，充分混匀后，贮存于棕色瓶中备用。

5.2　1.25% 硫酸溶液：用量筒量取比重 1.84、浓度 95%～98% 的浓硫酸 7.2 mL，注入盛有 400 mL～500 mL 水的容器内，然后加水稀释到 1 000 mL 备用。

5.3　苏丹-Ⅲ乙醇饱和溶液：称取苏丹-Ⅲ约 0.4 g，加入 100 mL95% 的乙醇中，配成饱和溶液。

5.4　50% 乙醇溶液。

5.5　米类加工精度等级标准样品。

6　仪器设备

6.1　蒸发皿或培养皿：ϕ 90 mm。

6.2 天平:分度值 0.1 g。

6.3 量筒:10 mL、100 mL。

6.4 电热恒温水浴锅。

6.5 容量瓶:100 mL、1 000 mL。

6.6 放大镜:5 倍～20 倍。

6.7 白瓷盘。

6.8 玻璃棒、镊子等。

7 扦样和分样

样品的扦取和分样按 GB 5491 执行。

8 检验步骤

8.1 大米精度检验

8.1.1 直接比较法

从平均样品中称取试样约 50 g,直接与加工精度等级标准样品对照比较,通过观测背沟与粒面的留皮程度,判定样品加工精度等级。

8.1.2 染色法

8.1.2.1 品红石碳酸溶液染色法

从平均样品中称取试样约 20 g,从中不加挑选地数出整米 50 粒,分别放入两个蒸发皿(6.1)(或培养皿)内,用清水洗去浮糠,倒去清水。各注入品红石碳酸溶液(5.1)数毫升至淹没米粒,浸泡约 20 s,米粒着色后,倒出染色液,用清水洗 2 次～3 次,滗净水。用 1.25%硫酸溶液(5.2)荡洗两次,每次约 30 s,倒出硫酸溶液,再用清水洗 2 次～3 次。同时称取加工精度等级标准样品(5.5)约 20 g,按同样步骤操作。米粒留皮部分呈红紫色,胚乳部分呈浅红色。

8.1.2.2 苏丹-Ⅲ乙醇溶液染色法

按 8.1.2.1 从标准样品及试样中取整米 50 粒,用苏丹-Ⅲ乙醇饱和溶液(5.3)浸没米粒,然后置于 70 ℃～75 ℃水浴中加温约 5 min,使米粒着色。然后倒出染色液,用 50%乙醇溶液(5.4)洗去多余的色素。皮层和胚芽呈红色,胚乳部分不着色。

8.2 高粱米精度检验

从平均样品中称取试样 20 g(m),逐粒鉴别,从中拣出乳白粒,称其质量(m_1)。

8.3 其他米类精度检验

小米、黍米、稷米等米类的加工精度均与标准样品(5.5)对照感官检验。

8.4 样品观测

将米粒置于白瓷盘(6.7)上,用放大镜(6.6)在自然光下目测检验。

9 结果判定与表示

9.1 结果判定

9.1.1 直接比较法

观测试样和标准样品,比较米粒留皮程度。与加工精度等级标准样品(5.5)相比,试样留皮较多的加工精度低;留皮较少则加工精度高。

9.1.2 染色法

对比试样与标准样品,根据皮层着色范围进行判断:如半数以上样品米粒的皮层着色范围小于标准样品，则加工精度相对较高；如皮层着色范围大于标准样品，则加工精度相对较低。

9.1.3 乳白粒计算

高粱米乳白粒含量(X)按式(1)计算：

$$X = \frac{m_1}{m} \times 100\% \qquad (1)$$

式中：

X——高粱米中乳白粒占试样的质量分数，%；

m_1——乳白粒质量，单位为克(g)；

m——试样质量，单位为克(g)。

每份样品平行测试两次，双试验测定值的绝对差值不应超过1.0%，取平均值作为检验结果，计算结果保留小数点后一位。

9.2 结果表示

同时取两份样品检验，如结果不一致，则另取两份样品检验，以两份一致的结果为最终结果。检验结果表述为：加工精度高于×等；加工精度低于×等；加工精度与×等相符。

高粱米加工精度以米样中乳白粒含量表示。

ICS 67.050
X 04

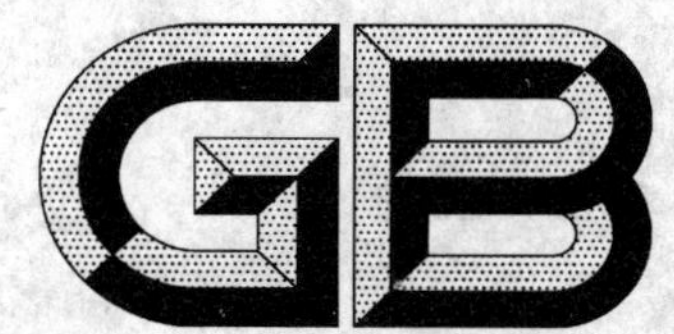

中华人民共和国国家标准

GB/T 5505—2008
代替 GB/T 5505—1985

粮油检验　灰分测定法

Inspection of grain and oils—Determination of the ash content by incineration

2008-08-04 发布　　2008-12-01 实施

中华人民共和国国家质量监督检验检疫总局
中国国家标准化管理委员会　发布

前　言

本标准是对GB/T 5505—1985《粮食、油料检验　灰分测定法》的修订。

本标准与GB/T 5505—1985的主要技术差异如下：

——将高温炉内的灼烧温度由500 ℃～550 ℃修改为550 ℃±10 ℃。

本标准自实施之日起，代替GB/T 5505—1985。

本标准由国家粮食局提出。

本标准由全国粮油标准化技术委员会归口。

本标准起草单位：北京市粮油食品检验所。

本标准主要起草人：呙琴、尚艳娥、范鸥、刘杰。

本标准所代替标准的历次版本发布情况为：

——GB/T 5505—1985。

粮油检验 灰分测定法

1 范围

本标准规定了粮食、油料中灰分测定的原理、试剂、仪器、分析步骤以及结果计算。

本标准适用于粮食、油料中灰分含量的测定。

2 规范性引用文件

下列文件中的条款通过本标准的引用而成为本标准的条款。凡是注日期的引用文件，其随后所有的修改单(不包括勘误的内容)或修订版均不适用于本标准，然而，鼓励根据本标准达成协议的各方研究是否可使用这些文件的最新版本。凡是不注日期的引用文件，其最新版本适用于本标准。

GB/T 5497 粮食、油料检验 水分测定法

3 550 ℃灼烧法

3.1 原理

试样经 550 ℃±10 ℃高温灰化至有机物完全灼烧挥发后，称量其残留物。

3.2 试剂

3.2.1 三氯化铁：分析纯。

3.2.2 三氯化铁溶液(5 g/L)：称取 0.5 g 三氯化铁溶于 100 mL 蓝黑墨水中。

3.3 仪器

3.3.1 马福炉：也称为茂福炉、Muffle 炉、高温电炉，能产生 550 ℃以上的高温，并可控制温度。

3.3.2 分析天平：感量 0.000 1 g。

3.3.3 瓷坩埚：容量为 18 mL～20 mL。

3.3.4 干燥器：内装有效的变色硅胶。

3.3.5 坩埚钳：长柄和短柄。

3.4 分析步骤

3.4.1 水分测定

按 GB/T 5497 测定试样水分(W)。

3.4.2 试样制备

按 GB/T 5497 中的要求制备试样。

3.4.3 坩埚处理

取洁净干燥的瓷坩埚，用蘸有三氯化铁蓝黑墨水溶液的毛笔在坩埚上编号，然后将编号坩埚放入 550 ℃±10 ℃马福炉内灼烧 30 min～60 min，移动坩埚至炉门口处，待坩埚红热消失后，转移至干燥器内冷却至室温，取出并称量坩埚的质量，再重复灼烧、冷却、称量，直至前后两次质量差不超过 0.000 2 g，记录坩埚质量(m_0)。

3.4.4 样品测定

称取混匀试样(m)2 g～3 g，准确至 0.000 2 g，于处理好的坩埚中，将坩埚放在电炉上，错开坩埚盖，加热试样至完全碳化为止。然后，把坩埚放在 550 ℃±10 ℃的马福炉内，先放在炉口片刻，再移入炉膛内，错开坩埚盖，关闭炉门，在 550 ℃±10 ℃下灼烧 2 h～3 h。在灼烧过程中，应将坩埚位置调换 1 次～2 次，样品灼烧至黑色碳粒全部消失变成灰白色为止。移动坩埚至炉门口处，待坩埚红热消失后，转移至干燥器内冷却至室温，称量。再灼烧 30 min，冷却、称量，直至恒质(m_1)。最后一次灼烧的质

量如果增加，取前一次质量计算。

3.5 结果计算

灰分(干基)含量按式(1)计算：

$$X = \frac{m_1 - m_0}{m \times (100 - W)} \times 10\ 000 \quad \cdots\cdots(1)$$

式中：

X——样品灰分(干基)含量，以质量分数计，%；

m_0——坩埚质量，单位为克(g)；

m_1——坩埚和灰分质量，单位为克(g)；

m——试样质量，单位为克(g)；

W——试样的水分，%。

测定结果取小数点后第二位。

3.6 重复性

同一分析者使用相同仪器，相继或同时对同一试样进行两次测定，所得到的两个测定值的绝对差值不应超过0.03%。

4 乙酸镁法

4.1 原理

试样中加入助灰化试剂乙酸镁后，经850 ℃±25 ℃高温灰化至有机物完全灼烧挥发后，称量残留物质量，并计算灰分含量。

4.2 试剂

4.2.1 乙酸镁：分析纯。

4.2.2 95%乙醇：分析纯。

4.2.3 乙酸镁乙醇溶液(15 g/L)：1.5 g乙酸镁溶于100 mL95%的乙醇中。

4.3 仪器

3.3所规定的仪器和5.0 mL移液管。

4.4 分析步骤

4.4.1 水分测定

按GB/T 5497测定试样水分(W)。

4.4.2 试样制备

按GB/T 5497中的要求制备试样。

4.4.3 坩埚处理

除马福炉的灼烧温度为850 ℃±25 ℃外，其他操作步骤按3.4.3操作。

4.4.4 样品测定

称取试样(m)2 g～3 g于处理好的坩埚中，加入乙酸镁乙醇溶液3 mL，静置2 min～3 min，用点燃的酒精棉引燃样品，按照3.4.4方法进行碳化，将坩埚放到马福炉内，先放在炉膛口预热片刻，再移入炉膛内，错开坩埚盖，关闭炉门，在850 ℃±25 ℃温度下灼烧1 h，待剩余物变成浅灰白色或白色时，停止灼烧，移动坩埚至炉门口处，待红热消失后，转移至干燥器内冷却至室温，称量(m_1)。

注：3 mL乙酸镁乙醇溶液的氧化镁质量约0.008 5 g～0.009 0 g，应以空白实验所得的氧化镁质量为依据。

4.4.5 空白实验

在已恒质(m_2)的坩埚中加入乙酸镁乙醇溶液3 mL，用点燃的酒精棉引燃并碳化后，同4.4.4进行灼烧、冷却、称量(m_3)。

4.5 结果计算

灰分(干基)含量按公式(2)计算：

$$X = \frac{(m_1 - m_0) - (m_3 - m_2)}{m \times (100 - W)} \times 10\ 000 \quad \cdots\cdots(2)$$

式中：

X——样品灰分(干基)含量，以质量分数计，%；

m_0——坩埚质量，单位为克(g)；

m_1——坩埚和灰分质量，单位为克(g)；

m_2——空白实验坩埚质量，单位为克(g)；

m_3——氧化镁和坩埚质量，单位为克(g)；

m——试样质量，单位为克(g)；

W——试样水分含量，%。

测定结果取小数点后第二位。

4.6 重复性

同一分析者使用相同仪器，相继或同时对同一试样进行两次测定，所得到的两个测定值的绝对差值不应超过 0.03%。

ICS 67.040
B 20

中华人民共和国国家标准

GB/T 5506.1—2008

小麦和小麦粉　面筋含量
第1部分:手洗法测定湿面筋

Wheat and wheat flour—Gluten content—
Part 1:Determination of wet gluten by manual method

(ISO 21415-1:2006,MOD)

2008-11-04 发布　　　　2009-01-01 实施

中华人民共和国国家质量监督检验检疫总局
中国国家标准化管理委员会　发布

前　言

GB/T 5506《小麦和小麦粉　面筋含量》分为4个部分：

——第1部分：手洗法测定湿面筋；

——第2部分：仪器法测定湿面筋；

——第3部分：烘箱干燥法测定干面筋；

——第4部分：快速干燥法测定干面筋。

本部分为GB/T 5506的第1部分。

本部分修改采用ISO 21415-1：2006《小麦和小麦粉　面筋含量　手洗法测定湿面筋含量》(英文版)。

本部分与ISO 21415-1：2006主要技术差异如下：

——测试样品称样量由24 g修改为14%水分含量的10 g，制备面团的氯化钠溶液的量由12 mL修改为4.6 mL～5.2 mL；

——面团的制备与静置由两个容器修改为在同一个容器中进行；

——洗涤用的面团由称取的30 g面团改为制备的全部面团；

——增加"离心装置排水"；

——修改了湿面筋含量的计算公式；

——删除了原国际标准中的附录A和附录C。

为了便于使用，本部分作了下列编辑性修改：

——删除国际标准前言部分；

——将"本国际标准"改为"GB/T 5506的本部分"；

——用小数点"."代替原国际标准中作为小数点的","；

——根据GB/T 1.1—2000中第6.5.1《条文的注和示例》的规定，对各章、条中原有各注的序号作了删除或重排序号。

GB/T 5506.1，GB/T 5506.2分别为手洗法、仪器法测定湿面筋含量。面筋结构的完全形成需要将面团放置一定时间，二者测定的结果通常会有差异。通常，手洗法的测定结果通常高于仪器法，尤其是面筋含量较高的小麦样品，应在试验报告中给出试验方法。

本部分的附录A为规范性附录。

本部分由国家粮食局提出。

本部分由全国粮油标准化技术委员会归口。

本部分起草单位：国家粮食局科学研究院、北京市粮油食品检验所。

本部分主要起草人：孙辉、姜薇莉、王立坤、雷玲、白石桥、王利丹。

小麦和小麦粉　面筋含量
第1部分：手洗法测定湿面筋

1　范围

GB/T 5506 的本部分规定了用手洗法测定小麦（包括普通小麦和硬粒小麦）和小麦粉中湿面筋含量的方法。

本部分可直接用于小麦粉的面筋测定，也可以用于硬粒小麦颗粒粉或普通小麦全麦粉（颗粒粗细度达到附录中表 A.1 规定的要求）的面筋测定。

2　规范性引用文件

下列文件中的条款通过 GB/T 5506 的本部分的引用而成为本部分的条款。凡是注日期的引用文件，其随后所有的修改单（不包括勘误的内容）或修订版均不适用于本部分，然而，鼓励根据本部分达成协议的各方研究是否可使用这些文件的最新版本。凡是不注日期的引用文件，其最新版本适用于本部分。

GB/T 5506.2　小麦和小麦粉　面筋含量　第2部分：仪器法测定湿面筋（GB/T 5506.2—2008，ISO 21415-2:2006，IDT）

GB/T 21305　谷物及谷物制品水分的测定　常规法（GB/T 21305—2007，ISO 712:1998，IDT）

3　术语和定义

下列术语和定义适用于 GB/T 5506 的本部分。

3.1

湿面筋　wet gluten

按照 GB/T 5506 的本部分或 GB/T 5506.2 规定得到的，主要由小麦的两种蛋白质组分（谷蛋白和醇溶蛋白）经水合而成的、未经脱水干燥的具有粘弹性的物质。

3.2

全麦粉　ground wheat

小麦经小型磨粉碎而成的颗粒粗细度符合表 A.1 的细粉。

3.3

颗粒粉　semolina

硬质小麦经制粉机碾磨和分离制成的细粉。

3.4

小麦粉　flour

小麦经实验室制粉机碾磨分离的颗粒粗细度小于 250 μm 的粉。

4　原理

小麦粉、颗粒粉或全麦粉加入氯化钠溶液制成面团，静置一段时间以形成面筋网络结构。用氯化钠溶液手洗面团，去除面团中淀粉等物质及多余的水，使面筋分离出来。

5　试剂

除非有特定说明，所用试剂均为分析纯。水为蒸馏水、去离子水或同等纯度的水。

5.1 20 g/L 氯化钠溶液:将 200 g 氯化钠(NaCl)溶解于水中配制成 10 L 溶液。

5.2 碘化钾/碘溶液(Lugol 溶液):将 2.54 g 碘化钾(KI)溶解于水中,加入 1.27 g 碘(I_2),完全溶解后定容至 100 mL。

6 仪器设备

实验室常用仪器及下列仪器。

6.1 玻璃棒或牛角匙。

6.2 移液管:容量为 25 mL,最小刻度为 0.1 mL。

6.3 烧杯:250 mL 和 100 mL。

6.4 挤压板:9 cm×16 cm,厚 3 cm～5 cm 的玻璃板或不锈钢板,周围贴 0.3 mm～0.4 mm 胶布(纸),共两块。

6.5 带下口的玻璃瓶:5 L。

6.6 手套:表面光滑的薄橡胶手套。

6.7 带筛绢的筛具:30 cm×40 cm,底部绷紧 CQ20 号绢筛,筛框为木质或金属。

6.8 秒表。

6.9 天平:分度值 0.01 g。

6.10 毛玻璃盘:约 40 cm×40 cm。

6.11 小型实验磨:能够制备符合附录中表 A.1 要求的粗细度的样品。

7 扦样

实验收到的样品应具有代表性,在运输或储存过程中不得受损或改变。

8 样品制备

对于小麦粉样品,充分混匀并按照 GB/T 21305 的方法测定样品水分后测定面筋含量。对于小麦或颗粒粉样品,在测定面筋含量之前,按照附录 A 的方法用小型实验磨碾磨小麦或颗粒粉,使其颗粒大小符合规定的要求。为防止样品水分的变化,在碾磨和保存样品时应格外小心。

9 操作步骤

9.1 一般要求

氯化钠溶液制备和洗涤面团工作准备。

待测样品和氯化钠溶液应至少在测定实验室放置一夜,待测样品和氯化钠溶液的温度应调整到 20 ℃～25 ℃。

9.2 称样

称量待测样品 10 g(换算成 14%水分含量)准确至 0.01 g,置于小搪瓷碗或 100 mL 烧杯(6.3)中,记录为 m_1。

9.3 面团制备和静置

9.3.1 用玻璃棒或牛角匙不停搅动样品的同时,用移液管一滴一滴的加入 4.6 mL～5.2 mL 氯化钠溶液(5.1)。

9.3.2 拌合混合物,使其形成球状面团,注意避免造成样品损失,同时粘附在器皿壁上或玻璃棒或牛角匙上的残余面团也应收到面团球上。

9.3.3 面团样品制备时间不能超过 3 min。

9.4 洗涤

9.4.1 9.4.2 和 9.4.3 的操作应该在带筛绢的筛具(6.7)上进行,以防止面团损失。操作过程中,实验人员应该戴橡皮手套(6.6),防止面团吸收手的热量和手部排汗的污染。

9.4.2 将面团放在手掌中心,用容器中的氯化钠溶液以每分钟约 50 mL 的流量洗涤 8 min,同时用另一只手的拇指不停地揉搓面团。将已经形成的面筋球继续用自来水冲洗、揉捏,直至面筋中的淀粉洗净为止(洗涤需要 2 min 以上,测定全麦粉面筋时应适当延长时间)。

9.4.3 当从面筋球上挤出的水无淀粉时表示洗涤完成。为了测试洗出液是否无淀粉,可以从面筋球上挤出几滴洗涤液到表面皿上,加入几滴碘化钾/碘溶液(5.2),若溶液颜色无变化,表明洗涤已经完成。若溶液颜色变蓝,说明仍有淀粉,应继续进行洗涤直至检测不出淀粉为止。

9.5 排水

9.5.1 将面筋球用一只手的几个手指捏住并挤压 3 次,以去除在其上的大部分洗涤液。

9.5.2 将面筋球放在洁净的挤压板(6.4)上,用另一块挤压板压挤面筋,排出面筋中的游离水。每压一次后取下并擦干挤压板。反复压挤直到稍感面筋有粘手或粘板为止(挤压约 15 次)。也可采用离心装置排水,离心机转速为 6 000 r/min±5 r/min,加速度为 2 000 g,并有孔径为 500 μm 筛合。然后用手掌轻轻揉搓面筋团至稍感粘手为止。

9.6 测定湿面筋的质量

排水后取出面筋,放在预先称重的表面皿或滤纸上称重,准确至 0.01 g,湿面筋质量记录为 m_2。

9.7 测试次数

同一个样品做两次试验。

10 结果计算

按式(1)计算试样的湿面筋含量:

$$G_{wet} = \frac{m_2}{m_1} \times 100\% \quad \cdots\cdots(1)$$

式中:

G_{wet}——试样的湿面筋含量(以质量分数表示);

m_1——测试样品质量,单位为克(g);

m_2——湿面筋的质量,单位为克(g)。

结果保留一位小数。

注:氯化钠溶液的相对密度与 1.00 的偏差与本标准方法本身的标准误差相比可以忽略不计。

双试验允许差不超过 1.0%,求其平均数,即为测定结果。测定结果准确至 0.1%。

11 测试报告

测试报告应详细说明:

——包括鉴定样品所必需的全部信息;

——若已知采样方法,则注明;

——采用的测试方法,包括样品碾磨的方法和面筋分离时使用的筛网;

——本标准中没有具体说明的、或者被认为是可选的,以及所有可能影响实验结果的操作细节;

——所得的测定结果;

——如进行了重复性试验,列出结果。

附 录 A
（规范性附录）
全麦粉的制备

GB/T 5506 的本部分也适用于使用小型实验磨粉碎后的普通小麦和杜伦麦全麦粉。

面筋的形成和洗涤效果与碾磨样品的颗粒大小有关，所用的实验磨粉碎得到的样品应符合表 A.1 的规定。

表 A.1 筛网与样品颗粒大小分布要求

筛孔尺寸/μm	过筛率/%
710(CQ)	100
500(CQ)	95～100
210～200(CQ)	≤80

注意样品粉碎应根据测试类型而定。应经常用混合均匀的样品和合适的振动筛检查样品粗细度。

全麦粉样品的制备方法对面筋测定的结果会产生影响。不同的实验磨制备的样品所含组分不同，在形成面团以及洗出面筋时会产生差异。要得到可比性较好的结果，应该使用同样的方法制备样品，并在面筋含量测试报告中同时报告样品制备的方法。

制备样品时应小心进样以防止样品磨发热和过载。当最后一批样品入磨以后，碾磨过程应持续 30 s～40 s。最后一批的样品量不能超过小麦或颗粒粉样品总量的 1%。

参 考 文 献

[1] ISO 6644 Flowing cereals and milled cereal products—Automatic sampling by mechanical means.

[2] ISO 13690 Cereals,pulses and milled products—Sampling of static bathes.

[3] ICC Standatd No. 106/2 Worlding method for the determination of wet gluten in wheat flour.

ICS 67.040
B 20

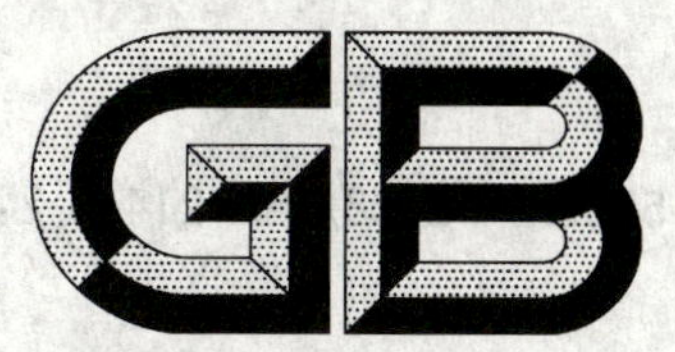

中华人民共和国国家标准

GB/T 5506.2—2008/ISO 21415-2:2006
代替 GB/T 14608—1993

小麦和小麦粉 面筋含量 第2部分:仪器法测定湿面筋

Wheat and wheat flour—Gluten content—
Part 2:Determination of wet gluten by mechanical means

(ISO 21415-2:2006,IDT)

2008-11-04 发布 2009-01-01 实施

中华人民共和国国家质量监督检验检疫总局
中国国家标准化管理委员会 发布

前　言

GB/T 5506《小麦和小麦粉　面筋含量》分为4个部分：

——第1部分：手洗法测定湿面筋；

——第2部分：仪器法测定湿面筋；

——第3部分：烘箱干燥法测定干面筋；

——第4部分：快速干燥法测定干面筋。

本部分为GB/T 5506的第2部分。

本部分等同采用ISO 21415-2:2006《小麦和小麦粉　面筋含量　仪器法测定湿面筋含量》(英文版)。

为了便于使用，本部分作下列编辑性修改：

——删除国际标准前言部分；

——将“本国际标准”改为“GB/T 5506的本部分”；

——用小数点“.”代替原国际标准中作为小数点的“，”。

GB/T 5506.1，GB/T 5506.2分别为手洗法、仪器法测定湿面筋含量。面筋结构的完全形成需要将面团放置一定时间，二者测定的结果通常会有差异。通常，手洗法的测定结果通常高于仪器法，尤其是面筋含量较高的小麦样品，应在试验报告中给出试验方法。

本部分的附录B为规范性附录，附录A、附录C为资料性附录。

本部分由国家粮食局提出。

本部分由全国粮油标准化技术委员会归口。

本部分起草单位：国家粮食局科学研究院、北京市粮油食品检验所。

本部分主要起草人：孙辉、姜薇莉、王立坤、雷玲、白石桥、王利丹。

本部分所代替标准的历次版本发布情况为：

——GB/T 14608—1993。

小麦和小麦粉　面筋含量
第2部分:仪器法测定湿面筋

1　范围

GB/T 5506的本部分规定了仪器法测定小麦和小麦粉(包括普通小麦和硬粒小麦)中湿面筋含量的方法。

本部分可以直接用于小麦粉的面筋测试,也可以用于硬粒小麦颗粒粉或普通小麦全麦粉(颗粒粗细度达到附录B中表B.1规定的要求)的面筋测试。

2　规范性引用文件

下列文件中的条款通过GB/T 5506的本部分的引用而成为本部分的条款。凡是注日期的引用文件,其随后所有的修改单(不包括勘误的内容)或修订版均不适用于本部分,然而,鼓励根据本部分达成协议的各方研究是否可使用这些文件的最新版本。凡是不注日期的引用文件,其最新版本适用于本部分。

GB/T 5506.1　小麦和小麦粉　面筋含量　第1部分:手洗法测定湿面筋(GB/T 5506.1—2008,ISO 21415-1:2006,MOD)

GB/T 21305　谷物及谷物制品水分的测定　常规法(GB/T 21305—2007,ISO 712:1998,IDT)

3　术语和定义

下列术语和定义适用于GB/T 5506的本部分。

3.1

湿面筋　wet gluten

按照本部分或GB/T 5506.1规定得到的,主要由小麦的两种蛋白质组分(谷蛋白和醇溶蛋白)经水合而成的、未经脱水干燥的具有粘弹性的物质。

3.2

全麦粉　ground wheat

小麦经小型磨制备而成的颗粒大小分布符合表B.1的细粉。

3.3

颗粒粉　semolina

硬质小麦经制粉机碾磨和分离制成的细粉。

3.4

小麦粉　flour

小麦经实验室制粉机碾磨分离的颗粒粗细度小于250 μm的粉。

4　原理

小麦粉、颗粒粉或全麦粉加入氯化钠溶液制成面团,静置一段时间以形成面筋网络结构。用氯化钠溶液手洗面团,去除面团中淀粉等物质及多余的水,使面筋分离出来。

5　试剂

除非有特定说明,使用的试剂为分析纯。水为蒸馏水、去离子水或同等纯度的水。

5.1 20 g/L 氯化钠溶液：将 200 g 氯化钠($NaCl$)溶解于水中配制成 10 L。溶液使用时的温度应为 22 ℃±2 ℃。

建议该溶液当天配制当天使用。

5.2 碘化钾/碘溶液(Lugol 溶液)：将 2.54 g 碘化钾(KI)溶解于水中，加入 1.27 g 碘(I_2)，完全溶解后用水定容至 100 mL。

6 仪器设备

实验室常用仪器及下列仪器。

6.1 面筋仪[1)]：由一个或两个洗涤室、混合钩(见图 A.1 和图 A.2)以及用于面筋分离的电动分离装置构成。

6.1.1 洗涤室：配备有镀铬筛网架和筛孔为 88 μm 的聚酯筛或筛孔为 80 μm 的金属筛，以及筛孔为 840 μm 的聚酰胺筛或筛孔为 800 μm 的金属筛。

6.1.2 混合钩：与镀铬筛网架之间的距离为 0.7 mm±0.05 mm，并用筛规进行校正。

6.1.3 塑料容器：容量为 10 L，用于贮存氯化钠溶液，通过塑料管与仪器相连。

6.1.4 进液装置：输送氯化钠溶液的蠕动泵，使其可以 50 mL/min～56 mL/min 的恒定流量洗涤面筋。

本部分的使用者需要仪器详细的描述和操作指南，可参考仪器生产厂商的操作手册。

6.2 可调移液器：可向试样加氯化钠溶液 3 mL～10 mL，精度为±0.1 mL。

6.3 离心机：能够保持转速为 6 000 r/min±5 r/min，加速度为 2 000g，并有孔径为 500 μm 的筛盒。

6.4 天平：分度值 0.01 g。

6.5 不锈钢挤压板。

6.6 500 mL 烧杯：用于收集洗涤液。

6.7 金属镊子。

6.8 小型实验磨：制备的样品粗细度符合附录 B 中表 B.1 规定的要求。

7 扦样

扦样不是 GB/T 5506 的本部分规定的内容，推荐采用 ISO 6644 或 ISO 13690。

实验室收到的样品应具有代表性，在运输或储存过程中不得受损或改变。

8 样品制备

对于小麦粉样品，充分混匀后按照 GB/T 21305 的方法测定样品水分后测定面筋含量。对于小麦或颗粒粉样品，在测定面筋含量之前，按照附录 B 的方法用小型实验磨碾磨小麦或颗粒粉，使其颗粒粗细度符合附录 B 中表 B.1 规定的要求。为防止样品水分的变化，在碾磨和保存样品时应格外小心。

9 操作步骤

9.1 一般要求

面筋仪准备和洗涤面团，其操作使用过程与仪器使用手册一致。

9.2 称样

称取 10 g 待测样品，准确至 0.01 g，选择正确的清洁筛网，并在实验前润湿。将称好的样品全部放

1) 瑞典波通公司生产的面筋仪(Glutomatic 2100 和 2200 型)是当前应用最为广泛的测定面筋含量的仪器。提供此信息是为了方便本标准的使用者，而不是 ISO 对该仪器的认可。任何可以得到与 Glutomatic 或者 GB/T 5506.1 的方法结果相同的仪器均可使用。

入面筋仪的洗涤室中。

小麦粉和颗粒粉样品的测试应使用筛孔孔径为 88 μm 的聚酯筛或筛孔孔径为 80 μm 的金属筛，测试全麦粉样品时应选用底部有环圈标记的筛网架，筛孔孔径为 840 μm 的聚酰胺筛或筛孔孔径为 800 μm 的金属筛。测试报告中应指明筛网孔径的大小。

轻轻晃动洗涤室使样品分别均匀。

9.3 面团制备

用可调移液器向待测样品中加入 4.8 mL 氯化钠溶液(5.1)。移液器(6.2)流出的水流应直接对着洗涤室壁，避免其直接穿过筛网。轻轻摇动洗涤室，使溶液均匀分布在样品的表面。

氯化钠溶液的用量可以根据面筋含量的高低或者面筋强弱进行调整。如果混合时面团很粘(洗涤室的水溢出)，应减少盐溶液的用量(最低 4.2 mL)；若混合过程中形成了很强很坚实的面团，氯化钠溶液的加入量可增加到 5.2 mL。

厂家预设的混合时间为 20 s，可根据使用者的需要进行调整。在需要调整时可向生产厂家咨询相关信息。

9.4 面团洗涤

9.4.1 一般要求

洗涤过程中应注意观察洗涤室中排出液的清澈度。当排出液变得清澈时可认为洗涤完成。用碘化钾溶液(5.2)可检查排出液中是否还有淀粉。

9.4.2 小麦粉和颗粒粉的测试

仪器预设的洗涤时间为 5 min，在操作过程中通常需要 250 mL～280 mL 氯化钠洗涤液。洗涤液通过仪器以预先设置的恒定流量自动传输，根据仪器的不同，流量设置为 50 mL/min～56 mL/min。

9.4.3 全麦粉测试

洗涤 2 min 后停止，取下洗涤室，在水龙头下用冷水流小心地把全部已经部分洗涤的含有麸皮的面筋，转移到另一个筛孔孔径为 840 μm 粗筛网的酰胺洗涤室中。建议把两个洗涤室口对口且细筛网的洗涤室在上，进行转移。

将盛有面筋的粗筛网洗涤室放在仪器的工作位置，继续洗涤面筋直至洗涤程序完成。

9.4.4 特殊情况

如果自动洗涤程序无法完成面团的充分洗涤，可以在洗涤过程中，人工加入氯化钠洗涤液，或者调整仪器重复进行洗涤。

9.5 离心，称重

洗涤完成以后，用金属镊子将湿面筋从洗涤室中取出，确保洗涤室中不留有任何湿面筋。

将面筋分成大约相等的两份，轻轻压在离心机的筛盒上。

启动离心机(6.3)，离心 60 s，用金属镊子取下湿面筋，并立即称重(m_1)，精确到 0.01 g。

注意：如果离心机有衡重体，可以不必将面筋分成两份。

如果面筋仪可以同时洗涤两个样品，将会得到两块面筋，在随后的操作中应分别进行处理。

9.6 测试次数

同一份样品应做两次试验。

10 结果计算

样品湿面筋含量(G_{wet})按照式(1)计算。

$$G_{wet} = m_1 \times 10\% \quad \cdots\cdots(1)$$

式中：

m_1——湿面筋质量，单位为克(g)。

如果两次试验的重复性满足 11.2 的要求，结果取两次试验结果的算术平均值，保留一位小数。

11 精密度

11.1 实验室间测试

附录C汇总了本方法精密度的实验室间测试情况。从这些测试中得到的值可能不适用于其他的面筋含量范围和测试对象。

11.2 重复性

在同一实验室，由同一操作者使用相同设备，按相同的测试方法，并在短时间内对同一被测对象相互独立进行测试获得的两次独立测试结果的绝对差值大于下列给定数值(r)的情况不应超过5%：

——小麦籽粒：$r=1.9$ g/100 g；

——小麦粉：$r=1.0$ g/100 g；

——硬粒小麦：$r=1.6$ g/100 g；

——硬粒小麦颗粒粉：$r=1.6$ g/100 g。

11.3 再现性

在不同的实验室，由不同的操作者使用不同的设备，按相同的测试方法，对同一被测对象相互独立进行测试获得的两次独立测试结果的绝对差值大于下列给定数值(R)的情况不应超过5%：

——小麦籽粒：$R=4.0$ g/100 g；

——小麦粉：$R=2.4$ g/100 g；

——硬粒小麦：$R=5.8$ g/100 g；

——硬粒小麦颗粒粉：$R=10.1$ g/100 g。

12 测试报告

测试报告应详细说明：

——包括鉴定样品所必需的全部信息；

——若已知的采样方法，则注明；

——本部分采用的测试方法，包括样品碾磨的方法和面筋分离时使用的筛网；

——本部分中没有具体说明的、或者被认为是可选的，以及可能影响实验结果的操作细节；

——所得的测定结果；

——如进行了重复性试验，列出结果。

附 录 A
（资料性附录）
面筋仪的洗涤室和混合钩，离心机

图 A.1 和图 A.2 是来自于文献[6]中的仪器。

单位为毫米

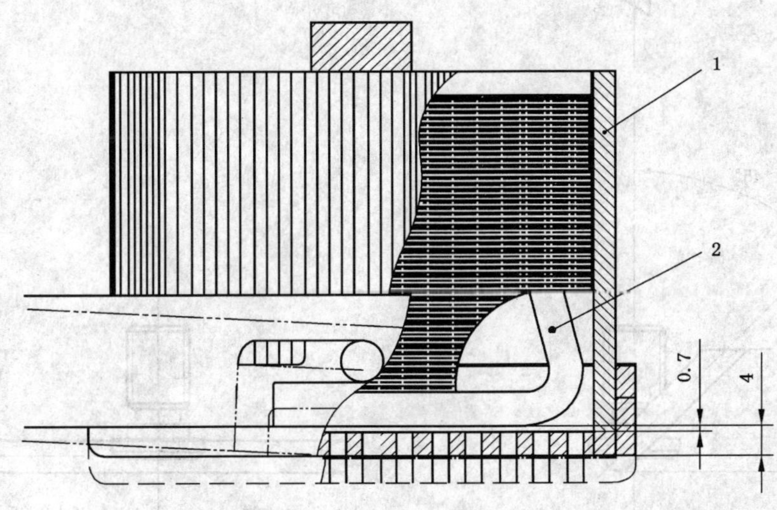

1——混合/洗涤室；
2——混合钩。

图 A.1 面筋分离装置

单位为毫米

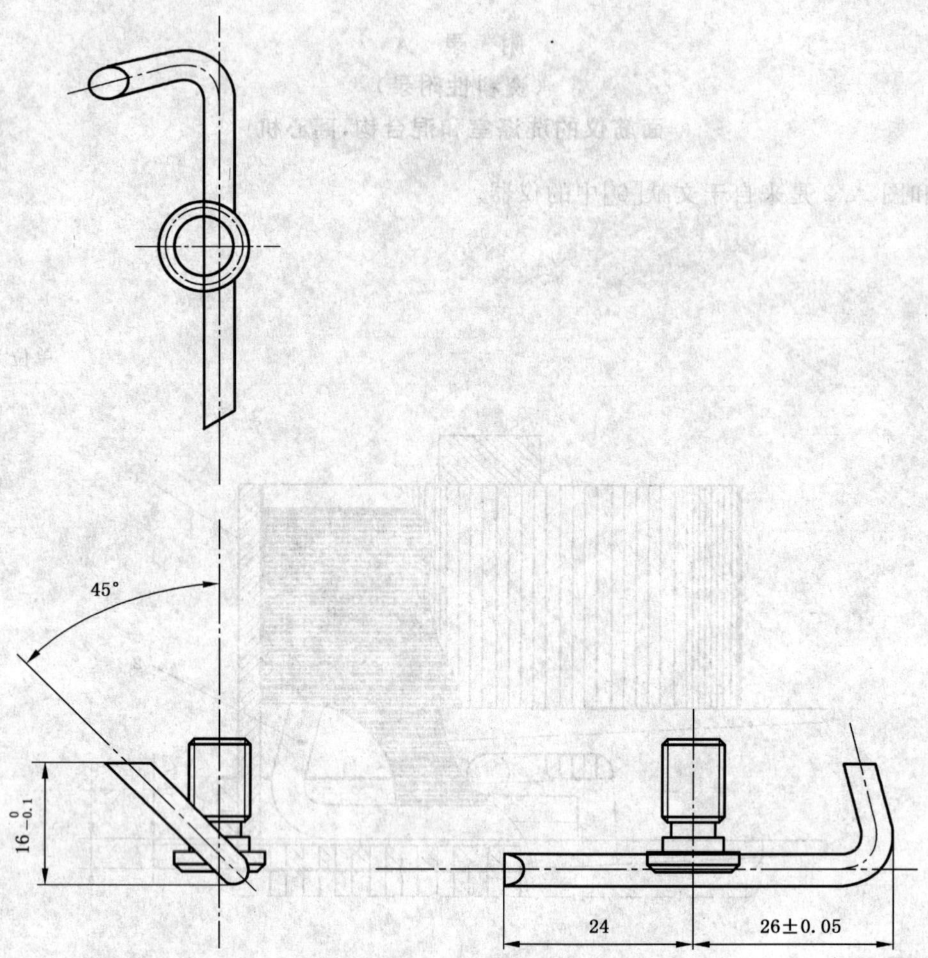

图 A.2 混合钩

附 录 B
（规范性附录）
全麦粉的制备

GB/T 5506 的本部分也适用于经小型实验磨粉碎后的小麦和杜伦麦颗粒粉。

面筋的形成和洗涤效果与碾磨样品的颗粒大小有关，所用的实验磨粉碎得到的样品应符合表 B.1 的规定。

表 B.1 筛网与样品颗粒大小分布要求

筛网/μm	过筛率/%
710(CQ)	100
500(CQ)	95～100
210～200(CQ)	≤80

注意样品粉碎应根据测试种类而定。应经常用混合均匀的样品和合适的振动筛检查样品粗细度。

全麦粉样品制备的方法对面筋测定的结果有影响。不同的试验磨制备的样品所含组分不同，在形成面团以及洗出面筋会产生差异。要得到可比性较好的结果，应该使用同样的方法制备样品，并在面筋含量测试报告中同时报告样品制备的方法。

选取有代表性的小麦或颗粒粉样品，制备成符合表 B.1 要求的待测样品。应小心进样以防止样品磨发热和过载。当最后一批样品入磨以后，碾磨过程应持续 30 s～40 s。最后一批的样品量不能超过小麦或颗粒粉样品总量的 1%。

附 录 C
（资料性附录）
实验室间测试结果

由匈牙利布达佩斯CONCORDIA Warehouse有限公司粮食检验实验室于2004年组织的7个国家的21个实验室对本标准方法进行了实验室联合测试。所用样品为以下6个：

——样品A：小麦籽粒（普通小麦）；

——样品B：小麦籽粒（普通小麦）；

——样品C：小麦籽粒（杜伦麦）；

——样品D：杜伦麦颗粒粉；

——样品E：小麦粉；

——样品F：小麦粉。

测试结果经统计分析符合ISO 5725-1和ISO 5725-2的要求，精密度数据见表C.1。

表C.1 本标准的精密度测试数据

项目	样品					
	A	B	C	D	E	F
排除离群值后的实验室数量	19	19	17	18	18	18
平均值/(g/100 g)	20.06	34.61	30.46	36.89	27.32	35.17
重复性标准偏差，S_r/(g/100 g)	0.66	0.62	0.57	0.57	0.30	0.35
重复性变异系数/%	2.53	1.79	1.86	1.57	1.09	0.99
重复性限 $r(=2.8S_r)$/(g/100 g)	1.85	1.74	1.59	1.59	0.83	0.97
再现性标准偏差，S_R/(g/100 g)	1.43	1.45	2.06	3.61	0.75	0.85
再现性变异系数/%	5.49	4.18	6.75	9.79	2.73	2.42
再现性限 $R(=2.8S_R)$/(g/100 g)	4.00	4.05	5.76	10.12	2.09	2.83

参 考 文 献

[1] ISO 5725-1 Accuracy(trueness and precision) of measurement methods and results—Part 1: General principles and definitions.

[2] ISO 5725-2 Accuracy(trueness and precision) of measurement methods and results—Part 2: Basic method for the determination of repeatability and reproducibility of a standad measurement method.

[3] ISO 6644 Flowing cereal and milled cereal products—Automatic sampling by mechanical means.

[4] ISO 13690 Cereal, Pulses and milled products—Sampling of static batches.

[5] ICC Standard No. 137/1:1994 Mechanical determination of the wet gluten content of wheat flour (Glutomatic).

[6] ICC Standard No. 155:1994 Determination of wet gluten quantity and quality (Gluten Index ac. To Perten) of whole wheat meal and wheat flour(Tricicum aestivum).

ICS 67.040
B 20

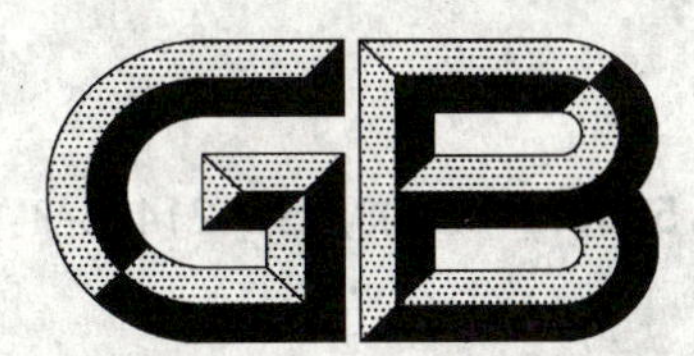

中华人民共和国国家标准

GB/T 5506.3—2008/ISO 21415-3:2006
代替 GB/T 14607—1993

小麦和小麦粉 面筋含量 第3部分:烘箱干燥法测定干面筋

Wheat and wheat flour—Gluten content—
Part 3:Determination of dry gluten from wet gluten by an oven drying method

(ISO 21415-3:2006,IDT)

2008-11-04 发布 2009-01-01 实施

中华人民共和国国家质量监督检验检疫总局
中国国家标准化管理委员会 发布

前　言

GB/T 5506《小麦和小麦粉　面筋含量》分为4个部分：

——第1部分：手洗法测定湿面筋；

——第2部分：仪器法测定湿面筋；

——第3部分：烘箱干燥法测定干面筋；

——第4部分：快速干燥法测定干面筋。

本部分为GB/T 5506的第3部分。

本部分等同采用ISO 21415-3:2006《小麦和小麦粉　面筋含量　烘箱干燥湿面筋法测定干面筋含量》(英文版)。

为了便于使用，本部分作下列编辑性修改：

——删除国际标准前言部分；

——将“本国际标准”改为“GB/T 5506的本部分”；

——用小数点“.”代替原国际标准中作为小数点的“,”；

——删除6.1部分中“应注意此处的m与手洗法中‘称样部分’的小麦粉质量并不相等。”；

——将7.1公式中的“m为测试湿面筋含量的原始面团样品的质量”修改为“m为测试湿面筋含量的原始小麦粉样品的质量。”；

——删除7.1中“提取湿面筋的小麦粉的原始质量记录为m。应注意此处的m与手洗法中‘称样部分’的小麦粉质量并不相等。”。

本部分的附录A为资料性附录。

本部分由国家粮食局提出。

本部分由全国粮油标准化技术委员会归口。

本部分起草单位：国家粮食局科学研究院、北京市粮油食品检验所。

本部分主要起草人：孙辉、姜薇莉、王立坤、雷玲、白石桥、王利丹。

本部分所代替标准的历次版本发布情况为：

——GB/T 14607—1993。

小麦和小麦粉　面筋含量
第3部分:烘箱干燥法测定干面筋

1　范围

GB/T 5506 的本部分规定了由 GB/T 5506.1 和 GB/T 5506.2 制得的湿面筋通过烘箱测定干面筋含量的方法。

本部分也适用于湿面筋中水分含量的测定。

2　规范性引用文件

下列文件中的条款通过 GB/T 5506 的本部分的引用而成为本部分的条款。凡是注日期的引用文件,其随后所有的修改单(不包括勘误的内容)或修订版均不适用于本部分,然而,鼓励根据本部分达成协议的各方研究是否可使用这些文件的最新版本。凡是不注日期的引用文件,其最新版本适用于本部分。

GB/T 5506.1　小麦和小麦粉　面筋含量　第1部分:手洗法测定湿面筋(GB/T 5506.1—2008,ISO 21415-1:2006,MOD)

GB/T 5506.2　小麦和小麦粉　面筋含量　第2部分:仪器法测定湿面筋(GB/T 5506.2—2008,ISO 21415-2:2006,IDT)

GB/T 5506.4　小麦和小麦粉　面筋含量　第4部分:快速干燥法测定干面筋(GB/T 5506.4—2008,ISO 21415-4:2006,IDT)

GB/T 21305　谷物及谷物制品水分的测定　常规法(GB/T 21305—2007,ISO 712:1998,IDT)

3　术语和定义

下列术语和定义适用于 GB/T 5506 的本部分。

3.1

湿面筋　wet gluten

按照 GB/T 5506.1 或 GB/T 5506.2 规定得到的,主要由小麦的两种蛋白质组分(谷蛋白和醇溶蛋白)经水合而成的、未经脱水干燥的具有粘弹性的物质。

3.2

干面筋　dry gluten

按照本部分或 GB/T 5506.4 规定的方法干燥湿面筋得到的剩余物质。

4　原理

按照 GB/T 5506.1 或 GB/T 5506.2 规定得到的湿面筋,经干燥后称取其质量。

5　仪器设备

一般试验室仪器设备及以下仪器设备。

5.1　解剖刀或小刀。

5.2　金属或塑料盘:5 cm×5 cm。

5.3　烘箱:可保持 130 ℃±2 ℃。

5.4 干燥器:带有有效干燥剂。

5.5 天平:分度值0.01 g。

6 操作步骤

6.1 称样

称量盘子的质量,精确到0.01 g,记录为m_0。取由GB/T 5006.1或GB/T 5006.2制得的湿面筋球,放在盘子上,称量盘子和湿面筋的质量,精确至0.01 g,记录为m_5。

制取湿面筋的小麦粉的原始质量记录为m。

6.2 检测

将盘子和面筋置于130 ℃烘箱(5.3)中干燥2 h后取出,用解剖刀或小刀在半干燥的面筋上划3个或4个平行的切口,再放回烘箱,继续干燥4 h,总计干燥时间为6 h。

取出盘子和干面筋,在干燥器中冷却至室温(通常需要30 min)。称量盘子和干面筋的质量,精确至0.01 g,记录为m_4。

7 结果计算

7.1 干面筋含量的计算

测试样品干面筋含量按式(1)计算:

$$G_{dry} = \frac{m_4 - m_0}{m} \times 100\% \qquad \cdots\cdots(1)$$

式中:

G_{dry}——测试样品干面筋含量,以占原始小麦粉样品的质量分数计;

m_4——盘子和干面筋的总质量,单位为克(g);

m_0——空盘子的质量,单位为克(g);

m——测试湿面筋含量的原始小麦粉样品的质量,单位为克(g)。

原始样品的水分含量可由GB/T 21305测得。若考虑此因素,则样品干基的干面筋含量按式(2)计算:

$$G_{dm} = \frac{100 \times (m_4 - m_0)}{m \times (100 - w)} \times 100\% \qquad \cdots\cdots(2)$$

式中:

G_{dm}——水分含量为w的测试小麦粉样品干面筋含量,以占原始样品(干基)的质量分数计;

w——原始样品的水分含量,以质量百分数表示。

结果取两次测试的算术平均数。

7.2 湿面筋水分含量的计算

湿面筋中的水分含量按式(3)计算:

$$w_G = \frac{m_5 - m_4}{m_5 - m_0} \times 100\% \qquad \cdots\cdots(3)$$

式中:

w_G——湿面筋中的水分含量(以质量分数计);

m_5——盘子和湿面筋的总质量,单位为克(g)。

8 精密度

8.1 实验室间测试

附录A汇总了本方法精密度的实验室间测试情况。从这些测试中得到的值可能不适用于其他的面筋含量范围和测试对象。

8.2 重复性

在同一实验室，由同一操作者使用相同设备，按相同的测试方法，并在短时间内对同一被测对象相互独立进行测试获得的两次独立测试结果，无论采用手洗法还是仪器法制得的湿面筋，两次测试结果的绝对差值大于 $r=0.6$ g/100 g 的情况不应超过5%。

8.3 再现性

在不同的实验室，由不同的操作者使用不同的设备，按相同的测试方法，对同一被测对象相互独立进行测试获得的两次独立测试结果的绝对差值大于下列给定数值(R)的情况不应超过5%：

——湿面筋测定采用的是手洗法：$R=3.1$ g/100 g；

——湿面筋测定采用的是仪器法：$R=2.3$ g/100 g。

9 测试报告

测试报告应详细说明：

——包括鉴定样品所必需的全部信息；

——若已知采样方法，则注明；

——采用的测试方法，参考 GB/T 5506 的本部分和其他部分的湿面筋检测方法；

——本部分中未规定的全部操作细节，以及可能影响实验结果的任何操作；

——所得的测定结果；

——如进行了重复性试验，列出结果。

附 录 A
（资料性附录）
实验室间测试结果

匈牙利布达佩斯CONCORDIA Warehouse有限公司粮食检验实验室于2004年组织的7个国家的21个实验室对本标准方法进行了实验室联合测试。所用样品为以下6个：

——样品A：小麦籽粒（普通小麦）；

——样品B：小麦籽粒（普通小麦）；

——样品C：小麦籽粒（杜伦麦）；

——样品D：杜伦麦粗粒粉；

——样品E：小麦粉；

——样品F：小麦粉。

测试结果经统计分析符合ISO 5725-1和ISO 5725-2的要求，精密度数据见表A.1和表A.2。

表A.1 ISO 21415-1法获得湿面筋的干面筋测定精密度测试数据

项目	样品					
	A	B	C	D	E	F
排除离群值后的实验室数量	6	7	5	7	8	8
平均值/(g/100 g)	8.15	11.45	9.66	12.10	9.49	12.21
重复性标准偏差，S_r/(g/100 g)	0.28	0.28	0.13	0.26	0.12	0.14
重复性变异系数/%	3.49	2.45	1.33	2.11	1.29	1.12
重复性限 $r(=2.8\ S_r)$/(g/100 g)	0.80	0.78	0.36	0.71	0.34	0.38
再现性标准偏差，S_R/(g/100 g)	0.67	1.49	1.68	1.09	0.75	0.92
再现性变异系数/%	8.24	13.06	17.35	8.97	7.86	7.57
再现性限 $R(=2.8\ S_R)$/(g/100 g)	1.88	4.19	4.69	3.04	2.09	2.59

表A.2 ISO 21415-2法获得湿面筋的干面筋测定精密度测试数据

项目	样品					
	A	B	C	D	E	F
排除离群值后的实验室数量	8	8	7	8	7	7
平均值/(g/100 g)	8.27	11.29	10.58	12.83	9.75	12.29
重复性标准偏差，S_r/(g/100 g)	0.19	0.20	0.26	0.26	0.13	0.25
重复性变异系数/%	2.35	1.76	2.42	2.42	1.32	2.00
重复性限 $r(=2.8\ S_r)$/(g/100 g)	0.55	0.56	0.72	0.72	0.36	0.69
再现性标准偏差，S_R/(g/100 g)	0.39	0.52	0.68	0.68	0.79	0.91
再现性变异系数/%	4.68	4.59	6.46	6.46	8.08	7.41
再现性限 $R(=2.8\ S_R)$/(g/100 g)	1.08	1.45	1.91	1.91	2.20	2.55

参 考 文 献

[1] ISO 712 Cereals and cereal products—Determination of moisture content—Routine reference method.

ICS 67.040
B 20

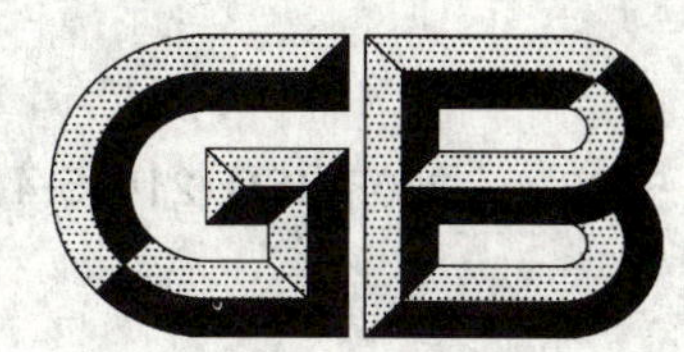

中华人民共和国国家标准

GB/T 5506.4—2008/ISO 21415-4:2006
代替 GB/T 5506—1985

小麦和小麦粉 面筋含量 第4部分:快速干燥法测定干面筋

Wheat and wheat flour—Gluten content—Part 4:Determination of dry gluten from wet gluten by a rapid drying method

(ISO 21415-4:2006,IDT)

2008-11-04 发布 2009-01-01 实施

中华人民共和国国家质量监督检验检疫总局
中国国家标准化管理委员会 发布

前　言

GB/T 5506《小麦和小麦粉 面筋含量》分为4个部分：

——第1部分：手洗法测定湿面筋；

——第2部分：仪器法测定湿面筋；

——第3部分：烘箱干燥法测定干面筋；

——第4部分：快速干燥法测定干面筋。

本部分为GB/T 5506的第4部分。

本部分等同采用ISO 21415-4:2006《小麦和小麦粉　面筋含量　快速干燥湿面筋法测定干面筋含量》(英文版)。

为了便于使用，本部分作下列编辑性修改：

——删除国际标准前言部分；

——将“本国际标准”改为“本部分”；

——用小数点“.”代替原国际标准中作为小数点的“,”；

——将7.1公式中的“m为测试湿面筋含量的原始面团样品的质量”修改为“m为测试湿面筋含量的原始小麦粉样品的质量。”；

——删除“应注意此处的m与手洗法中‘称样部分’的小麦粉质量并不相等。”；

——根据我国使用需要，增加了“7.3 面筋吸水率的计算公式”。

本部分代替GB/T 5506—1985《粮食、油料检验　面筋测定法》。

本部分的附录A为规范性附录，附录B为资料性附录。

本部分由国家粮食局提出。

本部分由全国粮油标准化技术委员会归口。

本部分起草单位：国家粮食局科学研究院、北京市粮油食品检验所。

本部分主要起草人：孙辉、姜薇莉、王立坤、雷玲、白石桥、王利丹。

本部分所代替标准的历次版本的发布情况为：

——GB/T 5506—1985。

小麦和小麦粉　面筋含量
第4部分:快速干燥法测定干面筋

1　范围

GB/T 5506的本部分规定了通过快速干燥由GB/T 5506.1和GB/T 5506.2制得的湿面筋以测定干面筋含量的方法。

本部分也适用于湿面筋中水分含量的测定。

2　规范性引用文件

下列文件中的条款通过GB/T 5506的本部分的引用而成为本部分的条款。凡是注日期的引用文件,其随后所有的修改单(不包括勘误的内容)或修订版均不适用于本部分,然而,鼓励根据本部分达成协议的各方研究是否可使用这些文件的最新版本。凡是不注日期的引用文件,其最新版本适用于本部分。

GB/T 5506.1　小麦和小麦粉　面筋含量　第1部分:手洗法测定湿面筋(GB/T 5506.1—2008,ISO 12451-1:2006,MOD)

GB/T 5506.2　小麦和小麦粉　面筋含量　第2部分:仪器法测定湿面筋(GB/T 5506.2—2008,ISO 12451-2:2006,IDT)

GB/T 5506.3　小麦和小麦粉　面筋含量　第3部分:烘箱干燥法测定干面筋(GB/T 5506.3—2008,ISO 12451-3:2006,IDT)

GB/T 21305　谷物及谷物制品水分的测定 常规法(GB/T 21305-2007,ISO 712:1998,IDT)

3　术语和定义

下列术语和定义适用于GB/T 5506的本部分。

3.1

湿面筋　wet gluten

按照GB/T 5506.1或GB/T 5506.2规定得到的,主要由小麦的两种蛋白质组分(谷蛋白和醇溶蛋白)经水合而成的一种具有粘弹性的物质。

3.2

干面筋　dry gluten

按照GB/T 5506.3或本部分规定的方法干燥湿面筋得到的剩余物。

4　原理

按照GB/T 5506.1或GB/T 5506.2规定得到的湿面筋,经干燥后称取其质量。

5　仪器

实验室常用仪器及下列仪器。

5.1　电加热干燥器:由表面涂有防粘材料的两个金属干燥盘和能够加热达到工作温度(150 ℃～200 ℃)的阻抗线圈组成,具体见附录A的图A.1。

5.2　天平:分度值0.01 g。

6 操作步骤

6.1 干燥器的准备

在进行干燥测试之前先将干燥器(5.1)升温至工作温度。

6.2 干燥湿面筋

将由 GB/T 5506.1 或 GB/T 5506.2 获得的，已去除大部分洗涤液并称量准确至 0.01 g 的湿面筋球(m_7)，置于已经预热的干燥器(5.1)中，加热时间为 300 s±5 s。

从干燥器中取出干面筋并进行称量，准确至 0.01 g(m_6)。

7 结果计算

7.1 干面筋含量的计算

试样的干面筋含量按式(1)计算：

$$G_{dry} = \frac{m_6}{m} \times 100\% \qquad \cdots\cdots(1)$$

式中：

G_{dry}——试样的干面筋含量，用试样占原始样品(小麦粉，二次碾磨的粗粒粉或全麦粉)的质量分数表示；

m_6——干面筋的质量，单位为克(g)；

m——用于测定湿面筋含量的原始小麦粉样品的质量，单位为克(g)。

原始小麦粉样品的水分含量可由 GB/T 21305 测得。若考虑此因素，则小麦粉样品干基的干面筋含量按式(2)计算：

$$G_{dm} = \frac{100 \times m_6}{m \times (100 - w)} \times 100\% \qquad \cdots\cdots(2)$$

式中：

G_{dm}——试样干基的干面筋含量(用质量分数表示)；

w——原始小麦粉样品的水分含量，以质量百分数表示。

结果取两次测试的算术平均数。

7.2 湿面筋水分含量的计算

试样湿面筋中的水分含量按式(3)计算：

$$w_G = \frac{m_7 - m_6}{m_7} \times 100\% \qquad \cdots\cdots(3)$$

式中：w_G——试样湿面筋重的水分含量(用质量分数表示)；

m_7——试样的湿面筋质量，单位为克(g)。

7.3 面筋吸水率的计算

试样面筋吸水率按式(4)计算：

$$w_A = \frac{m_7 - m_6}{m_6} \times 100\% \qquad \cdots\cdots(4)$$

式中：

w_A——试样面筋吸水率(用质量分数表示)。

8 精密度

8.1 实验室间测试

附录 B 汇总了本方法精密度的实验室间测试情况。从这些测试中得到的值可能不适用于其他的面筋含量范围和测试对象。

8.2 重复性

在同一实验室，由同一操作者使用相同设备，按相同的测试方法，并在短时间内对同一被测对象相互独立进行测试获得的两次独立测试结果，无论采用手洗法还是仪器法制得的湿面筋，两次测试结果的绝对差值大于 r=0.6 g/100 g 的情况不应超过 5%。

8.3 再现性

在不同的实验室，由不同的操作者使用不同的设备，按相同的测试方法，对同一被测对象相互独立进行测试获得的两次独立测试结果的绝对差值大于下列给定数值(R)的情况不应超过 5%：

——手洗法测定湿面筋：R=4.1 g/100 g；

——仪器法测定湿面筋：R=2.0 g/100 g。

9 测试报告

测试报告应详细说明：

——包括鉴定样品所必需的全部信息；

——若已知采样方法，则注明；

——采用的测试方法，参考本部分和其他部分的湿面筋检测方法；

——本部分中未规定的全部操作细节，以及可能影响实验结果的任何操作；

——所得的测定结果；

——如进行了重复性试验，列出结果。

附 录 A
（规范性附录）
电加热干燥器

电加热干燥器如图 A.1 所示。

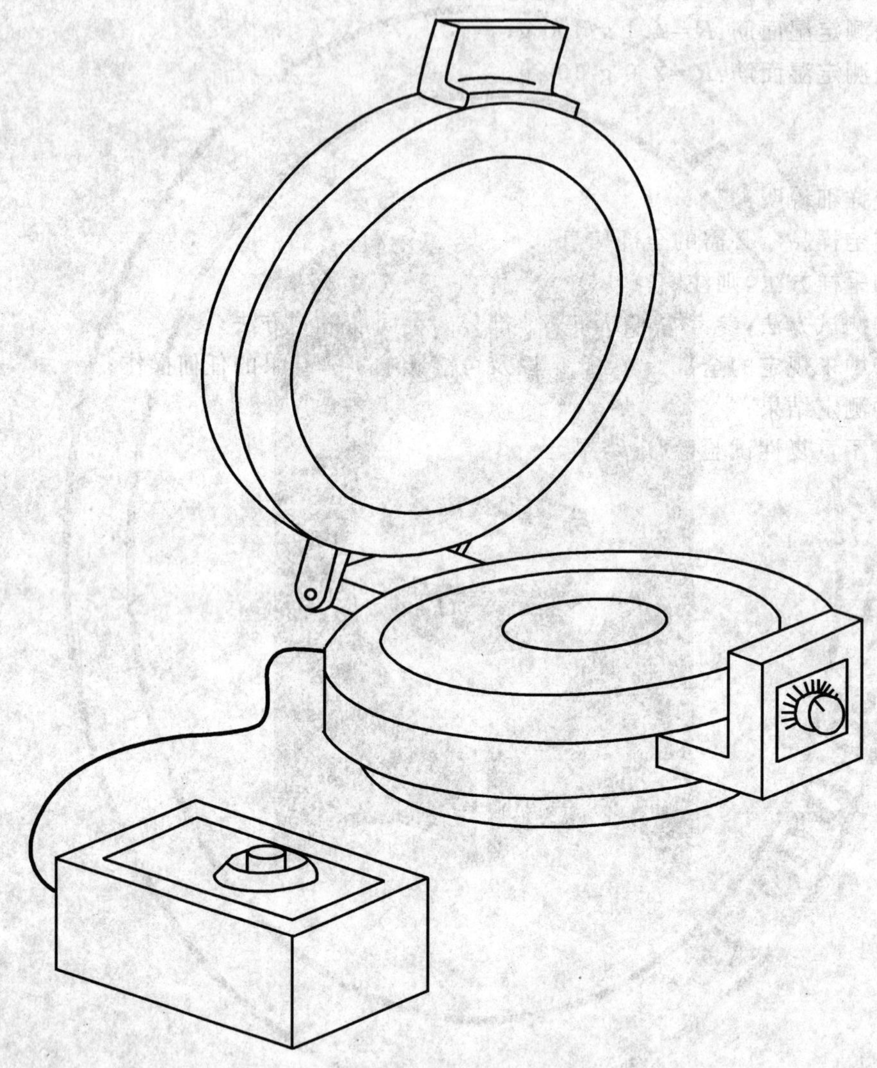

图 A.1 电加热干燥器

附 录 B
(资料性附录)
联合实验室测试结果

由匈牙利布达佩斯 CONCORDIA Warehouse 有限公司粮食检验实验室于 2004 年组织的 7 个国家的 21 个实验室对本标准方法进行了实验室联合测试。所用样品为以下 6 个：

——样品 A：小麦籽粒(普通小麦)；

——样品 B：小麦籽粒(普通小麦)；

——样品 C：小麦籽粒(杜伦麦)；

——样品 D：杜伦麦粗粒粉；

——样品 E：小麦粉；

——样品 F：小麦粉。

测试结果经统计分析符合 ISO 5725-1 和 ISO 5725-2 的要求，精密度数据见表 B.1 和 B.2。

表 B.1 手洗法测定湿面筋的干面筋含量的精密度测试数据

项目	样品					
	A	B	C	D	E	F
排除离群值后的实验室数量	6	6	6	6	5	5
平均值/(g/100 g)	8.38	11.04	10.34	12.54	9.65	12.03
重复性标准偏差，S_r/(g/100 g)	0.18	0.20	0.36	0.25	0.26	0.12
重复性变异系数/%	2.11	1.82	3.46	1.96	2.72	1.02
重复性限 $r(=2.8S_r)$/(g/100 g)	0.49	0.56	1.00	0.69	0.74	0.34
再现性标准偏差，S_R/(g/100 g)	1.01	1.24	1.32	2.71	0.86	1.57
再现性变异系数/%	12.11	11.26	12.77	21.65	8.96	13.09
再现性限 $R(=2.8S_R)$/(g/100 g)	2.84	3.48	3.70	7.60	2.42	4.41

表 B.2 仪器法测定湿面筋的干面筋含量的精密度测试数据

项目	样品					
	A	B	C	D	E	F
排除离群值后的实验室数量	6	7	7	8	6	6
平均值/(g/100 g)	8.47	11.37	10.76	13.04	9.18	11.69
重复性标准偏差，S_r/(g/100 g)	0.18	0.18	0.19	0.44	0.13	0.14
重复性变异系数/%	2.12	1.55	1.73	3.35	1.44	1.18
重复性限 $r(=2.8S_r)$/(g/100 g)	0.50	0.49	0.52	1.22	0.37	0.39
再现性标准偏差，S_R/(g/100 g)	0.46	0.74	0.65	1.74	0.20	0.72
再现性变异系数/%	5.48	6.48	6.07	13.38	2.19	5.58
再现性限 $R(=2.8S_R)$/(g/100 g)	1.30	2.06	1.83	4.89	0.56	1.17

参 考 文 献

[1] ISO 712 Cereal and cereal products—Determination of moisture content—Routine reference method.

ICS 67.040
X 04

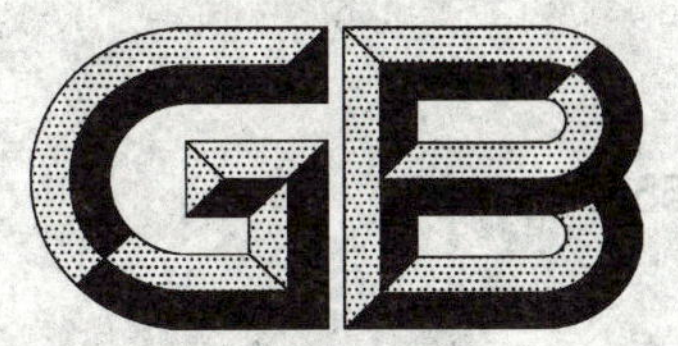

中华人民共和国国家标准

GB/T 5507—2008
代替 GB/T 5507—1985

粮油检验 粉类粗细度测定

Inspection of grain and oils—Determination for fineness degree of flours

2008-11-04 发布　　2009-01-20 实施

中华人民共和国国家质量监督检验检疫总局
中国国家标准化管理委员会　发布

前　言

本标准代替 GB/T 5507—1985《粮食、油料检验　粉类粗细度测定法》。

本标准与 GB/T 5507—1985 相比主要变化如下：

——将原标准采用的正方形电动验粉筛改为圆形电动验粉筛；

——增加了粗细度等术语和定义；

——增加了测定原理。

本标准由国家粮食局提出。

本标准由全国粮油标准化技术委员会归口。

本标准起草单位：北京市粮油食品检验所。

本标准主要起草人：尚艳娥、王彩琴、蔚然、刘征、李辉。

本标准所代替标准的历次版本发布情况为：

——GB/T 5507—1985。

粮油检验　粉类粗细度测定

1　范围

本标准规定了粉类粮食粗细度测定的术语和定义、原理、仪器和用具、样品制备、操作步骤、结果计算和结果表示。

本标准适用于粉类粮食粗细度的测定。

2　规范性引用文件

下列文件中的条款通过本标准的引用而成为本标准的条款。凡是注日期的引用文件，其随后所有的修改单(不包括勘误的内容)或修订版均不适用于本标准，然而，鼓励根据本标准达成协议的各方研究是否可使用这些文件的最新版本。凡是不注日期的引用文件，其最新版本适用于本标准。

GB 5491　粮食、油料检验　扦样、分样法

3　术语和定义

下列术语和定义适用于本标准。

3.1

粗细度　granularity fineness degree

粉类粮食粉粒的大小程度。以留存在筛面上的部分占试样的质量分数表示。

3.2

筛上物残留量　overside fraction of flours

试样在规定的测定步骤下，留存在筛层面上的物质的质量，用克表示。

4　原理

样品在不同规格的筛子上筛理，不同颗粒的样品彼此分离。根据筛上物残留量计算出粉类粮食的粗细度。

5　仪器和用具

5.1　电动验粉筛：回转直径 50 mm，回转速度 260 r/min；形状为圆形，直径 300 mm，高度 30 mm；筛绢规格主要包括 CQ10、CQ16、CQ20、CQ27、CB30、CB36、CB42 等。

5.2　天平：分度值 0.1 g。

5.3　其他用具：表面皿、取样铲、称样勺、毛刷、清理块等。

6　样品制备

按 GB 5491 执行。

7　操作步骤

7.1　安装

根据测定目的，选择符合要求的一定规格的筛子，用毛刷把每个筛子的筛绢上面、下面分别刷一遍，

然后按大孔筛在上，小孔筛在下，最下层是筛底，最上层是筛盖的顺序安装。

7.2 测定

从混匀的样品中称取试样 50.0 g(m)，放入上层筛，同时放入清理块，盖好筛盖，按要求固定好筛子，定时 10 min，打开电源开关，验粉筛自动筛理。

7.3 称量

验粉筛停止后，用双手轻拍筛框的不同方位三次，取下各筛层，将每一筛层倾斜用毛刷把筛面上的残留物刷到表面皿中。称量上层筛残留物(m_1)，低于 0.1 g 时忽略不计；合并称量由测定目的所规定的筛层残留物(m_2)。

8 结果计算

粗细度以残留在规定筛层上的粉类占试样的质量分数表示，按式(1)、式(2)计算：

$$X_1 = \frac{m_1}{m} \times 100 \quad \cdots\cdots(1)$$

$$X_2 = \frac{m_2}{m} \times 100 \quad \cdots\cdots(2)$$

式中：

X_1、X_2——试样粗细度(以质量分数表示)，%；

m_1——上层筛残留物质量，单位为克(g)；

m_2——规定筛层上残留物质量之和，单位为克(g)；

m——试样质量，单位为克(g)。

9 结果表示

在重复性条件下，获得的两次独立测试结果的绝对差值不大于 0.5%，求其平均数，即为测试结果，测试结果保留到小数点后一位。

ICS 67.040
X 10

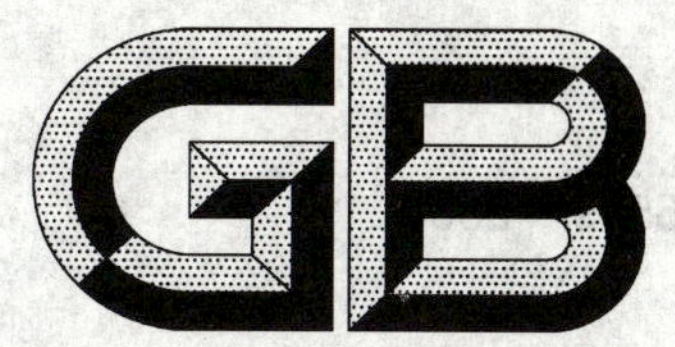

中华人民共和国国家标准

GB/T 5509—2008
代替 GB/T 5509—1985

粮油检验 粉类磁性金属物测定

Inspection of grain and oils—
Determination of magnetic metals content of flours

2008-11-04 发布　　2009-01-20 实施

中华人民共和国国家质量监督检验检疫总局
中国国家标准化管理委员会　发布

前　言

本标准代替 GB/T 5509—1985《粮食、油料检验　粉类磁性金属物测定法》。

本标准与 GB/T 5509—1985 的主要技术差异如下：

——增加了本标准的适用范围；

——取消了原标准操作方法中 2.2“磁铁吸引法”；

——取消了原标准操作方法中的漂洗溶液——四氯化碳 ；

——将原标准中“磁铁吸力单位 12 kg”改为“磁感应强度 120 毫特斯拉(mT)”；

——增加了用磁铁分离板分离法处理残留样品和磁性金属混合物的操作方法；

——增加了在“测定”过程中样品通过淌样板流速的时间规定；

——将原标准计算公式中的“mg/kg”改为“g/kg”；

——在“仪器和用具”栏中增加了“分离板”及其技术参数；

——在“仪器和用具”栏中取消了“马蹄形磁铁”和技术要求；

——增加了资料性附录“分离板示意图”(见附录 A)。

本标准的附录 A 为资料性附录。

本标准由国家粮食局提出。

本标准由全国粮油标准化技术委员会归口。

本标准负责起草单位：国家粮食储备局成都粮食储藏科学研究所。

本标准参加起草单位：上海嘉定粮油仪器有限公司。

本标准主要起草人：王杏娟、王柯、张华昌、庄健、谢霞。

本标准所代替标准的历次版本发布情况为：

——GB/T 5509—1985。

粮油检验
粉类磁性金属物测定

1 范围

本标准规定了粉类粮食中磁性金属物测定原理、仪器和用具、操作步骤及结果计算。

本标准适用于小麦粉、大米粉、糯米粉、玉米粉及各种谷物营养粉等商品粉类粮食中磁性金属物含量的测定。

2 规范性引用文件

下列文件中的条款通过本标准的引用而成为本标准的条款。凡是注日期的引用文件，其随后所有的修改单(不包括勘误的内容)或修订版均不适用于本标准，然而，鼓励根据本标准达成协议的各方研究是否可使用这些文件的最新版本。凡是不注日期的引用文件，其最新版本适用于本标准。

GB 5491 粮食 油料检验 扦样、分样法

3 原理

采用电磁铁或永久磁铁，通过磁场的作用将具有磁性的金属物从试样中粗分离，再用小型永久磁铁将磁性金属物从残留试样的混合物中分离出来，计算磁性金属物的含量。

4 仪器和用具

4.1 磁性金属物测定仪：磁感应强度应不少于 120 mT(毫特斯拉)。

4.2 分离板：210 mm×210 mm×6 mm，示意图参见附录 A，磁感应强度应不少于 120 mT。

4.3 天平：分度值 0.000 1 g。

4.4 天平：分度值 1 g，最大称量大于 1 000 g。

4.5 称量纸：硫酸纸或不易吸水的纸。

4.6 白纸：约 200 mm×300 mm。

4.7 毛刷、大号洗耳球、称样勺等。

5 操作步骤

5.1 称样

5.1.1 试样的扦样和分样按 GB 5491 执行。

5.1.2 从分取的平均样品中称取试样(m)1 kg，精确至 1 g。

5.2 测定

5.2.1 测定仪分离

开启磁性金属物测定仪(4.1)的电源，将试样倒入测定仪盛粉斗，按下通磁开关。调节流量控制板旋钮，控制试样流量在 250 g/min 左右，使试样匀速通过淌样板进入储粉箱内。待试样流完后，用洗耳球将残留在淌样板上的试样吹入储粉箱，然后用干净的白纸接在测定仪淌样板下面，关闭通磁开关，立即用毛刷刷净吸附在淌样板上的磁性金属物(含有少量试样)，并收集到放置的白纸上。

5.2.2 分离板分离

将收集有磁性金属物和残留试样混合物的纸放在事先准备好的分离板(4.2)上，用手拉住纸的两

端，沿分离板(4.2)前后左右移动，使磁性金属物与分离板(4.2)充分接触并集中在一处，然后用洗耳球轻轻吹弃纸上的残留试样，最后将留在纸上的磁性金属物收集到称量纸上。

5.2.3　重复分离

将第一次分离后的试样，再按照5.2.1和5.2.2重复分离，直至分离后在纸上观察不到磁性金属物，将每次分离的磁性金属物合并到称量纸上。

5.2.4　检查

将收集有磁性金属物的称量纸放在分离板(4.2)上，仔细观察是否还有试样粉粒，如有试样粉粒则用洗耳球轻轻吹弃。

5.3　称量

将磁性金属物和称量纸一并称量(m_1)，精确至0.000 1 g，然后弃去磁性金属物再称量(m_0)，精确至0.000 1 g。

6　结果计算

磁性金属物含量(X)，按式(1)计算：

$$X = \frac{m_1 - m_0}{m} \times 1\,000 \qquad \cdots\cdots(1)$$

式中：

X——磁性金属物含量，单位为克每千克(g/kg)；

m_1——磁性金属物和称量纸质量，单位为克(g)；

m_0——称量纸质量，单位为克(g)；

m——试样质量，单位为克(g)。

双试验测定值以高值为该试样的测定结果。

附　录　A
（资料性附录）
分离板示意图

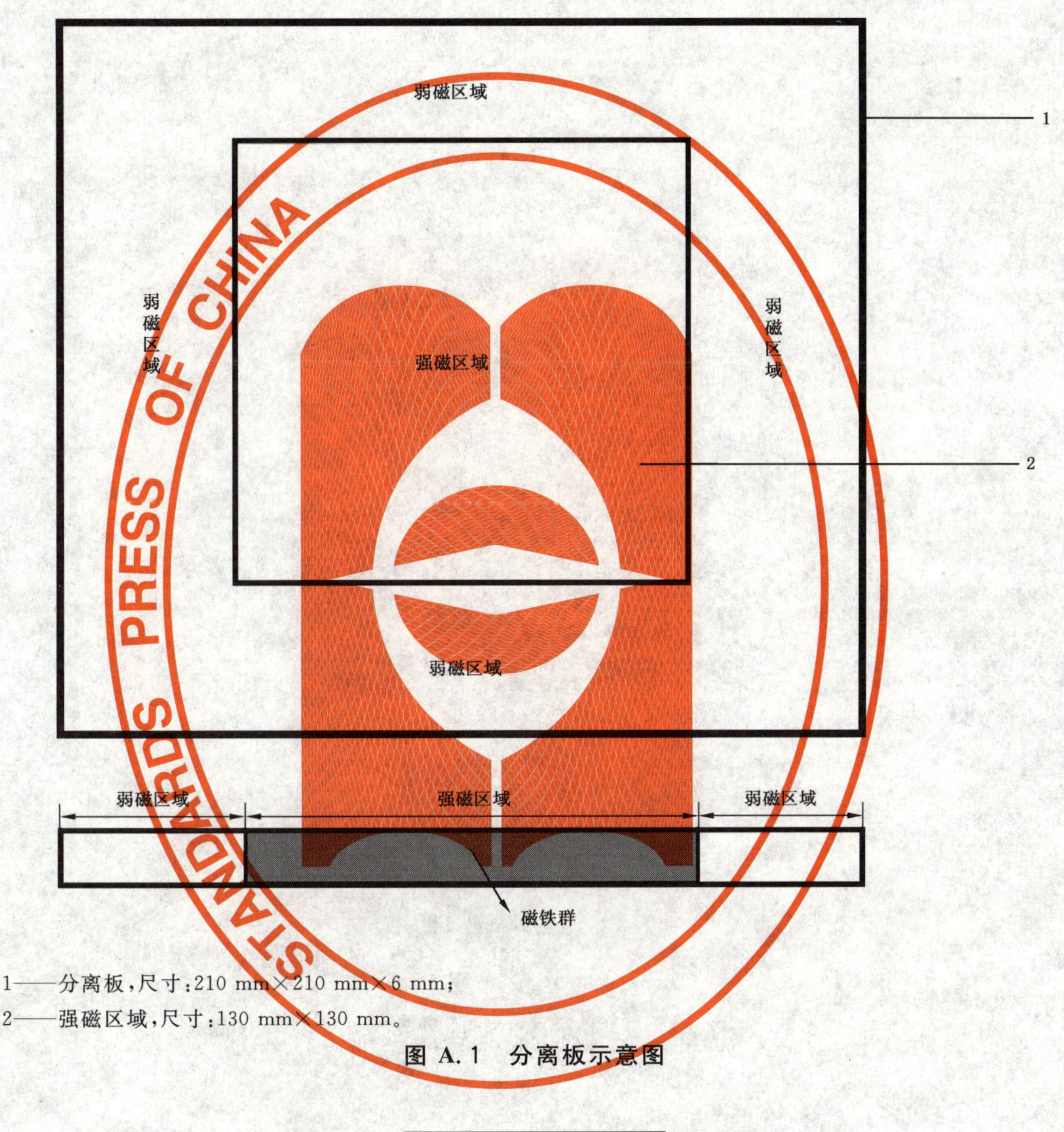

1——分离板，尺寸：210 mm×210 mm×6 mm；
2——强磁区域，尺寸：130 mm×130 mm。

图 A.1　分离板示意图

ICS 67.040
X 10

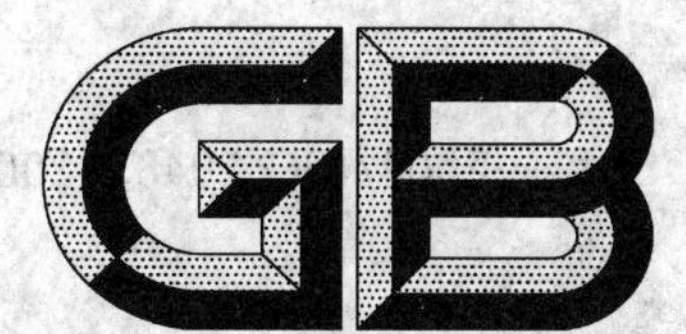

中华人民共和国国家标准

GB/T 5511—2008/ISO 20483:2006
代替 GB/T 5511—1985

谷物和豆类　氮含量测定和粗蛋白质含量计算　凯氏法

Cereals and pulses—Determination of the nitrogen content and calculation of the crude protein content—Kjeldahl method

(ISO 20483:2006, IDT)

2008-08-22 发布　　2008-12-01 实施

中华人民共和国国家质量监督检验检疫总局
中国国家标准化管理委员会　发布

前　言

本标准等同采用国际标准 ISO 20483:2006《谷物和豆类　氮含量测定和粗蛋白质含量计算　凯氏法》。

为了便于使用，本标准对 ISO 20483:2006 进行了下列编辑性修改：

——“本国际标准”一词改为“本标准”；

——用小数点“.”代替作为小数点的逗号“,”；

——删除国际标准的前言；

——将引用文件中的 ISO 712 替换为现行国家标准 GB/T 21305，ISO 6540 替换为 GB/T 10362。

本标准是对 GB/T 5511—1985《粮食、油料检验　粗蛋白质测定法》的修订。

本标准与 GB/T 5511—1985 相比主要变化如下：

——增加了原理、规范性引用文件、术语和定义、扦样、试样制备、含水量测定、精密度和测试报告。

本标准自实施日期起代替 GB/T 5511—1985。

本标准的附录 A、附录 B 和附录 C 均为资料性附录。

本标准由国家粮食局提出。

本标准由全国粮油标准化技术委员会归口。

本标准起草单位：国家粮食局科学研究院。

本标准主要起草人：张佳欣、郝希成、吴春华。

本标准所替代标准的历次版本发布情况为：

——GB/T 5511—1985。

谷物和豆类　氮含量测定和粗蛋白质含量计算　凯氏法

警告：使用本标准可能涉及到具有危险的物质、操作和设备。本标准的主旨不是陈述与使用该标准有关的所有安全问题，在使用本标准前，标准的使用者应建立适当的安全措施和规定应用的限制。

1　范围

本标准规定了用凯氏法测定谷物、豆类及衍生产品中氮含量的测定方法和粗蛋白质含量的计算方法。

本方法不能区分蛋白质氮和非蛋白质氮。如果测定非蛋白质氮含量非常重要，可以使用其他合适的方法。

注：在特定情况下，使用本方法测定硝酸盐和亚硝酸盐中的氮无法达到完全回收。

2　规范性引用文件

下列文件中的条款通过本标准的引用而成为本标准的条款。凡是注日期的引用文件，其随后所有的修改单(不包括勘误的内容)或修订版均不适用于本标准，然而，鼓励根据本标准达成协议的各方研究是否可使用这些文件的最新版本。凡是不注日期的引用文件，其最新版本适用于本标准。

GB/T 10362　玉米水分测定法(GB/T 10362—1989,eqv ISO 6540:1980)

GB/T 21305　谷物及谷物制品水分的测定　常规法(GB/T 21305—2007,ISO 712:1998,IDT)

3　术语和定义

下列术语和定义适用于本标准。

3.1

氮含量　nitrogen content

应用本标准所规定的程序测得的氮含量。

注：以干物质的质量分数表示。

3.2

粗蛋白质含量　crude protein content

将应用本标准所规定的程序测得的氮含量乘以不同谷物或豆类的蛋白质换算系数，得到粗蛋白质含量。

注：以干物质的质量分数表示。

4　原理

试样在催化剂存在下用硫酸消解，反应产物用碱中和后蒸馏。释放出的氨被硼酸溶液吸收，吸收液用硫酸溶液滴定，测定氮含量并计算粗蛋白质含量。

5　试剂

除参考物质外，只使用经确认无氮的分析纯试剂，试验用水为蒸馏水或去离子水或同等纯度水。

警告：5.4、5.8、5.11 和 5.12 中提到的试剂应谨慎使用。

5.1　硫酸钾(K_2SO_4)。

5.2　五水硫酸铜($CuSO_4 \cdot 5H_2O$)。

5.3 二氧化钛(TiO_2)。

5.4 硫酸(H_2SO_4):$c(H_2SO_4)=18$ mol/L,$\rho_{20}(H_2SO_4)=1.84$ g/mL。

5.5 石蜡油。

5.6 *N*-乙酰苯胺(C_8H_9NO):熔点 114 ℃,氮含量 10.36 g/100 g。

5.7 色氨酸($C_{11}H_{12}N_2O_2$):熔点 282 ℃,氮含量 13.72 g/100 g。

5.8 五氧化二磷(P_2O_5)。

5.9 硼酸:水溶液,$\rho_{20}(H_3BO_3)=40$ g/L,或所使用仪器推荐的浓度。

5.10 指示剂:按照所使用仪器的推荐,加入一定体积的溶液 A(5.10.1)和溶液 B(5.10.2)(例如:5 体积溶液 A 和 1 体积溶液 B)。

注 1:有可能准备使用的硼酸溶液中含有指示剂(5.9+5.10)。

注 2:溶液 A 和溶液 B 的比例可根据仪器进行调整。

也可以使用 pH 电极进行电位滴定,pH 电极需要每天校准。

5.10.1 溶液 A:200 mg 溴甲酚绿($C_{21}H_{14}Br_4O_5S$)溶于体积分数为 95%的乙醇(C_2H_5OH),配制成 100 mL 溶液。

5.10.2 溶液 B:200 mg 甲基红($C_{15}H_{15}N_3O_2$)溶于体积分数为 95%的乙醇(C_2H_5OH),配制成 100 mL 溶液。

5.11 氢氧化钠水溶液(NaOH):质量分数 33%或 40%,含氮量少于或等于 0.001%。也可以使用含氮量少于或等于 0.001%的工业级氢氧化钠。

5.12 硫酸:标准滴定溶液,$c(H_2SO_4)=0.05$ mol/L。

因为硫酸在连接管中不产生气泡,所以推荐用硫酸替代盐酸。

5.13 硫酸铵:标准滴定溶液,$c(NH_4)_2SO_4=0.05$ mol/L。

也可以选择使用某一种盐,例如$(NH_4)_2Fe(SO_4)_2\cdot 6H_2O$。

5.14 浮石:颗粒状,盐酸酸洗并灼烧。

5.15 蔗糖(可选择):不含氮。

6 仪器

6.1 机械研磨机。

6.2 筛子:孔径 0.8 mm。

6.3 分析天平:分度值为 0.001 g。

6.4 消化、蒸馏和滴定仪器:

消化单元应确保温度的均匀性。

通过使用两种参考物质(5.6 或 5.7)中任意一种进行全过程测定来评估温度的均匀性,并同时测定回收率。

蒸馏仪器也应通过进行已知量铵盐的蒸馏[例如 10 mL 硫酸铵溶液(5.13)]和检查回收率,回收率应大于或等于 99.8%。

7 扦样

实验室接受的样品应具有代表性,在运输或储藏过程中不应受损或改变。

本标准不规定扦样方法,推荐 ISO 6644 和 ISO 13690 给出的扦样方法。

8 试样制备

如果需要,样品要进行研磨,使其完全通过 0.8 mm 孔径的筛子。对于粮食,至少要研磨 200 g 样品,研磨后的样品要充分混匀。

9 水分测定

用本标准第8章制备的部分样品测定水分(w_H)。测定水分的方法要适合测定对象(例如谷物和谷物制品按GB/T 21305测定;玉米按GB/T 10362测定。或者使用参考文献[10]中描述的适合特殊种子的方法)。

10 操作步骤

10.1 通则

如果需要检查是否满足重复性限(12.2)的要求,可按照10.2到10.5的步骤进行两次独立的测定。

10.2 称样

依据预估含氮量称量试样(第8章),精确到0.001 g,使试样的含氮量在0.005 g~0.2 g之间,最好大于0.02 g。

10.3 测定

10.3.1 消化

警告:下列操作应在通风良好,具有硫酸防护罩的条件下进行。

转移试样(10.2)到消解烧瓶,然后加入:

——10 g硫酸钾(5.1);

——0.30 g五水硫酸铜(5.2);

——0.30 g二氧化钛(5.3)(也可以使用符合规定成分的粒状催化剂);

——20 mL硫酸(5.4)。

可根据仪器情况调整硫酸的加入量,但应确认此改进可以满足对*N*-乙酰胺的回收率达到99.5%和对色氨酸的回收率达到99.0%。

小心混合以确保试样的完全浸润。将烧瓶置于预热到420 ℃±10 ℃的消化单元。从消化单元温度再次达到420 ℃±10 ℃时开始计时,至少消化2 h,然后取下自然冷却。

注:建议加入浮石(5.14)作为沸腾调节器和加入如石蜡油(5.5)的消泡剂。

最短消化时间应使用参考物质进行检验,因为参考物质很难达到回收率的要求(见10.5)。

遵循设备制造商关于蒸汽排空的建议,因为过强的吸力可能导致氮的损失。

10.3.2 蒸馏

小心地向冷却后的消解烧瓶中加入50 mL水,放冷至室温。量取50 mL硼酸(5.9)到接收瓶中,无论是使用目测比色或光学探头,均要向其中加至少10滴指示剂(5.10)。

连接好蒸馏装置,向消解烧瓶中加入5 mL过量的氢氧化钠溶液完全中和所使用的硫酸,然后开始蒸馏。

根据仪器,所用的试剂量可以变化。

10.3.3 滴定

使用硫酸溶液(5.12)进行滴定,滴定既可以在蒸馏过程中进行,也可以在蒸馏结束后对所有蒸馏液进行滴定。滴定终点的确定可以使用目测比色、光学探头或用pH计的电位分析判定。

10.4 空白试验

使用10.3.1到10.3.3的试剂,不加试样进行空白试验。

注:可以用1 g蔗糖(5.15)代替试验样品。

10.5 参考物质测试(检查试验)

在五氧化二磷(5.8)的存在下,60 ℃~80 ℃真空干燥参考物质。

进行检查试验,试样的最小量根据*N*-乙酰胺或色氨酸的含氮量决定,至少0.15 g。

注:可以在参考物质中加入1 g蔗糖(5.15)。

N-乙酰胺的氮回收率至少为 99.5%，色氨酸的氮回收率至少为 99.0%。

11　结果表述

11.1　氮含量

氮含量(w_N)，以干基质量分数表示，按式(1)计算：

$$w_N = \frac{(V_1 - V_0) \times c \times 0.014 \times 100}{m} \times \frac{100}{100 - w_H} = \frac{140c(V_1 - V_0)}{m(100 - w_H)} \qquad \cdots\cdots\cdots\cdots(1)$$

式中：

V_0——空白试验滴定的硫酸溶液的量，单位为毫升(mL)；

V_1——试样滴定的硫酸溶液的量，单位为毫升(mL)；

0.014——滴定 1 mL 0.5 mol/L 硫酸溶液所需氮的量，单位为克(g)；

c——滴定所使用的硫酸溶液的摩尔浓度，单位为摩尔/升(mol/L)；

m——试样的质量，单位为克(g)；

w_H——试样的水分。

结果保留两位小数。

11.2　粗蛋白含量

根据谷物或豆类品种的不同采用相应的换算系数(见附录 C，其他通常用 6.25)，乘以测定获得的氮含量(11.1)值，计算得到干物质的粗蛋白含量。

结果保留两位小数。

12　精密度

12.1　实验室间实验

附录 A 详述了方法精密度的实验室间试验结果。这些实验室间实验结果可能不适用于附录以外的其他浓度范围。

12.2　重复性

在同一实验室，由同一操作者使用相同设备，按相同的测试方法，并在短时间内对同一被试对象相互独立进行测试获得的两次独立测试结果的绝对差值大于重复性限 r 的情况不超过 5%，重复性限 r 按式(2)计算：

$$r = (0.006\,3 \times w_P) \times 2.8 \qquad \cdots\cdots\cdots\cdots(2)$$

式中：

w_P——以干基产品质量分数表示的样品粗蛋白含量(见表 B.1)。

对于粗蛋白含量在 7%～80%的产品，见表 A.1 和图 A.1。

12.3　再现性

在不同实验室，由不同的操作者使用不同的设备，按相同的测试方法，对同一被测对象相互独立进行测试获得的两次独立测试结果的绝对差值大于再现性限 R 的情况不超过 5%，再现性限 R 按式(3)计算：

$$R = (0.014 \times w_P) \times 2.8 \qquad \cdots\cdots\cdots\cdots(3)$$

对于粗蛋白含量在 7%～80%的产品，见表 A.1 和图 A.1。

12.4　临界差

12.4.1　同一实验室两组测定结果的比较

在重复性条件下进行两组测定的结果平均值之间的临界差按式(4)计算：

$$CDr = 1.98 \times s_r = 1.98 \times (0.063 \times w_P) = 0.012\,47 \times w_P \qquad \cdots\cdots\cdots\cdots(4)$$

12.4.2　两个实验室间两组测定结果的比较

在不同实验室在重复性条件下进行两组测定的结果平均值之间的临界差按式(5)计算：

$$CDR = 2.8\sqrt{s_R^2 - 0.5s_r^2} = 2.8\sqrt{(0.014 \times w_P)^2 - 0.5 \times (0.0063 \times w_P)^2}$$
$$= 0.03716 \times w_P \quad \cdots\cdots (5)$$

13 测试报告

测试报告应规定：

a） 完整的识别样品所需的全部信息；

b） 如果已知取样方法，应说明使用的扦样方法；

c） 采用的参考本标准的测定方法；

d） 使用的换算系数(见 11.2 中注)；

e） 所有本标准中没有具体说明的、或者被认为是可选择的，以及可能影响测试结果的操作细节；

f） 测试结果，如果进行了重复性试验，应说明两次测定的结果和平均结果。

附　录　A
（资料性附录）
实验室间测试结果

方法的重复性、再现性和临界差是通过依据 ISO 5725 中第 2、3 和 6 章的要求进行的两组实验室间环比测定建立的。

10 家实验室参与了此次测定。分析了 14 种产品和 4 种标准物质。结果见表 A.1。

表 A.1　实验室间实验统计结果

参　数	样　品[a]													
	1	2	3	4	5	6	7	8	9	10	11	12	13	14
剔除溢出值后实验室数	10	9	10	10	10	10	10	10	10	10	10	10	10	9
（干基）蛋白质含量 w_P（$w_N \times 5.7$）平均值	7.03	8.94	9.02	11.88	13.90	15.54	16.19	21.91	22.80	31.57	61.33	62.19	79.46	79.99
重复性标准偏差，s_r	0.11	0.04	0.07	0.15	0.06	0.07	0.17	0.09	0.17	0.10	0.85	0.27	0.57	0.19
变异系数（标准偏差 r/平均值）/%	1.56	0.45	0.78	1.26	0.43	0.45	1.05	0.41	0.75	0.32	1.39	0.43	0.72	0.24
重复性限，r （$r=2.8\times s_r$）	0.31	0.11	0.20	0.42	0.17	0.20	0.48	0.25	0.48	0.28	2.38	0.76	1.60	0.53
再现性标准偏差，s_R	0.19	0.14	0.08	0.28	0.16	0.14	0.34	0.29	0.46	0.46	1.37	0.79	1.02	0.83
变异系数（标准偏差 R/平均值）/%	2.7	1.57	0.89	2.36	1.15	0.90	2.10	1.32	2.02	1.46	2.23	1.27	1.28	1.04
再现性限，R （$R=2.8s_R$）	0.53	0.39	0.22	0.78	0.45	0.39	0.95	0.81	1.29	1.29	3.84	2.21	2.86	2.32

[a] 样品：1——普通小麦粉 1；2——玉米；3——大麦；4——普通小麦；5——普通小麦粉 3；6——杜伦麦；7——普通小麦粉 2；8——豌豆 2；9——豌豆 1；10——蚕豆；11——小麦谷蛋白 1；12——小麦谷蛋白 2；13——玉米谷蛋白 1；14——玉米谷蛋白 2。

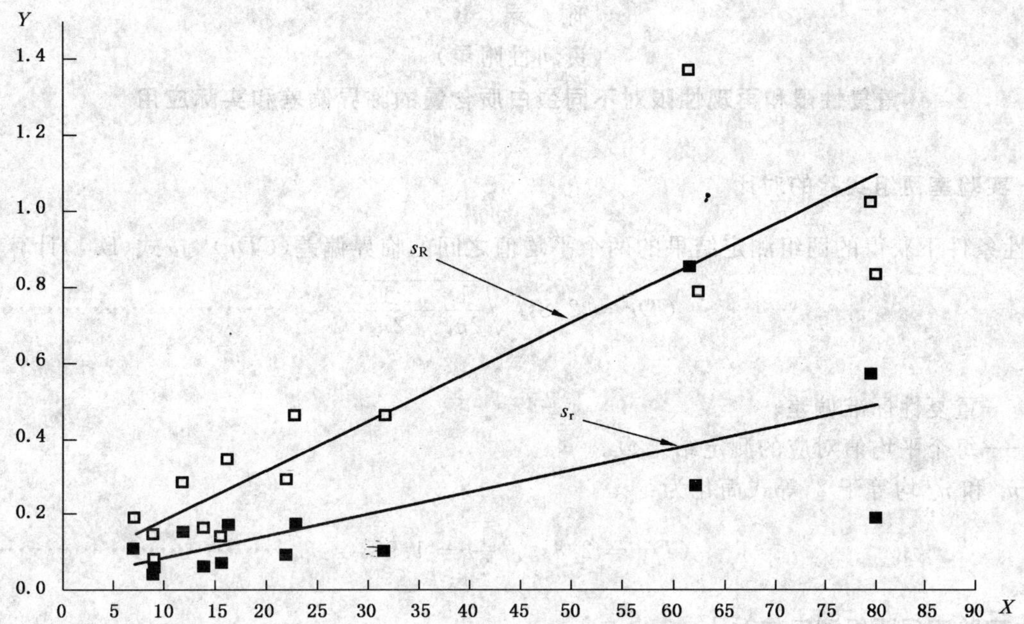

X——蛋白质含量,%;

Y——标准偏差,%。

图 A.1 重复性、再现性标准偏差与蛋白质含量的平均值的关系

图 A.1 表明重复性、再现性标准偏差与粗蛋白含量相关,但不是常数。

给出了建立精密度(重复性和再现性)与蛋白质平均含量几种形式的函数关系。

观察到这些相关性差别较小,采用通过原点的方程。

a) s_r 的线性回归方程 $s_r = 0.006\ 3 \times w_P$

b) 决定系数 $R^2 = 0.464\ 6$

c) s_R 的线性回归方程 $s_R = 0.014 \times w_P$

d) 决定系数 $R^2 = 0.784\ 9$

附 录 B
（资料性附录）
重复性限和再现性限对不同蛋白质含量的临界偏差和实际应用

B.1 同一实验室两组实验的对比

重复性条件下获得的两组测定结果的两个平均值之间的临界偏差（CDr）[1]按式（B.1）计算：

$$CDr = 2.8 s_r \sqrt{\frac{1}{2n_1} + \frac{1}{2n_2}} \quad \cdots\cdots (B.1)$$

式中：

s_r——重复性标准偏差；

n_1 和 n_2——每个平均值对应的测定结果数。

如果 n_1 和 n_2 均等于 2，等式简化为：

$$CDr = 2.8 s_r \sqrt{\frac{1}{2}} = 1.98 s_r \quad \cdots\cdots (B.2)$$

B.2 两个实验室间两组测定的对比

重复性条件下两个实验室获得的两组测定结果的两个平均值之间的临界偏差（CDR）按式（B.3）计算：

$$CDR = 2.8 \sqrt{s_R^2 - s_r^2 \left(1 - \frac{1}{2n_1} - \frac{1}{2n_2}\right)} \quad \cdots\cdots (B.3)$$

式中：

s_r——重复性标准偏差；

s_R——再现性标准偏差；

n_1 和 n_2——每个平均值对应的测定结果数。

如果 n_1 和 n_2 均等于 2，等式简化为：

$$CDR = 2.8 \sqrt{s_R^2 - 0.5 s_R^2} \quad \cdots\cdots (B.4)$$

重复性限和再现性限对不同蛋白质含量的实际应用见表 B.1。

表 B.1 重复性限和再现性限对不同蛋白质含量的实际应用

蛋白质含量 ($w_N \times 5.7$)%	重复性标准偏差(s_r)	重复性限(r)	再现性标准偏差(s_R)	再现性限(R)	两平均值的临界差(CD)	
					在同一实验室	两实验室间
10	0.06	0.17	0.14	0.39	0.12	0.37
15	0.09	0.25	0.21	0.59	0.18	0.56
20	0.12	0.34	0.28	0.78	0.24	0.75
25	0.15	0.42	0.35	0.98	0.3	0.93
30	0.18	0.50	0.42	1.18	0.36	1.12
35	0.21	0.59	0.49	1.37	0.42	1.31
40	0.24	0.67	0.56	1.57	0.48	1.49
45	0.27	0.76	0.63	1.76	0.53	1.68

1） 临界偏差是重复性条件下两组实验结果的两个平均值之间的差；见 ISO 5725-6。

表 B.1（续）

蛋白质含量 ($w_N \times 5.7$)%	重复性标准偏差(s_r)	重复性限(r)	再现性标准偏差(s_R)	再现性限(R)	两平均值的临界差(CD)	
					在同一实验室	两实验室间
50	0.30	0.84	0.70	1.96	0.59	1.87
55	0.33	0.92	0.77	2.16	0.65	2.05
60	0.36	1.01	0.84	2.35	0.71	2.24
65	0.39	1.09	0.91	2.55	0.77	2.43
70	0.42	1.18	0.98	2.74	0.83	2.61
75	0.45	1.26	1.05	2.94	0.89	2.80
80	0.48	1.34	1.12	3.14	0.95	2.99

假设

实验室一：[测试 1] + [测试 2] = [平均值 1(测试 1+测试 2)/2]

实验室二：[测试 5] + [测试 6] = [平均值 2(测试 5+测试 6)/2]

实验室三：[测试 9] + [测试 10] = [平均值 3(测试 9+测试 10)/2]

示例：

重复性限被用于测试 1—测试 2 之间或测试 5—测试 6 之间。

再现性限被用于测试 1—测试 6 之间或测试 2—测试 9 之间。

临界差被用于平均值 1—平均值 2 之间或平均值 1—平均值 3 之间。

附　录　C
（资料性附录）
氮含量换算蛋白质含量的换算系数

氮含量换算蛋白质含量的校正因子见表 C.1。

表 C.1　氮含量换算蛋白质含量的校正因子

农产品	校正因子
普通小麦	5.7
杜伦麦	5.7
小麦研磨制品	5.7 或 6.25
饲料小麦	6.25
大麦	6.25
燕麦	5.7 或 6.25
黑麦	5.7
黑小麦	6.25
玉米	6.25
豆类	6.25

参 考 文 献

[1] ISO 1871 Agricultural food products—General directions for the determination of nitrogen by the Kjeldahl method.

[2] ISO 3188 Starches and derived products—Determination of nitrogen content by the Kjedahl method—Titrimetric method.

[3] ISO 5725-2:1994 Accuracy (trueness and precision) of measurement methods and results—Part 2: Basic method for the determination of repeatability and reproducibility of a standard measurement method.

[4] ISO 5725-3:1994 Accuracy (trueness and precision) of measurement methods and results—Part 3: Intermediate measures of the precision of a standard measurement method.

[5] ISO 5725-6:1994 Accuracy (trueness and precision) of measurement methods and results—Part 6: Use in practice of accuracy values.

[6] ISO 5983-1 Animal feeding stuffs—Determination of nitrogen content and calculation of crude protein content—Part 1: Kjeldahl method.

[7] ISO 6644 Flowing cereals and milled cereal products—Automatic sampling by mechanical means.

[8] ISO 13690 Cereals, pulses and milled products—Sampling of static batches.

[9] NF V 03-050 Produits agricoles alimentaires—Directives generales pour le dosage de lazote selon la method de Kjeldahl.

[10] BIPEA, Conseils methodologiques pour le dosage de leau dans les grains et les grains-LU68 E 8405—Determination de la teneur en eau—Proteagineux(Fiche n°4).

[11] European Brewery Convention, Analytica EBC, 1984.

[12] Nitrogen-ammonia-protein modified Kjeldahl method titanium oxide and copper sulfate catalyst. Offical Methods and Recommended Practices of the AOCS, (ed. D. E. Firestone). AOCS Official Method Ba Ai 4-91, AOCS Press, Champaign IL, 1997.

[13] Tkachuk, R. Nitrogen-to-protein conversion factors for cereals and oilseed meals. Cereal Chem., 46(4), 1969, pp. 419-423.

[14] ICC Standard 105/2, Determination of crude protein in cereals and cereal products for food and feed.